新課程　中高一貫教育をサポートする

体系数学 3

数式・関数編 [高校 1，2 年生用]

数と式，関数，図形の性質

数研出版

はじめに

本書は，中学，高校で学ぶ数学の内容を体系的に編成したシリーズの中の一冊で，通常，高校 1 年で学ぶ内容の一部と高校 2 年で学ぶ内容の一部を中心に構成されています。
本書は普通の教科書と同じように，基本的な事柄の説明から始まり，段階を追ってより深い内容まで学習できるようになっています。
ただ，普通の教科書と少し違うのは，効率的な学習ができるように共通の内容はなるべくまとめていること，そしていろいろな問題が解けるように，やや発展的なものも含めて例題やその反復練習問題を網羅している点です。

数学の勉強では，公式などを覚えて計算するのはもちろん大切なことですが，それだけで数学の考え方がすべて自分のものになるわけではありません。もっと大切なのは，そのようにして身につけた知識をもとにいろいろと考えてみることで，結果として正しい答にたどり着かなかったとしても，考えたこと自身は，必ずみなさんの力となるはずです。

目次

数Ⅰ 数Ⅱ はそれぞれ，高等学校の数学 I，数学 II の内容です。
外 は学習指導要領の範囲外の内容であることを表しています。

この本の使い方

例 1	本文の内容を理解するための具体例です。
例題 1	その項目の代表的な問題です。 解答，証明 では模範(もはん)解答の一例を示しました。
応用例題 1	代表的でやや発展的な問題です。 解答，証明 では模範解答の一例を示しました。
練習 1	学んだ内容を確実に身につけるための練習問題です。
確認問題	各章の終わりにあり，本文の内容を確認するための問題です。
演習問題	各章の終わりにあり，その章の応用的な問題です。 AとBの２段階に分かれています。
総合問題	巻末にあり，思考力・判断力・表現力の育成に役立つ問題です。
コラム 探究	数学のおもしろい話題や主体的・対話的で深い学びにつながる内容を取り上げました。
発展	やや程度の高い内容や興味深い内容を取り上げました。
	内容に関連するデジタルコンテンツを見ることができます。 以下の URL からも見ることができます。 https://www.chart.co.jp/dl/su/6nnib/idx.html

ギリシャ文字

大文字	小文字	読み方	大文字	小文字	読み方	大文字	小文字	読み方
A	α	アルファ	I	ι	イオタ	P	ρ	ロー
B	β	ベータ	K	κ	カッパ	Σ	σ	シグマ
Γ	γ	ガンマ	Λ	λ	ラムダ	T	τ	タウ
Δ	δ	デルタ	M	μ	ミュー	Υ	υ	ユプシロン
E	ε	エプシロン	N	ν	ニュー	Φ	φ，ϕ	ファイ
Z	ζ	ゼータ	Ξ	ξ	クシー	X	χ	カイ
H	η	エータ	O	o	オミクロン	Ψ	ψ	プサイ
Θ	θ，ϑ	シータ	Π	π	パイ	Ω	ω	オメガ

第1章 数と式

数I 数II 1. 多項式
数I 数II 2. 因数分解
数II 3. 多項式の割り算
数II 4. 分数式
数II 5. 実数

School of Athens

⬆アテネの学堂
ルネサンス期のイタリアの画家ラファエロの作品。現在の数学に影響を与えた古代ギリシャの数学者が多数描かれている。

As we have already learned, polynomials can be manipulated by expanding and factoring them.

In other words, such manipulations can be regarded as calculations of sums, differences, and products of polynomials.

In this chapter, we will look further into expansion and factorization of polynomials.

In addition, we will learn the concept of a quotient of two polynomials and look at how to manipulate expressions with absolute values and square roots.

1. 多項式

多項式

文字を用いた式について復習しよう。

5，a，$3ab^2x$ のように，数や文字およびそれらを掛け合わせてできる式を **単項式** という。単項式では，数の部分をその単項式の **係数** といい，掛け合わせた文字の個数をその単項式の **次数** という。

たとえば，単項式 $3ab^2x$ では，その係数は 3，次数は 4 である。

数だけの単項式の次数は 0 である。ただし，数 0 の次数は考えない。

練習 1 次の単項式の係数と次数をいえ。

(1) $6abc$　　(2) $-5x$　　(3) $2xy^2$　　(4) $-a^2b^3$

単項式が 2 種類以上の文字を含むとき，特定の文字だけに着目して，その次数や係数を考えることがある。この場合，残りの文字は数と同じように扱う。

例 1 単項式 $3ab^2x$ の係数と次数を求める。

(1) x に着目すると，

係数は $3ab^2$，次数は 1　…… $3ab^2x=3ab^2\times x$

(2) b に着目すると，

係数は $3ax$，次数は 2　…… $3ab^2x=3ax\times b^2$

(3) a と b に着目すると，

係数は $3x$，次数は 3　…… $3ab^2x=3x\times ab^2$

練習 2 次の単項式で [　] 内の文字に着目したとき，その係数と次数をいえ。

(1) $7a^2xy^3$　[x]，[y]　　(2) $-3abx^2y$　[x と y]

$2x^2+(-3xy)+8$ のように，単項式の和として表される式を **多項式** といい，その 1 つ 1 つの単項式を，この多項式の **項** という。$2x^2+(-3xy)+8$ は，普通 $2x^2-3xy+8$ と書く。

単項式は項が 1 つの多項式と考える。多項式のことを **整式** ともいう。

多項式の項の中で，文字の部分が次数も含めて同じである項を **同類項** という。多項式は同類項を 1 つにまとめて，整理することができる。

練習 3 次の多項式の同類項をまとめよ。

(1) $6x^2+5x-1-3x^2+2x-8$

(2) $3a^2-7ab-5b^2-4a^2+2ab-9b^2$

同類項をまとめた多項式において，最も次数の高い項の次数を，この多項式の **次数** という。また，次数が n の多項式を **n 次式** という。

注意　次数の大小は，普通「高い」，「低い」で表す。

多項式が 2 種類以上の文字を含むときも，特定の文字だけに着目して係数や次数，同類項を考えることがある。このとき，着目した文字を含まない項（または，それらの項の和）を **定数項** という。

例 2 多項式 $x^2y+3ax+b$ の次数と定数項を求める。

(1) x に着目すると，次数は 2，定数項は b

(2) y に着目すると，次数は 1，定数項は $3ax+b$

(3) x と y に着目すると，次数は 3，定数項は b

練習 4 多項式 $ax^3-3x^2y+by^2-c$ において，次の文字に着目したときの次数と定数項を答えよ。

(1) x　　(2) y　　(3) x と y

多項式は，ある文字に着目して，各項の次数が低くなる順に整理することが多い。このことを，**降べきの順** に整理するという。一方，各項の次数が高くなる順に整理することを **昇べきの順** に整理するという。

例 3 多項式 $x^2+4xy-3x+5y-7$ を，x について降べきの順に整理すると

$$x^2+(4y-3)x+(5y-7)$$

> y について降べきの順に整理すると
> $(4x+5)y+(x^2-3x-7)$

練習 5 次の多項式を，x について降べきの順に整理せよ。

(1) $ax+3a+x^2-2x-9$　　(2) $x^2+5xy+2y^3-3x-7y+4$

多項式の加法と減法

多項式の和と差は，同類項をまとめることによって，それぞれ次のように計算する。

例 4 (1) $(3x^3+6x^2-x-4)+(5x^3-x^2-9)$

$$=(3+5)x^3+(6-1)x^2-x+(-4-9)$$

$$=8x^3+5x^2-x-13$$

$$\begin{array}{rrrrr} & 3x^3 & +6x^2 & -x & -4 \\ +) & 5x^3 & -\ \ x^2 & & -9 \\ \hline & 8x^3 & +5x^2 & -x & -13 \end{array}$$

(2) $(3x^3+6x^2-x-4)-(5x^3-x^2-9)$

$$=3x^3+6x^2-x-4-5x^3+x^2+9$$

$$=(3-5)x^3+(6+1)x^2-x+(-4+9)$$

$$=-2x^3+7x^2-x+5$$

$$\begin{array}{rrrrr} & 3x^3 & +6x^2 & -x & -4 \\ -) & 5x^3 & -\ \ x^2 & & -9 \\ \hline & -2x^3 & +7x^2 & -x & +5 \end{array}$$

練習 6 次の多項式 A，B について，$A+B$ と $A-B$ を計算せよ。

(1) $A=4x^3+x-6x^2-7$，$B=8x^3-3x^2+x-1$

(2) $A=3x^2+2xy^2-5x^2y-5y^2$，$B=x^2-4x^2y+3-xy^2+2y^2$

練習 7 $A=a^2+9ab-7b^2$，$B=3a^2-ab$，$C=5a^2-2ab+4b^2$ であるとき，$A-B+C$ と $3A-(A-B+3C)$ を計算せよ。

多項式の乗法

文字 a をいくつか掛け合わせたものを a の **累乗**(るいじょう) という。

a を n 個掛け合わせたものを a の **n 乗** といい，$\boldsymbol{a^n}$ と書く。また，a^n における n を，a^n の **指数** という。なお，$a^1=a$ である。

2 乗のことを平方，3 乗のことを立方ということもある。

$a^1=a$

$a^2=a\times a$

$\vdots$

$a^n=\underbrace{a\times a\times\cdots\cdots\times a}_{n\text{個}}$

累乗についての積は，次のように計算する。

$$a^2\times a^3=aa\times aaa=a^{2+3}=a^5$$

$$(a^2)^3=a^2\times a^2\times a^2=aa\times aa\times aa=a^{2\times3}=a^6$$

$$(ab)^3=ab\times ab\times ab=aaa\times bbb=a^3b^3$$

一般に，次の **指数法則** が成り立つ。

指数法則

m，n は正の整数とする。

[1] $\boldsymbol{a^ma^n=a^{m+n}}$　　[2] $\boldsymbol{(a^m)^n=a^{mn}}$　　[3] $\boldsymbol{(ab)^n=a^nb^n}$

例 5

(1) $3a^4\times5a^3=3\times5\times a^{4+3}=15a^7$

(2) $7a^2\times(a^3)^2=7a^2\times a^6=7\times a^{2+6}=7a^8$

(3) $(-2x^2y)^3\times(-4xy)=(-2)^3(x^2)^3y^3\times(-4xy)$
$=-8x^6y^3\times(-4xy)$
$=-8\times(-4)\times x^{6+1}\times y^{3+1}$
$=32x^7y^4$

練習 8 次の式を計算せよ。

(1) $4a^3\times6a^5$　　(2) $-(3x^2y)^2\times4xy^3$

(3) $2a^3b^2\times(-3b^5)^2$　　(4) $(-2x^3y^2)^3\times5xy^4$

数の計算と同様に，多項式の積についても，次の分配法則が成り立つ。

分配法則　$A(B+C)=AB+AC$　　$(A+B)C=AC+BC$

例 6

(1)　$5a^3(2a^2-3a+6)=5a^3\cdot 2a^2+5a^3\cdot(-3a)+5a^3\cdot 6$

$\qquad=10a^5-15a^4+30a^3$

(2)　$(4x^3+3x^2-1)(-x^2)$

$\qquad=4x^3\cdot(-x^2)+3x^2\cdot(-x^2)-1\cdot(-x^2)$

$\qquad=-4x^5-3x^4+x^2$

注意　例 6 で用いた・は，積を表す記号であり，×と同じ意味である。

多項式の積の形をした式について，その積を計算し，単項式の和の形に表すことを，その式を **展開** するという。

例 7

$(3x^2-5x+2)(x-4)$

$=(3x^2-5x+2)x$

$\qquad+(3x^2-5x+2)\cdot(-4)$

$=3x^3-5x^2+2x-12x^2+20x-8$

$=3x^3-17x^2+22x-8$

$$
\begin{array}{rrrrr}
 & & 3x^2 & -5x & +2 \\
\times) & & & x & -4 \\
\hline
 & 3x^3 & -5x^2 & +2x & \\
 & & -12x^2 & +20x & -8 \\
\hline
 & 3x^3 & -17x^2 & +22x & -8
\end{array}
$$

練習 9　次の式を展開せよ。

(1)　$7a^2(3a^3-4a^2-1)$

(2)　$(x^2+5x-3)(-x^4)$

(3)　$(2x^2-3x+5)(x+2)$

(4)　$(3x^2+2x-4)(2x-1)$

(5)　$(x+y)(2x^2-xy-3)$

(6)　$(a-b)(a^2+ab+b^2)$

展開の公式

次の展開の公式は，分配法則からすぐに導くことができる。これらは式の展開によく利用される。

展開の公式

[1] $(a+b)^2=a^2+2ab+b^2$,　　$(a-b)^2=a^2-2ab+b^2$

[2] $(a+b)(a-b)=a^2-b^2$

[3] $(x+a)(x+b)=x^2+(a+b)x+ab$

[4] $(ax+b)(cx+d)=acx^2+(ad+bc)x+bd$

例 8

(1) $(3a+5)^2=(3a)^2+2\cdot 3a\cdot 5+5^2$

$=9a^2+30a+25$

(2) $(2x+y)(2x-y)=(2x)^2-y^2$

$=4x^2-y^2$

(3) $(2x-5)(2x+1)=(2x)^2+(-5+1)\cdot 2x+(-5)\cdot 1$

$=4x^2-8x-5$

練習 10 次の式を展開せよ。

(1) $(2x+3y)^2$　　(2) $(5a-4b)^2$

(3) $(3x+4y)(3x-4y)$　　(4) $(2a-7)(2a+3)$

練習 11 公式 [4] が成り立つことを，左辺を展開して確かめよ。

$(2x+5)(3x-4)=2\cdot 3x^2+\{2\cdot(-4)+5\cdot 3\}x+5\cdot(-4)$

$=6x^2+7x-20$

練習 12 次の式を展開せよ。

(1) $(3x+2)(5x+1)$　　(2) $(2x-3)(4x+5)$　　(3) $(4a-3b)(a-5b)$

次の公式も，分配法則によって導かれる。

展開の公式

[5] $\begin{cases} \boldsymbol{(a+b)^3=a^3+3a^2b+3ab^2+b^3} \\ \boldsymbol{(a-b)^3=a^3-3a^2b+3ab^2-b^3} \end{cases}$

[6] $\begin{cases} \boldsymbol{(a+b)(a^2-ab+b^2)=a^3+b^3} \\ \boldsymbol{(a-b)(a^2+ab+b^2)=a^3-b^3} \end{cases}$

公式 [5] の第 1 式は，次のようにして導くことができる。

$$\begin{aligned}(a+b)^3&=(a+b)^2(a+b)\\&=(a^2+2ab+b^2)(a+b)\\&=(a^2+2ab+b^2)a+(a^2+2ab+b^2)b\\&=a^3+2a^2b+ab^2+a^2b+2ab^2+b^3\\&=a^3+3a^2b+3ab^2+b^3\end{aligned}$$

[5] の第 2 式も同じように導くことができる。また，第 1 式において，b を $-b$ におき換えると，次のように第 2 式が導かれる。

$$\{a+(-b)\}^3=a^3+3a^2(-b)+3a(-b)^2+(-b)^3$$

よって　　$(a-b)^3=a^3-3a^2b+3ab^2-b^3$

例 10

(1)　$(x+4)^3=x^3+3\cdot x^2\cdot 4+3\cdot x\cdot 4^2+4^3$
$=x^3+12x^2+48x+64$

(2)　$(x-2y)^3=x^3-3\cdot x^2\cdot 2y+3\cdot x\cdot (2y)^2-(2y)^3$
$=x^3-6x^2y+12xy^2-8y^3$

練習 13 次の式を展開せよ。

(1)　$(x+2)^3$　　(2)　$(2a-1)^3$　　(3)　$(4x+y)^3$　　(4)　$(3a-2b)^3$

練習 14 公式 [6] の第 1 式が成り立つことを，左辺を展開して確かめよ。

例 11
(1) $(x+3)(x^2-3x+9)=(x+3)(x^2-x\cdot 3+3^2)$
$=x^3+3^3=x^3+27$

(2) $(a-2b)(a^2+2ab+4b^2)=(a-2b)\{a^2+a\cdot 2b+(2b)^2\}$
$=a^3-(2b)^3=a^3-8b^3$

練習 15 次の式を展開せよ。

(1) $(2x+1)(4x^2-2x+1)$　　(2) $(3a-2b)(9a^2+6ab+4b^2)$

$(a+b+c)^2$ は，$a+b$ を 1 つのものとみると，次のようにして展開することができる。

$$(a+b+c)^2=\{(a+b)+c\}^2$$
$$=(a+b)^2+2(a+b)c+c^2$$
$$=a^2+2ab+b^2+2ac+2bc+c^2$$
$$=a^2+b^2+c^2+2ab+2bc+2ca$$

$a+b=M$ とおくと
$(M+c)^2$
$=M^2+2Mc+c^2$

展開の公式

[7] $\boldsymbol{(a+b+c)^2=a^2+b^2+c^2+2ab+2bc+2ca}$

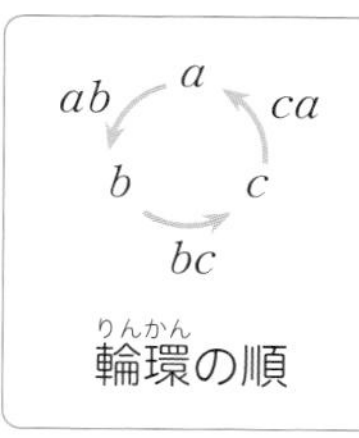

注意 上のような場合，アルファベット順ではなく，ab，bc，ca の項の順に式を整理しておくことが多い。

練習 16 次の式を展開せよ。

(1) $(a-b+c)^2$　　(2) $(2x-3y+z)^2$

式を展開する場合，式の形に応じて適当な工夫をすると，展開の公式を適用できることがある。

次の式を展開せよ。

(1) $(x+2)^2(x-2)^2$　　(2) $(a^2+2a-2)(a^2+2a+5)$

解答 (1) $(x+2)^2(x-2)^2=\{(x+2)(x-2)\}^2$

$=(x^2-2^2)^2=(x^2-4)^2$

$=x^4-8x^2+16$ 答

(2) $(a^2+2a-2)(a^2+2a+5)$

$=\{(a^2+2a)-2\}\{(a^2+2a)+5\}$

$=(a^2+2a)^2+3(a^2+2a)-10$

$=a^4+4a^3+4a^2+3a^2+6a-10$

$=a^4+4a^3+7a^2+6a-10$ 答

> $a^2+2a=M$ とおくと
> $(M-2)(M+5)$
> $=M^2+3M-10$

練習 17 次の式を展開せよ。

(1) $(2a+b)^2(2a-b)^2$　　(2) $(x-y)^3(x+y)^3$

(3) $(x-3)(x+3)(x^2+9)$　　(4) $(x+1)(x-1)(x^2+1)(x^4+1)$

(5) $(x^2+3x-3)(x^2+3x-5)$

応用例題 1 次の式を計算せよ。

$$(x-y+z)(x+y-z)-(x+y+z)(x-y-z)$$

解答 $(x-y+z)(x+y-z)-(x+y+z)(x-y-z)$

$=\{x-(y-z)\}\{x+(y-z)\}-\{x+(y+z)\}\{x-(y+z)\}$

$=\{x^2-(y-z)^2\}-\{x^2-(y+z)^2\}$

$=-(y^2-2yz+z^2)+(y^2+2yz+z^2)$

$=4yz$ 答

練習 18 次の式を計算せよ。

$$(a+b+c)^2+(a-b-c)^2-(a-b+c)^2-(a+b-c)^2$$

2. 因数分解

因数分解

$(x-2)(x+3)$ を展開した式の左辺と右辺を入れ替えると，次の等式になる。

$$x^2+x-6=(x-2)(x+3)$$

このように，1つの多項式を，2つ以上の多項式の積の形に表すことを，もとの式を **因数分解** するという。このとき，積をつくっている各式をもとの式の **因数** という。

式を因数分解するとき，まず次のことを考える。

> 式の各項に共通な因数があれば，それをかっこの外にくくり出す。
>
> $\boldsymbol{AB+AC=A(B+C)}$ ⟵ $\boldsymbol{A}$が共通な因数

例 12

(1) $2x^3y+8x^2y^2=2x^2y\cdot x+2x^2y\cdot 4y=2x^2y(x+4y)$

(2) $(a-b)x+(b-a)y=(a-b)x-(a-b)y$ ← $b-a=-(a-b)$

$=(a-b)(x-y)$

練習 19 次の式を因数分解せよ。

(1) $3x^2y+6xy^2-12xyz$　　(2) $6a^2bc^2+4a^2b^2c-2abc$

(3) $a(2x-y)-(y-2x)b$　　(4) $(a+b)x-ay-by$

展開の公式を逆に利用すると，因数分解の公式が得られる。

因数分解の公式

[1] $\boldsymbol{a^2+2ab+b^2=(a+b)^2}$,　$\boldsymbol{a^2-2ab+b^2=(a-b)^2}$

[2] $\boldsymbol{a^2-b^2=(a+b)(a-b)}$

[3] $\boldsymbol{x^2+(a+b)x+ab=(x+a)(x+b)}$

例 13

(1) $x^2+6x+9=x^2+2\cdot x\cdot 3+3^2=(x+3)^2$

(2) $25x^2-4y^2=(5x)^2-(2y)^2=(5x+2y)(5x-2y)$

(3) $x^2-13xy+36y^2=x^2+\{(-4y)+(-9y)\}x+(-4y)\cdot(-9y)$

$$=(x-4y)(x-9y)$$

練習 20 次の式を因数分解せよ。

(1) $x^2+14x+49$　(2) $x^2-10x+25$　(3) $4a^2-12ab+9b^2$

(4) $16x^2-81y^2$　(5) $9a^2-(b-1)^2$　(6) x^2+6x+8

(7) $x^2-17x-60$　(8) $a^2+8ab-20b^2$　(9) $x^2-xy-30y^2$

因数分解の公式

[4] $\boldsymbol{acx^2+(ad+bc)x+bd=(ax+b)(cx+d)}$

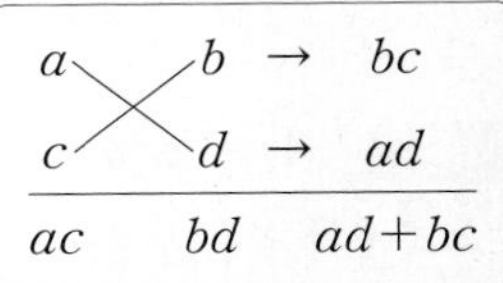

$2x^2+7x+3$
1　3 → 6
2　1 → 1
2　3　7

$2x^2+7x+3$ を因数分解してみよう。

因数分解の公式

$$acx^2+(ad+bc)x+bd=(ax+b)(cx+d)$$

において，　$ac=2$，$bd=3$

を満たす a，b，c，d のうち，$ad+bc=7$ となるものを見つければよい。

$a=1$，$c=2$ として，$bd=3$ となる場合を考える。

$\begin{cases} b=1 \\ d=3 \end{cases}$　$\begin{cases} b=3 \\ d=1 \end{cases}$　$\begin{cases} b=-1 \\ d=-3 \end{cases}$　$\begin{cases} b=-3 \\ d=-1 \end{cases}$

この中で，$ad+bc=7$ を満たすのは $b=3$，$d=1$ のときだけである。

よって，$2x^2+7x+3$ を因数分解すると，次のようになる。

$$2x^2+7x+3=(x+3)(2x+1)$$

注意 右上の図のような計算方法を **たすき掛け** という。

例 14

$6x^2-17x-14=(2x-7)(3x+2)$

$6a^2-17ab-14b^2=(2a-7b)(3a+2b)$

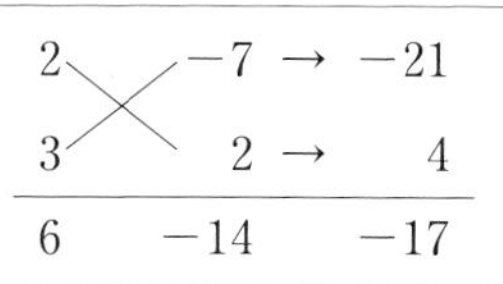

練習 21 次の式を因数分解せよ。

(1) $2x^2+11x+12$　(2) $3x^2-2x-8$　(3) $4x^2-12x+5$

(4) $8x^2+18x-5$　(5) $3a^2+7ab-6b^2$　(6) $6a^2+ab-15b^2$

次の公式によっても因数分解ができる。

因数分解の公式

[5] $\begin{cases} \boldsymbol{a^3+3a^2b+3ab^2+b^3=(a+b)^3} \\ \boldsymbol{a^3-3a^2b+3ab^2-b^3=(a-b)^3} \end{cases}$

[6] $\begin{cases} \boldsymbol{a^3+b^3=(a+b)(a^2-ab+b^2)} \\ \boldsymbol{a^3-b^3=(a-b)(a^2+ab+b^2)} \end{cases}$

例 15

(1) $a^3+6a^2b+12ab^2+8b^3=a^3+3\cdot a^2\cdot(2b)+3\cdot a\cdot(2b)^2+(2b)^3$
$=(a+2b)^3$

(2) $a^3+8=a^3+2^3=(a+2)(a^2-a\cdot 2+2^2)$
$=(a+2)(a^2-2a+4)$

(3) $27x^3-y^3=(3x)^3-y^3=(3x-y)\{(3x)^2+3x\cdot y+y^2\}$
$=(3x-y)(9x^2+3xy+y^2)$

練習 22 次の式を因数分解せよ。

(1) $8x^3+12x^2+6x+1$　(2) $a^3-9a^2b+27ab^2-27b^3$

(3) a^3+64　(4) x^3-1

(5) $64x^3+27y^3$　(6) $250a^3-16b^3$

複雑な式の因数分解をする場合，式の形の特徴に着目して式の変形や文字のおき換えを行うと，因数分解の公式を利用できることがある。

例題 2　x^2-y^2-2y-1 を因数分解せよ。

解答　$x^2-y^2-2y-1=x^2-(y^2+2y+1)$

$=x^2-(y+1)^2$　　← $y+1=A$ とおくと x^2-A^2

$=\{x+(y+1)\}\{x-(y+1)\}$

$=(x+y+1)(x-y-1)$　答

練習 23　次の式を因数分解せよ。

(1)　x^2-y^2+6y-9　　(2)　$x^2-4y^2-12y-9$

応用例題 2　次の式を因数分解せよ。

(1)　x^4-3x^2-4　　(2)　x^4+4

考え方　(2)　$x^4+4=(x^4+4x^2+4)-4x^2$ であることを利用する。

解答　(1)　$x^4-3x^2-4=(x^2)^2-3x^2-4$　　← $x^2=A$ とおくと A^2-3A-4

$=(x^2+1)(x^2-4)$

$=(x^2+1)(x+2)(x-2)$　答

(2)　$x^4+4=(x^4+4x^2+4)-4x^2$

$=(x^2+2)^2-(2x)^2$　　← $x^2+2=A$，$2x=B$ とおくと　A^2-B^2

$=\{(x^2+2)+2x\}\{(x^2+2)-2x\}$

$=(x^2+2x+2)(x^2-2x+2)$　答

注　意　応用例題 2 (1) の因数分解は，$x^4-3x^2-4=(x^2+1)(x^2-4)$ で終えてはいけない。因数分解はできるところまでする。

練習 24　次の式を因数分解せよ。

(1)　x^4-17x^2+16　　(2)　x^4+2x^2+9　　(3)　$x^4+x^2y^2+25y^4$

2種類以上の文字を含む式は，次数の最も低い文字について降べきの順に整理すると，因数分解しやすくなることが多い。

応用例題 3 $x^2+xy+x-6-2y$ を因数分解せよ。

考え方　x については2次式，y については1次式であるから，次数の低い文字 y について式を降べきの順に整理する。

解答
$$
\begin{aligned}
x^2+xy+x-6-2y &= (x-2)y+(x^2+x-6)\\
&= (x-2)y+(x+3)(x-2)\\
&= (x-2)\{y+(x+3)\}\\
&= (x-2)(x+y+3) \quad \boxed{答}
\end{aligned}
$$

練習 25 次の式を因数分解せよ。

(1) $x^3+x^2y+x^2-y$　　(2) $2x^2+6xy+3x-3y-2$

応用例題 4 $x^2+3xy+2y^2+2x+5y-3$ を因数分解せよ。

考え方　x についても y についても2次式であるが，x^2 の係数が1であるから，x について式を降べきの順に整理する。

解答
$$
\begin{aligned}
&x^2+3xy+2y^2+2x+5y-3\\
&= x^2+(3y+2)x+(2y^2+5y-3) \quad \leftarrow x^2+(y\text{の1次式})x+(y\text{の2次式})\\
&= x^2+(3y+2)x+(y+3)(2y-1)\\
&= \{x+(y+3)\}\{x+(2y-1)\}\\
&= (x+y+3)(x+2y-1) \quad \boxed{答}
\end{aligned}
$$

1	$y+3$	→	$y+3$
1	$2y-1$	→	$2y-1$
			$3y+2$

練習 26 次の式を因数分解せよ。

(1) $x^2+xy-6y^2-x+7y-2$　　(2) $2x^2+7xy+3y^2-x+2y-1$

応用例題 5 $a(b^2-c^2)+b(c^2-a^2)+c(a^2-b^2)$ を因数分解せよ。

考え方　a, b, c のどの文字についても 2 次式である。このような場合は，どれか 1 つの文字（ここでは a）に着目して，式を降べきの順に整理する。

解答 $a(b^2-c^2)+b(c^2-a^2)+c(a^2-b^2)$

$$
\begin{aligned}
&=(-b+c)a^2+(b^2-c^2)a+(bc^2-b^2c)\\
&=-(b-c)a^2+(b+c)(b-c)a-bc(b-c)\\
&=-(b-c)\{a^2-(b+c)a+bc\}\\
&=-(b-c)(a-b)(a-c)\\
&=(a-b)(b-c)(c-a)
\end{aligned}
$$
答

練習 27 $ab(a-b)+bc(b-c)+ca(c-a)$ を因数分解せよ。

$(a+b)^3$ の展開を利用して，$a^3+b^3+c^3-3abc$ の因数分解を考えよう。

$(a+b)^3=a^3+3a^2b+3ab^2+b^3$ であるから

$$
\begin{aligned}
a^3+b^3&=(a+b)^3-3a^2b-3ab^2\\
&=\underline{(a+b)^3-3ab(a+b)}
\end{aligned}
$$

したがって　$a^3+b^3+c^3-3abc$

$$
\begin{aligned}
&=\underline{(a+b)^3}+c^3\underline{-3ab(a+b)}-3abc\\
&=\{(a+b)+c\}\{(a+b)^2-(a+b)c+c^2\}-3ab(a+b+c)\\
&=(a+b+c)\{(a+b)^2-(a+b)c+c^2-3ab\}\\
&=(a+b+c)(a^2+b^2+c^2-ab-bc-ca)
\end{aligned}
$$

上で導かれた次の等式は，後に，式の計算に関する事柄の証明などに利用されることがあるため，公式として覚えておくとよい。

$$\boldsymbol{a^3+b^3+c^3-3abc=(a+b+c)(a^2+b^2+c^2-ab-bc-ca)}$$

因数分解の手順

因数分解を行う手順について，優先度の高い順にまとめておこう。

[1]　共通な因数でくくり出す

式の各項に共通な因数があれば，それをかっこの外にくくり出す。

$$AB+AC=A(B+C)$$

[2]　公式が利用できるか確認する

次の因数分解の公式に当てはまっている場合は，それを利用して因数分解を行う。

$$a^2+2ab+b^2=(a+b)^2,\quad a^2-2ab+b^2=(a-b)^2$$
$$a^2-b^2=(a+b)(a-b)$$
$$x^2+(a+b)x+ab=(x+a)(x+b)$$
$$acx^2+(ad+bc)x+bd=(ax+b)(cx+d)$$
$$a^3+3a^2b+3ab^2+b^3=(a+b)^3,\quad a^3-3a^2b+3ab^2-b^3=(a-b)^3$$
$$a^3+b^3=(a+b)(a^2-ab+b^2),\quad a^3-b^3=(a-b)(a^2+ab+b^2)$$

注意　おき換えを利用したり，組み合わせを工夫したりすることで，公式が利用できる場合もある。

[3]　次数の最も低い文字について整理する

2 種類以上の文字を含む式は，次数の最も低い文字について降べきの順に整理する。

注意　文字の次数がすべて同じときは，どれか 1 つの文字に着目して，降べきの順に整理する。

最後に
「かっこの中はこれ以上因数分解できないかどうか」
を確認しましょう。

3. 多項式の割り算

129 を 7 で割って商と余りを求めるとき，右のような計算をすると，商は 18，余りは 3 であることがわかる。このことは，次のような等式で表される。

$$\begin{array}{r} 18 \\ 7\,\overline{)\,129} \\ 7 \\ \hline 59 \\ 56 \\ \hline 3 \end{array}$$

18 …… 商
3 …… 余り

$$\underset{\text{(割られる数)}}{\overset{\uparrow}{129}} = \underset{\text{(割る数)}}{\overset{\uparrow}{7}} \times \underset{\text{(商)}}{\overset{\uparrow}{18}} + \underset{\text{(余り)}}{\overset{\uparrow}{3}}$$

多項式を多項式で割る計算も，整数の場合と似た方法で行い，商と余りを求めることができる。たとえば

$$A=x^3+5x^2+7x-5, \qquad B=x^2+2x-2$$

について，A を B で割る計算を行うと，次のようになる。

$$\begin{array}{rrl} & x+3 & \\ B \cdots\cdots \; x^2+2x-2 & \overline{)\,x^3+5x^2+7x-5} & \cdots\cdots \; A \\ & x^3+2x^2-2x & \cdots\cdots \; B\times x \\ \hline & 3x^2+9x-5 & \cdots\cdots \; A-B\times x \\ & 3x^2+6x-6 & \cdots\cdots \; B\times 3 \\ \hline & 3x+1 & \cdots\cdots \; A-B\times x-B\times 3 \end{array}$$

x^3 を消す

$3x^2$ を消す

上の計算では，A から $B\times x$，$B\times 3$ を順にひいて，残りの $3x+1$ の次数が割る式 x^2+2x-2 の次数より低くなったところで終わる。

この計算は，次の等式で表される。

$$A-B\times x-B\times 3=3x+1$$

すなわち　$A=B\times x+B\times 3+(3x+1)$

$$=B\times(x+3)+(3x+1)$$

一般に次のページのことが成り立つ。

多項式の割り算

> AとBが同じ1つの文字についての多項式で，$B \neq 0$ とするとき，
>
> **$A=BQ+R$，Rは0か，Bより次数の低い多項式**
>
> を満たす多項式QとRがただ1通りに定まる。

上の等式において，多項式Qを，AをBで割ったときの **商** といい，Rを **余り** という。特に，$R=0$ のとき，AはBで **割り切れる** という。

前のページの割り算において，x^3+5x^2+7x-5 を x^2+2x-2 で割った商は $x+3$，余りは $3x+1$ であり，次の等式が成り立つ。

$$x^3+5x^2+7x-5=(x^2+2x-2)\underbrace{(x+3)}_{\text{商}}+\underbrace{3x+1}_{\text{余り}}$$

多項式Aを多項式Bで割るときは，次のことに注意する。

> [1] A，B を降べきの順に整理してから，割り算を行う。
>
> [2] 余りが0になるか，余りの次数が割る式Bの次数より低くなるまで計算を続ける。

例 16 $2x^3-11x-7$ を x^2-2x-1 で割った商と余りを求める。

$$\begin{array}{r@{}l}
 & \phantom{2x^3-{}}2x+4 \\ \cline{2-2}
x^2-2x-1 \big) & 2x^3 \qquad\quad -11x-7 \\
 & 2x^3-4x^2-\ \ 2x \\ \cline{2-2}
 & \qquad 4x^2-\ \ 9x-7 \\
 & \qquad 4x^2-\ \ 8x-4 \\ \cline{2-2}
 & \qquad\qquad\quad -x-3
\end{array}$$

> 割られる式において，ある次数の項がないときは，その場所を空けて計算する。

よって，商は $2x+4$，余りは $-x-3$ である。

例 16 の結果から，次の等式が成り立つ。

$$2x^3-11x-7=(x^2-2x-1)(2x+4)-x-3$$

練習 28 次の多項式 A，B について，A を B で割った商と余りを求めよ。また，その結果を $A=BQ+R$ の形に書け。

(1) $A=2x^2+5x-8$，$B=x+3$

(2) $A=x^3-3x^2-7$，$B=x-2$

(3) $A=3x^3-x^2-16x-1$，$B=x^2-2x-1$

練習 29 多項式 A を $2x^2+3$ で割ると，商が $x+1$，余りが $6x-2$ である。多項式 A を求めよ。

2 種類以上の文字を含む多項式についても，その中の 1 つの文字に着目して割り算を行うことができる。

応用例題 6 次の式 A，B を a についての多項式とみて，A を B で割った商と余りを求めよ。

$$A=a^3+2ab^2-3b^3,\qquad B=a+b$$

解答

$$\begin{array}{r} a^2-ab+3b^2 \\ a+b\,\big)\overline{\,a^3 \qquad\quad +2ab^2-3b^3} \\ \underline{a^3+a^2b \qquad\qquad\qquad} \\ -a^2b+2ab^2 \qquad \\ \underline{-a^2b-\ ab^2 \qquad} \\ 3ab^2-3b^3 \\ \underline{3ab^2+3b^3} \\ -6b^3 \end{array}$$

答　商　$a^2-ab+3b^2$

余り　$-6b^3$

練習 30 応用例題 6 の式 A，B を b についての多項式とみて，A を B で割った商と余りを求めよ。

分数式について，$\dfrac{A}{B}\div\dfrac{C}{D}$ を $\dfrac{\dfrac{A}{B}}{\dfrac{C}{D}}$ と書き表すことがある。

例 21

$$\frac{1-\dfrac{1}{a}}{a-\dfrac{1}{a}}=\frac{\dfrac{a-1}{a}}{\dfrac{a^2-1}{a}}=\frac{a-1}{a}\div\frac{a^2-1}{a}$$

$$=\frac{a-1}{a}\times\frac{a}{a^2-1}$$

$$=\frac{a-1}{a}\times\frac{a}{(a+1)(a-1)}=\frac{1}{a+1}$$

例 21 は，次のようにして計算することもできる。

$$\frac{1-\dfrac{1}{a}}{a-\dfrac{1}{a}}=\frac{\left(1-\dfrac{1}{a}\right)\times a}{\left(a-\dfrac{1}{a}\right)\times a}=\frac{a-1}{a^2-1}=\frac{a-1}{(a+1)(a-1)}=\frac{1}{a+1}$$

練習 36 次の式を簡単にせよ。

(1) $\dfrac{1-\dfrac{x-y}{x+y}}{1+\dfrac{x-y}{x+y}}$　　(2) $\dfrac{1}{1-\dfrac{1}{1-\dfrac{1}{1+a}}}$

多項式と分数式を合わせて **有理式** という。

これまでに学んだことからわかるように，有理式の加法，減法，乗法，除法は有理数の場合と同様に行われる。

有理式の和，差，積，商は，また有理式である。

式の値

条件が与えられたときの分数式の値を求めてみよう。

例 22 $a+b=\dfrac{9}{2}$，$ab=2$ であるとき，$\dfrac{b}{a}+\dfrac{a}{b}$ の値を求める。

$$\frac{b}{a}+\frac{a}{b}=\frac{b^2}{ab}+\frac{a^2}{ab}=\frac{a^2+b^2}{ab}$$

ここで　$a^2+b^2=(a+b)^2-2ab=\left(\dfrac{9}{2}\right)^2-2\cdot2=\dfrac{65}{4}$

であるから　$\dfrac{b}{a}+\dfrac{a}{b}=\dfrac{\frac{65}{4}}{2}=\dfrac{65}{8}$

練習 37 $a+b=\dfrac{5}{2}$，$ab=-6$ であるとき，次の式の値を求めよ。

(1) a^2+b^2　　(2) $\dfrac{b}{a}+\dfrac{a}{b}$　　(3) $\dfrac{1}{a^2}+\dfrac{1}{b^2}$

$x+\dfrac{1}{x}=4$ であるとき，$x^2+\dfrac{1}{x^2}$ と $x^3+\dfrac{1}{x^3}$ の値を求めよ。

考え方　後者は，$a^3+b^3=(a+b)^3-3ab(a+b)$ を利用する。

解答 $x^2+\dfrac{1}{x^2}=\left(x+\dfrac{1}{x}\right)^2-2x\cdot\dfrac{1}{x}=4^2-2=14$　答

$x^3+\dfrac{1}{x^3}=\left(x+\dfrac{1}{x}\right)^3-3x\cdot\dfrac{1}{x}\left(x+\dfrac{1}{x}\right)=4^3-3\cdot4=52$　答

別解 $x^3+\dfrac{1}{x^3}=\left(x+\dfrac{1}{x}\right)\left(x^2-x\cdot\dfrac{1}{x}+\dfrac{1}{x^2}\right)=4\cdot(14-1)=52$　答

練習 38 $x-\dfrac{1}{x}=3$ であるとき，$x^2+\dfrac{1}{x^2}$ と $x^3-\dfrac{1}{x^3}$ の値を求めよ。

このページで出てくる $a+b$，ab，a^2+b^2 のような多項式を対称式という。対称式について，詳しくは 40 ページで学習する。

5. 実数

実数

既に学んだように，整数 m と正の整数 n を用いて，分数 $\dfrac{m}{n}$ の形に表される数を **有理数** という。整数 m は $\dfrac{m}{1}$ と表されるから，有理数である。

① $\dfrac{1}{4}=0.25$　　② $\dfrac{2}{3}=0.666\cdots\cdots$　　③ $\dfrac{7}{22}=0.3181818\cdots\cdots$

① のように，小数第何位かで終わる小数を **有限小数** という。また，小数部分が限りなく続く小数を **無限小数** という。無限小数のうち，②，③ のように，ある位以下では数字の同じ並びがくり返される小数を **循環小数** という。循環小数は，普通，次のように書き表す。

$$0.666\cdots\cdots=0.\dot{6},\quad 0.31818\cdots\cdots=0.3\dot{1}\dot{8},\quad 1.234234\cdots\cdots=1.\dot{2}3\dot{4}$$

m，n を正の整数とするとき，分数 $\dfrac{m}{n}$ について考える。

m を n で割ると，各段階の余りは，

$0,\ 1,\ 2,\ \cdots\cdots,\ n-1$

のいずれかである。

余りに 0 が出ると，そこで計算は終わり，分数は整数または有限小数で表される。

余りに 0 が出てこないとき，余りは 1 から $n-1$ までの $(n-1)$ 個の整数のいずれかであり，n 回目までにはそれまでに出てきた余りと同じ余りが出てきて，その後の割り算はその間の割り算のくり返しとなる。この場合，分数は循環小数で表される。

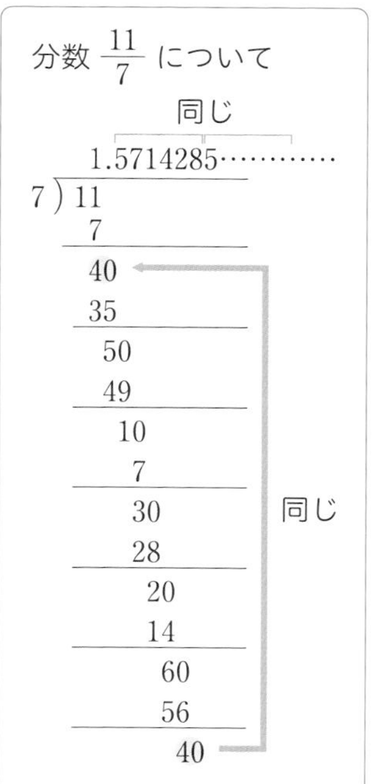

有理数について，次のことが知られている。

有理数の性質

整数以外の有理数は，有限小数か循環小数のいずれかで表される。
逆に，有限小数と循環小数は分数の形に表され，有理数である。

次に，循環小数を分数の形に表すことを考えよう。

例 23 循環小数 $x=3.\dot{5}\dot{7}$ は，2 つの数字の配列 57 がくり返されるから，$100x$ と x の差を考えて，右のように計算すると

$$\begin{array}{rrl} & 100x= & 357.5757\cdots\cdots \\ -) & x= & 3.5757\cdots\cdots \\ \hline & 99x= & 354 \end{array}$$

$$99x=354$$

よって　$x=\dfrac{354}{99}=\dfrac{118}{33}$

練習 39 次の循環小数を分数で表せ。

(1)　$0.\dot{5}$　　(2)　$0.\dot{1}\dot{2}$　　(3)　$0.\dot{3}2\dot{1}$　　(4)　$6.2\dot{7}$

有限小数や無限小数で表される数と整数とを合わせて **実数** という。

有理数でない実数を **無理数** という。無理数は，循環しない無限小数で表される数であり，分数の形に表すことはできない。

たとえば，$\sqrt{2}$ や π は無理数である。

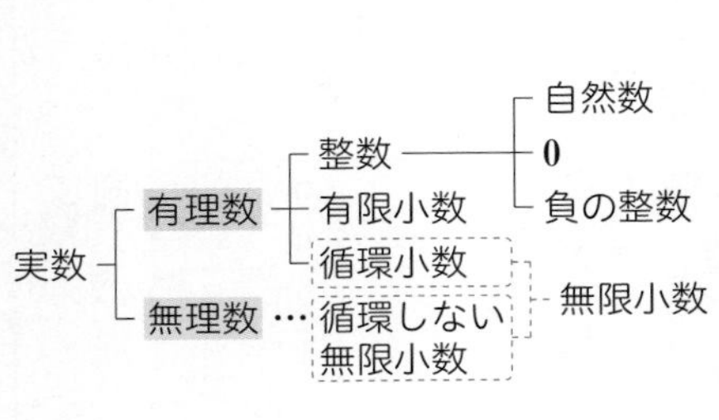

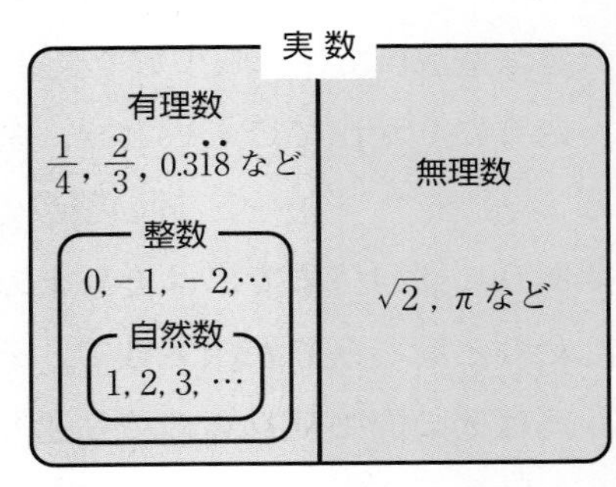

有理数，実数の範囲では，それぞれ常に四則計算ができる。

数直線

1つの直線上に，異なる2点O，Eをとる。

直線上の点PがOと異なるとき，線分OEの長さを1として，線分OPの長さを測ると，正の実数cが1つ決まる。

このとき，点PがOに関して

Eと同じ側にあるときは

点Pに正の実数cを

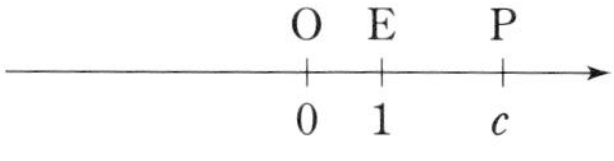

Eと反対側にあるときは

点Pに負の実数$-c$を

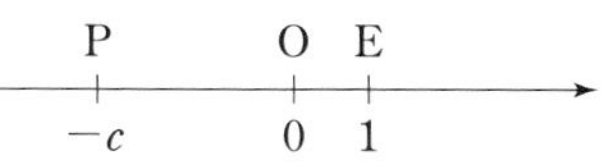

対応させる。また，点Oには実数0を対応させる。

このように，直線上の各点に1つの実数を対応させたとき，この直線を **数直線** といい，Oを **原点** という。

数直線上で，点Pに実数aが対応しているとき，aを点Pの **座標** といい，座標がaである点Pを $\mathbf{P}(\boldsymbol{a})$ で表す。

任意の実数aに対して，aを座標にもつ数直線上の点がただ1つ定まり，すべての実数は数直線上の点で表される。

実数の大小関係は，数直線上では点の左右の位置関係で表される。

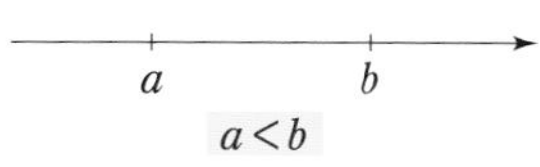

実数aについて，aを超えない最大の整数nをaの整数部分といい，$a-n$をaの小数部分という。

実数aの整数部分がnであるとき，$n \leqq a < n+1$が成り立つ。

練習 40 次の数の整数部分と小数部分をそれぞれ求めなさい。

(1) 4.93　　(2) $\sqrt{5}-1$　　(3) π

絶対値

数直線上で，原点Oと点 P(a) の間の距離を，a の **絶対値** といい，$|a|$ で表す。$|\ \ |$ を絶対値記号という。

$a>0$ のとき

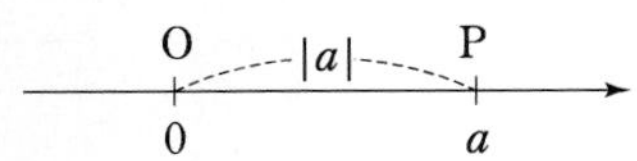

$a<0$ のとき

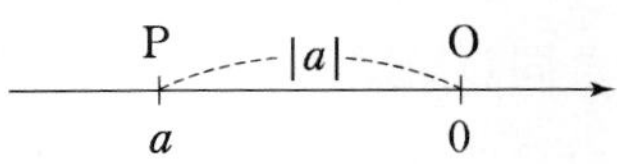

例 24　(1)　$|3|=3$

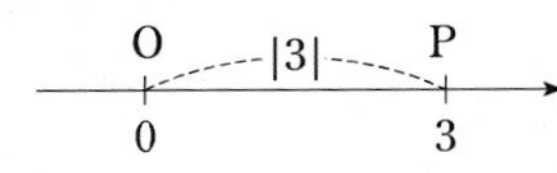

(2)　$|-2|=2$

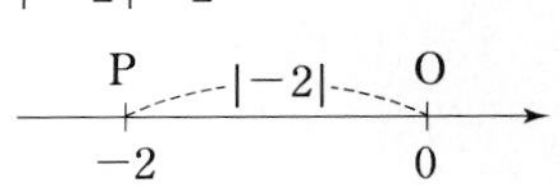

0 の絶対値は 0 である。すなわち，$|0|=0$ である。

一般に $|a|$ について，次のことが成り立つ。

絶対値の性質

[1]　$|\boldsymbol{a}|\geqq 0$

[2]　**$a\geqq 0$ のとき　$|a|=a$，　$a<0$ のとき　$|a|=-a$**

練習 41 ▶ 次の値を求めよ。

(1)　$|-3+2|$　　(2)　$\left|\dfrac{1}{2}-\dfrac{1}{3}\right|$　　(3)　$|-5|+|2|$　　(4)　$|1-\sqrt{2}\,|$

たとえば，$|2|=2$，$|-2|=2$ であるから，$|2|=|-2|$ が成り立つ。
一般に，絶対値については，次の等式が成り立つ。

[3]　$|\boldsymbol{a}|=|-\boldsymbol{a}|$

数直線上の 2 点 P(a)，Q(b) については，次のことが成り立つ。

2 点 P(a)，Q(b) 間の距離は $|\boldsymbol{b}-\boldsymbol{a}|$ で表される。

$a<b$ のとき

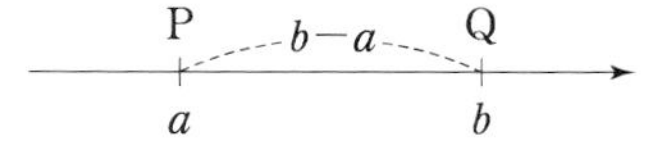

$b<a$ のとき

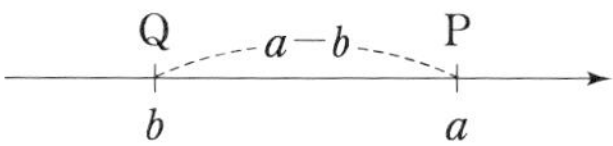

例 25
(1)　2 点 P(-2)，Q(3) 間の距離は　$|3-(-2)|=|5|=5$
(2)　2 点 P(5)，Q(1) 間の距離は　$|1-5|=|-4|=4$

練習 42 ▶ 次の 2 点間の距離を求めよ。
(1)　P(2)，Q(5)　　(2)　P(1)，Q(-3)　　(3)　P(-4)，Q(-6)

例 26
等式 $|x-2|=3$ を満たす実数 x の値を求める。
この等式が成り立つことは，点 P(x) が，点 A(2) から距離 3 の位置にあることである。
よって，右の図からわかるように，求める実数 x の値は　$x=-1,\ 5$

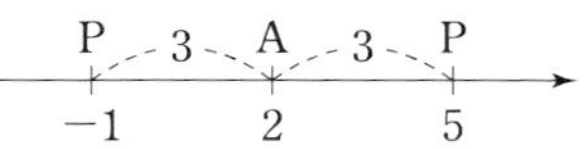

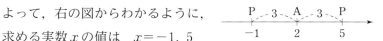

練習 43 ▶ 等式 $|x+1|=4$ を満たす実数 x の値を求めよ。

絶対値記号を含む式では，34 ページの [2] を用いると，絶対値記号をはずすことができる。たとえば，$|x-1|$ は，$x-1\geqq 0$ の場合と $x-1<0$ の場合に分けて考えると，次のようになる。

$x-1\geqq 0$ のとき　$|x-1|=x-1$

$x-1<0$ のとき　$|x-1|=-(x-1)$

すなわち　$|x-1|=\begin{cases} x-1 & (x\geqq 1 \text{ のとき}) \\ -(x-1) & (x<1 \text{ のとき}) \end{cases}$

例題 3 次の方程式，不等式を解け。

(1) $2|x-1|=x$　　　(2) $2|x-1|\leqq x$

解答 (1) [1] $x-1\geqq 0$ すなわち $x\geqq 1$ のとき

$|x-1|=x-1$ であるから，方程式は　$2(x-1)=x$

これを解くと　　$x=2$

これは，$x\geqq 1$ を満たす。

[2] $x-1<0$ すなわち $x<1$ のとき

$|x-1|=-(x-1)$ であるから，方程式は

$$-2(x-1)=x$$

これを解くと　　$x=\dfrac{2}{3}$

これは，$x<1$ を満たす。

よって，[1]，[2] より，求める解は　$x=2,\ \dfrac{2}{3}$　答

(2) [1] $x\geqq 1$ のとき　不等式は　$2(x-1)\leqq x$

これを解くと　　$x\leqq 2$

これと $x\geqq 1$ の共通範囲は　$1\leqq x\leqq 2$　…… ①

[2] $x<1$ のとき　不等式は　$-2(x-1)\leqq x$

これを解くと　　$x\geqq \dfrac{2}{3}$

これと $x<1$ の共通範囲は　$\dfrac{2}{3}\leqq x<1$　…… ②

求める解は，① と ② を合わせた範囲である。

よって，求める解は　$\dfrac{2}{3}\leqq x\leqq 2$　答

練習 44 次の方程式，不等式を解け。

(1) $3|x-4|=x$　　　(2) $|x+2|>3x-4$

平方根

2 乗すると a になる数を，a の **平方根** という。

正の数 a の平方根は 2 つあり，この 2 つの数は絶対値が等しく符号が異なる。その正の平方根を $\sqrt{a}$，負の平方根を $-\sqrt{a}$ と書く。

2 乗して 0 になる数は 0 のみであるから，$\sqrt{0}=0$ である。

記号 $\sqrt{}$ を **根号** といい，$\sqrt{a}$ は「ルート a」と読む。

注意　2 乗して負の数になる実数はないから，負の数の平方根は，実数の範囲では存在しない。

例 27

(1)　5 の平方根は
$$\sqrt{5} \text{ と } -\sqrt{5}$$
すなわち $\pm\sqrt{5}$ である。

(2)　$\sqrt{36}$ は 36 の正の平方根で
$$\sqrt{36}=\sqrt{6^2}=6$$

(3)　$-\sqrt{9}$ は 9 の負の平方根で
$$-\sqrt{9}=-\sqrt{3^2}=-3$$

練習 45 次の値を求めよ。

(1)　25 の平方根　　(2)　$\sqrt{25}$　　(3)　$\sqrt{\dfrac{9}{16}}$　　(4)　$-\sqrt{49}$

次の 2 つの場合を比べてみよう。

$$\sqrt{3^2}=\sqrt{9}=3$$

$$\sqrt{(-3)^2}=\sqrt{9}=3=-(-3)$$

一般に，次のことが成り立つ。

$a \geqq 0$ のとき
$$\sqrt{a^2}=a$$

$a<0$ のとき
$$\sqrt{a^2}=\sqrt{(-a)^2}=-a$$

平方根の性質

[1]　$a \geqq 0$ のとき　$(\sqrt{a})^2=a$，$(-\sqrt{a})^2=a$，$\sqrt{a} \geqq 0$

[2]　$\begin{cases} a \geqq 0 \text{ のとき} & \sqrt{a^2}=a \\ a<0 \text{ のとき} & \sqrt{a^2}=-a \end{cases}$　すなわち　$\sqrt{a^2}=|a|$

根号を含む式の計算

平方根については，次のことが成り立つ。

平方根の公式

$a>0$，$b>0$，$k>0$ のとき

[1] $\sqrt{a}\sqrt{b}=\sqrt{ab}$　　[2] $\dfrac{\sqrt{a}}{\sqrt{b}}=\sqrt{\dfrac{a}{b}}$　　[3] $\sqrt{k^2a}=k\sqrt{a}$

例 28

(1) $\sqrt{3}\sqrt{15}=\sqrt{3\cdot 15}=\sqrt{3^2\cdot 5}=3\sqrt{5}$

(2) $\dfrac{\sqrt{40}}{\sqrt{2}}=\sqrt{\dfrac{40}{2}}=\sqrt{20}=\sqrt{2^2\cdot 5}=2\sqrt{5}$

練習 46 次の式を計算し，結果を $k\sqrt{a}$ の形に表せ。ただし，a はできるだけ小さい自然数にすること。

(1) $\sqrt{2}\sqrt{6}$　(2) $\sqrt{5}\sqrt{10}$　(3) $\dfrac{\sqrt{56}}{\sqrt{2}}$　(4) $\dfrac{\sqrt{160}}{\sqrt{5}}$

根号を含む式の加法，減法，乗法は次のように行う。

例 29

(1) $\sqrt{24}-\sqrt{6}+\sqrt{54}=2\sqrt{6}-\sqrt{6}+3\sqrt{6}$
$=(2-1+3)\sqrt{6}=4\sqrt{6}$

(2) $(\sqrt{3}+3\sqrt{2})(2\sqrt{3}-\sqrt{2})$
$=\sqrt{3}\cdot 2\sqrt{3}-\sqrt{3}\cdot\sqrt{2}+3\sqrt{2}\cdot 2\sqrt{3}-3\sqrt{2}\cdot\sqrt{2}$
$=6-\sqrt{6}+6\sqrt{6}-6=5\sqrt{6}$

練習 47 次の式を計算せよ。

(1) $4\sqrt{2}+3\sqrt{2}-8\sqrt{2}$　(2) $\sqrt{48}-\sqrt{75}+7\sqrt{3}$

(3) $(\sqrt{3}-2\sqrt{5})(4\sqrt{3}+\sqrt{5})$　(4) $(\sqrt{6}-3\sqrt{2})^2$

分母に根号を含む式を，分母に根号を含まない式に変形することを，分母を **有理化** するという。

分母に $\sqrt{a}+\sqrt{b}$ や $\sqrt{a}-\sqrt{b}$ の形の式がある数の場合は，次の式の変形を利用して，分母を有理化することができる。

$$(\sqrt{a}+\sqrt{b})(\sqrt{a}-\sqrt{b})=(\sqrt{a})^2-(\sqrt{b})^2=a-b$$

$\dfrac{\sqrt{2}}{\sqrt{5}+\sqrt{3}}$ の分母を有理化してみよう。

$$(\sqrt{5}+\sqrt{3})(\sqrt{5}-\sqrt{3})=(\sqrt{5})^2-(\sqrt{3})^2=2$$

であるから，分母と分子に $\sqrt{5}-\sqrt{3}$ を掛けると

$$\frac{\sqrt{2}}{\sqrt{5}+\sqrt{3}}=\frac{\sqrt{2}(\sqrt{5}-\sqrt{3})}{(\sqrt{5}+\sqrt{3})(\sqrt{5}-\sqrt{3})}=\frac{\sqrt{10}-\sqrt{6}}{2}$$

例題 4 $\dfrac{3+2\sqrt{2}}{3-\sqrt{2}}$ の分母を有理化せよ。

解答

$$\frac{3+2\sqrt{2}}{3-\sqrt{2}}=\frac{(3+2\sqrt{2})(3+\sqrt{2})}{(3-\sqrt{2})(3+\sqrt{2})}$$

← 分母と分子に $3+\sqrt{2}$ を掛ける

$$=\frac{9+3\sqrt{2}+6\sqrt{2}+4}{3^2-(\sqrt{2})^2}$$

$$=\frac{13+9\sqrt{2}}{7}$$ 答

練習 48 次の式の分母を有理化せよ。

(1) $\dfrac{10}{\sqrt{5}}$　　(2) $\dfrac{\sqrt{6}}{\sqrt{3}+\sqrt{2}}$

(3) $\dfrac{2\sqrt{5}+\sqrt{3}}{\sqrt{5}-\sqrt{3}}$　　(4) $\dfrac{2\sqrt{3}-\sqrt{2}}{2\sqrt{3}+\sqrt{2}}$

式の値

$x=\dfrac{3}{\sqrt{5}+\sqrt{2}}$，$y=\dfrac{3}{\sqrt{5}-\sqrt{2}}$ のとき，次の式の値を求めよ。

(1) $x+y$　　(2) xy　　(3) x^2+y^2

考え方　(3) $(x+y)^2=x^2+2xy+y^2$ から，次の等式が成り立つ。

$$x^2+y^2=(x+y)^2-2xy$$

解答 (1) $x=\dfrac{3}{\sqrt{5}+\sqrt{2}}=\dfrac{3(\sqrt{5}-\sqrt{2})}{(\sqrt{5}+\sqrt{2})(\sqrt{5}-\sqrt{2})}=\sqrt{5}-\sqrt{2}$

$y=\dfrac{3}{\sqrt{5}-\sqrt{2}}=\dfrac{3(\sqrt{5}+\sqrt{2})}{(\sqrt{5}-\sqrt{2})(\sqrt{5}+\sqrt{2})}=\sqrt{5}+\sqrt{2}$

よって　$x+y=(\sqrt{5}-\sqrt{2})+(\sqrt{5}+\sqrt{2})=2\sqrt{5}$　答

(2) $xy=(\sqrt{5}-\sqrt{2})(\sqrt{5}+\sqrt{2})=3$　答

(3) $x+y=2\sqrt{5}$，$xy=3$ であるから

$x^2+y^2=(x+y)^2-2xy=(2\sqrt{5})^2-2\cdot 3=14$　答

練習 49 $x=\dfrac{1}{\sqrt{7}+\sqrt{5}}$，$y=\dfrac{1}{\sqrt{7}-\sqrt{5}}$ のとき，次の式の値を求めよ。

(1) $x+y$　　(2) xy

(3) x^2+y^2　　(4) x^2y+xy^2

$x+y$，xy，x^2+y^2 は，文字 x と文字 y を入れ替えると，$y+x$，yx，y^2+x^2 となり，もとの式と同じ式になる。

このように，2つの文字を入れ替えてももとの式と同じになる多項式を **対称式** という。特に，$x+y$ や xy を x，y の **基本対称式** という。

対称式には，次のような性質がある。

対称式は，基本対称式で表すことができる。

2 重根号

$\sqrt{p+q\sqrt{r}}$ や $\sqrt{p-q\sqrt{r}}$ のように，根号を 2 重に含む式は，次のような考え方によって，簡単にできる場合がある。

$$(\sqrt{3}+\sqrt{2})^2=3+2\sqrt{3}\sqrt{2}+2=(\underbrace{3+2}_{\text{和}})+2\sqrt{\underbrace{3\cdot 2}_{\text{積}}}=5+2\sqrt{6}$$

$\sqrt{3}+\sqrt{2}>0$ であるから

$$\sqrt{3}+\sqrt{2}=\sqrt{5+2\sqrt{6}}$$

$$(\sqrt{3}-\sqrt{2})^2=3-2\sqrt{3}\sqrt{2}+2=(\underbrace{3+2}_{\text{和}})-2\sqrt{\underbrace{3\cdot 2}_{\text{積}}}=5-2\sqrt{6}$$

$\sqrt{3}-\sqrt{2}>0$ であるから

$$\sqrt{3}-\sqrt{2}=\sqrt{5-2\sqrt{6}}$$

一般に，$a>0$，$b>0$ のとき

$$(\sqrt{a}+\sqrt{b})^2=(a+b)+2\sqrt{ab},\quad (\sqrt{a}-\sqrt{b})^2=(a+b)-2\sqrt{ab}$$

であるから，上と同様に考えて，次のことが成り立つ。

2 重根号

$\boldsymbol{a>0,\ b>0}$ **のとき**　$\boldsymbol{\sqrt{(a+b)+2\sqrt{ab}}=\sqrt{a}+\sqrt{b}}$

$\boldsymbol{a>b>0}$ **のとき**　$\boldsymbol{\sqrt{(a+b)-2\sqrt{ab}}=\sqrt{a}-\sqrt{b}}$

このように変形することを **2 重根号をはずす** という。

例 30

(1) $\sqrt{8+2\sqrt{15}}=\sqrt{(5+3)+2\sqrt{5\cdot 3}}=\sqrt{5}+\sqrt{3}$

(2) $\sqrt{7-4\sqrt{3}}=\sqrt{7-2\sqrt{2^2\cdot 3}}=\sqrt{7-2\sqrt{12}}$

$=\sqrt{(4+3)-2\sqrt{4\cdot 3}}$

$=\sqrt{4}-\sqrt{3}$　　← $\sqrt{3}-\sqrt{4}$ ではないことに注意

$=2-\sqrt{3}$

練習 50 次の式を簡単にせよ。

(1) $\sqrt{10+2\sqrt{21}}$　(2) $\sqrt{8-4\sqrt{3}}$　(3) $\sqrt{11-\sqrt{96}}$

確認問題

1 $A=x^2+6xy-5y^2$，$B=2x^2+3xy$，$C=3x^2-xy+2y^2$ であるとき，$A-2B+C$ と $3(A+2B)-2(A-3C)-9B$ を計算せよ。

2 次の式を展開せよ。

(1) $(2x+3y)(5x-4y)$　　(2) $(a-4b)(2a^2-ab-3b^2)$

(3) $(2a+1)^3$　　(4) $(2x-5y)^3$

(5) $(a+2b)(a^2-2ab+4b^2)$　　(6) $(2x-3y)(4x^2+6xy+9y^2)$

3 次の式を因数分解せよ。

(1) $2x^2+5x-12$　　(2) $6x^2-11xy-10y^2$

(3) $15a^2+17ab-4b^2$　　(4) $8a^3-125b^3$

4 次の多項式 A，B について，A を B で割った商と余りを求めよ。また，その結果を $A=BQ+R$ の形に書け。

(1) $A=3x^2+4x-1$，　$B=x-3$

(2) $A=2x^3-5x+x^2-6$，　$B=x^2+x-4$

5 次の式を計算せよ。

(1) $\dfrac{x^2-4x-5}{x^2+2x-3}\times\dfrac{x+3}{x^2-10x+25}$　　(2) $\dfrac{x^2-16}{x^2-6x-7}\div\dfrac{x^2-9x+20}{x^2-5x-14}$

(3) $\dfrac{x^3}{x+4}+\dfrac{64}{x+4}$　　(4) $\dfrac{2b}{a^2-4b^2}-\dfrac{b}{a^2-2ab}$

6 次の式を計算せよ。

(1) $\sqrt{28}+\sqrt{7}-5\sqrt{7}$　　(2) $\sqrt{12}-\sqrt{27}-\sqrt{75}$

(3) $(2\sqrt{3}+\sqrt{2})(\sqrt{3}-5\sqrt{2})$　　(4) $(\sqrt{5}+3\sqrt{2})(\sqrt{5}-3\sqrt{2})$

演習問題A

1 次の式を展開せよ。

(1) $(a-2b)^2(a^2+2ab+4b^2)^2$　　(2) $x(x+2)(x-3)(x+5)$

2 次の式を因数分解せよ。

(1) $(x+y+z)(x+y-2z)-(x+y-z)^2$

(2) $2x^2+9xy+4y^2-8x-11y+6$

3 次の式を計算せよ。

(1) $\dfrac{a^2-2a-8}{a^2+5a+4}\div(a^2+5a+6)\times\dfrac{a^3+1}{(a-4)^2}$

(2) $\dfrac{3x-2}{x^2-4}-\dfrac{2x-3}{x^2-3x+2}$　　(3) $x-3+\dfrac{12}{x+4}$

4 $\dfrac{\sqrt{2}}{\sqrt{2}-1}$ の整数部分を a，小数部分を b とするとき，$a+b+b^2$ の値を求めよ。

演習問題B

5 方程式 $3|x|+|x+1|=5$ を解け。

6 $x=\dfrac{\sqrt{5}-\sqrt{3}}{\sqrt{5}+\sqrt{3}}$，$y=\dfrac{\sqrt{5}+\sqrt{3}}{\sqrt{5}-\sqrt{3}}$ のとき，次の式の値を求めよ。

(1) x^2+y^2　　(2) x^3+y^3

7 $2+\sqrt{3}=\dfrac{4+2\sqrt{3}}{2}$ であることを利用して，$\sqrt{2+\sqrt{3}}$ を簡単にせよ。

8 $-2<x<2$ のとき，次の式を x の多項式で表せ。

$$\sqrt{x^2+4x+4}-\sqrt{x^2-4x+4}$$

コラム

係数分離法

多項式を多項式で割る計算において，係数だけを取り出して効率的に計算を行うことができます。
たとえば，22 ページで学んだ

$$A=x^3+5x^2+7x-5,\ B=x^2+2x-2$$

について，A を B で割る計算は，次のようになります。

$$\begin{array}{r@{\,}l} & x+3 \\ \cline{2-2} x^2+2x-2 \big) & x^3+5x^2+7x-5 \\ & x^3+2x^2-2x \\ \cline{2-2} & \quad 3x^2+9x-5 \\ & \quad 3x^2+6x-6 \\ \cline{2-2} & \qquad\qquad 3x+1 \end{array} \quad \Rightarrow \quad \begin{array}{rrr|rrrr} &&& 1 & 3 && \\ \cline{4-7} 1 & 2 & -2 & 1 & 5 & 7 & -5 \\ &&& 1 & 2 & -2 & \\ \cline{4-7} &&& & 3 & 9 & -5 \\ &&&& 3 & 6 & -6 \\ \cline{5-7} &&&&& 3 & 1 \end{array}$$

右上のように，係数だけを取り出して計算する方法を **係数分離法** といいます。

また，例 16 のように，ある次数の項がないときは，欠けている次数の項を 0 とみなして計算します。

$$\begin{array}{r@{\,}l} & 2x+4 \\ \cline{2-2} x^2-2x-1 \big) & 2x^3 \qquad\qquad -11x-7 \\ & 2x^3-4x^2-\ 2x \\ \cline{2-2} & \qquad 4x^2-\ 9x-7 \\ & \qquad 4x^2-\ 8x-4 \\ \cline{2-2} & \qquad\qquad -x-3 \end{array} \quad \Rightarrow \quad \begin{array}{rrr|rrrr} &&& 2 & 4 && \\ \cline{4-7} 1 & -2 & -1 & 2 & 0 & -11 & -7 \\ &&& 2 & -4 & -2 & \\ \cline{4-7} &&& & 4 & -9 & -7 \\ &&&& 4 & -8 & -4 \\ \cline{5-7} &&&&& -1 & -3 \end{array}$$

先生

係数分離法で計算するときも，降べきの順に整理してから割り算を行うことに注意しましょう。

第2章 複素数と方程式

Cardano

⬆カルダーノ (1501−1576)
イタリアの数学者。
『偉大なる術（アルス・マグナ）』の中で 3 次方程式の解の公式，4 次方程式の解法を示した。

Solutions of the equation $x^2-5=0$ are real numbers, namely, $x=\sqrt{5},\ -\sqrt{5}$.

Then, is there “a number” that satisfies the equation $x^2+5=0$.

Considering such numbers will tell us that we need a useful way to distinguish whether a given quadratic equation has real number solutions and an effective skill to factor a polynomial of degree more than 2.

In this chapter, we will learn that solving equations can be generalized by extending real numbers to complex numbers, and that polynomials can be transformed into more comprehensive forms with various skills.

1. 複素数

複素数の定義

実数の 2 乗は負の数にはならない。たとえば，どんな実数も 2 乗して -5 にはならないから，2 次方程式 $x^2=-5$ は実数の範囲では解がない。

そこで，このような 2 次方程式も解をもつようにするために，2 乗して -1 になる新しい数 (実数ではない数) を 1 つ考え，それを文字 $\boldsymbol{i}$ で表すことにする。すなわち $\boldsymbol{i^2=-1}$ である。

複素数 $\boldsymbol{a+bi}$

実部　虚部　虚数単位

新しく考えた数 i を **虚数単位** という。

2 つの実数 a，b を用いて $\boldsymbol{a+bi}$ の形に表される数を **複素数** といい，a を **実部**，b を **虚部** という。たとえば，複素数 $2+3i$ の実部は 2，虚部は 3 である。

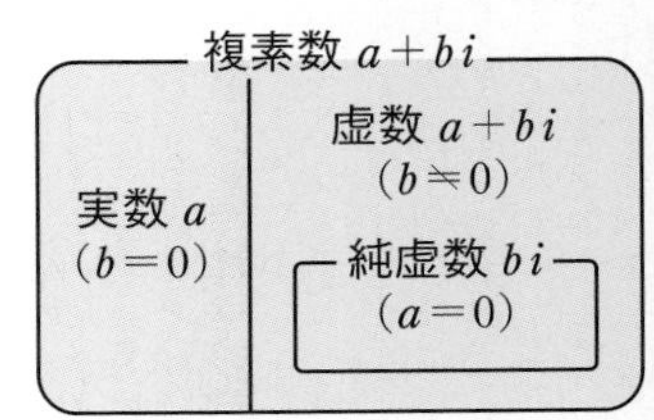

$b=0$ である複素数 $a+0i$ は実数 a を表すものとする。たとえば，$4+0i$ は実数 4 を表す。また，$a+bi$ は，$b\neq 0$ のとき **虚数**，$a=0$ かつ $b\neq 0$ のとき **純虚数** という。たとえば，$0+5i$，すなわち $5i$ は純虚数である。

今後，複素数 $a+bi$ というときには，a，b は実数であるものとする。

注 意　虚数単位 i は，imaginary unit の頭文字である。

2 つの複素数 $a+bi$，$c+di$ について，次のように定める。

複素数の相等

$$a+bi=c+di \iff a=c \text{ かつ } b=d$$

注 意　「p ならば q　かつ　q ならば p」を「$p \iff q$」と表す。

特に，$a+bi=0 \iff a=0$ かつ $b=0$ が成り立つ。

練習 1 次の等式を満たす実数 x, y の値を求めよ。

(1) $x+yi=3+2i$　　(2) $yi=x-7i$

(3) $(x-2)+(2y+1)i=-3+9i$　　(4) $(x-y)+(3x+y)i=-8$

複素数の計算

複素数の計算では，i を文字のように扱い，$i^2=-1$ という性質以外は，実数と同じ四則計算の法則に従う。

例 1

(1) $(1+3i)+(7-4i)=(1+7)+(3-4)i=8-i$

(2) $(-2+3i)-(1-5i)=(-2-1)+(3+5)i=-3+8i$

(3) $(2+3i)(5-4i)=2\cdot5-2\cdot4i+3i\cdot5-3\cdot4i^2$

$=10-8i+15i-12\cdot(-1)=22+7i$

練習 2 次の計算をせよ。

(1) $(1+4i)+(6-7i)$　　(2) $(1-5i)-(3-2i)$　　(3) $(1+3i)(2-5i)$

(4) $(2-3i)^2$　　(5) i^3　　(6) i^4　　(7) $(2i)^5$

例題 1 等式 $(1-2i)(x+yi)=8-i$ を満たす実数 x, y の値を求めよ。

解答 等式の左辺を i について整理すると

$$(x+2y)+(-2x+y)i=8-i$$

$x+2y$, $-2x+y$ は実数であるから

$$x+2y=8 \text{ かつ } -2x+y=-1$$

これを解くと　$x=2$, $y=3$　答

練習 3 次の等式を満たす実数 x, y の値を求めよ。

(1) $(3-2i)x+(1-i)y=6-5i$　　(2) $(3+i)(x-2yi)=-2+26i$

第2章

2 つの複素数 $a+bi$ と $a-bi$ を互いに**共役**（きょうやく）**な複素数** という。

> 共役な複素数
>
> $\boldsymbol{a+bi}$　と　$\boldsymbol{a-bi}$

たとえば，複素数 $5+3i$ と共役な複素数は $5-3i$ である。また，複素数 $5-3i$ と共役な複素数は $5+3i$ である。

実数 a と共役な複素数は a 自身である。

複素数 α（アルファ）と共役な複素数を $\boldsymbol{\overline{\alpha}}$ で表す。

たとえば，$\overline{5+3i}=5-3i$，$\overline{4i}=-4i$ である。

互いに共役な複素数 $\alpha=a+bi$ と $\overline{\alpha}=a-bi$ の和と積は，いずれも実数になる。

$$\alpha+\overline{\alpha}=(a+bi)+(a-bi)=2a$$

$$\alpha\overline{\alpha}=(a+bi)(a-bi)=a^2-b^2i^2=a^2+b^2$$

練習 4　次の数と共役な複素数を求めよ。また，もとの数と共役な複素数の和と積を，それぞれ求めよ。

(1)　$4-5i$　　(2)　$-3+i$　　(3)　$-2i$　　(4)　$\sqrt{6}$

応用例題 1　a，b，c，d を実数とし，$\alpha=a+bi$，β（ベータ）$=c+di$ とおいて，等式 $\overline{\alpha+\beta}=\overline{\alpha}+\overline{\beta}$ が成り立つことを証明せよ。

証明

$$\overline{\alpha+\beta}=\overline{(a+bi)+(c+di)}=\overline{(a+c)+(b+d)i}$$
$$=(a+c)-(b+d)i$$
$$\overline{\alpha}+\overline{\beta}=\overline{a+bi}+\overline{c+di}=(a-bi)+(c-di)$$
$$=(a+c)-(b+d)i$$

よって　$\overline{\alpha+\beta}=\overline{\alpha}+\overline{\beta}$　終

練習 5 前のページの応用例題 1 と同様にして，次の等式が成り立つことを証明せよ。

(1) $\overline{\alpha-\beta}=\overline{\alpha}-\overline{\beta}$　　　(2) $\overline{\alpha\beta}=\overline{\alpha}\,\overline{\beta}$

複素数の除法は，分母，分子にそれぞれ分母と共役な複素数を掛けて計算する。

例 2

$$\frac{2+i}{1+3i}=\frac{(2+i)(1-3i)}{(1+3i)(1-3i)}$$

← 分母，分子にそれぞれ分母と共役な複素数 $1-3i$ を掛ける

$$=\frac{2-6i+i-3i^2}{1^2+3^2}$$

$$=\frac{5-5i}{10}=\frac{1}{2}-\frac{1}{2}i$$

練習 6 次の計算をせよ。

(1) $\dfrac{1-4i}{2+3i}$　　(2) $\dfrac{5}{2-i}$　　(3) $\dfrac{-i}{3+i}$

一般に，複素数の加法，減法，乗法，除法は，次のように行われる。

加法　$(a+bi)+(c+di)=(a+c)+(b+d)i$

減法　$(a+bi)-(c+di)=(a-c)+(b-d)i$

乗法　$(a+bi)(c+di)=(ac-bd)+(ad+bc)i$

除法　$\dfrac{a+bi}{c+di}=\dfrac{ac+bd}{c^2+d^2}+\dfrac{bc-ad}{c^2+d^2}i$　　ただし　$c+di\neq 0$

したがって，複素数の和，差，積，商は，また複素数になる。

α，β が複素数のとき，実数の場合と同様に次のことが成り立つ。

$$\alpha\beta=0 \iff \alpha=0 \text{ または } \beta=0$$

また，虚数については，大小関係や正，負は考えない。

第2章

負の数の平方根

数の範囲を複素数まで広げると，負の数の平方根が考えられる。

正の数 a について

$$(\sqrt{a}\,i)^2=(\sqrt{a})^2 i^2=-a,\qquad (-\sqrt{a}\,i)^2=(-\sqrt{a})^2 i^2=-a$$

であるから，$\sqrt{a}\,i$ と $-\sqrt{a}\,i$ は，ともに負の数 $-a$ の平方根である。

また，$(x-\sqrt{a}\,i)(x+\sqrt{a}\,i)=x^2-(\sqrt{a}\,i)^2=x^2+a$ であるから，方程式 $x^2+a=0$ の解は，$\sqrt{a}\,i$ と $-\sqrt{a}\,i$ であり，これら以外に解はない。

よって，$-a$ の平方根は $\sqrt{a}\,i$ と $-\sqrt{a}\,i$ の 2 つのみである。

ここで，$\sqrt{-a}$ を $\sqrt{a}\,i$ と定める。

負の数の平方根

$a>0$ のとき　$\boldsymbol{\sqrt{-a}=\sqrt{a}\,i}$　　特に　$\boldsymbol{\sqrt{-1}=i}$

$-a$ の平方根は $\pm\sqrt{-a}$　すなわち　$\pm\sqrt{a}\,i$

例 3

(1) $\sqrt{-5}=\sqrt{5}\,i$　　(2) $-\sqrt{-9}=-\sqrt{9}\,i=-3i$

(3) -18 の平方根は　$\pm\sqrt{-18}=\pm\sqrt{18}\,i=\pm 3\sqrt{2}\,i$

練習 7 次の数を i を用いて表せ。

(1) $\sqrt{-6}$　　(2) $\sqrt{-81}$　　(3) $-\sqrt{-12}$　　(4) -8 の平方根

例 4

(1) $\sqrt{-3}\sqrt{-5}=\sqrt{3}\,i\cdot\sqrt{5}\,i=\sqrt{15}\,i^2=-\sqrt{15}$

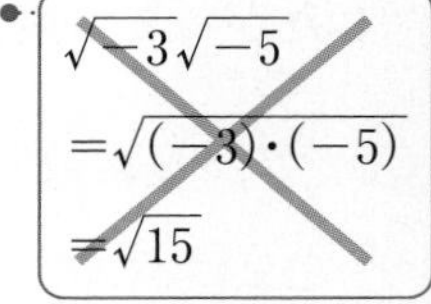

(2) $\dfrac{\sqrt{5}}{\sqrt{-3}}=\dfrac{\sqrt{5}}{\sqrt{3}\,i}=\dfrac{\sqrt{5}\cdot\sqrt{3}\,i}{\sqrt{3}\,i\cdot\sqrt{3}\,i}=-\dfrac{\sqrt{15}}{3}i$

練習 8 次の計算をせよ。

(1) $\sqrt{-8}\sqrt{-18}$　　(2) $\dfrac{\sqrt{32}}{\sqrt{-2}}$　　(3) $\dfrac{\sqrt{-63}}{\sqrt{-7}}$　　(4) $(2-\sqrt{-3})^2$

探究

虚数の大小関係や正，負

たいちさん

49 ページで「虚数については，大小関係や正，負は考えない」と学びましたが本当にそうなのでしょうか？

先生

虚数にも実数と同じような大小関係があると仮定して考えてみましょう。
たとえば，$i>0$ としてこの両辺に i を掛けると，どのようになりますか？

けいこさん

$i\times i>0\times i$ すなわち $i^2>0$ となります。
あれ？これは $i^2=-1$ であることに矛盾しています。

その通りです。
$i>0$ は成り立たないことがわかりましたね。
では，次に $i<0$ として両辺に i を掛けてみましょう。

$i<0$ だから，不等号の向きが変わることに注意すると……
$i^2>0$ となり，この場合も矛盾が生じます。
これで，$i<0$ が成り立たないこともわかりました。

$i\neq0$ であることは明らかですから，i を正の数，0，負の数のいずれにも分類することはできない，ということになります。

第2章

2. 2次方程式の解と判別式

解の公式

係数が実数の2次方程式 $ax^2+bx+c=0$ を複素数の範囲で解いてみよう。

両辺を a で割ると　$x^2+\frac{b}{a}x+\frac{c}{a}=0$

$\frac{c}{a}$ を移項すると　$x^2+2\cdot\frac{b}{2a}x=-\frac{c}{a}$

$\left(\frac{b}{2a}\right)^2$ を両辺に加えると

$$x^2+2\cdot\frac{b}{2a}x+\left(\frac{b}{2a}\right)^2=-\frac{c}{a}+\left(\frac{b}{2a}\right)^2$$

よって　$\left(x+\frac{b}{2a}\right)^2=\frac{b^2-4ac}{4a^2}$

数の範囲を複素数まで広げると，$b^2-4ac<0$ の場合も平方根があるから　$x+\frac{b}{2a}=\pm\frac{\sqrt{b^2-4ac}}{2a}$

$\frac{b}{2a}$ を移項すると　$x=-\frac{b}{2a}\pm\frac{\sqrt{b^2-4ac}}{2a}$

すなわち　$x=\frac{-b\pm\sqrt{b^2-4ac}}{2a}$

よって，実数を係数とする2次方程式は，複素数の範囲で常に解をもち，次の **解の公式** が成り立つ。

2次方程式の解の公式

a，b，c を実数とする。

2次方程式 $ax^2+bx+c=0$ の解は　$\boldsymbol{x=\frac{-b\pm\sqrt{b^2-4ac}}{2a}}$

例 5 2次方程式 $5x^2+3x+2=0$ の解は

$$x=\frac{-3\pm\sqrt{3^2-4\cdot5\cdot2}}{2\cdot5}=\frac{-3\pm\sqrt{-31}}{10}$$

$$=\frac{-3\pm\sqrt{31}\,i}{10}$$

練習 9 次の2次方程式を解け。

(1) $x^2-3x-2=0$　(2) $2x^2-x+5=0$　(3) $-x^2+x-3=0$

(4) $\frac{1}{2}x^2+\frac{5}{6}x+\frac{1}{6}=0$　(5) $10x^2+6x+2=0$

2次方程式 $ax^2+bx+c=0$ の x の係数 b が偶数のときには，$b=2b'$ とおくことで，解の公式を簡単にすることができる。

2次方程式 $ax^2+2b'x+c=0$ の解は　$\boldsymbol{x=\frac{-b'\pm\sqrt{b'^2-ac}}{a}}$

例 6 2次方程式 $3x^2-4x+6=0$ の解は

$$x=\frac{-(-2)\pm\sqrt{(-2)^2-3\cdot6}}{3}=\frac{2\pm\sqrt{-14}}{3}$$

$$=\frac{2\pm\sqrt{14}\,i}{3}$$

練習 10 次の2次方程式を解け。

(1) $x^2+2x+4=0$　(2) $(x-4)(x+2)=-7$

今後，特に断らない限り，方程式の係数はすべて実数とする。また，方程式の解は複素数の範囲で考えるものとする。

方程式の解のうち，実数であるものを **実数解** といい，虚数であるものを **虚数解** という。

判別式

2 次方程式 $ax^2+bx+c=0$ の解について，次のことがいえる。

[1]　$b^2-4ac>0$ のとき，$\sqrt{b^2-4ac}$ は正の実数であるから，

方程式は異なる 2 つの実数解をもつ。

[2]　$b^2-4ac=0$ のとき，$\sqrt{b^2-4ac}$ は 0 であるから，

方程式は実数解 $x=-\dfrac{b}{2a}$ をもつ。

これは，2 つの解が重なったものと考え，この実数解を **重解** という。

[3]　$b^2-4ac<0$ のとき，$\sqrt{b^2-4ac}$ は虚数であるから，

方程式は異なる 2 つの虚数解をもつ。

このように，b^2-4ac の符号によって，解が実数か虚数かが判別できる。

b^2-4ac を 2 次方程式 $ax^2+bx+c=0$ の **判別式** といい，普通 D で表す。すなわち $\boldsymbol{D=b^2-4ac}$ である。

2 次方程式の解の判別

2 次方程式 $ax^2+bx+c=0$ の解と，その判別式 D について，次のことが成り立つ。

$D>0 \iff$ **異なる 2 つの実数解をもつ**

$D=0 \iff$ **実数の重解をもつ**

$D<0 \iff$ **異なる 2 つの虚数解をもつ**

注意　「$D\geqq 0 \iff$ 実数解をもつ」が成り立つ。

2 次方程式 $ax^2+2b'x+c=0$ の解は　$x=\dfrac{-b'\pm\sqrt{b'^2-ac}}{a}$　であるから，判別式として　$\dfrac{D}{4}=b'^2-ac$　を用いてもよい。

判別式を使えば，2 次方程式を解かなくても，その 2 次方程式がどんな種類の解をもつかが判別できる。

例題 2 次の 2 次方程式の解の種類を判別せよ。

(1) $5x^2-9x+3=0$　　(2) $2x^2+6x+5=0$

解答 与えられた 2 次方程式の判別式を D とする。

(1) $D=(-9)^2-4\cdot5\cdot3=21>0$

よって，方程式は異なる 2 つの実数解をもつ。 答

(2) $\dfrac{D}{4}=3^2-2\cdot5=-1<0$

よって，方程式は異なる 2 つの虚数解をもつ。 答

練習 11 次の 2 次方程式の解の種類を判別せよ。

(1) $x^2-3x+4=0$　(2) $x^2+5x-1=0$　(3) $9x^2-12x+4=0$

(4) $5x^2-4x+1=0$　(5) $16x^2+8x+1=0$　(6) $2x^2+9x+1=0$

例題 3 2 次方程式 $x^2-kx+k+3=0$ が重解をもつように，定数 k の値を定めよ。また，そのときの重解を求めよ。

解答 判別式を D とすると　$D=(-k)^2-4(k+3)=(k+2)(k-6)$

2 次方程式が重解をもつのは $D=0$ のときであるから

$$k=-2,\ 6$$

$k=-2$ のとき，方程式は　$x^2+2x+1=0$

よって，重解は　$x=-1$

$k=6$　のとき，方程式は　$x^2-6x+9=0$

よって，重解は　$x=3$

答 $k=-2$ のとき 重解は $x=-1$

$k=6$　のとき 重解は $x=3$

2 次方程式 $ax^2+bx+c=0$ は，判別式の値が 0 のとき重解をもち，その重解は $x=-\dfrac{b}{2a}$ である。

前のページの例題 3 において，2 次方程式 $x^2-kx+k+3=0$ が重解をもつとき，その重解は $x=-\dfrac{-k}{2\cdot1}=\dfrac{k}{2}$ である。

すなわち，$k=-2$ のとき重解は $x=\dfrac{-2}{2}=-1$，

$k=6$ のとき重解は $x=\dfrac{6}{2}=3$ である。

練習 12 2 次方程式 $2x^2-kx+k=0$ が重解をもつように，定数 k の値を定めよ。また，そのときの重解を求めよ。

練習 13 2 次方程式 $x^2+2kx+k^2-2k+1=0$ が虚数解をもつように，定数 k の値の範囲を定めよ。

応用例題 2 2 次方程式 $x^2+2x-k+1=0$ の解の種類を判別せよ。ただし，k は定数とする。

解答 判別式を D とすると

$$\frac{D}{4}=1^2-(-k+1)=k$$

よって，方程式の解は次のようになる。

$D>0$　すなわち　$k>0$ のとき 異なる 2 つの実数解

$D=0$　すなわち　$k=0$ のとき 実数の重解

$D<0$　すなわち　$k<0$ のとき 異なる 2 つの虚数解　**答**

練習 14 次の 2 次方程式の解の種類を判別せよ。ただし，k は定数とする。

(1) $x^2-6x-3k+9=0$　　(2) $x^2+2kx+k^2-k+2=0$

3. 解と係数の関係

解と係数の関係

2 次方程式 $ax^2+bx+c=0$ の 2 つの解を α, β とし，判別式を D とすると

$$\alpha+\beta=\frac{-b+\sqrt{D}}{2a}+\frac{-b-\sqrt{D}}{2a}=\frac{-2b}{2a}=-\frac{b}{a}$$

$$\alpha\beta=\frac{-b+\sqrt{D}}{2a}\cdot\frac{-b-\sqrt{D}}{2a}$$

$$=\frac{(-b)^2-(\sqrt{D})^2}{4a^2}=\frac{b^2-D}{4a^2}=\frac{b^2-(b^2-4ac)}{4a^2}=\frac{4ac}{4a^2}=\frac{c}{a}$$

このことから，2 次方程式の 2 つの解の和と積は，その係数を用いて表せることがわかる。これを，2 次方程式の **解と係数の関係** という。

2 次方程式の解と係数の関係

2 次方程式 $ax^2+bx+c=0$ の 2 つの解を α, β とすると

$$\boldsymbol{\alpha+\beta=-\frac{b}{a},\qquad \alpha\beta=\frac{c}{a}}$$

注意　解と係数の関係は，解が重解 ($\alpha=\beta$) のときや虚数解をもつときにも成り立つ。

2 次方程式 $2x^2-3x+8=0$ の 2 つの解を α, β とすると

$$\alpha+\beta=-\frac{-3}{2}=\frac{3}{2},\qquad \alpha\beta=\frac{8}{2}=4$$

練習 15 次の 2 次方程式の 2 つの解の和と積を求めよ。

(1) $x^2-6x+5=0$　　(2) $-4x^2+8x-7=0$

(3) $3x^2-5=0$　　(4) $2x^2+2\sqrt{2}x-1=0$

2 次方程式 $x^2-4x-3=0$ の 2 つの解を α, β とするとき，次の式の値を求めよ。

(1) $\alpha^2+\beta^2$　　　(2) $\alpha^3+\beta^3$

解答 解と係数の関係により　$\alpha+\beta=4$,　$\alpha\beta=-3$

(1) $\alpha^2+\beta^2=(\alpha+\beta)^2-2\alpha\beta$

$=4^2-2\cdot(-3)=22$ 答

(2) $\alpha^3+\beta^3=(\alpha+\beta)^3-3\alpha\beta(\alpha+\beta)$

$=4^3-3\cdot(-3)\cdot4=100$ 答

別解 (2) $\alpha^3+\beta^3=(\alpha+\beta)(\alpha^2-\alpha\beta+\beta^2)$

$=4\cdot\{22-(-3)\}=100$ 答

練習 16 ▶ 2 次方程式 $x^2+5x-2=0$ の 2 つの解を α, β とするとき，次の式の値を求めよ。

(1) $\alpha^3+\beta^3$　　(2) $\dfrac{\beta}{\alpha}+\dfrac{\alpha}{\beta}$　　(3) $(\alpha-\beta)^2$

例題 5

2 次方程式 $x^2-8x+k=0$ の 1 つの解が他の解の 3 倍であるとき，定数 k の値と 2 つの解を求めよ。

解答 2 つの解は α, 3α と表される。解と係数の関係により

$$\alpha+3\alpha=8 \quad \cdots\cdots \text{①}, \qquad \alpha\cdot3\alpha=k \quad \cdots\cdots \text{②}$$

① から　$\alpha=2$

よって，② から　$k=3\alpha^2=3\cdot2^2=12$

また，2 つの解は　$\alpha=2$,　$3\alpha=3\cdot2=6$

答 $k=12$, 2 つの解は 2, 6

練習 17 ▶ 2 次方程式 $x^2+kx+8=0$ の 1 つの解が他の解の 2 倍であるとき，定数 k の値と 2 つの解を求めよ。

2次方程式の実数解の符号

2つの実数 α, β について，次のことが成り立つ。

$$\alpha>0 \text{ かつ } \beta>0 \iff \alpha+\beta>0 \text{ かつ } \alpha\beta>0$$

$$\alpha<0 \text{ かつ } \beta<0 \iff \alpha+\beta<0 \text{ かつ } \alpha\beta>0$$

$$\alpha \text{ と } \beta \text{ が異符号} \iff \alpha\beta<0$$

したがって，2次方程式 $ax^2+bx+c=0$ の2つの解 α, β と判別式 D について，次のことが成り立つ。

α, β は異なる2つの正の解 $\iff$ $D>0$ で，$\alpha+\beta>0$ かつ $\alpha\beta>0$

α, β は異なる2つの負の解 $\iff$ $D>0$ で，$\alpha+\beta<0$ かつ $\alpha\beta>0$

α と β が異符号の解 $\iff$ $\alpha\beta<0$

注意 $\alpha\beta<0$ のとき，$\dfrac{c}{a}<0$ より $ac<0$ であるから，$D=b^2-4ac>0$ が成り立つ。

応用例題 5 2次方程式 $x^2-2(m-3)x+m^2+1=0$ が異なる2つの負の解をもつように，定数 m の値の範囲を定めよ。

解答 $x^2-2(m-3)x+m^2+1=0$ の2つの解を α, β とし，判別式を D とする。

解と係数の関係により　$\alpha+\beta=2(m-3)$,　$\alpha\beta=m^2+1$

また　$\dfrac{D}{4}=\{-(m-3)\}^2-(m^2+1)=-6m+8$

$D>0$ より　$m<\dfrac{4}{3}$ …… ①

$\alpha+\beta<0$ より　$m<3$ …… ②

$\alpha\beta>0$ は，すべての実数 m について成り立つ。

①，② の共通範囲を求めて　$m<\dfrac{4}{3}$　**答**

練習 25 2次方程式 $x^2-4(m+1)x+4m^2+3=0$ が異なる2つの正の解をもつように，定数 m の値の範囲を定めよ。

4. 因数定理

剰余の定理

x についての多項式を $P(x)$，$Q(x)$ などと表し，$P(x)$ の x に数 a を代入したときの式の値を $P(a)$ と書く。

たとえば，$P(x)=x^3-5x+3$ のとき，$P(2)=2^3-5\cdot2+3=1$ である。

一般に，多項式 $P(x)$ を 1 次式 $x-\alpha$ で割った商を $Q(x)$，余りを R とすると　$P(x)=(x-\alpha)Q(x)+R$　（R は定数）

x に α を代入すると　$P(\alpha)=(\alpha-\alpha)Q(\alpha)+R=0\times Q(\alpha)+R$

$=R$　← $P(\alpha)$ が余りと一致する

したがって，次の **剰余**（じょうよ）**の定理** が成り立つ。

剰余の定理

多項式 $P(x)$ を 1 次式 $x-\alpha$ で割ったときの余りは　$\boldsymbol{P(\alpha)}$

例 10 多項式 $P(x)=x^3+3x^2-4$ を $x+1$ で割ったときの余りは

$$P(-1)=(-1)^3+3\cdot(-1)^2-4=-2$$

練習 26 多項式 x^3+2x^2-3x-6 を，次の 1 次式で割ったときの余りを求めよ。

(1)　$x-1$　　(2)　$x-2$　　(3)　$x+2$　　(4)　$x+3$

多項式 $P(x)$ を 1 次式 $ax+b$ で割った商を $Q(x)$，余りを R とすると

$$P(x)=(ax+b)Q(x)+R \quad （R は定数）$$

$P\left(-\dfrac{b}{a}\right)=0\times Q\left(-\dfrac{b}{a}\right)+R=R$ であるから，次のことが成り立つ。

多項式 $P(x)$ を 1 次式 $ax+b$ で割ったときの余りは　$\boldsymbol{P\left(-\dfrac{b}{a}\right)}$

練習 27 多項式 $3x^3-x^2-2$ を，次の 1 次式で割ったときの余りを求めよ。

(1) $3x-1$　　　(2) $2x+1$

例題 8 多項式 $P(x)=x^3+ax-7$ を $x-2$ で割ったときの余りが -5 になるとき，定数 a の値を求めよ。

解答 条件より　$P(2)=-5$ であるから　$2^3+a\cdot 2-7=-5$

よって　$2a=-6$

したがって　$a=-3$　答

練習 28 多項式 $P(x)=2x^3+ax^2+3x-1$ を $x+3$ で割ったときの余りが 8 になるとき，定数 a の値を求めよ。

応用例題 6 多項式 $P(x)$ を $x-1$ で割ると 3 余り，$x+2$ で割ると 12 余る。$P(x)$ を $(x-1)(x+2)$ で割ったときの余りを求めよ。

考え方　多項式を 2 次式で割ったときの余りは，1 次式か定数であるから，余りは $ax+b$ とおくことができる。(定数のときは $a=0$ と考える。)

解答 $P(x)$ を $(x-1)(x+2)$ で割った商を $Q(x)$，余りを $ax+b$ とすると，$P(x)$ は次のように表される。

$$P(x)=(x-1)(x+2)Q(x)+ax+b \qquad (a,\ b \text{ は定数})$$

条件から　$P(1)=3$，　$P(-2)=12$

よって　$\begin{cases} a+b=3 \\ -2a+b=12 \end{cases}$

これを解くと　$a=-3$，$b=6$

したがって，余りは　$-3x+6$　答

練習 29 多項式 $P(x)$ を $x-2$ で割ると 1 余り，$x+3$ で割ると 11 余る。$P(x)$ を $(x-2)(x+3)$ で割ったときの余りを求めよ。

第2章

因数定理

剰余の定理により，次のことが成り立つ。

多項式 $P(x)$ が $x-\alpha$ で割り切れる $\iff$ $P(\alpha)=0$

したがって，次の **因数定理** が成り立つ。

因数定理

1 次式 $x-\alpha$ が多項式 $P(x)$ の因数である $\iff$ $\boldsymbol{P(\alpha)=0}$

例 11 x^3-7x+6 を因数分解する。

$P(x)=x^3-7x+6$ とおくと

$P(1)=1^3-7\cdot1+6=0$

よって，$P(x)$ は $x-1$ を因数にもつ。

右の割り算から

$x^3-7x+6=(x-1)(x^2+x-6)$

したがって

$x^3-7x+6=(x-1)(x-2)(x+3)$

$$
\begin{array}{r|l}
 & x^2+x-6 \\ \hline
x-1 & x^3 \qquad -7x+6 \\
 & x^3-x^2 \\ \hline
 & \quad x^2-7x \\
 & \quad x^2-\ x \\ \hline
 & \qquad -6x+6 \\
 & \qquad -6x+6 \\ \hline
 & \qquad\qquad 0
\end{array}
$$

上の例 11 では，$P(1)=0$ となったが，一般に，$P(\alpha)=0$ となる α の見つけ方について，次のことが知られている。

$P(\alpha)=0$ となる α の候補は，$P(x)$ の最高次の係数を a，定数項を c とすると，右のようになる。

$$\pm\frac{|c|\text{ の約数}}{|a|\text{ の約数}}$$

練習 30 次の式を因数分解せよ。

(1) x^3+2x^2-x-2　　(2) $2x^3+3x^2-11x-6$

練習 31 $x^4+x^3-11x^2-9x+18$ を因数分解せよ。

発展

組立除法

多項式を 1 次式で割ったときの商や余りを求める簡単な方法について，考えよう。

多項式 $P(x)=ax^3+bx^2+cx+d$ を，1 次式 $x-\alpha$ で割る。
商を px^2+qx+r，余りを R とすると，次のようになる。

$$
\begin{array}{r|l}
 & px^2 + qx + r \\
\hline
x-\alpha\,) & ax^3 + bx^2 + cx + d \qquad p=a \\
 & px^3-\alpha px^2 \\
\hline
 & qx^2+cx \qquad q=b+\alpha p \\
 & qx^2-\alpha qx \\
\hline
 & rx+d \qquad r=c+\alpha q \\
 & rx-\alpha r \\
\hline
 & R \qquad R=d+\alpha r
\end{array}
$$

よって，次のようにして，$P(x)$ の係数 a，b，c，d と α から，商の係数 p，q，r と余り R が求められ，割り算の商と余りが得られる。

a	b	c	d	α
	αp	αq	αr	
p	q	r	R	
$=a$	$=b+\alpha p$	$=c+\alpha q$	$=d+\alpha r$	

($\times\alpha$)

商 px^2+qx+r，余り R

この方法を **組立除法**（くみたてじょほう） という。

たとえば，$2x^3+7x^2-5$ を $x+3$ で割る組立除法は

2	7	0	-5	-3
	-6	-3	9	
2	1	-3	4	

となり，商 $2x^2+x-3$ と余り 4 が得られる。

練習 $3x^3+x^2-6x-5$ を $x-2$ で割った商と余りを，組立除法を用いて求めよ。

第2章

5. 高次方程式

高次方程式の解法

多項式 $P(x)$ が n 次式のとき，方程式 $P(x)=0$ を x の **n 次方程式** という。また，3 次以上の方程式を **高次方程式** という。

高次方程式 $P(x)=0$ は，$P(x)$ が 2 次以下の多項式の積に因数分解できるときには，簡単に解くことができる。

例 12 4 次方程式 $x^4-2x^2-15=0$ を解く。

左辺を因数分解して　$(x^2-5)(x^2+3)=0$

よって　$x^2-5=0$　または　$x^2+3=0$

したがって　$x=\pm\sqrt{5},\ \pm\sqrt{3}\,i$

練習 32 次の 4 次方程式を解け。

(1) $x^4-2x^2-8=0$　　(2) $2x^4+x^2-1=0$

例題 9 3 次方程式 $2x^3-5x+3=0$ を解け。

解答 $P(x)=2x^3-5x+3$ とおくと　$P(1)=0$

よって，$P(x)$ は $x-1$ を因数にもつ。$P(x)$ を $x-1$ で割って因数分解すると　$P(x)=(x-1)(2x^2+2x-3)$

$P(x)=0$ から　$x-1=0$　または　$2x^2+2x-3=0$

したがって　$x=1,\ \dfrac{-1\pm\sqrt{7}}{2}$　答

練習 33 次の方程式を解け。

(1) $x^3-3x^2+5x-3=0$　　(2) $x^3+4x^2-3x-18=0$

練習 34 次の方程式を解け。

(1) $x^4-x^3-7x^2+x+6=0$　　(2) $x^4+3x^3-6x-4=0$

例 13 3次方程式 $x^3=1$ を解く。 ← 3乗して1になる数 x を求める

移項すると　　$x^3-1=0$

左辺を因数分解して　$(x-1)(x^2+x+1)=0$

よって　　$x-1=0$　または　$x^2+x+1=0$

したがって　　$x=1,\ \dfrac{-1\pm\sqrt{3}\,i}{2}$

3乗して a になる数を，a の **3乗根** または立方根という。

例13から，1の3乗根は，1，$\dfrac{-1+\sqrt{3}\,i}{2}$，$\dfrac{-1-\sqrt{3}\,i}{2}$ である。

練習 35 次の数の3乗根を求めよ。

(1) 8　　(2) -1

例題 10 1の3乗根のうち虚数であるものの1つを ω（オメガ）とするとき，次の式の値を求めよ。

(1) $\omega^2+\omega+1$　　(2) $\omega^8+\omega^4+1$

解答 (1) $\omega^3=1$　すなわち　$(\omega-1)(\omega^2+\omega+1)=0$

ω は虚数であるから　$\omega-1\neq 0$

よって　$\omega^2+\omega+1=0$　答　← $\omega^2+\omega+1=0$ を満たす ω は虚数である

(2) $\omega^3=1$ であるから

$\omega^4=\omega^3\cdot\omega=\omega,\ \omega^8=(\omega^3)^2\cdot\omega^2=\omega^2$

よって　$\omega^8+\omega^4+1=\omega^2+\omega+1=0$　答

練習 36 1の3乗根のうち虚数であるものの1つを ω とするとき，次の式の値を求めよ。

(1) $3+\omega^5+\omega^{10}$　　(2) $1+\omega+\omega^2+\omega^3+\cdots\cdots+\omega^{12}$

注意 例題10，練習36において，$\omega=\dfrac{-1+\sqrt{3}\,i}{2}$ または $\omega=\dfrac{-1-\sqrt{3}\,i}{2}$ である。

たとえば，x についての方程式 $(x-\alpha)^2(x-\beta)^3=0$ において，この方程式の解 $x=\alpha$ を **2 重解**，解 $x=\beta$ を **3 重解** という。

2 重解，3 重解，……を，それぞれ重なった 2 個の解，重なった 3 個の解，……というように，重複を含めて考えると，複素数の範囲で，n 次方程式の解は n 個あることが知られている。

高次方程式の係数と解

3 次方程式の解のうちいくつかがわかっている場合に，3 次方程式の係数を求めてみよう。

例題 11 3 次方程式 $x^3+ax^2+x+b=0$ の 3 つの解のうち，2 つが -1 と 2 であるとき，定数 a，b の値と他の解を求めよ。

解答 -1 と 2 が解であるから

$$(-1)^3+a\cdot(-1)^2+(-1)+b=0,$$
$$2^3+a\cdot2^2+2+b=0$$

すなわち $\begin{cases} a+b=2 \\ 4a+b=-10 \end{cases}$

これを解くと　$a=-4$，$b=6$

このとき，方程式は　$x^3-4x^2+x+6=0$

左辺は，$(x+1)(x-2)$ で割り切れるから，因数分解すると

$$(x+1)(x-2)(x-3)=0$$

よって，他の解は　$x=3$

答　$a=-4$，$b=6$，他の解は 3

練習 37 3 次方程式 $x^3+ax^2-22x+b=0$ の 3 つの解のうち，2 つが 2 と 4 であるとき，定数 a，b の値と他の解を求めよ。

3 次方程式が虚数解をもち，そのうちの 1 つがわかっている場合について，3 次方程式の係数を求めてみよう。

応用例題 7 3 次方程式 $x^3+x^2+ax+b=0$ の 3 つの解のうち，1 つが $1+i$ であるとき，実数の定数 a，b の値と他の解を求めよ。

考え方　実数 p，q について，次が成り立つことを利用する。

$$p+qi=0 \iff p=0,\ q=0$$

解答　$x=1+i$ が解であるから

$$(1+i)^3+(1+i)^2+a(1+i)+b=0$$

整理すると　$(a+b-2)+(a+4)i=0$

$a+b-2$，$a+4$ は実数であるから

$$a+b-2=0,\ a+4=0$$

これを解くと　$a=-4$，$b=6$

このとき，方程式は　$x^3+x^2-4x+6=0$

左辺を因数分解すると　$(x+3)(x^2-2x+2)=0$

よって　$x+3=0$　または　$x^2-2x+2=0$

$x+3=0$　より　$x=-3$

$x^2-2x+2=0$　より　$x=1\pm i$

したがって，他の解は　$x=-3$，$1-i$

答　$a=-4$，$b=6$，他の解は -3，$1-i$

練習 38 3 次方程式 $x^3+ax+b=0$ の 3 つの解のうち，1 つが $1+2i$ であるとき，実数の定数 a，b の値と他の解を求めよ。

応用例題 7 では，$1+i$ と共役な複素数 $1-i$ も方程式の解になっている。次のページでは，この性質を利用した別解を考えてみよう。

第2章

係数が実数である2次方程式，高次方程式が虚数解 $a+bi$ をもつとき，共役な複素数 $a-bi$ もその方程式の解となる。

応用例題7の 別解

3次方程式 $x^3+x^2+ax+b=0$ が $1+i$ を解にもつから，$1+i$ と共役な複素数 $1-i$ もこの方程式の解である。

よって，方程式 $x^3+x^2+ax+b=0$ の左辺は

$$\{x-(1+i)\}\{x-(1-i)\} \quad \text{すなわち} \quad x^2-2x+2$$

で割り切れる。計算すると

商は　$x+3$

余りは

$(a+4)x+b-6$

$$
\begin{array}{rrrrr}
 & x & +3 & & \\
\cline{2-5}
x^2-2x+2 \,\big) & x^3+ & x^2+ & ax & +b \\
 & x^3- & 2x^2+ & 2x & \\
\cline{2-5}
 & & 3x^2+ & (a-2)x & +b \\
 & & 3x^2 & -6x & +6 \\
\cline{3-5}
 & & & (a+4)x & +b-6
\end{array}
$$

余りが0となるから

$$a+4=0,\ b-6=0$$

よって　$a=-4,\ b=6$

方程式は　$(x+3)\{x-(1+i)\}\{x-(1-i)\}=0$　と表される。

したがって，他の解は　$x=-3,\ 1-i$　答

練習 39 3次方程式 $x^3+ax+b=0$ の3つの解のうち，1つが $2-\sqrt{3}\,i$ であるとき，実数の定数 a，b の値と他の解を求めよ。

3次方程式の解と係数の関係

3次方程式 $ax^3+bx^2+cx+d=0$ の3つの解を α，β，γ（ガンマ）とすると

$$
\begin{aligned}
ax^3+bx^2+cx+d &= a(x-\alpha)(x-\beta)(x-\gamma) \\
&= a\{x^3-(\alpha+\beta+\gamma)x^2+(\alpha\beta+\beta\gamma+\gamma\alpha)x-\alpha\beta\gamma\}
\end{aligned}
$$

したがって，次の3次方程式の **解と係数の関係** が得られる。

3 次方程式の解と係数の関係

3 次方程式 $ax^3+bx^2+cx+d=0$ の 3 つの解を α, β, γ とすると

$$\boldsymbol{\alpha+\beta+\gamma=-\frac{b}{a},\quad \alpha\beta+\beta\gamma+\gamma\alpha=\frac{c}{a},\quad \alpha\beta\gamma=-\frac{d}{a}}$$

例 14 3 次方程式 $2x^3-4x^2+2x+3=0$ の 3 つの解を α, β, γ とするとき，次のような式の値が求められる。

$$\alpha+\beta+\gamma=-\frac{-4}{2}=2,\quad \alpha\beta+\beta\gamma+\gamma\alpha=\frac{2}{2}=1,\quad \alpha\beta\gamma=-\frac{3}{2}$$

また　$\alpha^2+\beta^2+\gamma^2=(\alpha+\beta+\gamma)^2-2(\alpha\beta+\beta\gamma+\gamma\alpha)=2^2-2\cdot1=2$

練習 40 3 次方程式 $x^3+2x^2+3x-4=0$ の 3 つの解を α, β, γ とするとき，次の式の値を求めよ。

(1) $\alpha+\beta+\gamma$　(2) $\alpha\beta+\beta\gamma+\gamma\alpha$　(3) $\alpha\beta\gamma$

(4) $\alpha^2+\beta^2+\gamma^2$　(5) $\dfrac{1}{\alpha}+\dfrac{1}{\beta}+\dfrac{1}{\gamma}$　(6) $\alpha^3+\beta^3+\gamma^3-3\alpha\beta\gamma$

応用例題 8 3 次方程式 $x^3+ax^2+bx-3=0$ の 3 つの解のうち，1 つが $1+\sqrt{2}\,i$ であるとき，実数の定数 a, b の値と他の解を求めよ。

解答 $1+\sqrt{2}\,i$ が解であるから，$1-\sqrt{2}\,i$ も解である。

$1\pm\sqrt{2}\,i$ 以外の解を α とおくと，解と係数の関係により

$$(1+\sqrt{2}\,i)+(1-\sqrt{2}\,i)+\alpha=-a,$$

$$(1+\sqrt{2}\,i)(1-\sqrt{2}\,i)+(1-\sqrt{2}\,i)\alpha+\alpha(1+\sqrt{2}\,i)=b,$$

$$(1+\sqrt{2}\,i)(1-\sqrt{2}\,i)\alpha=3$$

これを解くと　$\alpha=1$, $a=-3$, $b=5$

答　$a=-3$, $b=5$, 他の解は 1, $1-\sqrt{2}\,i$

練習 41 71 ページの応用例題 7 を，上の応用例題 8 と同様の方法で解け。

6. いろいろな方程式

連立 3 元 1 次方程式

連立 3 元 1 次方程式の解き方について，復習しよう。

例 15

(1) 連立方程式 $\begin{cases} x-2y+z=8 & \cdots\cdots ① \\ 3x+y-2z=-3 & \cdots\cdots ② \\ 2x-4y+3z=20 & \cdots\cdots ③ \end{cases}$ を解く。

①×2+② より　$5x-3y=13$　…… ④

①×3−③ より　$x-2y=4$　…… ⑤

④，⑤ を連立させて解くと　$x=2$，$y=-1$

① から　$z=4$　　答　$x=2$，$y=-1$，$z=4$

(2) 連立方程式 $\begin{cases} x+y=7 & \cdots\cdots ① \\ y+z=-1 & \cdots\cdots ② \\ z+x=2 & \cdots\cdots ③ \end{cases}$ を解く。

①+②+③ より　$2(x+y+z)=8$

両辺を 2 で割ると　$x+y+z=4$　…… ④

①，④ から　$z=-3$

②，④ から　$x=5$

③，④ から　$y=2$　　答　$x=5$，$y=2$，$z=-3$

練習 42 次の連立 3 元 1 次方程式を解け。

(1) $\begin{cases} 3x-y-z=8 \\ x+2y+3z=9 \\ 2x+y-2z=21 \end{cases}$　　(2) $\begin{cases} x+y=2 \\ y+z=5 \\ z+x=9 \end{cases}$

1次と2次の連立方程式

1次方程式と2次方程式を連立させた連立方程式を考えよう。

例題 12 連立方程式 $\begin{cases} 2x+y=2 & \cdots\cdots ① \\ x^2+xy=-3 & \cdots\cdots ② \end{cases}$ を解け。

考え方 1次の方程式を変形して y を x で表し，2次の方程式に代入すると，y を消去することができる。

解答 ① から　$y=-2x+2$ ……③

これを ② に代入すると　$x^2+x(-2x+2)=-3$

整理すると　$x^2-2x-3=0$

$(x+1)(x-3)=0$

よって　$x=-1$ または $x=3$

③ から　$x=-1$ のとき $y=4$，　$x=3$ のとき $y=-4$

したがって　$(x,\ y)=(-1,\ 4),\ (3,\ -4)$　答

注意 $(x,\ y)=(-1,\ 4)$ は $x=-1$，$y=4$ であることを表している。

練習 43 次の連立方程式を解け。

(1) $\begin{cases} y=2x-1 \\ xy=1 \end{cases}$　　(2) $\begin{cases} x-2y=-3 \\ x^2+y^2=5 \end{cases}$

対称式で表された連立方程式は，次の例 16 のように，2次方程式の解と係数の関係を利用すると，簡単に解ける場合がある。

例 16 連立方程式 $\begin{cases} x+y=7 \\ xy=12 \end{cases}$ の x，y は，和が 7，積が 12 の 2 数であるから，これらは 2 次方程式 $t^2-7t+12=0$ の解である。

この 2 次方程式を解くと $(t-3)(t-4)=0$ から　$t=3,\ 4$

よって，連立方程式の解は　$(x,\ y)=(3,\ 4),\ (4,\ 3)$

練習 44 次の連立方程式を解け。

(1) $\begin{cases} x+y=-5 \\ xy=6 \end{cases}$　　(2) $\begin{cases} x+y=2 \\ xy=3 \end{cases}$

次の例題 13 の連立方程式は，① を $y=2-x$ と変形して，これを ② に代入して y を消去する方法で解くことができるが，ここでは，2 次方程式の解と係数の関係を利用する方法で解くことを考える。

例題 13 連立方程式 $\begin{cases} x+y=2 & \cdots\cdots ① \\ x^2+y^2=20 & \cdots\cdots ② \end{cases}$ を解け。

考え方　対称式で表された連立方程式であることに着目し，② の式を基本対称式で表すと，xy の値を求めることができる。

解答 ② から　$(x+y)^2-2xy=20$

これに ① を代入すると

$$2^2-2xy=20$$

よって　$xy=-8$ $\cdots\cdots$ ③

①，③ より，x，y は，和が 2，積が -8 の 2 数であるから，これらは 2 次方程式 $t^2-2t-8=0$ の解である。

この 2 次方程式を解くと　$(t+2)(t-4)=0$ から

$$t=-2,\ 4$$

したがって　$(x,\ y)=(-2,\ 4),\ (4,\ -2)$　答

練習 45 次の連立方程式を解け。

(1) $\begin{cases} x+y=-1 \\ x^2+y^2=13 \end{cases}$　　(2) $\begin{cases} x+y=-2 \\ x^2+xy+y^2=5 \end{cases}$

分数式を含む方程式

分数式を含む方程式の解き方について考えよう。

例題 14 方程式 $\dfrac{2x-17}{x^2+x-2}=\dfrac{x-6}{x-1}$ を解け。

考え方　両辺に適当な式を掛けて，分数式を含まない式になおしてから解くとよい。このとき，分母は 0 でないことに注意する。

解答　分母は 0 でないから　$x^2+x-2 \neq 0$，$x-1 \neq 0$

$x^2+x-2=(x-1)(x+2)$ であるから

$$x \neq 1,\ -2 \qquad \cdots\cdots ①$$

方程式を変形して

$$\frac{2x-17}{(x-1)(x+2)}=\frac{x-6}{x-1}$$

両辺に $(x-1)(x+2)$ を掛けると

$$2x-17=(x-6)(x+2)$$

よって　$x^2-6x+5=0$

これを解くと　$x=1,\ 5$

このうち，① を満たすものは $x=5$ である。

したがって，解は　$x=5$　答

練習 46 次の方程式を解け。

(1) $\dfrac{x+3}{x-4}=-1$　　(2) $\dfrac{1}{x-5}=\dfrac{2}{3x+1}$

(3) $\dfrac{1}{x+1}-\dfrac{1}{x+2}=\dfrac{1}{2}$　　(4) $\dfrac{1}{x-1}+\dfrac{x^2-3x}{x^2-1}=-2$

第2章

確認問題

1 次の 2 つの値が一致するかどうか調べよ。

(1) $\sqrt{2}\sqrt{-3}$, $\sqrt{2\cdot(-3)}$　　(2) $\sqrt{-2}\sqrt{-3}$, $\sqrt{(-2)\cdot(-3)}$

(3) $\dfrac{\sqrt{-3}}{\sqrt{2}}$, $\sqrt{\dfrac{-3}{2}}$　　(4) $\dfrac{\sqrt{3}}{\sqrt{-2}}$, $\sqrt{\dfrac{3}{-2}}$

2 次の 2 次方程式を解け。

(1) $x^2-2\sqrt{2}\,x+3=0$　　(2) $3x^2-3x+1=0$

3 2 次方程式 $x^2-p^2x+q=0$ の 2 つの解は，$x^2-3px-1=0$ の 2 つの解に，それぞれ 2 を加えた数に等しいという。定数 p，q の値を求めよ。

4 多項式 $P(x)$ を $x-3$ で割ると -11 余り，$x+2$ で割ると 4 余る。$P(x)$ を $(x+2)(x-3)$ で割ったときの余りを求めよ。

5 次の方程式を解け。

(1) $x^3-2x^2-9x+18=0$　　(2) $2x^3-x^2+x-2=0$

(3) $x^4-x^3+x^2-3x-6=0$

6 1 の 3 乗根のうち，虚数であるものの 1 つを ω とするとき，1 の 3 乗根は，1，ω，ω^2 であることを示せ。

7 3 次方程式 $x^3-4x^2+2x+4=0$ の 3 つの解を α，β，γ とするとき，$\alpha^3+\beta^3+\gamma^3$ の値を求めよ。

演習問題A

1 $\alpha=\dfrac{1+\sqrt{3}\,i}{2}$ とするとき，次の値を求めよ。

(1) α^3　　(2) α^{12}　　(3) α^{16}

2 a，k は定数とする。2次方程式 $x^2+ax+k=0$ が重解をもち，$x^2+kx+a^2=0$ の解の1つが -6 であるとき，k の値を求めよ。

3 2次方程式 $x^2-px+2=0$ の2つの解を α，β とするとき，$\alpha+\beta$，$\alpha\beta$ を2つの解とする2次方程式が $x^2-5x+q=0$ になるという。このとき，定数 p，q の値を求めよ。

4 2次方程式 $x^2-4x+7=0$ の2つの解を α，β とするとき，次の式の値を求めよ。

(1) $\alpha^2+\beta^2$　　(2) $(\alpha-\beta)^2$　　(3) $\dfrac{\alpha}{\beta-2}+\dfrac{\beta}{\alpha-2}$

5 多項式 $P(x)$ を $x-1$ で割ると8余り，x^2-4 で割ると $-2x+1$ 余るとき，$P(x)$ を $(x-1)(x^2-4)$ で割ったときの余りを求めよ。

6 次の方程式を解け。

$$(x^2-2x)^2+5(x^2-2x)-24=0$$

7 連立方程式 $\begin{cases} x+y+z=12 \\ x^2+y^2=z^2 \\ xy=12 \end{cases}$ を解け。

8 次の方程式を解け。

$$\frac{1}{x}+\frac{1}{x-3}+\frac{1}{x-1}+\frac{1}{x-2}=0$$

演習問題 B

9 2つの2次方程式 $x^2+kx-1=0$, $x^2+x-k=0$ に共通な解があるとき，定数 k の値と共通な解を求めよ。

10 方程式 $2x^3-(a+2)x^2+a=0$ …… ① について，次の問いに答えよ。ただし，a は定数とする。

(1) 方程式 ① は，1を解にもつことを示せ。

(2) 方程式 ① が，1を2重解としてもつように，a の値を定めよ。

(3) 方程式 ① が，1以外の数を2重解としてもつように，a の値を定めよ。

11 $x=1-\sqrt{3}\,i$ のとき，多項式 $P(x)=2x^3-6x^2+4x+1$ の値を求めよ。

12 立方体の底面の縦を 1 cm，横を 2 cm それぞれ伸ばし，高さを 1 cm 縮めて直方体を作ったら，体積が $\dfrac{3}{2}$ 倍になった。もとの立方体の1辺の長さを求めよ。

13 4次方程式 $x^4-6x^3+10x^2-6x+1=0$ …… ① について，次の問いに答えよ。

(1) $x+\dfrac{1}{x}=t$ とおいて，① を t の方程式で表せ。

(2) (1) の結果を利用して，① を解け。

14 次の連立方程式が，ただ1つの解の組（ただし，x，y ともに実数）をもつように，定数 k の値を定めよ。

(1) $\begin{cases} x^2+y^2=5 \\ x+y=k \end{cases}$　　(2) $\begin{cases} x+2y=2 \\ x^2+xy+y^2=k \end{cases}$

第3章　2次関数とグラフ

Parabola

熊野大花火大会（三重県）➡
花火が描く図形は，この章で学ぶ放物線の形をしている。

第3章

We have already learned the graphs of the functions expressed as $y=ax^2$.

Suppose these graphs are translated by p units in the direction of the x−axis and by q units in the direction of the y−axis.

How can they be expressed in equations with x, y, p, and q?

In this chapter, we will consider how we can find the maximum and minimum values of a given quadratic function expressed as $y=ax^2+bx+c$.

We will also see what the intersecting points of the graph of the function and the x−axis imply.

In addition, by expressing graphs, let's appreciate how quadratic functions, quadratic equations, and quadratic inequalities are related one another.

1. 2 次関数のグラフ

関数

半径が x cm の円の面積を y cm^2 とすると，x と y の関係は次の式で表される。

$$y=\pi x^2 \quad ただし，x>0$$

この関係式 $y=\pi x^2$ において，$x>0$ の範囲で x の値を決めると，それに対応して y の値がただ1つに決まる。

このように，2つの変数 x，y について，x の値を決めると，それに対応して y の値がただ1つに決まるとき，y は x の **関数** であるという。

y が x の関数であることを，$\boldsymbol{y=f(x)}$ や $y=g(x)$ などの記号で表すことがある。関数 $y=f(x)$ を，単に **関数 $\boldsymbol{f(x)}$**，**関数 $\boldsymbol{y}$** ともいう。

関数 $y=f(x)$ において，x の値 a に対応して定まる y の値を $f(a)$ と書き，$f(a)$ を関数 $f(x)$ の $x=a$ における値という。

関数 $f(x)=3x-2$ について

$x=4$ における値は $f(4)=3\cdot4-2=10$

$x=a+2$ における値は $f(a+2)=3(a+2)-2=3a+4$

練習 1 関数 $f(x)=-x^2+2x+4$ について，次の値を求めよ。

(1) $f(3)$ (2) $f(0)$ (3) $f(-2)$ (4) $f(a+1)$

$y=5x-7$ のように，x の1次式で表される関数 y を x の **1 次関数** といい，$y=2x^2-3x+1$ のように，x の2次式で表される関数 y を x の **2 次関数** という。また，$y=3$ のように，y の値が x の値によらず常に一定であるような関数 y を **定数関数** という。

座標平面

平面上に座標軸を定めると，その平面上の点Pの位置は，右の図のような2つの実数の組 $(a,\ b)$ で表すことができる。この組 $(a,\ b)$ を点Pの **座標** といい，座標が $(a,\ b)$ である点Pを $\mathbf{P}(\boldsymbol{a},\ \boldsymbol{b})$ と書く。

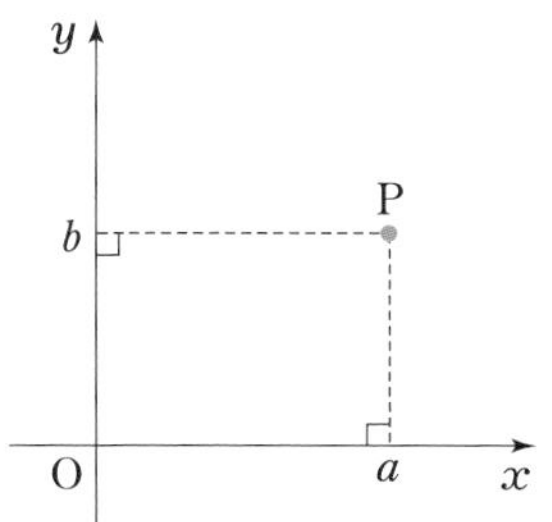

また，座標軸を定めて，点の位置を座標で表すことができる平面を **座標平面** という。

座標軸によって分けられた座標平面の4つの部分を **象限** といい，右の図のように，**第1象限，第2象限，第3象限，第4象限** という。ただし，座標軸上の点は，どの象限にも含めない。

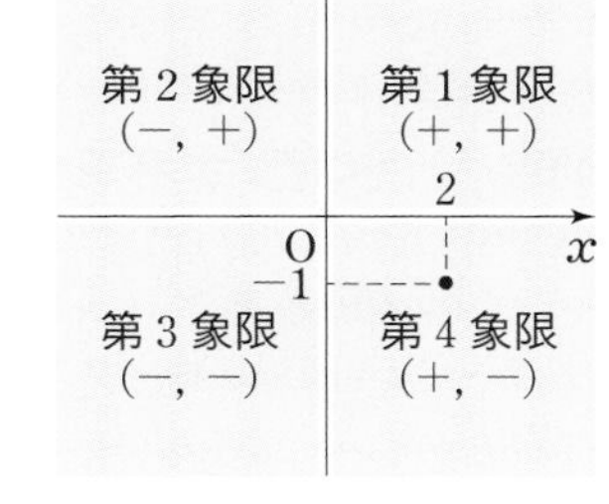

なお，図の (+，+) などは，各象限に含まれる点の x 座標，y 座標の符号を示す。

たとえば，点 $(2,\ -1)$ は，第4象限の点である。

練習 2 次の点はどの象限にあるか。

(1) $(3,\ 5)$　　(2) $(-1,\ -7)$　　(3) $(-4,\ 4)$　　(4) $(1,\ -9)$

$y=ax^2$ のグラフ

1次関数 $y=ax+b$ のグラフは，

傾きが a，　切片が b

の直線になることは既に学んだ。

ここでは，2次関数のグラフがどのような形になるか考えてみよう。

2 次関数 $y=ax^2$ のグラフの形をした曲線を **放物線** という。

2 次関数 $y=ax^2$ のグラフは，原点Oを通り，y 軸に関して対称な放物線となる。

一般に，放物線の対称軸をその放物線の **軸** といい，放物線と軸の交点をその放物線の **頂点** という。

また，2 次関数 $y=ax^2$ のグラフを

放物線 $y=ax^2$

ともいう。

放物線 $y=ax^2$ の軸は y 軸，頂点は原点である。

放物線 $y=ax^2$ は，その曲線の形状から $a>0$ のとき **下に凸**，$a<0$ のとき **上に凸** であるという。

$a>0$ のとき

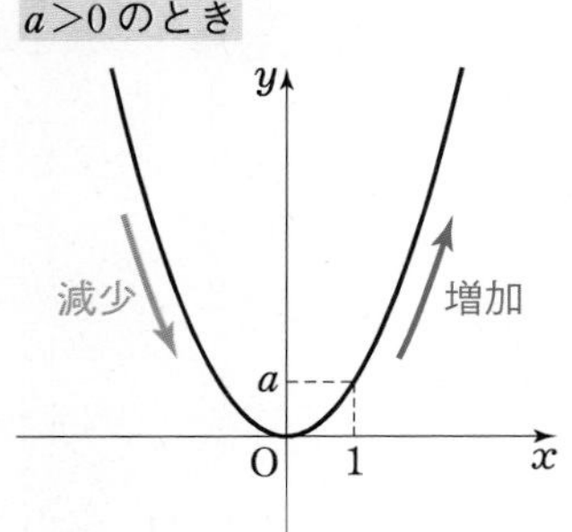

$a<0$ のとき

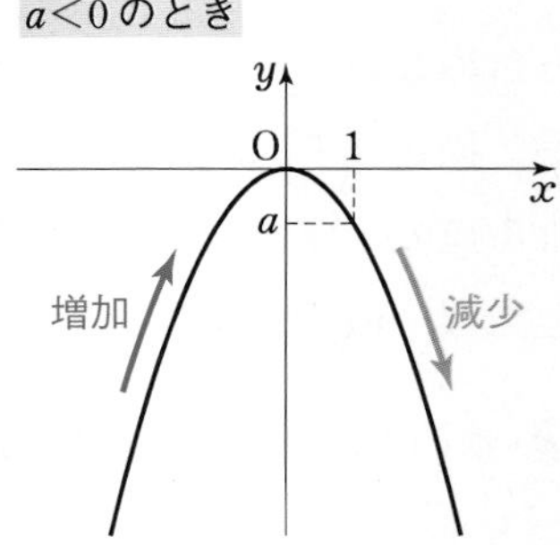

2 次関数 $y=ax^2$ の y の値は，x の値が増加するとき

$a>0$ ならば，$x \leqq 0$ の範囲で減少し，$x \geqq 0$ の範囲で増加する。

$a<0$ ならば，$x \leqq 0$ の範囲で増加し，$x \geqq 0$ の範囲で減少する。

一般に，x の関数 y について，x の値が増加するとき，

y の値も増加するならば，その関数は **単調に増加する** といい，

y の値が減少するならば，その関数は **単調に減少する** という。

$y=ax^2+q$ のグラフ

$y=2x^2$ と $y=2x^2+1$ のグラフの関係を調べてみよう。

x	$\cdots$	-3	-2	-1	0	1	2	3	$\cdots$
$2x^2$	$\cdots$	18	8	2	0	2	8	18	$\cdots$
$2x^2+1$	$\cdots$	19	9	3	1	3	9	19	$\cdots$

↓ $+1$

この表において，同じ x の値に対して，$2x^2+1$ の値は，$2x^2$ の値より

常に 1 だけ大きい

ことがわかる。

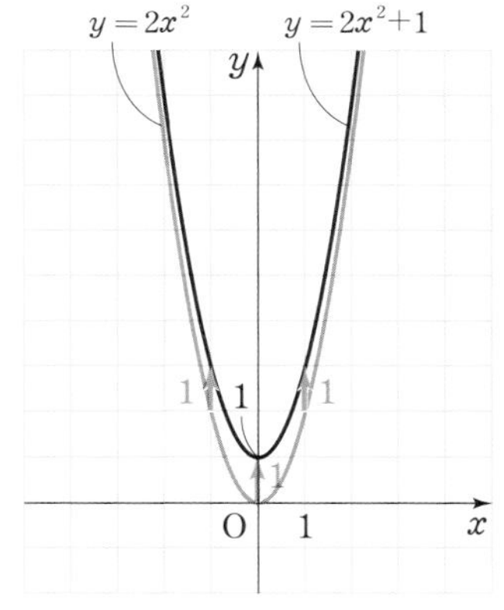

よって，$y=2x^2+1$ のグラフは，放物線 $y=2x^2$ を

y 軸方向に 1 だけ平行移動

した放物線である。

軸は y 軸，頂点は点 $(0,\ 1)$ である。

注意　「y 軸方向に 1 だけ平行移動」，「y 軸方向に -2 だけ平行移動」とは，それぞれ「y 軸の正の向きに 1 だけ平行移動」，「y 軸の負の向きに 2 だけ平行移動」という意味である。

一般に，次のことがいえる。

> 2 次関数 $y=ax^2+q$ のグラフは，放物線 $y=ax^2$ を y 軸方向に q だけ平行移動した放物線で，その軸は y 軸，頂点は点 $(0,\ q)$ である。

練習 3 次の 2 次関数のグラフをかき，軸と頂点を求めよ。

(1)　$y=x^2+2$　　(2)　$y=2x^2-3$　　(3)　$y=-x^2+1$

$y=a(x-p)^2$ のグラフ

$y=2x^2$ と $y=2(x-3)^2$ のグラフの関係を調べてみよう。

x	$\cdots$	-2	-1	0	1	2	3	4	5	$\cdots$
$2x^2$	$\cdots$	8	2	0	2	8	18	32	50	$\cdots$
$2(x-3)^2$	$\cdots$	50	32	18	8	2	0	2	8	$\cdots$

この表において，x の各値に対して，$2(x-3)^2$ の値は，$2x^2$ の値を

右に 3 だけずらしたもの

であることがわかる。

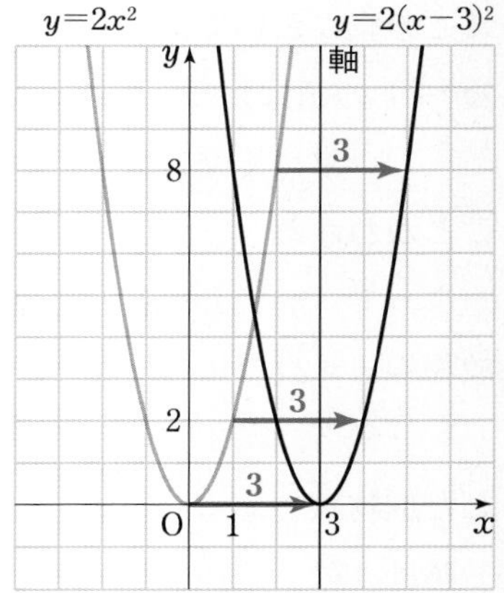

よって，$y=2(x-3)^2$ のグラフは，放物線 $y=2x^2$ を

x 軸方向に 3 だけ平行移動

した放物線である。

軸は，点 $(3,\ 0)$ を通り y 軸に平行な直線である。

よって，軸は直線 $x=3$，頂点は点 $(3,\ 0)$ である。

注意 点 $(p,\ 0)$ を通り，y 軸に平行な直線を，直線 $x=p$ という。特に，直線 $x=0$ は y 軸を表す。

一般に，次のことがいえる。

> 2 次関数 $y=a(x-p)^2$ のグラフは，放物線 $y=ax^2$ を x 軸方向に p だけ平行移動した放物線で，その軸は直線 $x=p$，頂点は点 $(p,\ 0)$ である。

練習 4 次の 2 次関数のグラフをかき，軸と頂点を求めよ。

(1) $y=(x-2)^2$　　(2) $y=\dfrac{1}{2}(x+1)^2$　　(3) $y=-2(x+3)^2$

$y=a(x-p)^2+q$ のグラフ

これまでに学んだことから，$y=a(x-p)^2+q$ のグラフを考えよう。

例 2 $y=2(x-3)^2+1$ のグラフをかく。

このグラフは，$y=2(x-3)^2$ のグラフを y 軸方向に 1 だけ平行移動したものであり，

$y=2(x-3)^2$ のグラフは，

放物線 $y=2x^2$ を x 軸方向に 3 だけ平行移動したものである。

すなわち，$y=2(x-3)^2+1$ のグラフは，放物線 $y=2x^2$ を

x 軸方向に 3，y 軸方向に 1

だけ平行移動した放物線であり，

軸は直線 $x=3$，頂点は点 $(3,\ 1)$ である。

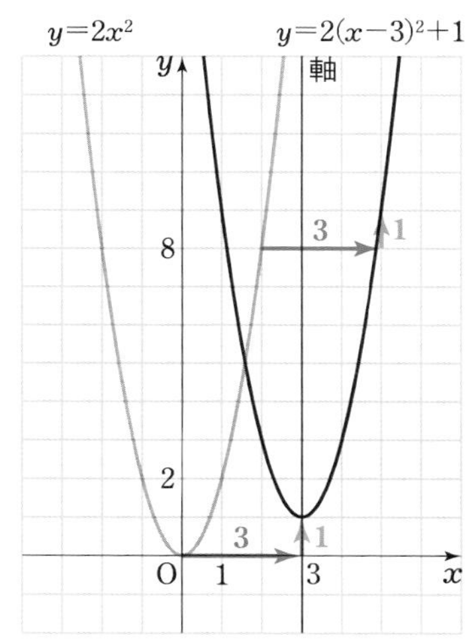

一般に，次のことがいえる。

$y=a(x-p)^2+q$ のグラフ

2 次関数 $y=a(x-p)^2+q$ のグラフは，放物線 $y=ax^2$ を

x 軸方向に p，y 軸方向に q

だけ平行移動した放物線である。

軸は **直線 $x=p$**，頂点は **点 $(p,\ q)$**

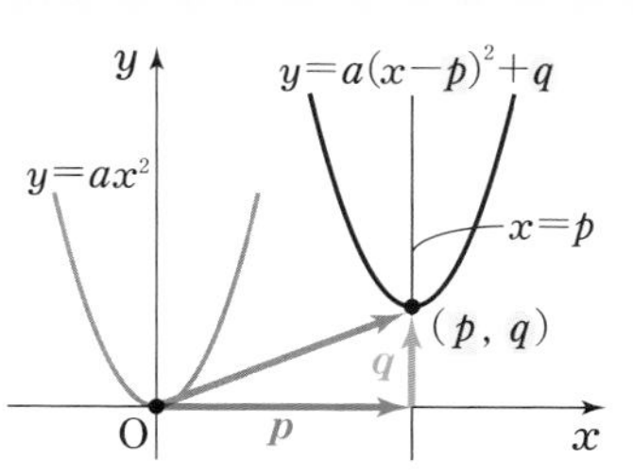

練習 5 次の 2 次関数のグラフをかき，その軸と頂点を求めよ。

(1) $y=(x-1)^2+2$　　(2) $y=2(x+3)^2-1$

(3) $y=-(x-2)^2-3$　　(4) $y=-2(x+1)^2+4$

$y=ax^2+bx+c$ のグラフ

$y=(x-3)^2-4$ の右辺を展開すると，$y=x^2-6x+5$ となる。

逆に考えると，$y=x^2-6x+5$ は $y=(x-3)^2-4$ と変形することができる。

よって，$y=x^2-6x+5$ のグラフは，放物線 $y=x^2$ を

x 軸方向に 3，y 軸方向に -4

だけ平行移動した放物線であることがわかる。

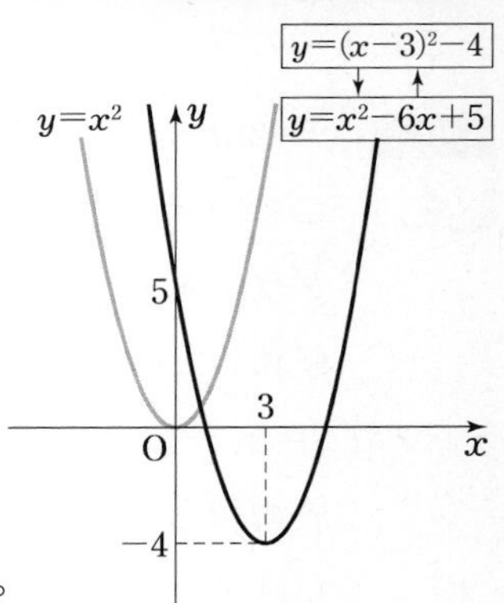

2 次式 ax^2+bx+c を $a(x-p)^2+q$ の形に変形することを **平方完成** するという。平方完成によって，2 次関数 $y=ax^2+bx+c$ のグラフを考えることができる。

例 3

$$\begin{aligned} &x^2-8x+5 \\ &=(x^2-8x+4^2)-4^2+5 \\ &=(x-4)^2-11 \end{aligned}$$

$$x^2+\bullet x=\left\{x^2+\bullet x+\left(\frac{\bullet}{2}\right)^2\right\}-\left(\frac{\bullet}{2}\right)^2$$
$$=\left(x+\frac{\bullet}{2}\right)^2-\left(\frac{\bullet}{2}\right)^2$$

練習 6 次の 2 次式を平方完成せよ。

(1) x^2-4x　　(2) x^2+6x+4　　(3) x^2-3x+2

x^2 の係数が 1 以外の 2 次式を平方完成してみよう。

例 4

$-3x^2+6x+5$

$=-3(x^2-2x)+5$　　← 定数項以外を x^2 の係数でくくる

$=-3\{(x^2-2x+1^2)-1^2\}+5$　　← $x^2-2x=(x^2-2x+1^2)-1^2$

$=-3(x-1)^2+3\cdot1^2+5$　　← $x^2-2x+1^2=(x-1)^2$

$=-3(x-1)^2+8$

練習 7 ▶ 次の 2 次式を平方完成せよ。

(1) $2x^2+8x-3$　　(2) $-x^2+x-2$　　(3) $-3x^2-9x+1$

2 次式の平方完成を利用して，2 次関数 $y=ax^2+bx+c$ のグラフについて調べてみよう。

例題 1　2 次関数 $y=-2x^2-8x-5$ のグラフをかき，その軸と頂点を求めよ。

解答　$-2x^2-8x-5$ を平方完成すると

$$\begin{aligned}-2x^2-8x-5&=-2(x^2+4x)-5\\&=-2\{(x^2+4x+2^2)-2^2\}-5\\&=-2(x+2)^2+2\cdot2^2-5\\&=-2(x+2)^2+3\end{aligned}$$

よって　$y=-2(x+2)^2+3$

この関数のグラフは，放物線 $y=-2x^2$ を

x 軸方向に -2,

y 軸方向に 3

だけ平行移動した放物線で右の図のようになる。

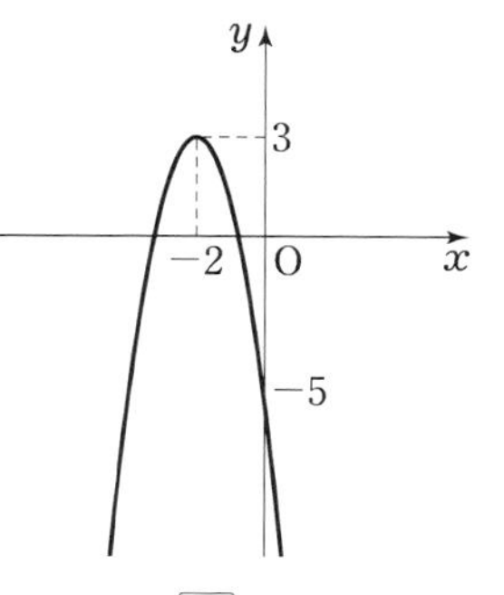

軸は直線 $x=-2$，頂点は点 $(-2,\ 3)$　答

練習 8 ▶ 次の 2 次関数のグラフをかき，その軸と頂点を求めよ。

(1) $y=x^2-4x+8$　　(2) $y=2x^2+12x+10$

(3) $y=-2x^2+4x-1$　　(4) $y=-x^2-3x+1$

ここまでに学んだことをまとめよう。

2 次式 ax^2+bx+c を平方完成すると，次のようになる。

$$ax^2+bx+c=a\left(x+\frac{b}{2a}\right)^2-\frac{b^2-4ac}{4a}$$

したがって，$p=-\dfrac{b}{2a}$，$q=-\dfrac{b^2-4ac}{4a}$ とおくと，2 次関数 $y=ax^2+bx+c$ は $y=a(x-p)^2+q$ と表すことができる。

よって，2 次関数 $y=ax^2+bx+c$ のグラフは放物線である。

一般に，2 次関数のグラフについて，次のことがいえる。

$y=ax^2+bx+c$ のグラフ

2 次関数 $y=ax^2+bx+c$ のグラフは，放物線 $y=ax^2$ を平行移動した放物線であり，点 $(0,\ c)$ を通る。

軸は　**直線 $x=-\dfrac{b}{2a}$**，　頂点は　**点 $\left(-\dfrac{b}{2a},\ -\dfrac{b^2-4ac}{4a}\right)$**

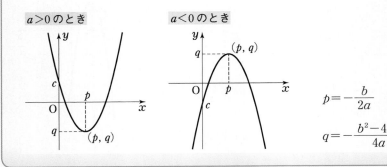

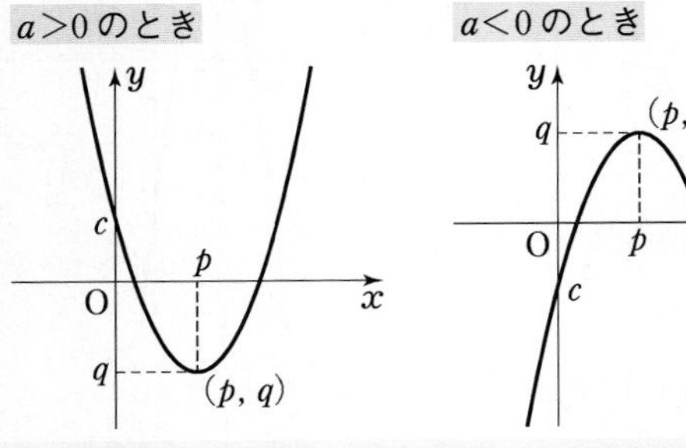

$p=-\dfrac{b}{2a}$

$q=-\dfrac{b^2-4ac}{4a}$

注　意　$y=ax^2+bx+c$ のグラフの形は a の値だけで決まる。

2 次関数 $y=ax^2+bx+c$ のグラフを **放物線 $y=ax^2+bx+c$** ともいう。また，$y=ax^2+bx+c$ を，この **放物線の方程式** という。

2. 関数のグラフの移動

点の移動

点の移動について考えてみよう。

右の図から，次のことがわかる。

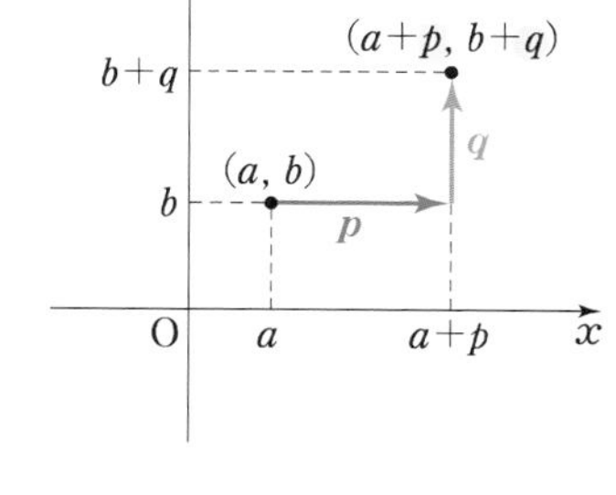

> 点 $(a,\ b)$ を
> x 軸方向に p，y 軸方向に q
> だけ移動した点の座標は
> $$(a+p,\ b+q)$$
> である。

練習 9 点 $(1,\ -5)$ を x 軸方向に 3，y 軸方向に -2 だけ移動した点の座標を求めよ。

例題 2 点 A$(3,\ -1)$ をどのように移動すれば点 B$(-1,\ 4)$ に重なるか答えよ。

解答 点Aを，x 軸方向に p，y 軸方向に q だけ移動した点の座標は

$$(3+p,\ -1+q)$$

これが，点Bに重なるとすると

$$3+p=-1,\ -1+q=4$$

よって　　$p=-4,\ q=5$

したがって，x 軸方向に -4，y 軸方向に 5 だけ移動すればよい。 答

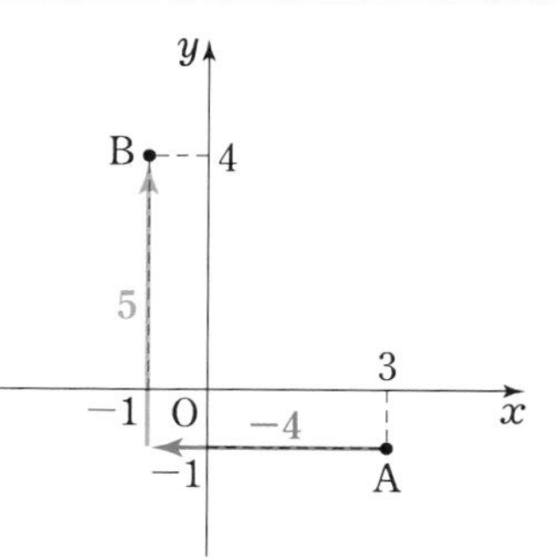

練習 10 次の点をどのように移動すれば点 $(5,\ -3)$ に重なるか答えよ。

(1) 点 A$(-1,\ -6)$　　(2) 点 B$(0,\ 3)$

関数 $y=f(x)$ のグラフの平行移動

応用例題 1 放物線 $y=x^2-2x-1$ を平行移動して，放物線 $y=x^2+6x+10$ に重ねるには，どのように平行移動すればよいか。

考え方 x^2 の係数が同じであるから，この 2 つの放物線は重なる。頂点が重なるような平行移動を考える。

解答

$$y=x^2-2x-1$$

を変形すると（右辺を平方完成する）

$$y=(x-1)^2-2$$

よって，頂点は点 $(1,\ -2)$

$$y=x^2+6x+10$$

を変形すると（右辺を平方完成する）

$$y=(x+3)^2+1$$

よって，頂点は点 $(-3,\ 1)$

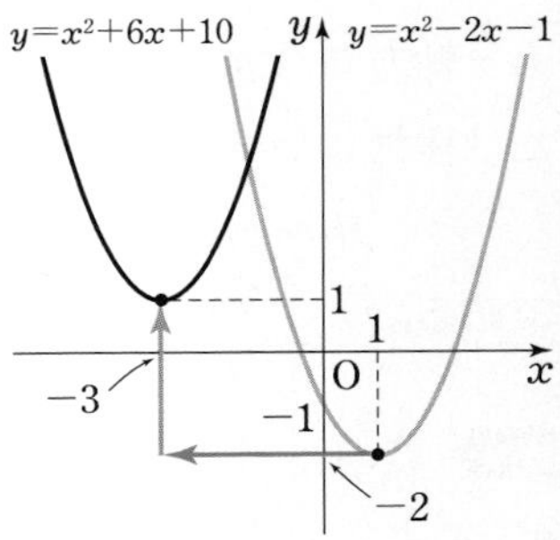

頂点は，点 $(1,\ -2)$ から点 $(-3,\ 1)$ に移動するから，

x 軸方向に -4，y 軸方向に 3 だけ平行移動すればよい。 答

練習 11 放物線 $y=-2x^2-4x+2$ を平行移動して，放物線 $y=-2x^2+8x-5$ に重ねるには，どのように平行移動すればよいか。

87 ページで学んだように，放物線 $y=ax^2$ を

x 軸方向に p，　y 軸方向に q

だけ平行移動した放物線の方程式は　$y=a(x-p)^2+q$　となる。

すなわち　$y-q=a(x-p)^2$　である。

同様のことが，一般の関数 $y=f(x)$ のグラフについてもいえるか調べてみよう。

関数 $y=f(x)$ のグラフFを

x 軸方向に p,

y 軸方向に q

だけ平行移動した曲線をGとする。

F上の点 $\mathrm{P}(s,\ t)$ が，G上の点 $\mathrm{Q}(x,\ y)$ に移動したと考えると

$$x=s+p, \qquad y=t+q$$

よって　$s=x-p, \qquad t=y-q \qquad \cdots\cdots$ ①

ここで，点 $\mathrm{P}(s,\ t)$ は，$y=f(x)$ のグラフ上の点であるから

$$t=f(s)$$

これに，① を代入すると $\boldsymbol{y-q=f(x-p)}$ となり，x，y の関係式が求められる。

この式は $y=f(x)$ の x を $x-p$，y を $y-q$ におき換えた式であり，曲線Gを表す式になっている。

応用例題 2　放物線 $y=-x^2-5x+6$ を x 軸方向に 3，y 軸方向に -2 だけ平行移動した放物線の方程式を求めよ。

考え方　放物線の方程式の x を $x-3$，y を $y-(-2)$ におき換える。

解答　移動した放物線の方程式は

$$y-(-2)=-(x-3)^2-5(x-3)+6$$

すなわち　$y=-x^2+x+10$　答

練習 12　次のように移動した直線または放物線の方程式を求めよ。

(1)　直線 $y=2x-4$ を x 軸方向に 7，y 軸方向に -1 だけ平行移動

(2)　放物線 $y=2x^2+x-1$ を x 軸方向に -3，y 軸方向に -4 だけ平行移動

関数 $y=f(x)$ のグラフの対称移動

直線や点に関して，図形上の各点を対称な位置に移す対称移動について考えてみよう。

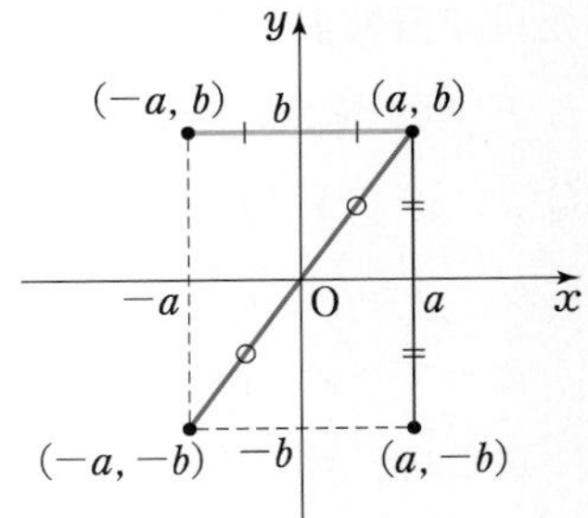

右の図からわかるように，点 $(a,\ b)$ を次のように対称移動したとき，移された点の座標は，それぞれ下のようになる。

x 軸に関する対称移動：$\boldsymbol{(a,\ -b)}$

y 軸に関する対称移動：$\boldsymbol{(-a,\ b)}$

原点に関する対称移動：$\boldsymbol{(-a,\ -b)}$

練習 13 点 $(-2,\ 3)$ を，次の直線または点に関して対称移動した点の座標を求めよ。

(1) x 軸　　(2) y 軸　　(3) 原点

次に，曲線の対称移動について考えてみよう。

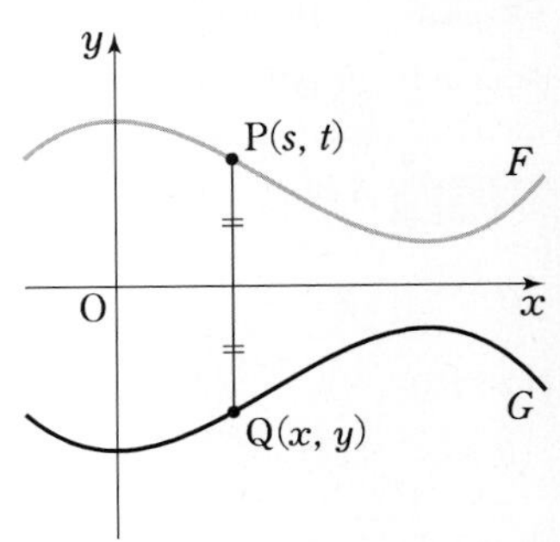

関数 $y=f(x)$ のグラフ F を x 軸に関して対称移動した曲線を G とする。

F 上の点 $\mathrm{P}(s,\ t)$ が，G 上の点 $\mathrm{Q}(x,\ y)$ に移動したと考えると

$$x=s,\qquad y=-t$$

よって　$s=x,\qquad t=-y$　…… ①

ここで，点 $\mathrm{P}(s,\ t)$ は，$y=f(x)$ のグラフ上の点であるから

$$t=f(s)$$

これに，① を代入すると　$-y=f(x)$

すなわち　$y=-f(x)$

同様にして，関数 $y=f(x)$ のグラフを，次のように対称移動した曲線の方程式は，以下のようになることがわかる。

x 軸に関して対称移動すると

$$\boldsymbol{y=-f(x)}$$

y 軸に関して対称移動すると

$$\boldsymbol{y=f(-x)}$$

原点に関して対称移動すると

$$\boldsymbol{-y=f(-x)}$$

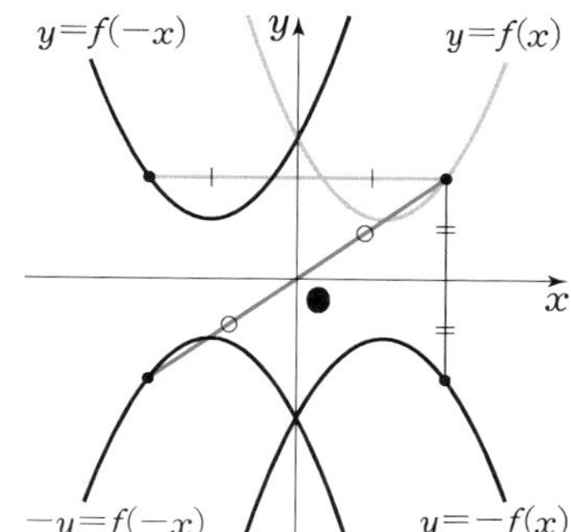

放物線や直線を，対称移動した図形の方程式を求めてみよう。

応用例題 3　放物線 $y=-x^2+2x-3$ を原点に関して対称移動した放物線の方程式を求めよ。

考え方　放物線の方程式の x を $-x$，y を $-y$ におき換える。

解答　原点に関して対称移動した放物線の方程式は

$$-y=-(-x)^2+2(-x)-3$$

すなわち　$y=x^2+2x+3$　答

練習 14　次の直線または放物線の方程式を求めよ。

(1) 直線 $y=-x+1$ を x 軸に関して対称移動した直線

(2) 放物線 $y=-2x^2+x-3$ を y 軸に関して対称移動した放物線

(3) 放物線 $y=x^2-2x$ を原点に関して対称移動した放物線

3. 2 次関数の最大値，最小値

2 次関数の最大値，最小値

関数の値域に最大の値があるとき，その値を関数の **最大値** といい，最小の値があるとき，その値を関数の **最小値** という。

2 次関数 $y=2x^2+4x-1$ は，

$$y=2(x+1)^2-3$$

と変形できるから，グラフは右の図のようになる。

よって，関数は $x=-1$ で最小値 -3 をとる。

また，最大値はない。

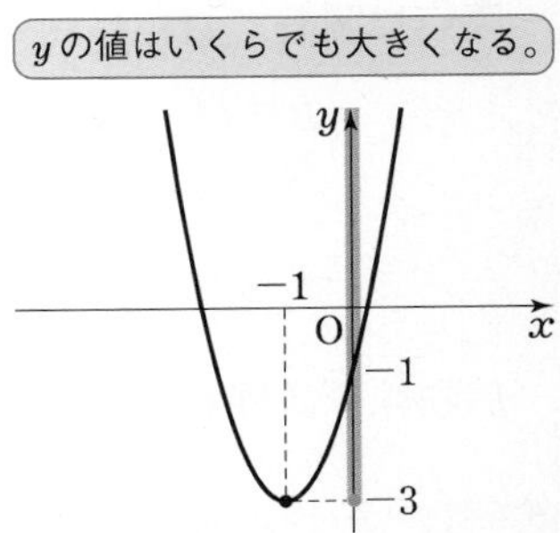

2 次関数は，$y=a(x-p)^2+q$ の形に表され，次のことがいえる。

2 次関数 $y=a(x-p)^2+q$ の最大値，最小値

$a>0$ のとき　$x=p$ で **最小値 q** をとり，最大値はない。

$a<0$ のとき　$x=p$ で **最大値 q** をとり，最小値はない。

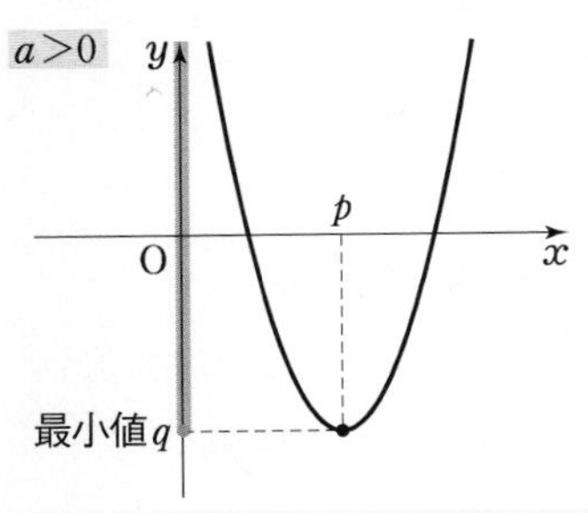

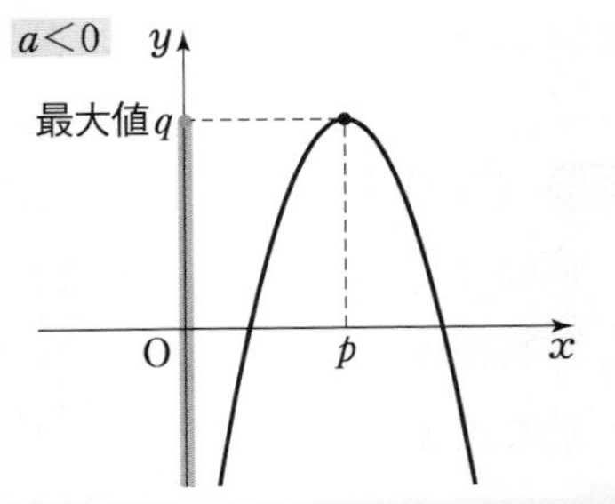

練習 15 次の 2 次関数に最大値，最小値があれば，それを求めよ。

(1)　$y=x^2+6x+8$　　(2)　$y=-2x^2+8x-3$

a は定数とする。

関数 $y=-x^2+4x$ $(a \leqq x \leqq a+2)$ の最大値を求めよ。

考え方　$y=-x^2+4x$ のグラフは上に凸の放物線で，軸は直線 $x=2$ である。定義域の端点 a，$a+2$ と 2 との大小によって場合分けをする。

解答　関数は　　$y=-(x-2)^2+4$ $(a \leqq x \leqq a+2)$

と表され，グラフの軸は直線 $x=2$，頂点は点 $(2,\ 4)$ である。

[1]　$a+2<2$　すなわち　$a<0$ のとき

関数は $x=a+2$ で最大値 $-(a+2)^2+4(a+2)=-a^2+4$ をとる。

[2]　$a<2 \leqq a+2$　すなわち　$0 \leqq a<2$ のとき

関数は $x=2$ で最大値 4 をとる。

[3]　$2 \leqq a$　のとき

関数は $x=a$ で最大値 $-a^2+4a$ をとる。

答　$a<0$ のとき $x=a+2$ で最大値 $-a^2+4$

$0 \leqq a<2$ のとき $x=2$ で最大値 4

$2 \leqq a$ のとき $x=a$ で最大値 $-a^2+4a$

[1]

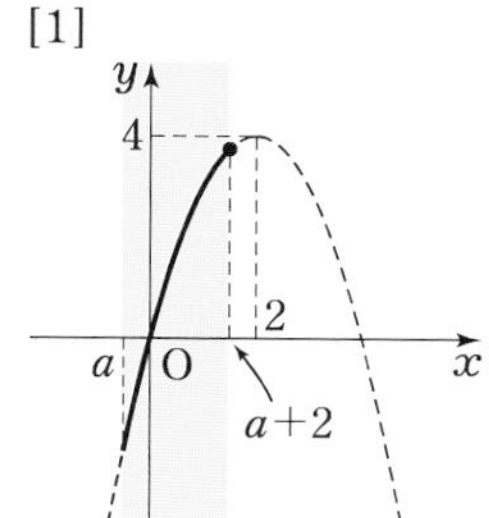

[2]

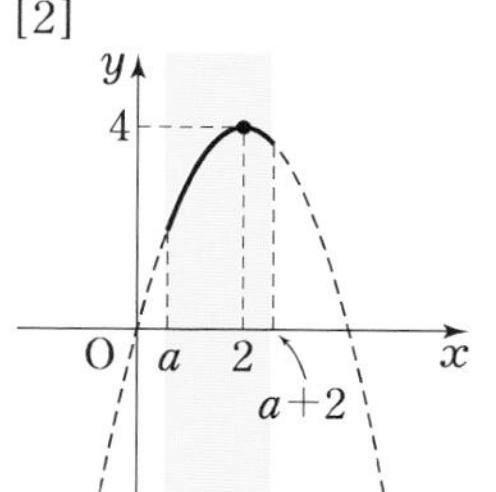

[3]

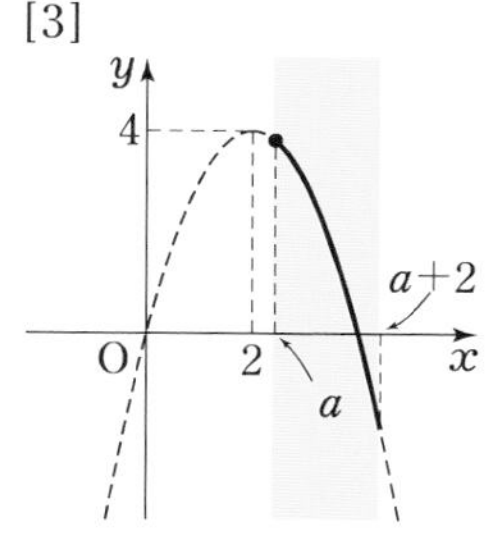

練習 21　a は定数とする。関数 $y=x^2-2x-1$ $(a \leqq x \leqq a+3)$ の最小値を求めよ。

探究

2 次関数の最大値，最小値

前のページの応用例題 7 において，最小値を求めるときには，どのように場合分けをすればよいでしょうか？

関数 $y=-x^2+4x$ のグラフは上に凸で軸からの距離が長いほど y の値は小さくなっています。また，定義域 $a \leqq x \leqq a+2$ の幅は 2 で一定で，a の増加とともに定義域全体が右に移動します。

けいこさんの意見をもとに，次のような図をかいてみました。

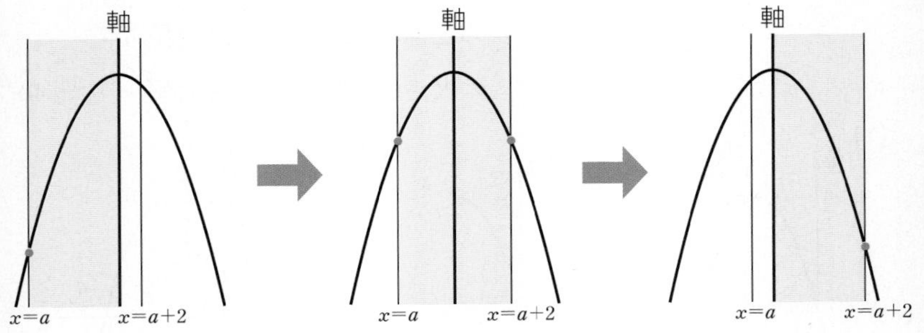

たいちさんがかいた図を参考にして，最小値を求めるときには，どのように場合分けをすればよいか考えてみましょう。
また，最大値と最小値を同時に考えるときには，どのように場合分けをすればよいでしょうか。

2 次関数の最大，最小の応用

応用例題 8 長さ 80 cm の針金を 2 つに切り，それぞれを折り曲げて正方形を 2 つ作る。それらの面積の和を最小にするには，針金をどのように切ればよいか。

解答 切り取ってできる一方の正方形の 1 辺の長さを x cm とすると，他方の正方形の 1 辺の長さは

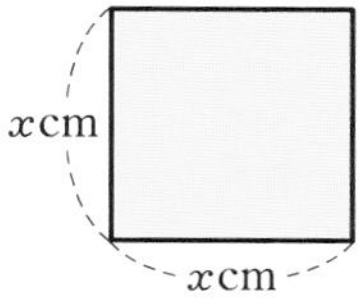

$$\frac{80-4x}{4}=20-x\ (\text{cm})$$

$x>0$，$20-x>0$ であるから

$$0<x<20$$

2 つの面積の和を y cm^2 とすると

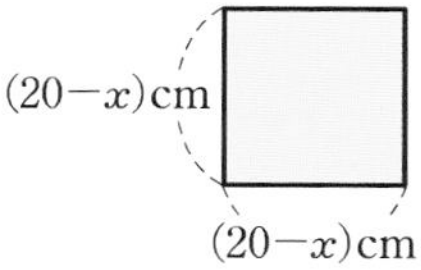

$$y=x^2+(20-x)^2=2x^2-40x+400$$
$$=2(x-10)^2+200$$

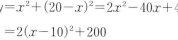

$0<x<20$ の範囲で，y は $x=10$ で最小値 200 をとる。

このとき，$4x=40$ (cm) であるから，針金を 40 cm ずつ半分に切ればよい。 答

練習 22 まっすぐな壁が長く続く建物がある。その建物の壁に沿って，できるだけ広い長方形の資材置き場を作りたい。資材置き場を囲むフェンス用の金網は 100 m 分用意してある。壁の部分にはフェンスは必要ないとすると，資材置き場の面積を最大にするためには，長方形の各辺の長さを何 m にすればよいか。

練習 23 ある商品の定価を 150 円にすると，1 日に 500 個販売できる。この商品は，定価を 10 円値上げするごとに，1 日あたり 20 個ずつ販売量が減少するという。1 日あたりの売上金額が最大となる定価を求めよ。
ただし，この問題では，定価を値下げする場合は考えなくてよい。

一般に，関数 $f(x)$ が，その定義域で常に $f(x) \geqq 0$ ならば，関数 $\{f(x)\}^2$ の最大値，最小値をとる x の値と，$f(x)$ の最大値，最小値をとる x の値は一致する。このことを利用して問題を解いてみよう。

応用例題 9　直角を挟む 2 辺の長さの和が 12 cm である直角三角形のうち，斜辺の長さが最小であるものの 3 辺の長さを求めよ。

解答　直角を挟む 2 辺のうち，一方の長さを x cm とおくと，もう一方の辺の長さは $(12-x)$ cm となる。

ここで，$x>0$，$12-x>0$ であるから　$0<x<12$

斜辺の長さを y cm とすると，

三平方の定理により

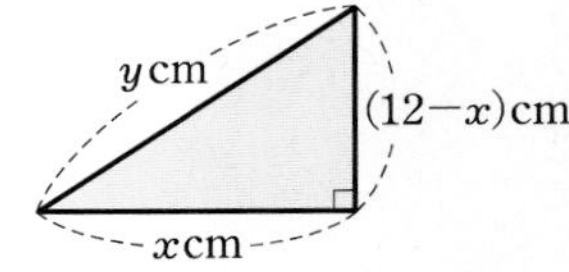

$$y^2=x^2+(12-x)^2$$
$$=2x^2-24x+144$$
$$=2(x-6)^2+72$$

よって，$0<x<12$ の範囲で，y^2 は $x=6$ で最小値 72 をとる。

$y>0$ であるから，y^2 が最小となるとき，y も最小になる。

したがって，y は $x=6$ で最小値 $\sqrt{72}=6\sqrt{2}$ (cm) をとる。

よって，求める直角三角形の 3 辺の長さは

6 cm，　6 cm，　$6\sqrt{2}$ cm　答

練習 24　$0 \leqq a<10$ とする。

座標平面上に，a の値によって位置が決まる 2 点 A$(a,\ 0)$，B$(10,\ 3a)$ がある。

A，B 間の距離が最も短くなるときの a の値と，その距離を求めよ。

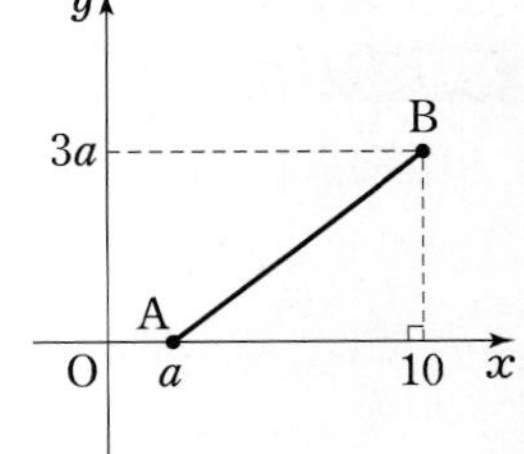

4. 2 次関数の決定

頂点や軸，通る点からの決定

例題 4 グラフが次の条件を満たすような 2 次関数を求めよ。

(1) 頂点が点 $(-1,\ 3)$ で，点 $(2,\ 12)$ を通る。

(2) 軸が直線 $x=1$ で，2 点 $(-1,\ 3)$，$(2,\ -3)$ を通る。

解答 (1) 頂点が点 $(-1,\ 3)$ であるから，求める 2 次関数は

$$y=a(x+1)^2+3$$

とおける。

この関数のグラフが点 $(2,\ 12)$ を通るから

$$12=a(2+1)^2+3$$

これを解くと　$a=1$

よって　　$y=(x+1)^2+3$　[答]

(2) 軸が直線 $x=1$ であるから，求める 2 次関数は

$$y=a(x-1)^2+b$$

とおける。

この関数のグラフが 2 点 $(-1,\ 3)$，$(2,\ -3)$ を通るから

$$3=4a+b, \quad -3=a+b$$

これを解くと　$a=2$，$b=-5$

よって　　$y=2(x-1)^2-5$　[答]

注意 例題 4 は (1) $y=x^2+2x+4$，(2) $y=2x^2-4x-3$ と答えてもよい。

練習 25 グラフが次の条件を満たすような 2 次関数を求めよ。

(1) 頂点が点 $(3,\ -4)$ で，点 $(1,\ -12)$ を通る。

(2) 軸が直線 $x=-2$ で，2 点 $(1,\ 8)$，$(3,\ 24)$ を通る。

(3) 頂点の x 座標が 3 で，2 点 $(1,\ 9)$，$(2,\ 3)$ を通る。

例題 5　2 次関数のグラフが 3 点 $(1,\ 4)$，$(3,\ 2)$，$(-2,\ -8)$ を通るとき，その 2 次関数を求めよ。

解答　求める 2 次関数を $y=ax^2+bx+c$ とおく。この関数のグラフが与えられた 3 点を通るから
$$\begin{cases} a+b+c=4 \\ 9a+3b+c=2 \\ 4a-2b+c=-8 \end{cases}$$
これを解くと　　$a=-1$，$b=3$，$c=2$

よって　　$y=-x^2+3x+2$　**答**

練習 26　2 次関数のグラフが 3 点 $(1,\ 2)$，$(3,\ 16)$，$(-2,\ 11)$ を通るとき，その 2 次関数を求めよ。

2 次関数のグラフが x 軸上の 2 点 $(\alpha,\ 0)$，$(\beta,\ 0)$ を通るとき，その 2 次関数は a を定数として，次のようにおくことができる。

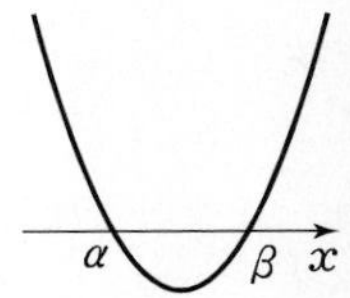

$$\boldsymbol{y=a(x-\alpha)(x-\beta)}$$

例 6　2 次関数のグラフが 3 点 $(-3,\ 0)$，$(1,\ 0)$，$(2,\ 10)$ を通るとき，その 2 次関数を求める。

求める 2 次関数は $y=a(x+3)(x-1)$ とおくことができる。

この関数のグラフが点 $(2,\ 10)$ を通るから　　$10=a\cdot5\cdot1$

よって　　$a=2$

したがって，求める 2 次関数は　　$y=2(x+3)(x-1)$

（右辺を展開して $y=2x^2+4x-6$ と答えてもよい。）

練習 27　2 次関数のグラフが 3 点 $(-2,\ 0)$，$(1,\ 6)$，$(3,\ 0)$ を通るとき，その 2 次関数を求めよ。

x^2 の係数が 2 である 2 次関数について，そのグラフが点 $(3,\ 5)$ を通り，頂点が直線 $y=2x-5$ 上にある。このような 2 次関数を求めよ。

解答 頂点が直線 $y=2x-5$ 上にあるから，頂点の x 座標を t とすると，頂点の座標は $(t,\ 2t-5)$ と表される。
x^2 の係数が 2 であるから，求める 2 次関数は

$$y=2(x-t)^2+2t-5$$

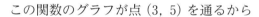

とおける。
この関数のグラフが点 $(3,\ 5)$ を通るから

$$5=2(3-t)^2+2t-5$$

$$t^2-5t+4=0$$

これを解くと　$t=1,\ 4$

$t=1$ のとき $y=2(x-1)^2-3$

$t=4$ のとき $y=2(x-4)^2+3$

答　$y=2(x-1)^2-3,\ \ y=2(x-4)^2+3$
$(y=2x^2-4x-1,\ \ y=2x^2-16x+35$ と答えてもよい。)

練習 28 x^2 の係数が -1 である 2 次関数について，そのグラフが点 $(-1,\ 1)$ を通り，頂点が直線 $y=-x$ 上にある。このような 2 次関数を求めよ。

練習 29 2 次関数 $y=x^2-4ax+b$ のグラフが点 $(2,\ 4)$ を通り，頂点が直線 $y=-x-14$ 上にある。このとき，定数 $a,\ b$ の値を求めよ。

5. 2次関数のグラフと方程式

2次関数のグラフと方程式

2次関数 $y=ax^2+bx+c$ のグラフと x 軸の共有点の x 座標は，$y=0$ となる実数 x の値であるから，

2次方程式 $ax^2+bx+c=0$ の実数解

である。

例 7 2次関数 $y=x^2+2x-4$ のグラフと x 軸の共有点の x 座標は，

2次方程式　$x^2+2x-4=0$

の実数解である。

これを解くと　$x=-1\pm\sqrt{5}$

よって，共有点の座標は

$(-1-\sqrt{5},\ 0)$，$(-1+\sqrt{5},\ 0)$

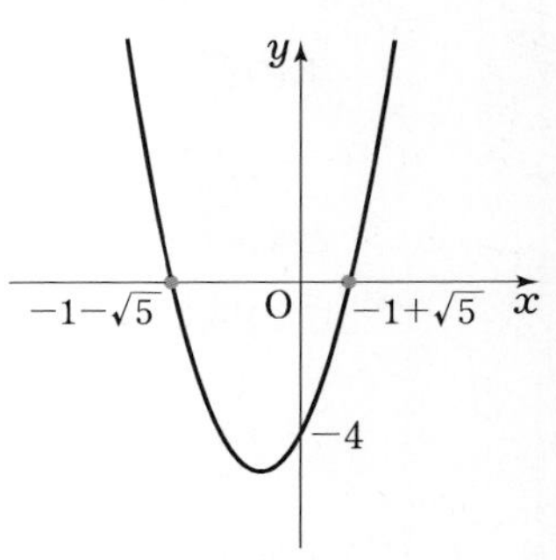

練習 30 次の2次関数のグラフと x 軸の共有点の座標を求めよ。

(1)　$y=x^2-4x+1$　　(2)　$y=2x^2+x-1$　　(3)　$y=-4x^2-12x-9$

$a>0$ のとき，2次関数 $y=ax^2+bx+c$ のグラフと x 軸との位置関係には，次の3つの場合がある。$a<0$ の場合も同様である。

[1]

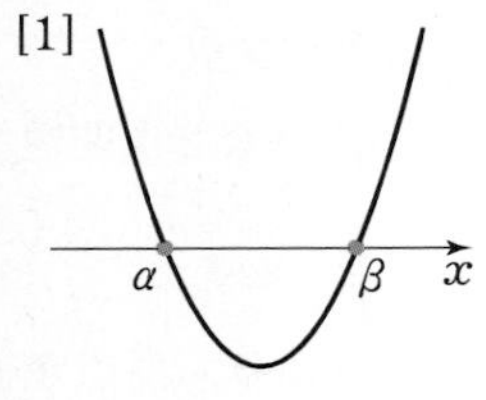

2点を共有

[2]

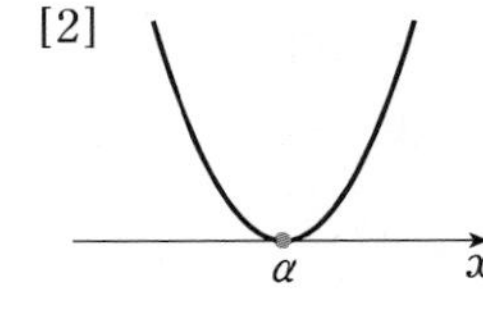

1点だけ共有

[3]

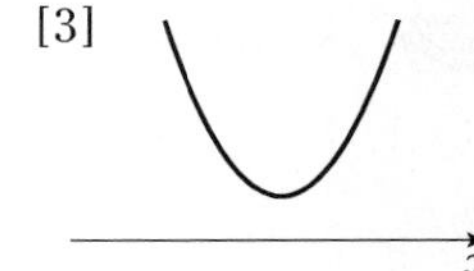

共有点をもたない

<u>[1]の場合</u>

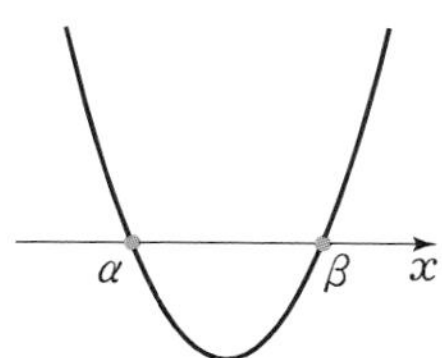

グラフは x 軸と異なる 2 点 $(\alpha,\ 0)$，$(\beta,\ 0)$ で交わっており，交点の x 座標 α，β は，2 次方程式 $ax^2+bx+c=0$ の異なる 2 つの実数解である。

判別式 $D=b^2-4ac$ については　$\boldsymbol{D>0}$

<u>[2]の場合</u>

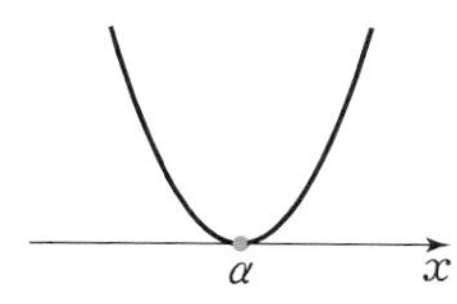

グラフは x 軸とただ 1 点 $(\alpha,\ 0)$ を共有しており，共有点の x 座標 α は，2 次方程式 $ax^2+bx+c=0$ の実数の重解である。

判別式 $D=b^2-4ac$ については　$\boldsymbol{D=0}$

このとき，グラフは x 軸に **接する** といい，その共有点を **接点** という。x 軸との接点は，放物線の頂点でもある。

<u>[3]の場合</u>

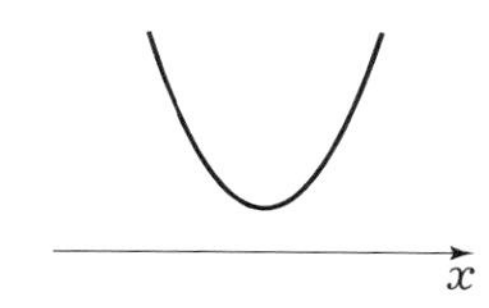

グラフは x 軸とは共有点をもたない。このとき，2 次方程式 $ax^2+bx+c=0$ は実数解をもたない。

(異なる 2 つの虚数解をもつ)

判別式 $D=b^2-4ac$ については　$\boldsymbol{D<0}$

よって，次のことがいえる。

- 2 次関数 $y=ax^2+bx+c$ のグラフと x 軸との共有点の個数は，2 次方程式 $ax^2+bx+c=0$ の実数解の個数に一致する。
- 2 次方程式 $ax^2+bx+c=0$ の実数解の個数は，次のページの表のように $D=b^2-4ac$ の符号によって分類される。

2次関数 $y=ax^2+bx+c$ のグラフと x 軸の位置関係

2次方程式 $ax^2+bx+c=0$ の判別式を D とする。

Dの符号	$D>0$	$D=0$	$D<0$
x 軸との位置関係	異なる2点で交わる	1点で接する	共有点をもたない
$a>0$ のとき	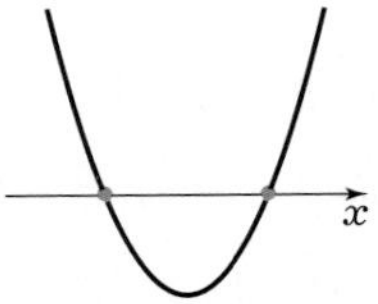	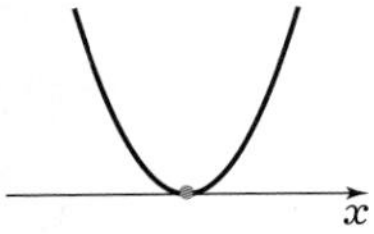	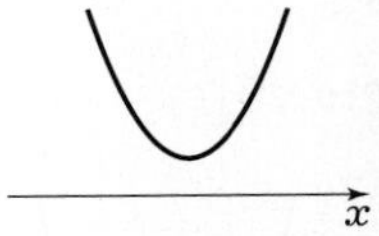
$a<0$ のとき	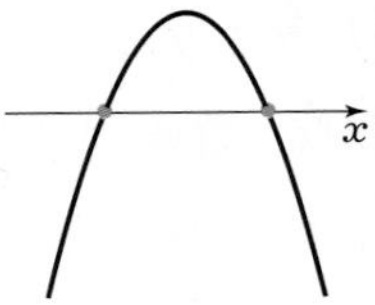	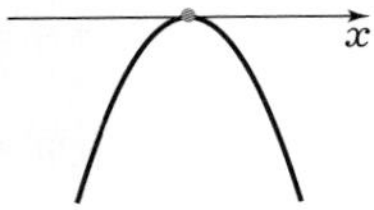	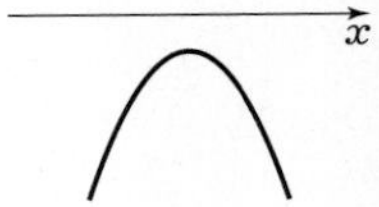
x 軸との共有点の個数	2個	1個	0個
$ax^2+bx+c=0$ の解	異なる2つの実数解	実数の重解	異なる2つの虚数解（実数解なし）

2次関数 $y=ax^2+bx+c$ のグラフと x 軸の位置関係と，2次方程式 $ax^2+bx+c=0$ の判別式 $D=b^2-4ac$ について，次のことが成り立つ。

2次関数のグラフと x 軸の位置関係

$D>0 \iff$ 異なる2点で交わる

$D=0 \iff$ 1点で接する

$D<0 \iff$ 共有点をもたない

例 8　2 次関数 $y=3x^2-x-1$ のグラフと x 軸の共有点の個数は，2 次方程式 $3x^2-x-1=0$ の判別式を D とすると

$$D=(-1)^2-4\cdot3\cdot(-1)=13>0$$

であるから，2 個である。

練習 31　次の 2 次関数のグラフと x 軸の共有点の個数を求めよ。

(1)　$y=2x^2-3x+5$　　(2)　$y=-x^2+6x-9$　　(3)　$y=-3x^2-x+1$

例題 6　2 次関数 $y=x^2+2kx+k^2-3k$ のグラフが，x 軸と共有点をもつように，定数 k の値の範囲を定めよ。

考え方　前のページの表から，$D>0$ または $D=0$ が条件である。すなわち $D\geqq0$ が成り立てばよい。

解答　2 次方程式 $x^2+2kx+k^2-3k=0$ の判別式を D とする。
与えられた関数のグラフが x 軸と共有点をもつための条件は

$$\frac{D}{4}=k^2-1\cdot(k^2-3k)=3k\geqq0$$

したがって　　$k\geqq0$　答

練習 32　2 次関数 $y=-2x^2+4kx-2k^2+k-1$ のグラフと x 軸との位置関係が次のようになるように，定数 k の値または値の範囲を定めよ。

(1)　x 軸と共有点をもつ　　(2)　x 軸と接する

(3)　x 軸と共有点をもたない

練習 33　k は定数とする。2 次関数 $y=-x^2+x+k$ のグラフと x 軸の共有点の個数を調べよ。

2 次関数のグラフと直線の共有点

2 つの曲線や直線が共有点をもつとき，共有点の座標はその曲線や直線の式を連立させた連立方程式を解くことで求められる。

応用例題 11 2 次関数 $y=x^2-5x+7$ のグラフと次の直線との共有点の座標を求めよ。

(1) $y=2x-3$ (2) $y=x-2$

解答 (1) 共有点の座標は，連立方程式

$$\begin{cases} y=x^2-5x+7 \\ y=2x-3 \end{cases}$$

の解で表される。これを解くと

$x=2$, $y=1$

または $x=5$, $y=7$

よって，共有点の座標は

$(2,\ 1)$, $(5,\ 7)$ 答

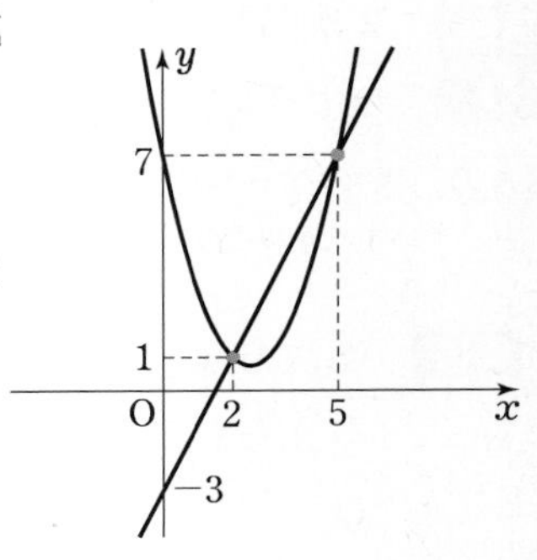

(2) 共有点の座標は，連立方程式

$$\begin{cases} y=x^2-5x+7 \\ y=x-2 \end{cases}$$

の解で表される。これを解くと

$x=3$, $y=1$

よって，共有点の座標は

$(3,\ 1)$ 答

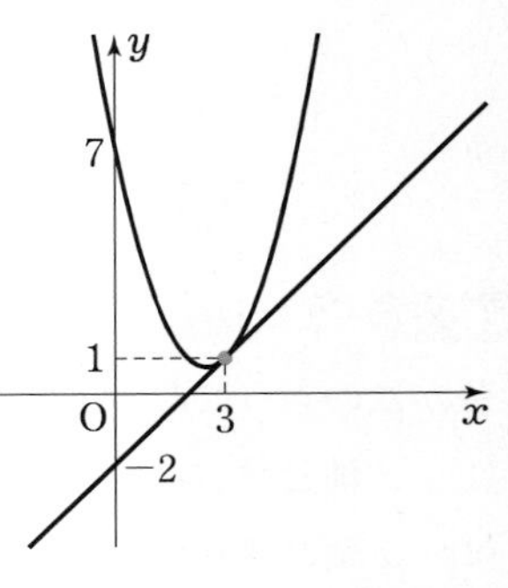

練習 34 次の 2 次関数のグラフと直線の共有点の座標を求めよ。

(1) $y=x^2+6x+5$, $y=x+1$ (2) $y=-x^2-7x$, $y=-3x+4$

特に，2次関数のグラフと直線の共有点の x 座標は，2つの方程式から「y を消去して得られる x についての2次方程式」の実数解である。

この2次方程式の判別式 D について，次のことが成り立つ。

$D>0 \iff$ 2次関数のグラフと直線は異なる2点で交わる

$D=0 \iff$ 2次関数のグラフと直線はただ1点を共有する

$D<0 \iff$ 2次関数のグラフと直線は共有点をもたない

$D=0$ のとき，2次関数のグラフと直線は **接する** といい，その共有点を **接点** という。

練習 35 次の2次関数のグラフと直線 $y=x-5$ の共有点の個数を求めよ。2次関数のグラフと直線 $y=x-5$ が接する場合は，その接点の座標を求めよ。

(1) $y=x^2+2x-4$　　(2) $y=x^2-4x-4$　　(3) $y=-x^2+7x-14$

第3章

2つの放物線の共有点

応用例題 12 次の2つの2次関数のグラフの共有点の座標を求めよ。

$$y=x^2-2x+2,\quad y=-x^2+6x-4$$

解答 連立方程式 $\begin{cases} y=x^2-2x+2 \\ y=-x^2+6x-4 \end{cases}$

を解く。y を消去して

$$x^2-2x+2=-x^2+6x-4$$

これを解くと　$x=1,\ 3$

$x=1$ のとき　$y=1$

$x=3$ のとき　$y=5$

よって，共有点の座標は　$(1,\ 1),\ (3,\ 5)$　答

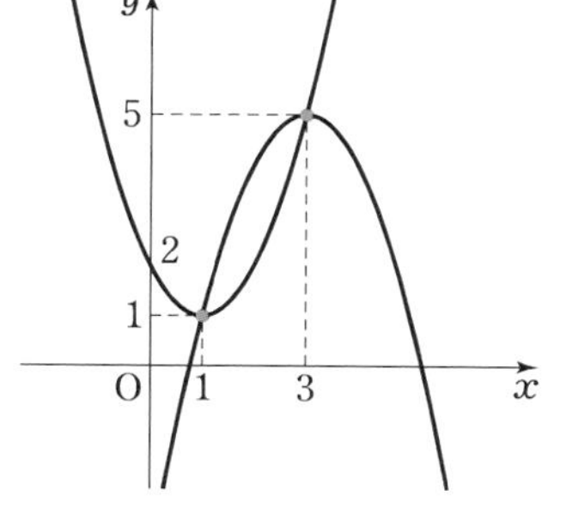

練習 36 次の2つの2次関数のグラフの共有点の座標を求めよ。

$$y=2x^2-x+1,\quad y=x^2+x+4$$

6. 2 次不等式

1 次不等式と 1 次関数のグラフ

1 次不等式 $2x-6<0$ を解いてみよう。

$$2x-6<0$$

$$2x<6$$

$$x<3$$

このように，1 次不等式は計算によって解くことができるが，別の方法として，1 次関数のグラフを利用して解くこともできる。

ここでは，1 次不等式を，1 次関数のグラフを利用して解いてみよう。

1 次不等式 $2x-6<0$ を解く。

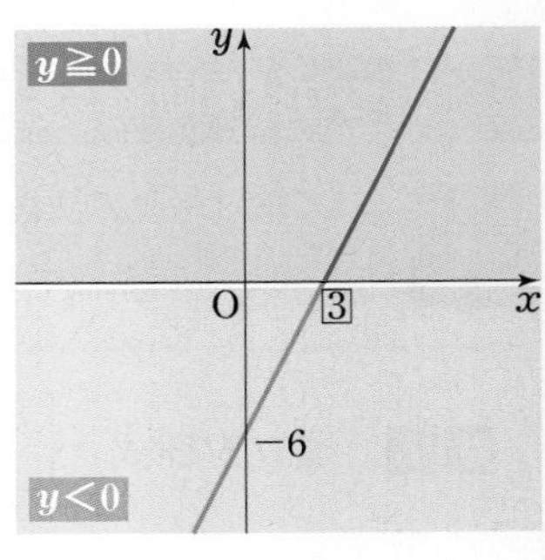

1 次関数 $y=2x-6$ のグラフは右の図のようになり，$y=0$ となる x の値は 3 である。

よって，図から

$y<0$ となる x の値の範囲は $x<3$ であることがわかる。

したがって，1 次不等式 $2x-6<0$ の解は　$x<3$

例 9 と同様に考えると，次のこともわかる。

$y \geqq 0$ となる x の値の範囲は $x \geqq 3$

したがって，1 次不等式 $2x-6 \geqq 0$ の解は　$x \geqq 3$

練習 37 1 次関数のグラフを利用して，次の 1 次不等式を解け。

(1)　$x+2>0$　　　　(2)　$-2x+4 \leqq 0$

2 次不等式

不等式のすべての項を左辺に移項して整理したとき

$$ax^2+bx+c>0, \qquad ax^2+bx+c \leqq 0$$

などのように，左辺が x の 2 次式になる不等式を，x についての **2 次不等式** という。ただし，a，b，c は定数で，$a \neq 0$ とする。

1 次不等式を解くのに 1 次関数のグラフを利用することができたように，2 次不等式を解くのに 2 次関数のグラフを利用することができる。2 次関数のグラフを利用して，2 次不等式を解いてみよう。

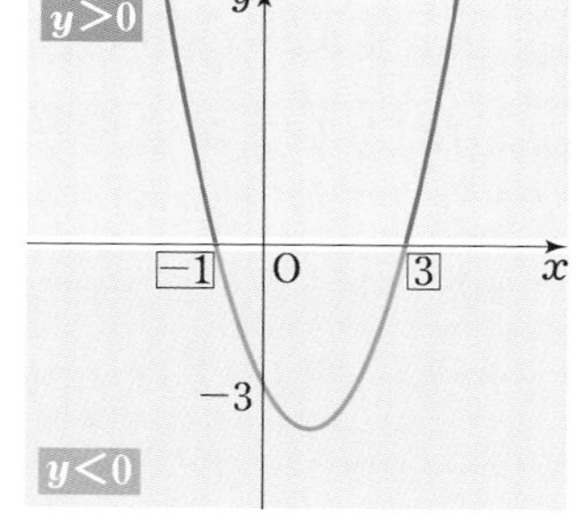

たとえば，2 次関数 $y=x^2-2x-3$ のグラフと x 軸の共有点の x 座標は -1，3 であり，右の図から

「$y>0$ となる x の値の範囲は

$x<-1$，$3<x$」

であることがわかる。

すなわち，次のようにいえる。

2 次不等式 $x^2-2x-3>0$ の解は　$x<-1$，$3<x$

また，$y<0$ となる x の値の範囲は $-1<x<3$ であるから

2 次不等式 $x^2-2x-3<0$ の解は　$-1<x<3$

一般に，2 次不等式 $ax^2+bx+c>0$，$ax^2+bx+c<0$ の解は，2 次関数 $y=ax^2+bx+c$ のグラフが，それぞれ x 軸よりも上側，下側にある x の値の範囲である。

練習 38 2 次関数のグラフを利用して，次の 2 次不等式を解け。

(1)　$x^2-x-6>0$　　　(2)　$x^2-x-6 \leqq 0$

2 次方程式 $ax^2+bx+c=0$ の判別式を $D=b^2-4ac$ とする。

$D>0$ のとき，2 次関数 $y=ax^2+bx+c$ のグラフは，x 軸と異なる 2 点で交わるから，次のことがいえる。

2 次不等式の解

$a>0$，$D>0$ とする。

2 次方程式 $ax^2+bx+c=0$ の異なる 2 つの実数解を α，β $(\alpha<\beta)$ とすると

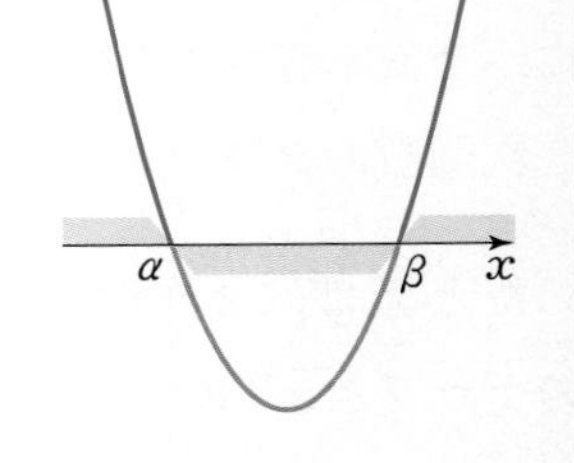

$ax^2+bx+c>0$ の解は　$x<\alpha$，$\beta<x$

$ax^2+bx+c\geqq 0$ の解は　$x\leqq\alpha$，$\beta\leqq x$

$ax^2+bx+c<0$ の解は　$\alpha<x<\beta$

$ax^2+bx+c\leqq 0$ の解は　$\alpha\leqq x\leqq\beta$

また

$(x-\alpha)(x-\beta)>0$ の解は　$x<\alpha$，$\beta<x$

$(x-\alpha)(x-\beta)<0$ の解は　$\alpha<x<\beta$

例 10　2 次不等式 $x^2-x-2<0$ を解く。

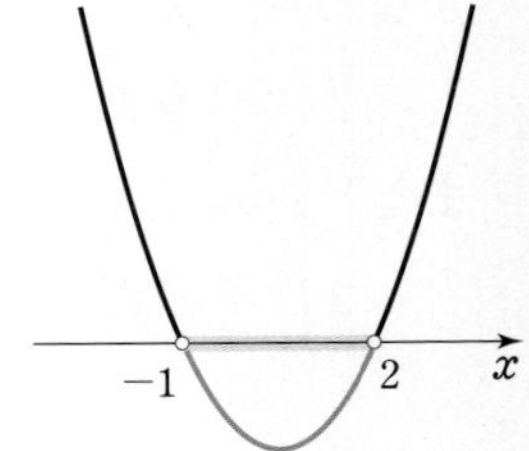

2 次方程式

$$x^2-x-2=0$$

を解くと　$x=-1$，2

よって，2 次不等式

$$x^2-x-2<0$$

の解は　　$-1<x<2$

練習 39　次の 2 次不等式を解け。

(1)　$(x+4)(x-1)<0$　　(2)　$x(x+2)\geqq 0$

(3)　$x^2-4x-5>0$　　(4)　$x^2+x\geqq 0$

(5)　$x^2+6x+8<0$　　(6)　$x^2-4x+3\leqq 0$

次の 2 次不等式を解け。

(1)　$2x^2-x-3>0$　　　　(2)　$x^2-2x-1 \leqq 0$

解答　(1)　2 次方程式

$$2x^2-x-3=0$$

を解くと　$x=-1,\ \dfrac{3}{2}$

よって，2 次不等式

$$2x^2-x-3>0$$

の解は　$x<-1,\ \dfrac{3}{2}<x$　**答**

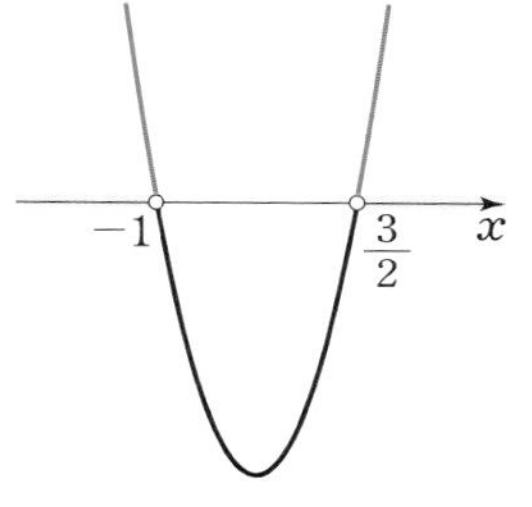

(2)　2 次方程式

$$x^2-2x-1=0$$

を解くと　$x=1\pm\sqrt{2}$

よって，2 次不等式

$$x^2-2x-1 \leqq 0$$

の解は　$1-\sqrt{2} \leqq x \leqq 1+\sqrt{2}$　**答**

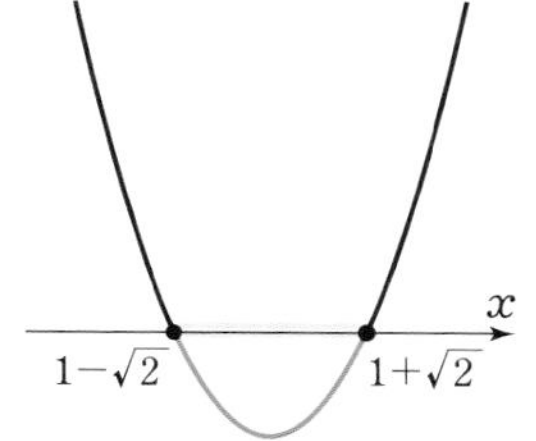

練習 40 ▶ 次の 2 次不等式を解け。

(1)　$2x^2-7x+5<0$　　　　(2)　$2x^2-3x \geqq 0$

(3)　$x^2-2x-2>0$　　　　(4)　$x^2-4x+2 \leqq 0$

x^2 の係数が負の数である 2 次不等式を解くときには，両辺に -1 をかけて，x^2 の係数が正の数になるように変形するとよい。このとき，不等号の向きが変わることに注意する。

練習 41 ▶ 次の 2 次不等式を解け。

(1)　$-x^2+3x-2>0$　　　　(2)　$-2x^2+6x-1 \leqq 0$

グラフがx軸に接する場合

2次方程式 $ax^2+bx+c=0$ の判別式を $D=b^2-4ac$ とする。

$D=0$ のとき，2次関数 $y=ax^2+bx+c$ のグラフはx軸に接する。

このような場合のグラフを利用して，次のような2次不等式を解いてみよう。

例 11 2次不等式 $x^2-2x+1>0$ を解く。

$$x^2-2x+1=(x-1)^2$$

であるから，2次関数

$$y=x^2-2x+1$$

のグラフは，右の図のように点 $(1,\ 0)$ でx軸に接する。

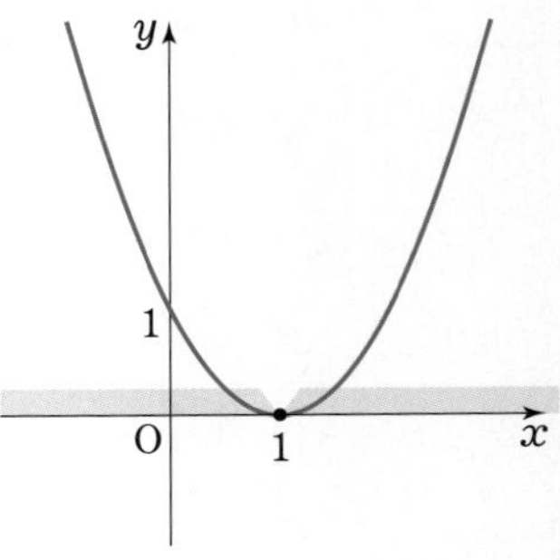

よって，2次不等式

$$x^2-2x+1>0$$

の解は　　1以外のすべての実数

例11のグラフを利用すると，次のことがわかる。

2次不等式 $x^2-2x+1\geqq 0$ の解は　すべての実数

（どのような実数xに対しても，$x^2-2x+1\geqq 0$ が成り立つ）

2次不等式 $x^2-2x+1<0$ の解は　なし

（どのような実数xに対しても，$x^2-2x+1<0$ とはならない）

2次不等式 $x^2-2x+1\leqq 0$ の解は　$x=1$

（$x^2-2x+1<0$ または $x^2-2x+1=0$ を満たす実数xは1のみ）

練習 42 次の2次不等式を解け。

(1) $x^2-4x+4>0$　　(2) $x^2+6x+9<0$

(3) $4x^2-4x+1\leqq 0$　　(4) $-x^2-2x-1\leqq 0$

グラフがx軸と共有点をもたない場合

2 次方程式 $ax^2+bx+c=0$ の判別式を $D=b^2-4ac$ とする。

$D<0$ のとき，2 次関数 $y=ax^2+bx+c$ のグラフは，x 軸と共有点をもたない。

このような場合のグラフを利用して，次のような 2 次不等式を解いてみよう。

2 次不等式 $x^2-2x+3>0$ を解く。

$$x^2-2x+3=(x-1)^2+2$$

であるから，2 次関数

$$y=x^2-2x+3$$

のグラフは，右の図のようになる。

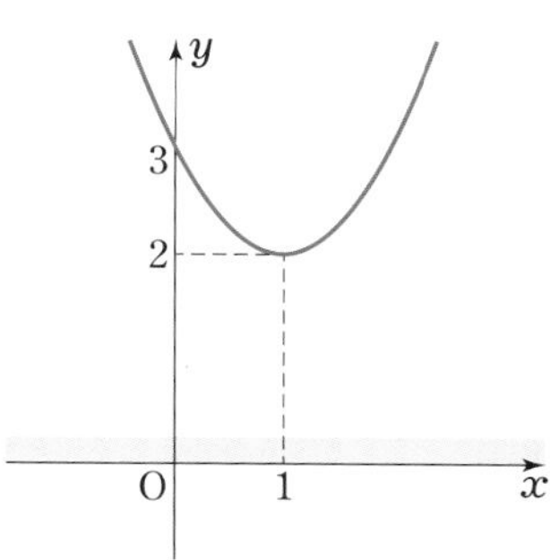

x の値によらず，常に $y>0$ であるから，2 次不等式

$$x^2-2x+3>0$$

の解は　すべての実数

例 12 のグラフを利用すると，次のことがわかる。

2 次不等式 $x^2-2x+3\geqq 0$ の解は　すべての実数

（どのような実数 x に対しても，$x^2-2x+3\geqq 0$ が成り立つ）

2 次不等式 $x^2-2x+3<0$ の解は　なし

（どのような実数 x に対しても，$x^2-2x+3<0$ とはならない）

2 次不等式 $x^2-2x+3\leqq 0$ の解は　なし

（どのような実数 x に対しても，$x^2-2x+3\leqq 0$ とはならない）

練習 43 次の 2 次不等式を解け。

(1)　$x^2-4x+5>0$　　(2)　$x^2+6x+11<0$　　(3)　$-2x^2+4x-5\leqq 0$

第3章

2 次不等式の解のまとめ

2 次方程式 $ax^2+bx+c=0$ の判別式を $D=b^2-4ac$ とする。

これまでに学んだことから，x^2 の係数が正の数である 2 次不等式の解は，次の表のようにまとめられる。

$a>0$ のときの 2 次不等式の解

Dの符号	$D>0$	$D=0$	$D<0$
$y=ax^2+bx+c$ のグラフと x 軸の位置関係	α　β　x	接点 α　x	x
$ax^2+bx+c=0$ の実数解	異なる 2 つの実数解 $x=\alpha,\ \beta$ α　β	実数の重解 $x=\alpha$ α	実数解はない
$ax^2+bx+c>0$ の解	$x<\alpha,\ \beta<x$ α　β	α 以外のすべての実数(＊) α	すべての実数
$ax^2+bx+c\geqq 0$ の解	$x\leqq\alpha,\ \beta\leqq x$ α　β	すべての実数	すべての実数
$ax^2+bx+c<0$ の解	$\alpha<x<\beta$ α　β	解はない	解はない
$ax^2+bx+c\leqq 0$ の解	$\alpha\leqq x\leqq\beta$ α　β	$x=\alpha$ α	解はない

(＊)「$x<\alpha,\ \alpha<x$」あるいは「$x\neq\alpha$」と表すこともある。

7. 2 次不等式の応用

2 次不等式の利用

応用例題 13 2 次方程式 $x^2+kx-2k-3=0$ が虚数解をもつように，定数 k の値の範囲を定めよ。

解答 2 次方程式 $x^2+kx-2k-3=0$ の判別式を D とすると

$$D=k^2-4(-2k-3)=(k+6)(k+2)$$

2 次方程式が虚数解をもつための条件は，$D<0$ であるから

$$(k+6)(k+2)<0$$

よって　　$-6<k<-2$　答

練習 44 2 次方程式 $x^2+4x+k(5-k)=0$ が，次のような解をもつように，定数 k の値の範囲を定めよ。

(1) 異なる 2 つの実数解　　(2) 実数解　　(3) 虚数解

応用例題 14 2 次関数 $y=x^2+mx+1$ において，y の値が常に正であるように，定数 m の値の範囲を定めよ。

解答 2 次方程式 $x^2+mx+1=0$ の判別式を D とすると

$$D=m^2-4\cdot1\cdot1=m^2-4$$

与えられた 2 次関数のグラフは下に凸の放物線であるから，y の値が常に正であるための条件は，$D<0$ である。

よって　　$m^2-4<0$

これを解くと　　$-2<m<2$　答

練習 45 2 次関数 $y=-x^2+mx+m$ において，y の値が常に負であるように，定数 m の値の範囲を定めよ。

2次の連立不等式

2次不等式を含む連立不等式について考えよう。

例題 8　連立不等式 $\begin{cases} x^2-5x+4 \geqq 0 & \cdots\cdots ① \\ x^2-4x-5<0 & \cdots\cdots ② \end{cases}$ を解け。

解答　① から　$(x-1)(x-4) \geqq 0$

よって　　$x \leqq 1,\ 4 \leqq x$　…… ③

② から　$(x+1)(x-5)<0$

よって　　$-1<x<5$　…… ④

③, ④ の共通範囲を求めて

　$-1<x \leqq 1,\ 4 \leqq x<5$　答

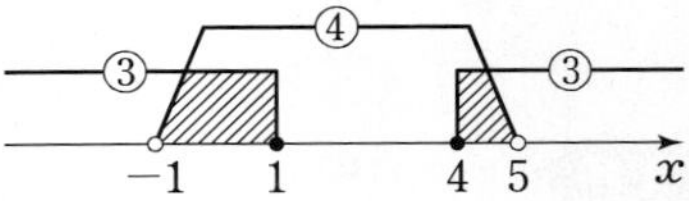

練習 46　次の連立不等式を解け。

(1) $\begin{cases} x^2-x-2<0 \\ 2x^2-7x+3 \geqq 0 \end{cases}$　　(2) $\begin{cases} x^2+4x-5>0 \\ x^2-2x-2 \geqq 0 \end{cases}$

例 13　不等式 $1-x<x^2-1 \leqq 2x+2$ を解く。

この不等式は，次のような連立不等式で表すことができる。

$$\begin{cases} 1-x<x^2-1 & \cdots\cdots ① \\ x^2-1 \leqq 2x+2 & \cdots\cdots ② \end{cases}$$

① を解くと　$x<-2,\ 1<x$　…… ③

② を解くと　$-1 \leqq x \leqq 3$　…… ④

③, ④ の共通範囲を求めて　$1<x \leqq 3$

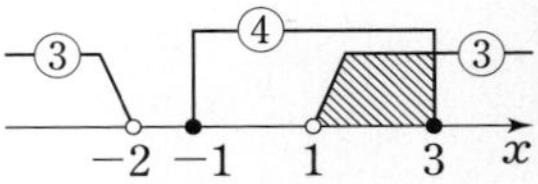

練習 47　不等式 $-x^2 \leqq x^2-x<12-2x$ を解け。

2次不等式の文章題

2次不等式を利用する文章題を考えよう。

応用例題 15 長さ 32 cm の針金を折り曲げて長方形を作る。
長方形の面積が 48 cm^2 以上になるようにするとき，縦の長さの範囲を求めよ。
ただし，長方形の縦の長さは横の長さより短いものとする。

解答 縦の長さを x cm とするとき，横の長さは $(16-x)$ cm で表される。

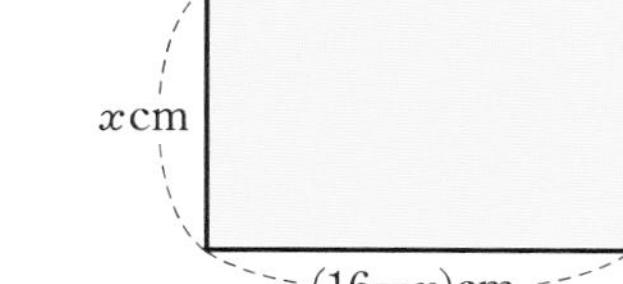

$x>0$，$16-x>0$，$x<16-x$
をすべて満たす x の値の範囲は

$$0<x<8 \quad \cdots\cdots ①$$

長方形の面積は 48 cm^2 以上になるから　$x(16-x) \geqq 48$

$$(x-4)(x-12) \leqq 0$$

よって　$4 \leqq x \leqq 12 \quad \cdots\cdots ②$

①，② の共通範囲を求めて　$4 \leqq x < 8$

答 4 cm 以上 8 cm 未満

練習 48 直角を挟む2辺の長さの和が 12 cm で，面積が 16 cm^2 以上の直角三角形がある。その2辺の一方の長さの範囲を求めよ。

練習 49 半径 4 m の円形の池の周りに同じ幅の花壇(かだん)を作る。花壇の面積が 9π m^2 以上 33π m^2 以下となるように，花壇の幅の長さの範囲を定めよ。

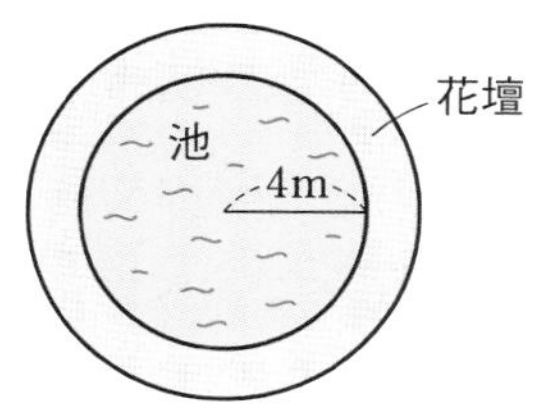

2 次方程式の解の範囲

2 次方程式の解の範囲を調べるとき，2 次関数のグラフが利用できる。

2 次方程式 $x^2-4x+1=0$ について，$f(x)=x^2-4x+1$ とおくと

$f(0)=1>0$，$f(1)=-2<0$

であるから，$y=f(x)$ のグラフは，0 と 1 の間で x 軸と交わる。

よって，2 次方程式 $f(x)=0$ は，0 と 1 の間に実数解をもつことがわかる。

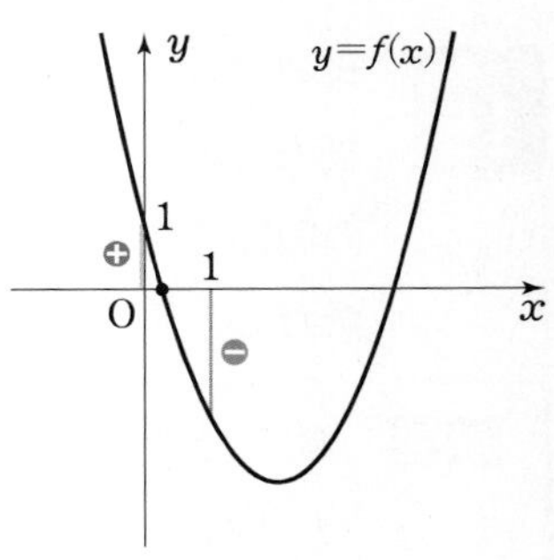

練習 50 2 次方程式 $x^2-4x+1=0$ が，3 と 4 の間に実数解をもつことを示せ。

応用例題 16 2 次方程式 $2x^2-ax+1=0$ の 1 つの解が 0 と 1 の間に，他の解が 1 と 2 の間にあるとき，定数 a の値の範囲を求めよ。

解答 $f(x)=2x^2-ax+1$ とおく。

2 次関数 $y=f(x)$ のグラフは下に凸の放物線であり，与えられた条件を満たすためには

$f(0)>0$，$f(1)<0$，$f(2)>0$

すなわち

$1>0$，$3-a<0$，$9-2a>0$

これを解くと　$3<a<\dfrac{9}{2}$　答

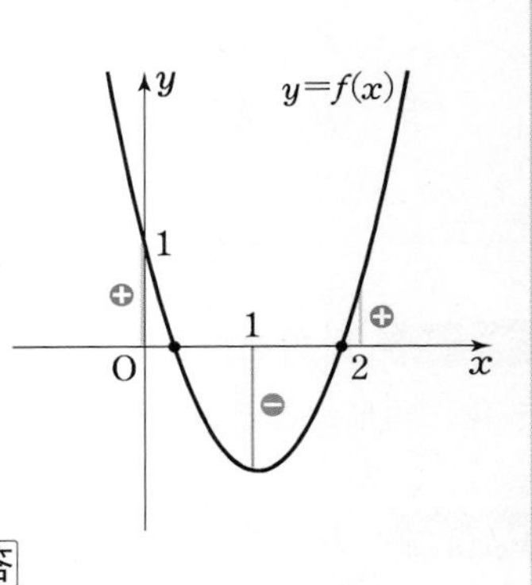

練習 51 2 次方程式 $x^2-ax+2a-3=0$ の 1 つの解が 0 と 1 の間に，他の解が 1 と 2 の間にあるとき，定数 a の値の範囲を求めよ。

応用例題 17 2 次方程式 $x^2-2ax+a+6=0$ のすべての解が正の数であるとき，定数 a の値の範囲を求めよ。

解答 $f(x)=x^2-2ax+a+6$ とおく。

2 次関数 $y=f(x)$ のグラフは x 軸の正の部分とのみ共有点をもつ。そのための条件は，次の [1]～[3] が同時に成り立つことである。

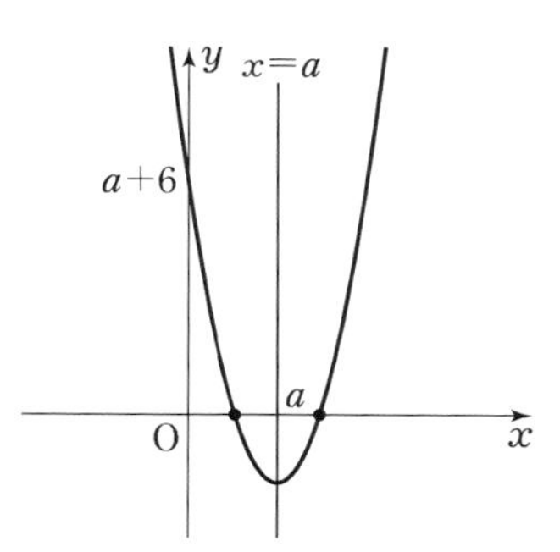

[1] グラフが x 軸と共有点をもつから，$f(x)=0$ の判別式を D とすると $D \geqq 0$

よって $\dfrac{D}{4}=(-a)^2-(a+6) \geqq 0$

これを解くと $a \leqq -2,\ 3 \leqq a$ …… ①

[2] グラフと y 軸の交点の y 座標について $f(0)=a+6>0$

すなわち $a>-6$ …… ②

[3] グラフの軸 $x=a$ について $a>0$ …… ③

①～③ の共通範囲を求めて

$a \geqq 3$ 答

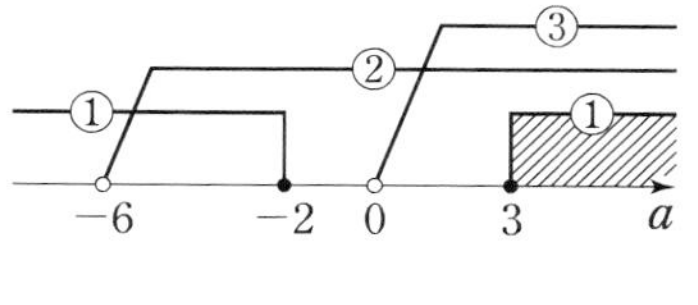

注意 応用例題 17 の解答において，$f(x)=0$ の解を $\alpha,\ \beta$ とすると，[1] は $\alpha,\ \beta$ が実数であること，[2] は $a+6=\alpha\beta>0$，[3] は $2a=\alpha+\beta>0$ を表している。

練習 52 2 次方程式 $x^2-4ax+5a-1=0$ の解が次のようになるとき，定数 a の値の範囲を求めよ。

(1) すべての解が正の数　　(2) 異なる 2 つの解がともに 1 より大きい

発展

絶対値と方程式，不等式

絶対値記号を含む方程式の解き方について考えよう。

次の方程式を解いてみよう。

$$|x^2-4|=3x$$

解答　$x^2-4=(x+2)(x-2)$ である。

[1]　$x^2-4\geqq 0$　すなわち　$x\leqq -2,\ 2\leqq x$ のとき

$|x^2-4|=x^2-4$ であるから，方程式は

$$x^2-4=3x$$

これを解くと　　$x=-1,\ 4$

$x\leqq -2,\ 2\leqq x$ であるから　$x=4$　…… ①

[2]　$x^2-4<0$　すなわち　$-2<x<2$ のとき

$|x^2-4|=-(x^2-4)$ であるから，方程式は

$$-(x^2-4)=3x$$

これを解くと　　$x=1,\ -4$

$-2<x<2$ であるから　$x=1$　　…… ②

①，② より，求める解は　$x=4,\ 1$　　答

方程式 $|x^2-4|=3x$ は

$$x^2-4=\pm 3x \quad \text{かつ} \quad 3x\geqq 0$$

とも表される。

上の問題はこのことを用いて解いてもよい。

[1]　$x^2-4=3x$　　から　$x=-1,\ 4$

$3x\geqq 0$ であるから　$x=4$　…… ①

[2]　$x^2-4=-3x$　から　$x=1,\ -4$

$3x\geqq 0$ であるから　$x=1$　…… ②

①，② より，求める解は　$x=4,\ 1$

練習 53 ▶ 次の方程式を解け。

(1)　$|x^2-2x-3|=-3x+3$　　　(2)　$x^2-2x-2=-2|x-1|$

次に，絶対値記号を含む不等式の解き方について考えよう。

次の不等式を解いてみよう。

$$|x^2-x-2|<2x+2$$

解答 $x^2-x-2=(x+1)(x-2)$ である。

[1] $x^2-x-2\geqq 0$ すなわち $x\leqq -1,\ 2\leqq x$ のとき

$|x^2-x-2|=x^2-x-2$ であるから，不等式は

$$x^2-x-2<2x+2$$

すなわち $x^2-3x-4<0$

$(x+1)(x-4)<0$

よって $-1<x<4$

$x\leqq -1,\ 2\leqq x$ であるから $2\leqq x<4$ …… ①

[2] $x^2-x-2<0$ すなわち $-1<x<2$ のとき

$|x^2-x-2|=-(x^2-x-2)$ であるから，不等式は

$$-(x^2-x-2)<2x+2$$

すなわち $x^2+x>0$

$x(x+1)>0$

よって $x<-1,\ 0<x$

$-1<x<2$ であるから $0<x<2$ …… ②

①，② より，求める解は $0<x<4$ 答

練習 54 次の不等式を解け。

$$|x^2-16|<6x$$

前のページで考えた方程式 $|x^2-4|=3x$ や，このページで考えた不等式 $|x^2-x-2|<2x+2$ の解は，グラフを利用して求めることもできる。
次のページでは，まず絶対値記号のついた関数のグラフについて考える。
そのあと，不等式 $|x^2-4|<3x$ の解をグラフを用いて求める方法を紹介する。

絶対値記号のついた関数のグラフについて考えてみよう。
ここでは，関数 $y=|x-3|$ のグラフについて考える。
$y=|x-3|$ は

$x-3 \geqq 0$ すなわち $x \geqq 3$ のとき
$y=x-3$
$x-3<0$ すなわち $x<3$ のとき
$y=-(x-3)$

と場合分けされる。
よって，関数 $y=|x-3|$ のグラフは，右の図のようになる。

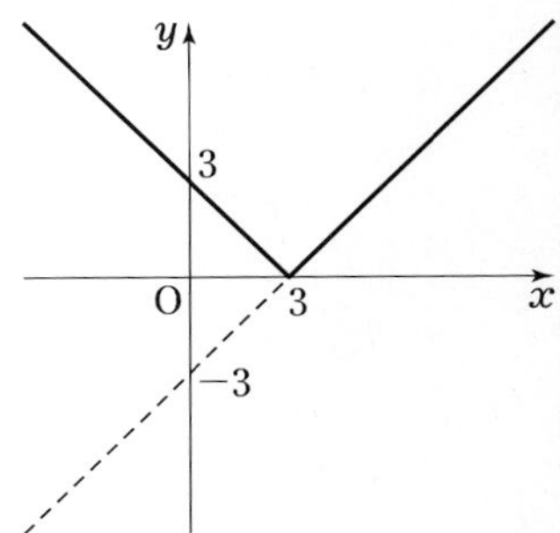

このグラフは，関数 $y=x-3$ のグラフの x 軸より下側の部分（$y<0$ の部分）を，x 軸に関して折り返した形になっている。

一般に，次のことが成り立つ。

関数 $y=|f(x)|$ のグラフは，関数 $y=f(x)$ のグラフの x 軸より下側の部分を，x 軸に関して折り返した形になる。

関数 $y=|2x-4|$，$y=|x^2-4|$ のグラフは，それぞれ次のようになる。

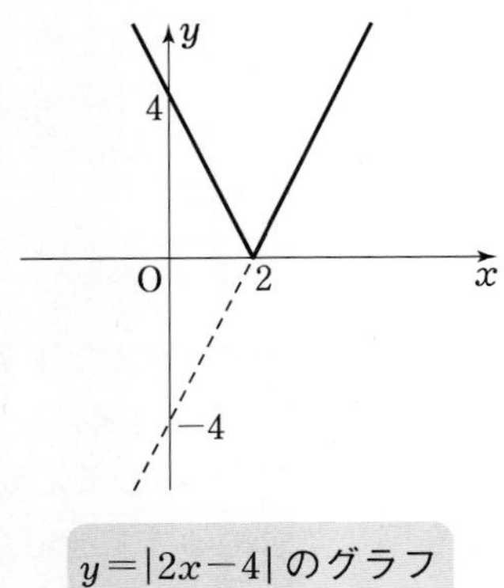

$y=|2x-4|$ のグラフ

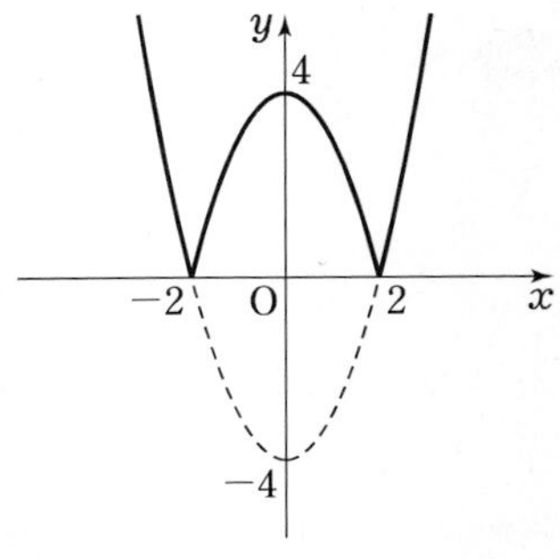

$y=|x^2-4|$ のグラフ

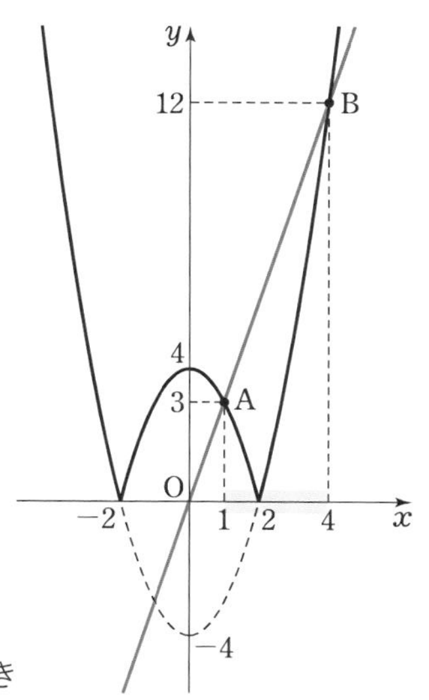

不等式

$$|x^2-4|<3x \quad \cdots\cdots ①$$

について，グラフを利用して解を求めてみよう。

不等式 ① の解は，2 つの関数

$$y=|x^2-4| \quad \cdots\cdots ②$$

$$y=3x \quad \cdots\cdots ③$$

のグラフについて，② が ③ より下側にあるような x の値の範囲である。

2 つの関数 ②，③ のグラフは，右の図のようになる。

関数 $y=|x^2-4|$ について

$x^2-4\geqq 0$ すなわち $x\leqq -2$，$2\leqq x$ のとき

$$y=x^2-4$$

$x^2-4<0$ すなわち $-2<x<2$ のとき

$$y=-(x^2-4)$$

であるから，交点Aの座標は，連立方程式

$$\begin{cases} y=-(x^2-4) \\ y=3x \end{cases} \quad (ただし，-2<x<2)$$

の解で表される。

これを解くと　　$x=1$，$y=3$

また，交点Bの座標は，連立方程式

$$\begin{cases} y=x^2-4 \\ y=3x \end{cases} \quad (ただし，x\leqq -2，2\leqq x)$$

の解で表される。

これを解くと　　$x=4$，$y=12$

したがって，不等式 ① の解は　$1<x<4$　である。

練習 55 不等式 $|x^2-2x-3|>-3x+3$ を解け。

第3章

確認問題

1 2つの2次関数 $y=2x^2-12x+17$, $y=ax^2+6x+b$ のグラフの頂点が重なるように，定数 a, b の値を定めよ。

2 関数 $f(x)=ax^2-2ax+b$ $(0 \leqq x \leqq 3)$ について，次の問いに答えよ。

(1) $a=2$, $b=1$ のときの最大値，最小値を求めよ。

(2) 最大値が3，最小値が -5 であるとき，定数 a, b の値を求めよ。ただし，$a<0$ とする。

3 2次関数のグラフが次の条件を満たすとき，その2次関数を求めよ。

(1) 頂点の x 座標が1で，2点 $(-1,\ -5)$, $(2,\ 1)$ を通る。

(2) 3点 $(-1,\ 0)$, $(1,\ -16)$, $(5,\ 0)$ を通る。

4 次の問いに答えよ。

(1) 2次関数 $y=x^2-2$ のグラフと直線 $y=2x+13$ の共有点の座標を求めよ。

(2) k は定数とする。2次関数 $y=-x^2$ のグラフと直線 $y=-2x+k$ の共有点の個数を調べよ。

5 次の不等式を解け。

(1) $\begin{cases} 6x^2+7x \leqq 5 \\ 2x^2>5x+12 \end{cases}$　　(2) $x+2<x^2<2x+4$

6 2つの2次方程式 $x^2+kx+k+3=0$, $x^2+kx+4=0$ がともに実数解をもつように，定数 k の値の範囲を定めよ。

7 2次方程式 $x^2+2(a+3)x-a+3=0$ の解が，異なる2つの負の数であるとき，定数 a の値の範囲を求めよ。

演習問題 A

1 座標平面上の図形を，x 軸方向に -5，y 軸方向に 2 だけ平行移動するとき，次の問いに答えよ。

(1) 移動後の点が $(1,\ -1)$ であるとき，もとの点の座標を求めよ。

(2) 2 次関数 $y=ax^2+bx+c$ のグラフを平行移動した放物線が，点 $(1,\ -1)$ を通り，頂点の座標が $(-2,\ 8)$ であるとき，定数 a，b，c の値を求めよ。

2 2 次関数 $y=6x-x^2$ のグラフと x 軸で囲まれた部分に内接する，右の図のような長方形 ABCD を考える。長方形 ABCD の周の長さが最大になるとき，長い方の辺の長さを求めよ。ただし，長方形の辺 AB は x 軸上にあるものとする。

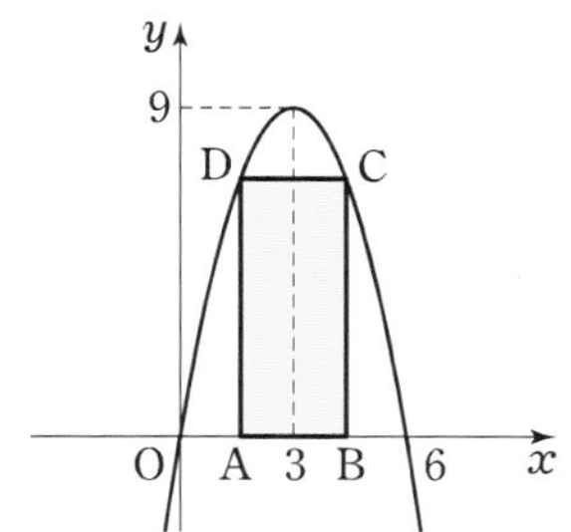

3 $2x+y=5$ のとき，x^2+y^2 の最小値と，最小値をとる x，y の値を求めよ。

4 すべての実数 x に対して $x^2+(1-a)x+a-1>0$ が成り立つように，定数 a の値の範囲を定めよ。

5 2 次関数 $y=x^2-4x-a^2+4a$ のグラフが，$-1 \leqq x \leqq 3$ において x 軸より下側にあるとき，定数 a の値の範囲を求めよ。

6 2 次関数 $y=x^2+2x+a$ のグラフが，x 軸と $0<x<1$ の範囲で交わるとき，定数 a の値の範囲を求めよ。

演習問題 B

7 a は定数とする。2 次関数 $y=x^2+2ax+2a+6$ について，次の問いに答えよ。

(1) この 2 次関数の最小値 p を a を用いて表せ。

(2) (1) の p が最大になるときの a の値と，p の最大値を求めよ。

8 関数 $y=(x^2-2x)^2+6(x^2-2x)-1$ について，次の問いに答えよ。

(1) $t=x^2-2x$ とおくとき，t のとりうる値の範囲を求めよ。

(2) y を (1) の t で表し，y の最小値とそのときの x の値を求めよ。

9 AB=3，AD=4 の長方形 ABCD の辺 AB，BC，DA 上 (両端を含む) に，それぞれ点 P，Q，R をとり，AP=$2x$，CQ=x，DR=$3x$ とする。

x の値が変化するとき，△PQR の面積の最小値とそのときの x の値を求めよ。

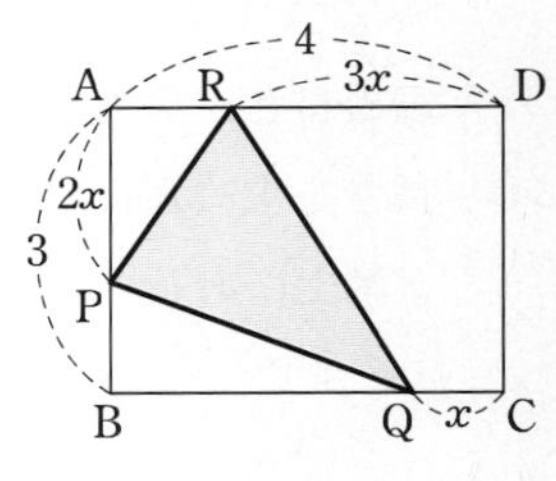

10 直線 $y=mx+n$ が，2 次関数 $y=x^2$ と $y=x^2-4x+8$ のグラフにともに接するとき，定数 m，n の値を求めよ。

11 2 つの 2 次関数 $y=x^2-2x-a$，$y=x^2-5x+2a$ のグラフが，x 軸上 (ただし，$x>0$ の範囲) で交わるとき，定数 a の値を求めよ。

12 k は正の定数とする。連立不等式 $\begin{cases}(x-2k)(x+1)\leqq 0\\(x+3k)(x-2)\geqq 0\end{cases}$ が，解をもたないような定数 k の値の範囲を求めよ。

第4章 図形と式

デカルト（1596－1650）
フランスの数学者，哲学者。
一定の性質をもった曲線は，座標平面上において１つの方程式で表されると考え，幾何学と代数学を結びつけた。

As we have already learned, we can find the coordinates of the intersection points of straight lines and parabolas by solving simultaneous equations that represent the straight lines and the parabolas.

We have also learned that graphs are useful to solve problems on linear and quadratic functions and on linear and quadratic equations and inequalities.

In this way, it is important to use the relationships between problems on geometrical figures and graphs and those on equations.

Roughly speaking, this chapter consists of the following two parts.

In the first part, we will consider the relationships between points and segments/lines in the Cartesian plane, and the relationships between lines and circles by using equations.

In the second part, we will also think about what geometrical figure is made by a certain set of points satisfying a given condition.

1. 直線上の点

数直線上の内分点，外分点の座標

m，n を正の数とするとき，線分 AB を $m:n$ に内分する点の座標について考えよう。また，m，n が異なる正の数のときに，線分 AB を $m:n$ に外分する点の座標についても考えよう。

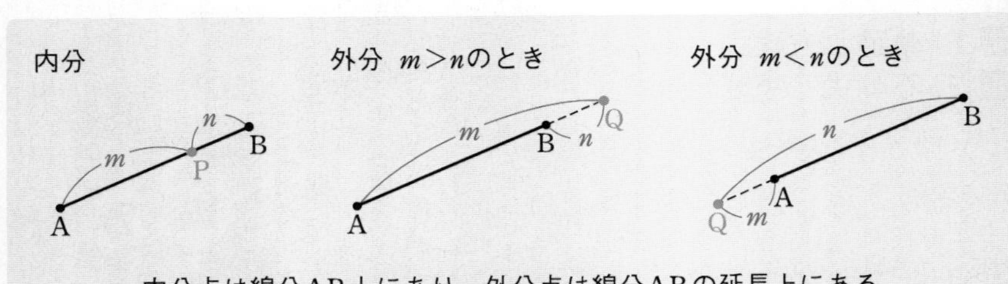

内分点は線分AB上にあり，外分点は線分ABの延長上にある

まず，m，n が正の数のとき，数直線上の 2 点 $\mathrm{A}(a)$，$\mathrm{B}(b)$ について，線分 AB を $m:n$ に内分する点 $\mathrm{P}(x)$ の座標を求めてみよう。

[1] $a<b$ のとき　$x-a>0$，$b-x>0$

$\mathrm{AP}:\mathrm{PB}=m:n$ であるから

$$(x-a):(b-x)=m:n$$

$$n(x-a)=m(b-x)$$

よって　$x=\dfrac{na+mb}{m+n}$　…… ①

$a<b$ のとき

[2] $a>b$ のときも，同様にして ① が得られる。

$a>b$ のとき

特に，$m=n=1$ のときは，点Pは線分 AB の中点であり，その座標は，$\dfrac{a+b}{2}$ である。

次に，$m>n>0$ のとき，数直線上の 2 点 A(a)，B(b) について，線分 AB を $m:n$ に外分する点 Q(x) の座標を求めてみよう。

[1]　$a<b$ のとき　$x-a>0$，$x-b>0$

$a<b$ のとき

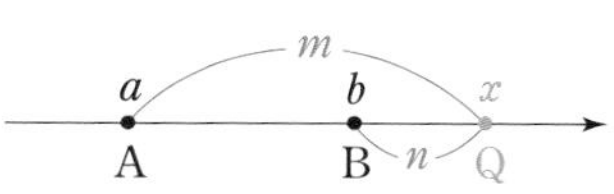

AQ：QB$=m:n$ であるから

$$(x-a):(x-b)=m:n$$

$$n(x-a)=m(x-b)$$

よって　　$x=\dfrac{-na+mb}{m-n}$　…… ②

[2]　$a>b$ のときも，同様にして ② が得られる。

$a>b$ のとき

$0<m<n$ のときも同様である。

線分の内分点，外分点

数直線上の 2 点 A(a)，B(b) に対して，

線分 AB を $m:n$ に内分する点の座標は　$\dfrac{na+mb}{m+n}$

線分 AB を $m:n$ に外分する点の座標は　$\dfrac{-na+mb}{m-n}$

注意　外分点の座標は，内分点の座標の n を $-n$ におき換えた式である。今後，$m:n$ に外分するというときは，断らなくても $m \neq n$ とする。

例 1　2 点 A(-3)，B(6) について，線分 AB を

2：1 に内分する点の座標は　$\dfrac{1\times(-3)+2\times6}{2+1}=\dfrac{9}{3}=3$

2：1 に外分する点の座標は　$\dfrac{-1\times(-3)+2\times6}{2-1}=\dfrac{15}{1}=15$

練習 1　2 点 A(-6)，B(4) を結ぶ線分 AB について，次の点の座標を求めよ。

(1)　2：3 に内分する点　　(2)　中点　　(3)　2：3 に外分する点

2. 座標平面上の点

座標平面上の 2 点間の距離

座標平面上の 2 点 $A(x_1,\ y_1)$，$B(x_2,\ y_2)$ 間の距離 AB を求めよう。

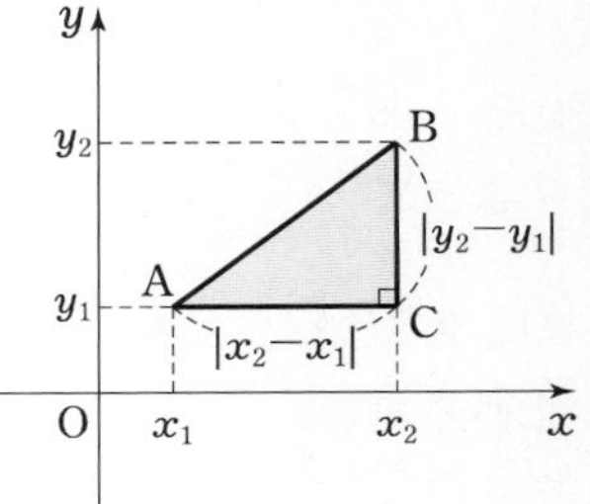

右の図の直角三角形 ABC において，三平方の定理により

$$AB^2=AC^2+BC^2$$

となる。よって

$$\mathbf{AB=\sqrt{(x_2-x_1)^2+(y_2-y_1)^2}}$$

特に，原点Oと点 $P(x,\ y)$ の間の距離は

$$\mathbf{OP=\sqrt{x^2+y^2}}$$

練習 2 次の座標で表される 2 点間の距離を求めよ。

(1) (1，6)，(5，−1)　　(2) (0，3)，(−5，−2)

(3) (−2，−8)，(1，−4)　　(4) (0，0)，(2，−6)

例題 1　3 点 A(3，3)，B(−4，−1)，C(0，−3) を頂点とする △ABC は，どのような形の三角形か。

考え方　3 辺 AB，BC，CA の長さの間に成り立つ関係を考える。

解答

$AB^2=(-4-3)^2+(-1-3)^2=65$

$BC^2=\{0-(-4)\}^2+\{-3-(-1)\}^2$
$=20$

$CA^2=(3-0)^2+\{3-(-3)\}^2=45$

よって　　$AB^2=BC^2+CA^2$

したがって，△ABC は AB を斜辺とする直角三角形である。 答

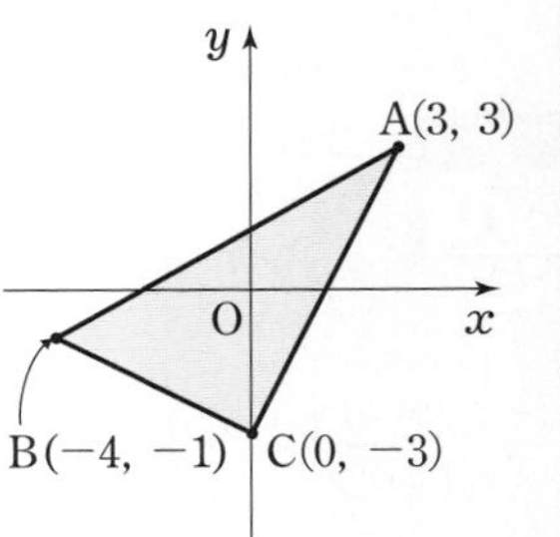

練習 3 3 点 A(3, 3), B(5, −1), C(1, −3) を頂点とする △ABC について，次の問いに答えよ。

(1) 3 辺 AB, BC, CA の長さを，それぞれ求めよ。

(2) △ABC は，どのような形の三角形か。

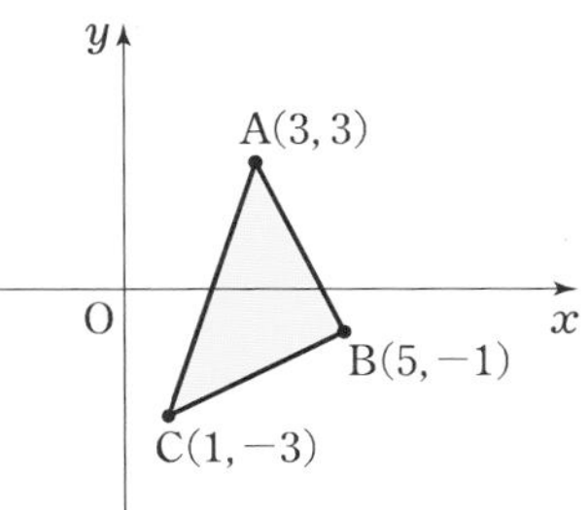

座標平面上で図形を考え，その性質を，座標を用いた計算によって証明することを考えよう。

応用例題 1 (**中線定理**) △ABC の辺 BC の中点を M とするとき，等式

$$AB^2+AC^2=2(AM^2+BM^2)$$

が成り立つことを証明せよ。

考え方　計算が簡単になるように座標軸を定める。

証明　直線 BC を x 軸に，点 M を原点 O にとり，△ABC の各頂点を次のようにおく。

$$A(a,\ b),\quad B(-c,\ 0),\quad C(c,\ 0)$$

よって　$AB^2=(a+c)^2+b^2$

$AC^2=(a-c)^2+b^2$

したがって

$$AB^2+AC^2=2(a^2+b^2+c^2)$$

一方

$$AM^2=a^2+b^2,\quad BM^2=c^2$$

よって　$AB^2+AC^2=2(AM^2+BM^2)$　終

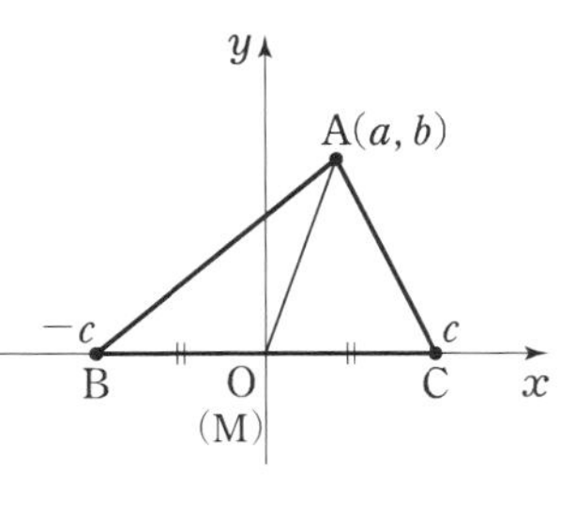

練習 4 長方形 ABCD と同じ平面上の任意の点を P とするとき，等式 $PA^2+PC^2=PB^2+PD^2$ が成り立つことを証明せよ。

座標平面上の内分点，外分点の座標

座標平面上の 2 点 $A(x_1,\ y_1)$，$B(x_2,\ y_2)$ について，線分 AB を $m:n$ に内分する点 $P(x,\ y)$ を求めよう。

直線 AB が x 軸に垂直でないとき，A，B，P から x 軸に垂線 AA′，BB′，PP′ を引くと，点 P′ は線分 A′B′ を $m:n$ に内分する。

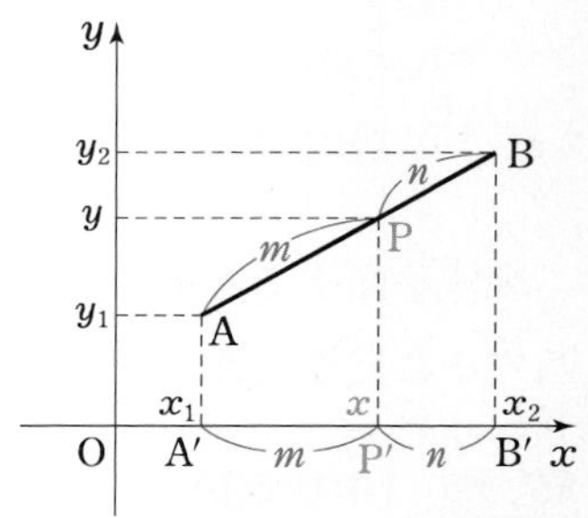

よって，135 ページで学んだことから

$$x=\frac{nx_1+mx_2}{m+n} \quad \cdots\cdots ①$$

AB が x 軸に垂直であるときも，$x=x_1=x_2$ で，① が成り立つ。

y 座標についても，同様の式　$y=\dfrac{ny_1+my_2}{m+n}$　が成り立つ。

外分点の座標についても同様に考えると，次のことが成り立つ。

内分点，外分点の座標

2 点 $A(x_1,\ y_1)$，$B(x_2,\ y_2)$ に対して，線分 AB を $m:n$ に

内分する点の座標は　$\left(\dfrac{nx_1+mx_2}{m+n},\ \dfrac{ny_1+my_2}{m+n}\right)$

特に，線分 AB の中点の座標は　$\left(\dfrac{x_1+x_2}{2},\ \dfrac{y_1+y_2}{2}\right)$

外分する点の座標は　$\left(\dfrac{-nx_1+mx_2}{m-n},\ \dfrac{-ny_1+my_2}{m-n}\right)$

練習 5 2 点 A(2, 0)，B(6, 4) を結ぶ線分 AB について，次の点の座標を求めよ。

(1) 1：3 に内分する点　　(2) 中点

(3) 1：3 に外分する点　　(4) 3：1 に外分する点

例題 2　4 点 A(2, −2)，B(−1, 2)，C(3, 3)，D を頂点とする平行四辺形 ABCD がある。対角線 AC の中点と BD の中点が一致することを利用して，頂点Dの座標を求めよ。

解答　対角線 AC の中点の座標は

$$\left(\frac{2+3}{2},\ \frac{-2+3}{2}\right) \quad \text{すなわち} \quad \left(\frac{5}{2},\ \frac{1}{2}\right)$$

点Dの座標を $(x,\ y)$ とすると，

対角線 BD の中点の座標は

$$\left(\frac{x-1}{2},\ \frac{y+2}{2}\right)$$

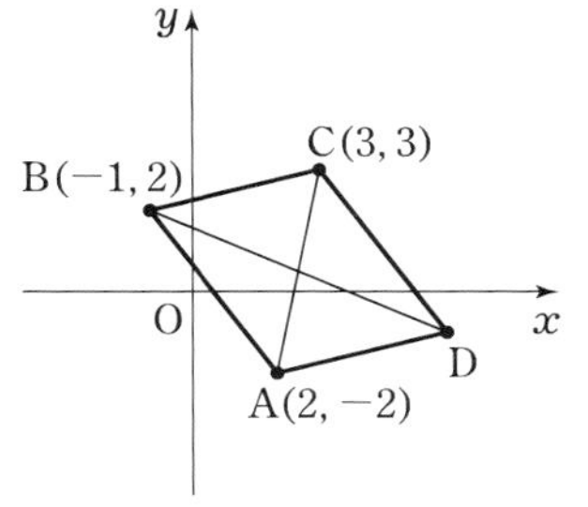

↑ 頂点の順番に注意する

平行四辺形 ABCD の 2 つの対角線の中点は一致するから

$$\frac{5}{2}=\frac{x-1}{2},\ \frac{1}{2}=\frac{y+2}{2}$$

よって　$x=6,\ y=-1$　　答　(6, −1)

練習 6▶ 4 点 A(−2, 3)，B(2, −1)，C(4, 1)，D を頂点とする平行四辺形の対角線の交点Pと頂点Dの座標を，次の場合についてそれぞれ求めよ。

(1) 平行四辺形が ABCD のとき　　(2) 平行四辺形が ADBC のとき

点対称な 2 点について，次のことが成り立つ。

> 2 点 A，B が点Pに関して対称 $\Longleftrightarrow$ 点Pは線分 AB の中点

練習 7▶ 点 P(6, −2) に関して，点 A(9, 1) と対称な点Bの座標を求めよ。

練習 8▶ △ABC の 3 辺 AB，BC，CA の中点の座標が，それぞれ (−1, 1)，(1, 2)，(2, 0) であるとき，A，B，C の座標を求めよ。

三角形の重心の座標

三角形の重心は，3 つの中線の交点で，頂点とその対辺の中点を結ぶ線分を 2：1 に内分する点である。

座標平面上で，三角形の重心は，次のように表すことができる。

三角形の重心の座標

3 点 $A(x_1,\ y_1)$，$B(x_2,\ y_2)$，$C(x_3,\ y_3)$ を頂点とする $\triangle ABC$ の重心Gの座標は $\left(\dfrac{\boldsymbol{x_1+x_2+x_3}}{\boldsymbol{3}},\ \dfrac{\boldsymbol{y_1+y_2+y_3}}{\boldsymbol{3}}\right)$

証明 辺 BC の中点 M の座標は $\left(\dfrac{x_2+x_3}{2},\ \dfrac{y_2+y_3}{2}\right)$

重心Gは，中線 AM を 2：1 に内分するから，その x 座標は

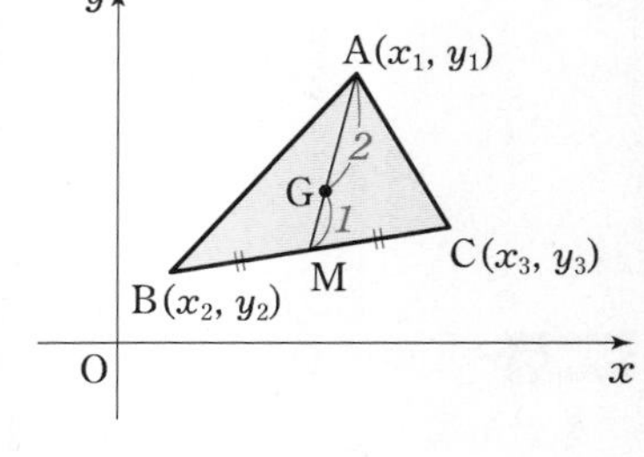

$$x=\frac{1\times x_1+2\times\dfrac{x_2+x_3}{2}}{2+1}$$

$$=\frac{x_1+x_2+x_3}{3}$$

同様に，Gの y 座標は $y=\dfrac{y_1+y_2+y_3}{3}$

よって，Gの座標は $\left(\dfrac{x_1+x_2+x_3}{3},\ \dfrac{y_1+y_2+y_3}{3}\right)$ 終

練習 9 3 点 A(6，−1)，B(2，−3)，C(4，1) を頂点とする △ABC の重心の座標を求めよ。

練習 10 3 点 A(−5，−1)，B(0，7)，C(a，b) を頂点とする △ABC の重心の座標が，(−3，4) であるとき，定数 a，b の値を求めよ。

3. 直線の方程式

直線の方程式

いろいろな直線の方程式を考えよう。

[1] 傾きが m で，切片が n である直線

既に学んだように，この方程式は　$\boldsymbol{y=mx+n}$　である。

[2] 点 $\mathrm{A}(x_1,\ y_1)$ を通り，傾きが m の直線

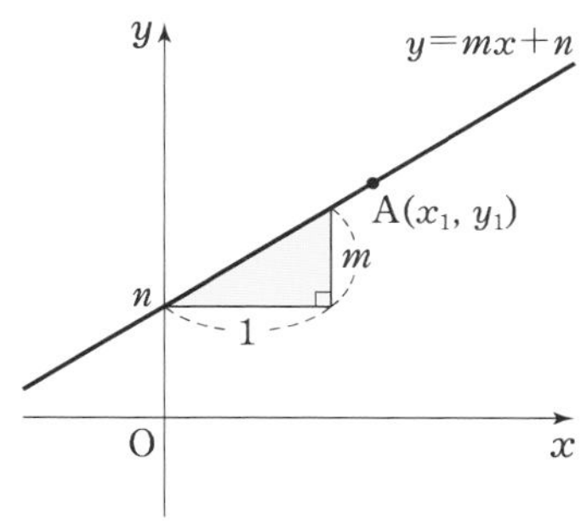

直線の方程式を

$$y=mx+n \quad \cdots\cdots ①$$

とおくと，点Aを通ることから

$$y_1=mx_1+n \quad \cdots\cdots ②$$

①−② から　$y-y_1=m(x-x_1)$

直線が x 軸に垂直のときには，直線の方程式は $x=x_1$ である。

直線の方程式 (1)

点 $(x_1,\ y_1)$ を通り，傾きが m の直線の方程式は

$$\boldsymbol{y-y_1=m(x-x_1)}$$

点 $(x_1,\ y_1)$ を通り，x 軸に垂直な直線の方程式は

$$\boldsymbol{x=x_1}$$

例 2　点 $(1,\ -3)$ を通り，傾きが 2 の直線の方程式は

$$y-(-3)=2(x-1) \qquad \text{すなわち} \qquad y=2x-5$$

練習 11　次の条件を満たす直線の方程式を求めよ。

(1) 点 $(2,\ 3)$ を通り，傾きが 4　　(2) 点 $(-4,\ 5)$ を通り，傾きが -2

(3) 点 $(3,\ 0)$ を通り，x 軸に垂直　(4) 点 $(-1,\ 6)$ を通り，x 軸に平行

第4章

[3] 異なる 2 点 $A(x_1,\ y_1)$，$B(x_2,\ y_2)$ を通る直線

$x_1 \neq x_2$ のとき，傾きは $\dfrac{y_2-y_1}{x_2-x_1}$ であるから，直線の方程式は

$$y-y_1=\frac{y_2-y_1}{x_2-x_1}(x-x_1)$$

$x_1=x_2$ のとき，直線の方程式は $x=x_1$ である。

直線の方程式 (2)

異なる 2 点 $A(x_1,\ y_1)$，$B(x_2,\ y_2)$ を通る直線の方程式は

$x_1 \neq x_2$ のとき　　$\boldsymbol{y-y_1=\dfrac{y_2-y_1}{x_2-x_1}(x-x_1)}$

$x_1=x_2$ のとき　　$\boldsymbol{x=x_1}$

例 3 2 点 (5, 3)，(7, −1) を通る直線の方程式は

$$y-3=\frac{-1-3}{7-5}(x-5) \qquad \text{すなわち} \qquad y=-2x+13$$

練習 12 次の 2 点を通る直線の方程式を求めよ。

(1) (3, 1)，(−2, 11)　(2) (1, 2)，(−5, 2)　(3) (−4, 0)，(−4, 3)

直線が x 軸，y 軸とそれぞれ点 $(a,\ 0)$，$(0,\ b)$ で交わるとき，a をこの直線の **x 切片**，b をこの直線の **y 切片** という。

$a \neq 0$，$b \neq 0$ のとき，x 切片が a，y 切片が b である直線の方程式は $y=-\dfrac{b}{a}(x-a)$ である。これを変形すると，次の形の方程式が得られる。

$$\frac{x}{a}+\frac{y}{b}=1$$

練習 13 2 点 (3, 0)，(0, −4) を通る直線の方程式を求めよ。

一般に，直線は，次のような x，y の 1 次方程式で表される。

$$\boldsymbol{ax+by+c=0} \qquad \text{ただし} \quad a \neq 0 \quad \text{または} \quad b \neq 0$$

逆に，x，y の 1 次方程式は，1 つの直線を表す。

2 直線の関係

2 直線　$y=m_1x+n_1$ …… ①，　$y=m_2x+n_2$ …… ② について考えてみよう。

[1]　<u>2 直線が平行の場合</u>

2 直線は，傾きが等しいとき平行であり，平行ならば傾きは等しい。

よって，次のことが成り立つ。

2 直線 ①，② が平行 $\iff$ $m_1=m_2$

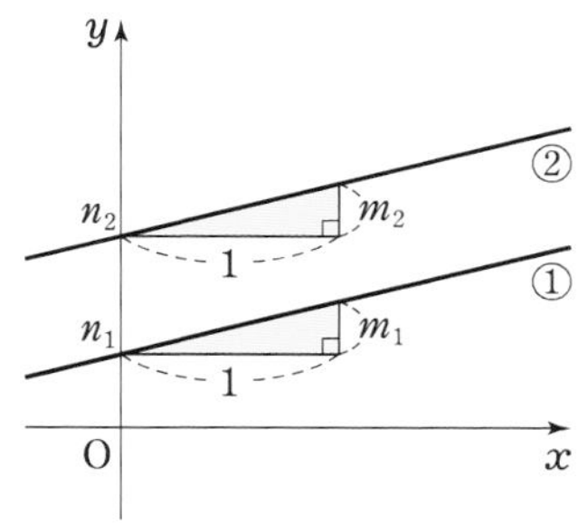

注　意　2 直線が一致する場合も平行であると考えることにする。

[2]　<u>2 直線が垂直に交わる場合</u>

2 点 $\mathrm{M}(1,\ m_1)$，$\mathrm{N}(1,\ m_2)$ をとると，直線 OM，ON はそれぞれ直線 ①，② に平行である。

2 直線 ①，② が垂直ならば，OM と ON も垂直であるから，三平方の定理により　$\mathrm{OM}^2+\mathrm{ON}^2=\mathrm{MN}^2$

すなわち

$(1^2+m_1{}^2)+(1^2+m_2{}^2)=(m_2-m_1)^2$

よって　$m_1m_2=-1$

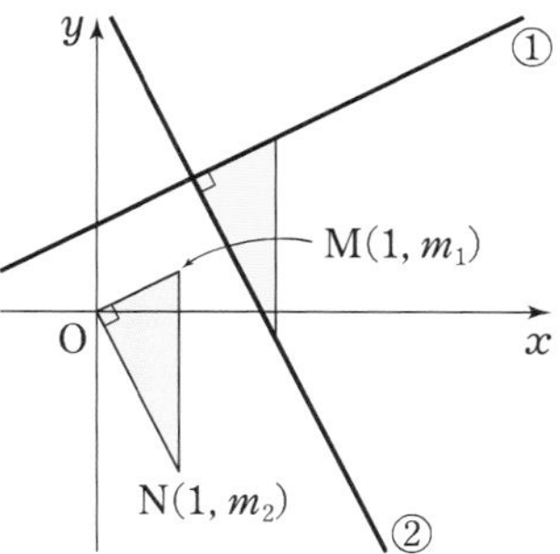

逆に，$m_1m_2=-1$ が成り立つとき，$\mathrm{OM}^2+\mathrm{ON}^2=\mathrm{MN}^2$ が成り立つから，2 直線 ①，② は垂直である。

2 直線の平行，垂直

2 直線 $y=m_1x+n_1$，$y=m_2x+n_2$ について

2 直線が平行 $\Longleftrightarrow$ $\boldsymbol{m_1=m_2}$　　　**2 直線が垂直** $\Longleftrightarrow$ $\boldsymbol{m_1m_2=-1}$

点 $(1,\ 3)$ を通り，直線 $y=-2x+4$ に平行な直線，および垂直な直線の方程式を求める。

平行な直線は，傾きが -2 であるから，その方程式は

$$y-3=-2(x-1) \qquad \text{すなわち} \quad y=-2x+5$$

垂直な直線は，その傾きを m とおくと　　$m\times(-2)=-1$

よって，傾きが $m=\dfrac{1}{2}$ であるから，その方程式は

$$y-3=\frac{1}{2}(x-1) \qquad \text{すなわち} \quad y=\frac{1}{2}x+\frac{5}{2}$$

練習 14 点 $(-2,\ -4)$ を通り，直線 $y=3x-1$ に平行な直線，および垂直な直線の方程式をそれぞれ求めよ。

$a\neq0$，$b\neq0$ とする。直線 $ax+by+c=0$ の傾きは $-\dfrac{a}{b}$ であるから，この直線に平行，垂直な直線の傾きは，それぞれ $-\dfrac{a}{b}$，$\dfrac{b}{a}$ である。

したがって，点 $(x_1,\ y_1)$ を通り，直線 $ax+by+c=0$ に平行，垂直な直線の方程式は，それぞれ次のようになることがわかる。

平行な直線　　$\boldsymbol{a(x-x_1)+b(y-y_1)=0}$

垂直な直線　　$\boldsymbol{b(x-x_1)-a(y-y_1)=0}$

このことは，$a=0$，$b\neq0$ または $a\neq0$，$b=0$ のときも成り立つ。

練習 15 点 $(2,\ -3)$ を通り，直線 $4x-5y-2=0$ に平行な直線，および垂直な直線の方程式をそれぞれ求めよ。

直線に関して，ある点と対称な点の座標を求める方法について考えよう。

例題 3 直線 $\ell: 2x+y-1=0$ に関して，点 A(0, 6) と対称な点Bの座標を求めよ。

考え方　次の [1]，[2] を利用して，点Bの座標を求める。

[1]　直線 AB は ℓ に垂直である

[2]　線分 AB の中点が ℓ 上にある

解答　点Bの座標を $(p,\ q)$ とおく。

[1]　直線 ℓ の傾きは -2 であり，直線 AB は ℓ に垂直であるから，傾きについて

$$(-2)\times\frac{q-6}{p-0}=-1$$

すなわち

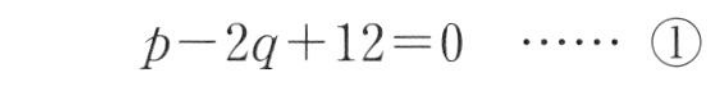

$$p-2q+12=0 \quad \cdots\cdots \text{①}$$

[2]　線分 AB の中点 $\left(\frac{p}{2},\ \frac{q+6}{2}\right)$ が ℓ 上にあるから

$$2\cdot\frac{p}{2}+\frac{q+6}{2}-1=0$$

すなわち　　$2p+q+4=0 \quad \cdots\cdots$ ②

①，② を連立させて解くと　$p=-4,\ q=4$

答　$(-4,\ 4)$

注意　直線 ℓ 上の点は，ℓ に関して自分自身と対称となる。

練習 16 直線 $\ell: y=3x$ に関して，点 A(1, −2) と対称な点Bの座標を求めよ。

2 直線の位置関係

座標平面上の 2 直線が，方程式

$$ax+by+c=0 \quad \cdots\cdots ①$$

$$a'x+b'y+c'=0 \quad \cdots\cdots ②$$

で与えられているとする。2 直線 ①，② が共有点をもつとき，その共有点の座標は，方程式 ①，② を連立させた連立方程式の解で与えられる。

この 2 直線の関係と連立方程式の解について，次のことが成り立つ。

2 直線が 1 点で交わる	$\iff$	連立方程式はただ 1 組の解をもつ
2 直線が平行で一致しない	$\iff$	連立方程式は解をもたない
2 直線が一致する	$\iff$	連立方程式は無数の解をもつ

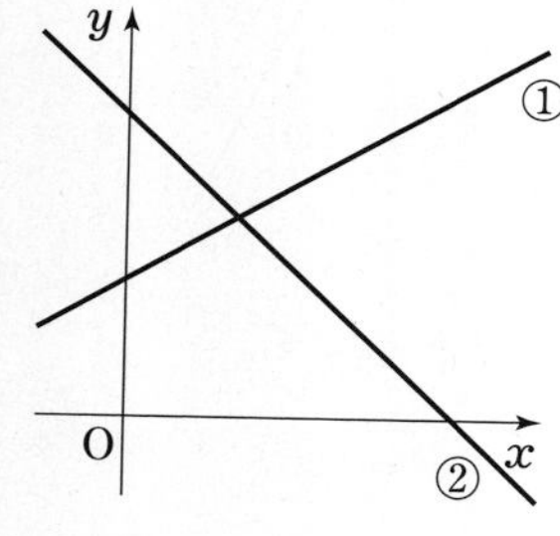

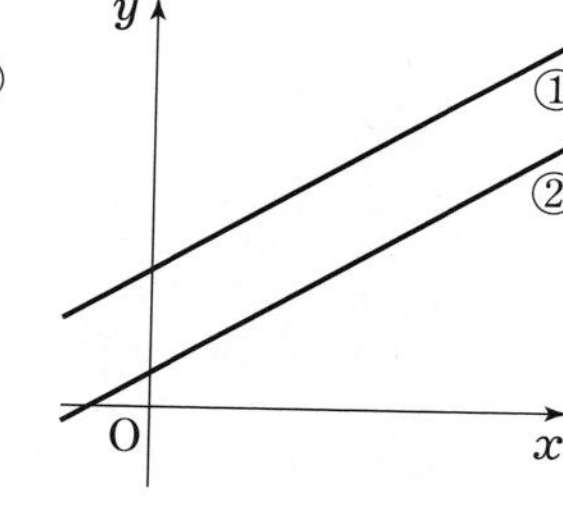

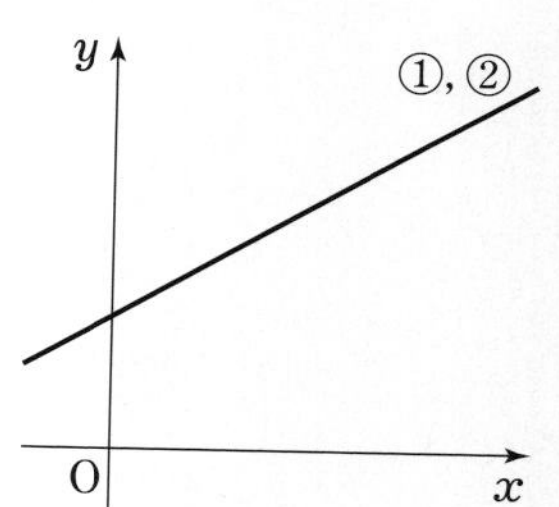

練習 17 次の 2 直線について，1 点で交わる，平行で一致しない，一致するのいずれであるか答えよ。

(1) $3x+6y-1=0$，$y=-\dfrac{1}{2}x+\dfrac{1}{6}$　(2) $y=2x+4$，$y=-x+1$

(3) $2x-2y+3=0$，$y=x-2$

練習 18 次の連立方程式が，ただ 1 組の解をもつ，解をもたない，無数の解をもつための条件を，それぞれ求めよ。

$$x-3y-2=0, \quad ax+2y+c=0$$

交わる 2 直線の交点を通る直線

交わる 2 直線の交点を通る直線について考えよう。

例題 4 次の 2 直線の交点と点 $(-2,\ 10)$ を通る直線の方程式を求めよ。

$$8x-2y-19=0 \quad \cdots\cdots ①,\qquad 2x-6y+9=0 \quad \cdots\cdots ②$$

考え方 ①，② は 1 点で交わる。ここで，k を定数として，方程式

$$k(8x-2y-19)+(2x-6y+9)=0 \quad \cdots\cdots ③$$

を考えると，③ は

$$8x-2y-19=0$$

$$2x-6y+9=0$$

を同時に満たす x，y の値に対して常に成り立つ。

よって，k がどのような値をとっても，③ は 2 直線 ①，② の交点を通る図形を表す。

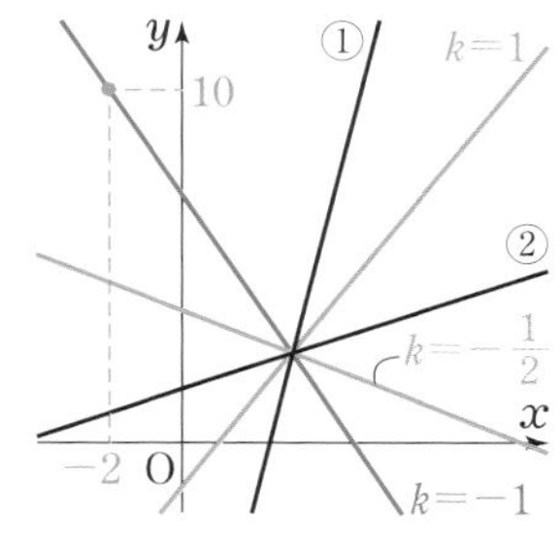

解答 k を定数として

$$k(8x-2y-19)+(2x-6y+9)=0 \quad \cdots\cdots ③$$

とすると，③ は 2 直線 ①，② の交点を通る図形を表す。

③ が点 $(-2,\ 10)$ を通るとすると

$$k(-16-20-19)+(-4-60+9)=0$$

これを解くと　　$k=-1$

したがって，求める直線の方程式は

$$-(8x-2y-19)+(2x-6y+9)=0$$

すなわち　　$3x+2y-14=0$　 答

練習 19 次の 2 直線の交点と点 $(-3,\ 5)$ を通る直線の方程式を求めよ。

$$2x-y-4=0 \quad \cdots\cdots ①,\qquad x+5y-7=0 \quad \cdots\cdots ②$$

点と直線の距離

座標平面上の点と，次の ① で表される直線 ℓ の距離を求めよう。

$$ax+by+c=0 \quad \cdots\cdots \text{①}$$

[1]　原点Oと直線 ℓ との距離

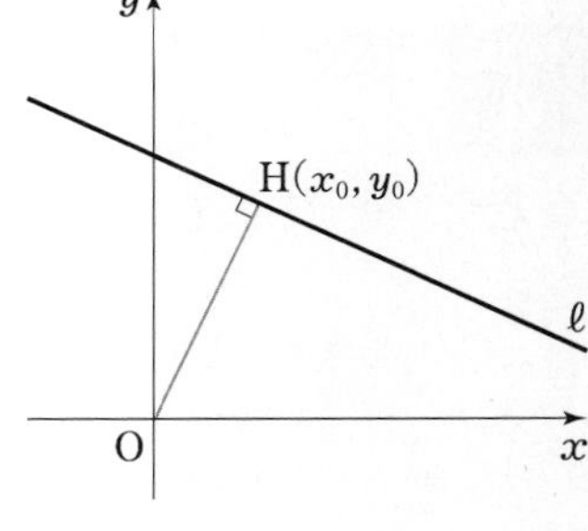

Oを通り ℓ に垂直な直線の方程式は

$$bx-ay=0 \quad \cdots\cdots \text{②}$$

2 直線 ①，② の交点を $\mathrm{H}(x_0,\ y_0)$ とすると

$$x_0=-\frac{ac}{a^2+b^2},\ \ y_0=-\frac{bc}{a^2+b^2}$$

よって，Oと ℓ の距離は　　$\mathrm{OH}=\sqrt{x_0{}^2+y_0{}^2}=\dfrac{|c|}{\sqrt{a^2+b^2}}$

[2]　点 $\mathrm{P}(x_1,\ y_1)$ と直線 ℓ との距離

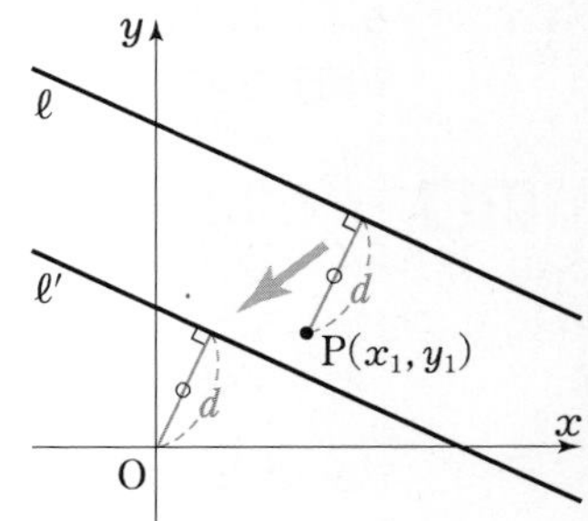

Pと ℓ を x 軸方向に $-x_1$，y 軸方向に $-y_1$ だけ平行移動すると，Pは原点Oに，ℓ はそれと平行な直線 ℓ' に移る。

ℓ' の方程式は，次のようになる。

$$a(x+x_1)+b(y+y_1)+c=0$$

すなわち　$ax+by+(ax_1+by_1+c)=0$

Pと ℓ の距離は，原点Oと直線 ℓ' の距離に等しいから，[1] の結果により，次のことがいえる。

点と直線の距離

点 $(x_1,\ y_1)$ と直線 $ax+by+c=0$ の距離 d は

$$\boldsymbol{d=\frac{|ax_1+by_1+c|}{\sqrt{a^2+b^2}}}$$

例 5　点 $(-1,\ 3)$ と直線 $3x-4y+5=0$ の距離 d は

$$d=\frac{|3\cdot(-1)-4\cdot 3+5|}{\sqrt{3^2+(-4)^2}}=2$$

練習 20　点 $(1,\ 2)$ と次の直線の距離を求めよ。

(1)　$3x+4y+9=0$　　(2)　$12x-5y+11=0$　　(3)　$y=3x$　　(4)　$x=4$

応用例題 2　放物線 $y=x^2$ 上の点Pと，方程式 $x+y+1=0$ で表される直線 ℓ との距離の最小値を求めよ。

解答　Pは放物線 $y=x^2$ 上にあるから，その座標は $(t,\ t^2)$ とおける。

Pと ℓ の距離を d とすると

$$d=\frac{|t+t^2+1|}{\sqrt{1^2+1^2}}$$

$$=\frac{|t^2+t+1|}{\sqrt{2}}$$

ここで，$t^2+t+1=\left(t+\dfrac{1}{2}\right)^2+\dfrac{3}{4}>0$ であるから

$$d=\frac{t^2+t+1}{\sqrt{2}}=\frac{1}{\sqrt{2}}\left\{\left(t+\frac{1}{2}\right)^2+\frac{3}{4}\right\}$$

したがって，$t=-\dfrac{1}{2}$ のとき，d は最小になり，最小値は

$$\frac{1}{\sqrt{2}}\cdot\frac{3}{4}=\frac{3\sqrt{2}}{8}$$　答

練習 21　放物線 $y=x^2+1$ 上の点Pと，2点 $\mathrm{A}(2,\ 0)$，$\mathrm{B}(0,\ -4)$ を通る直線の距離が最小となるとき，Pの座標と，そのときの距離を求めよ。

図形の性質の証明

応用例題 3　$\triangle$ABC の 3 つの頂点から，それぞれの対辺またはその延長に引いた垂線は 1 点で交わることを証明せよ。

証明　直線 BC を x 軸に，A から BC に引いた垂線 AO を y 軸にとり，$\triangle$ABC の各頂点をそれぞれ次のようにおく。

$$A(0,\ a),\quad B(b,\ 0),\quad C(c,\ 0)$$

ただし，$a \neq 0$ とする。

$b=0$ かつ $c=0$ とはならない。

b，c のどちらか一方が 0 のとき，$\triangle$ABC は直角三角形となり，3 つの垂線は，直角の頂点 B または C で交わる。

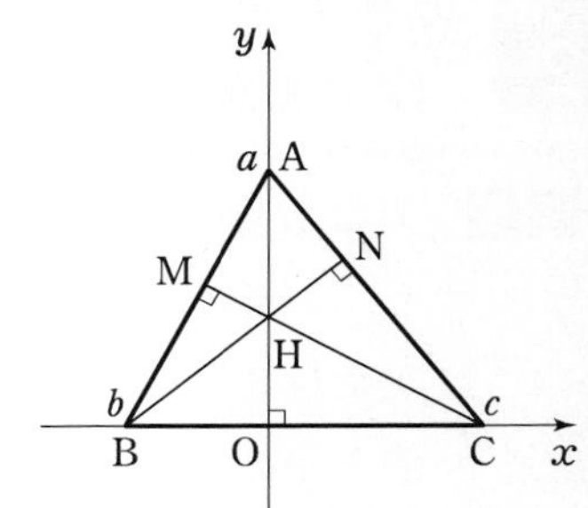

$b \neq 0$ かつ $c \neq 0$ のとき，直線 AB の傾きは $-\dfrac{a}{b}$ であるから，C から AB に引いた垂線 CM の方程式は $y=\dfrac{b}{a}(x-c)$

同様に，B から AC に引いた垂線 BN の方程式は

$$y=\frac{c}{a}(x-b)$$

2 直線 CM，BN はともに点 $\mathrm{H}\left(0,\ -\dfrac{bc}{a}\right)$ を通り，H は直線 AO 上にあるから，3 直線 AO，BN，CM は H で交わる。よって，3 つの垂線は 1 点で交わる。　終

注意　応用例題 3 の点 H は，$\triangle$ABC の垂心である。

練習 22　三角形の各辺の垂直二等分線は 1 点で交わることを証明せよ。

円と直線の位置関係 (1)

円の方程式と直線の方程式から y を消去して x の 2 次方程式が得られるとき，その判別式を D とすると

$D>0 \iff$ 異なる 2 点で交わる

$D=0 \iff$ 接する

$D<0 \iff$ 共有点をもたない

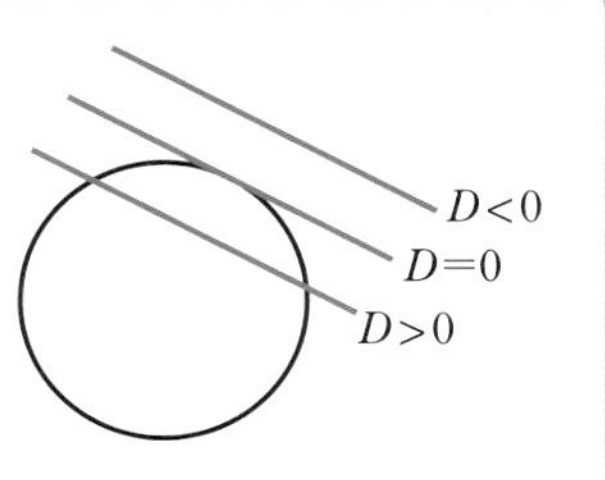

練習 29 円 $x^2+y^2=2$ と次の直線の共有点の個数を求めよ。

(1) $y=2x+1$　　(2) $y=x-2$　　(3) $x-y-3=0$

例題 6 円 $x^2+y^2=6$ と直線 $y=x+k$ が共有点をもつとき，定数 k の値の範囲を求めよ。

解答 2 つの方程式から y を消去して

$2x^2+2kx+k^2-6=0$ …… ①

方程式 ① の判別式を D とすると

$$\frac{D}{4}=k^2-2(k^2-6)=-k^2+12$$

円と直線が共有点をもつための条件は，$D \geqq 0$ であるから

$$-k^2+12 \geqq 0$$

これを解くと　$-2\sqrt{3} \leqq k \leqq 2\sqrt{3}$　答

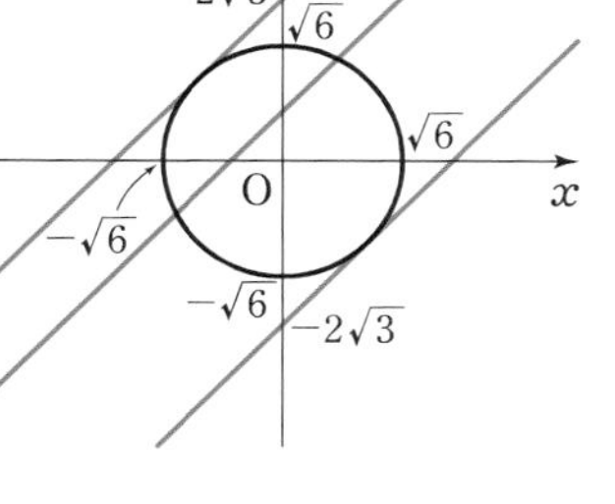

練習 30 円 $x^2+y^2=20$ と直線 $y=2x+k$ について，次の問いに答えよ。

(1) 円と直線が共有点をもつとき，定数 k の値の範囲を求めよ。

(2) 円と直線が接するときの接点の座標を求めよ。

第4章

円と直線の位置関係について，次のことが成り立つ。

円と直線の位置関係 (2)

半径 r の円の中心Cと直線 ℓ の距離を d とする。

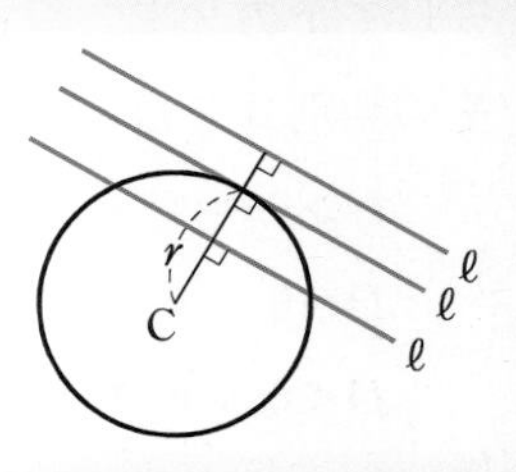

$d<r \iff$ 異なる2点で交わる

$d=r \iff$ 接する

$d>r \iff$ 共有点をもたない

前のページの例題6は，上のことを用いて解くこともできる。

円 $x^2+y^2=6$ の中心は O(0, 0) で，半径 r は $\sqrt{6}$ である。この円の中心と直線 $x-y+k=0$ の距離 d は　$d=\dfrac{|0-0+k|}{\sqrt{1^2+(-1)^2}}=\dfrac{|k|}{\sqrt{2}}$　であり，円と直線が共有点をもつための条件は $d \leqq r$ であるから　$\dfrac{|k|}{\sqrt{2}} \leqq \sqrt{6}$

したがって　$-2\sqrt{3} \leqq k \leqq 2\sqrt{3}$

練習 31 ▶ 上の方法にならって，前のページの練習 30 (1) を解け。

例 9 点 C(2, 1) を中心とし，直線 $x+2y+1=0$ に接する円の方程式を求める。

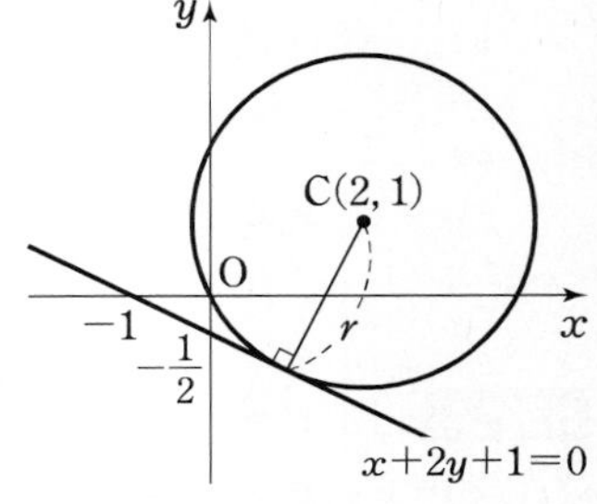

円の半径を r とすると，r は点Cとこの直線の距離に等しいから

$$r=\frac{|2+2\cdot1+1|}{\sqrt{1^2+2^2}}=\sqrt{5}$$

よって，求める円の方程式は

$$(x-2)^2+(y-1)^2=5$$

練習 32 ▶ 点 (4, 3) を中心とし，直線 $y=2x$ に接する円の方程式を求めよ。

円の接線の方程式

円 $x^2+y^2=r^2$ 上の点 $\mathrm{P}(x_1,\ y_1)$ における接線について考えよう。

点Pが座標軸上にないとき，$x_1 \neq 0$，$y_1 \neq 0$ である。

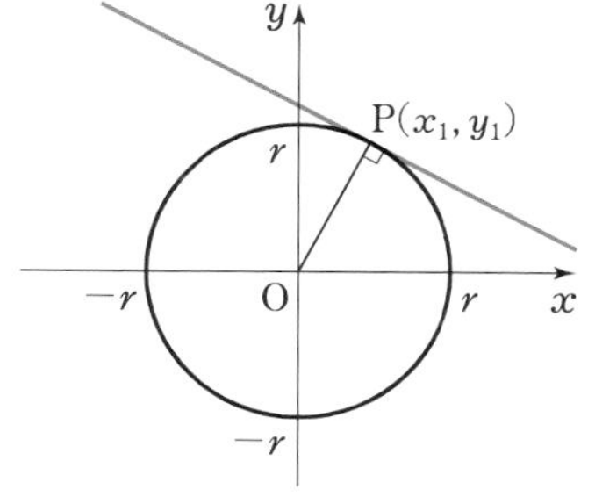

直線 OP の傾きは $\dfrac{y_1}{x_1}$

円の接線は，接点を通る円の半径に垂直であるから，接線の傾きは $-\dfrac{x_1}{y_1}$

よって，求める接線の方程式は

$$y-y_1=-\frac{x_1}{y_1}(x-x_1)$$

整理すると　　$x_1x+y_1y=x_1{}^2+y_1{}^2$　　…… ①

点Pは円周上にあるから　$x_1{}^2+y_1{}^2=r^2$

よって，① は　　$x_1x+y_1y=r^2$　　…… ②

点Pが x 軸上にあるとき，接線の方程式は　$x=r$ または $x=-r$

点Pが y 軸上にあるとき，接線の方程式は　$y=r$ または $y=-r$

であり，いずれの場合も ② で表される。

したがって，一般に，接線の方程式について，次のことが成り立つ。

円の接線

> 円 $x^2+y^2=r^2$ 上の点 $\mathrm{P}(x_1,\ y_1)$ におけるこの円の接線の方程式は
>
> $$\boldsymbol{x_1x+y_1y=r^2}$$

円 $x^2+y^2=25$ 上の点 $(4,\ -3)$ における接線の方程式は

$4x+(-3)y=25$　すなわち　$4x-3y=25$

練習 33 次の円上の与えられた点における接線の方程式を求めよ。

(1)　$x^2+y^2=20$，$(4,\ -2)$　　　(2)　$x^2+y^2=4$，$(-1,\ -\sqrt{3})$

第4章

円外の点から円に引いた接線の方程式を求めてみよう。

応用例題 4　点 (2, 4) から円 $x^2+y^2=10$ に引いた接線の方程式を求めよ。

［考え方］　円上の点 $(x_1,\ y_1)$ におけるこの円の接線が，点 (2, 4) を通るような x_1，y_1 の値をまず求める。

解答　接点を $P(x_1,\ y_1)$ とすると

$$x_1{}^2+y_1{}^2=10 \quad \cdots\cdots ①$$

点Pにおける接線の方程式は

$$x_1x+y_1y=10$$

これが点 (2, 4) を通ることから

$$2x_1+4y_1=10$$

$$x_1+2y_1=5 \quad \cdots\cdots ②$$

①，② から x_1 を消去すると　$y_1{}^2-4y_1+3=0$

よって　　$y_1=1,\ 3$

② から　$y_1=1$ のとき $x_1=3$，　$y_1=3$ のとき $x_1=-1$

したがって，求める接線の方程式は

$$3x+y=10,\quad x-3y=-10$$ 答

円外の点から円に引いた接線は2本ある

練習 34　次の条件を満たす接線の方程式と，そのときの接点の座標を求めよ。

(1)　点 (3, 2) を通り，円 $x^2+y^2=4$ に接する。

(2)　点 (−5, 10) を通り，円 $x^2+y^2=25$ に接する。

練習 35　点 (0, 3) から円 $x^2+y^2=3$ に引いた接線は x 軸に垂直でないから，その方程式は m を定数として，$y=mx+3$ とおける。この m の値を求めることで，接線の方程式を求めよ。

2 つの円の交点を通る図形

応用例題 5 2 つの円

$$x^2+y^2=5 \quad \cdots\cdots ①, \qquad x^2+y^2-6x-2y+5=0 \quad \cdots\cdots ②$$

の交点 A，B と点 (0, 3) を通る円の中心と半径を求めよ。

考え方 ①，② は 2 点で交わる。ここで，k を定数として，方程式

$$k(x^2+y^2-5)+(x^2+y^2-6x-2y+5)=0 \quad \cdots\cdots ③$$

を考えると，③ は

$$x^2+y^2-5=0$$
$$x^2+y^2-6x-2y+5=0$$

を同時に満たす x，y の値に対して常に成り立つ。

よって，k がどのような値をとっても，③ は 2 つの円 ①，② の交点を通る図形を表す。

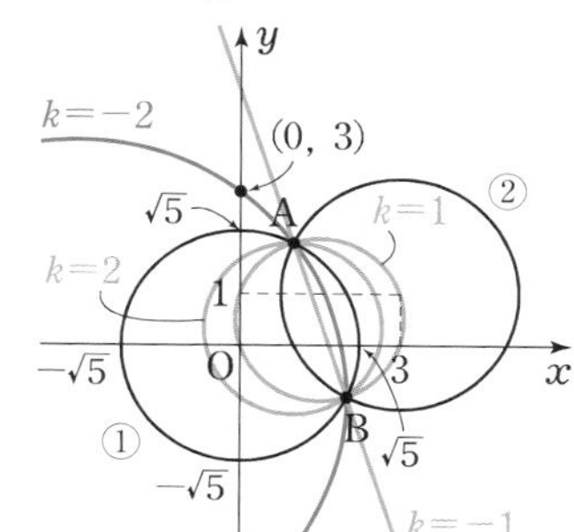

解答 k を定数として

$$k(x^2+y^2-5)+(x^2+y^2-6x-2y+5)=0 \quad \cdots\cdots ③$$

とすると，③ は 2 つの円 ①，② の交点 A，B を通る図形を表す。③ が点 (0, 3) を通るとすると

$$k(0+9-5)+(0+9-0-6+5)=0$$

これを解くと　$k=-2$

このとき，③ は　$-2(x^2+y^2-5)+(x^2+y^2-6x-2y+5)=0$

すなわち　$x^2+y^2+6x+2y-15=0$

これを変形すると　$(x+3)^2+(y+1)^2=5^2$

答　中心は点 $(-3,\ -1)$，半径は 5

練習 36 2 つの円 $x^2+y^2=4$，$x^2+y^2-4x+2y-6=0$ の 2 つの交点と点 (1, 2) を通る円の中心と半径を求めよ。

前のページの応用例題5では，方程式

$$k(x^2+y^2-5)+(x^2+y^2-6x-2y+5)=0 \quad \cdots\cdots ③$$

が，2つの円

$$x^2+y^2=5 \quad \cdots\cdots ①, \qquad x^2+y^2-6x-2y+5=0 \quad \cdots\cdots ②$$

の交点A，Bを通る図形を表すことを利用した。

方程式③の表す図形について，さらに考えてみよう。

方程式③は，$k \neq -1$ のとき円を表す。

一方，$k=-1$ のとき，方程式③は

$$-(x^2+y^2-5)+(x^2+y^2-6x-2y+5)=0$$

すなわち　$3x+y-5=0 \quad \cdots\cdots ③'$

となり，x，y の1次方程式となる。

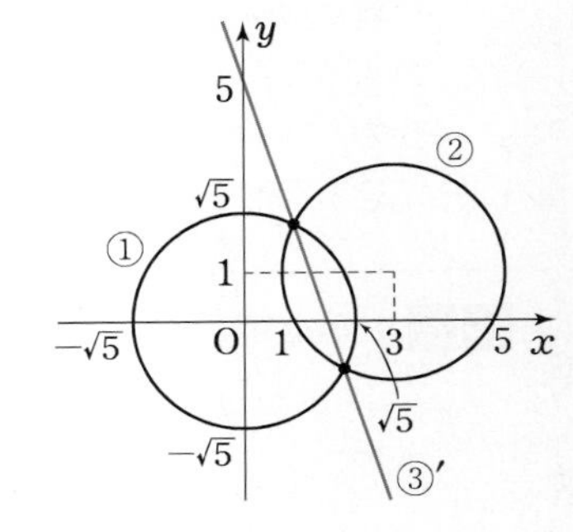

③′は直線を表しており，また，2つの円①，②の交点A，Bを通る図形を表している。

よって，③′と①（または，③′と②）を連立させることで，点A，Bの座標を求めることができる。

注意　③′は①，②を連立方程式と考えて，x^2，y^2 を消去した式である。

練習37　2つの円

$$x^2+y^2=10 \quad \cdots\cdots ①, \qquad x^2+y^2-2x-y-5=0 \quad \cdots\cdots ②$$

は2点で交わる。次の問いに答えよ。

(1)　①，②の2つの交点をA，Bとする。このとき，直線ABの方程式を求めよ。

(2)　①，②の交点の座標を求めよ。

6. 軌跡と方程式

軌跡と方程式

平面上の定点Cと正の定数 r に対し，点Pが条件 $\mathrm{CP}=r$ を満たしながら動くとき，Pが描く図形は，点Cを中心とする半径 r の円である。

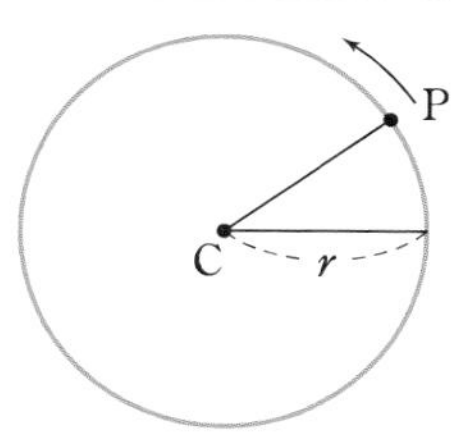

このとき，点Pを，定点Cに対して **動点** という。

一般に，ある条件を満たす動点が描く図形を，その条件を満たす点の **軌跡** という。ここでは，座標を用いて，軌跡を求めることを考えよう。

例 11 2点 A(0, 1)，B(3, 4) から等距離にある点Pの軌跡を求める。

点Pの座標を $(x,\ y)$ とする。$\mathrm{AP}=\mathrm{BP}$ であるから

$$\sqrt{x^2+(y-1)^2}=\sqrt{(x-3)^2+(y-4)^2}$$

両辺を2乗して整理すると

$$x+y-4=0$$

よって，点Pは，直線 $x+y-4=0$ 上にある。

逆に，この直線上の任意の点 $\mathrm{P}(x,\ y)$ について，$\mathrm{AP}^2=\mathrm{BP}^2$ すなわち $\mathrm{AP}=\mathrm{BP}$ が成り立つ。

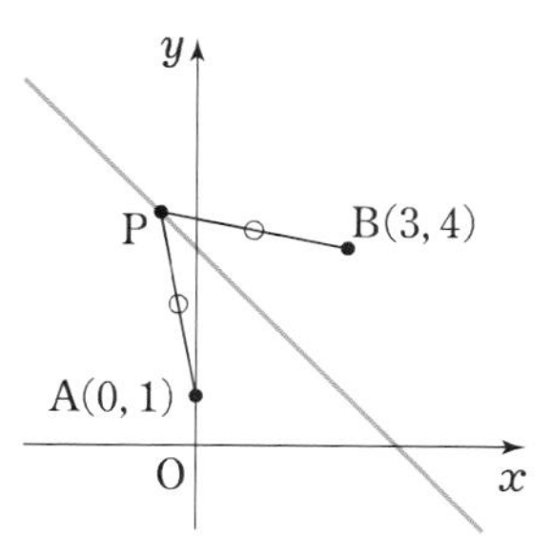

したがって，求める軌跡は，直線 $x+y-4=0$ である。

練習 38 2点 A$(-1,\ 0)$，B$(1,\ 3)$ に対して，条件 $\mathrm{AP}^2-\mathrm{BP}^2=3$ を満たす点Pの軌跡を求めよ。

与えられた条件を満たす点Pの軌跡が図形Fであることを示すには，次の2つを証明する必要がある。

[1]　**条件を満たす任意の点Pは，図形F上にある。**

[2]　**図形F上の任意の点Pは，条件を満たす。**(*)

例 12　AB=8 である2定点A，Bに対して，条件 $AP^2+BP^2=82$ を満たす点Pの軌跡を求める。

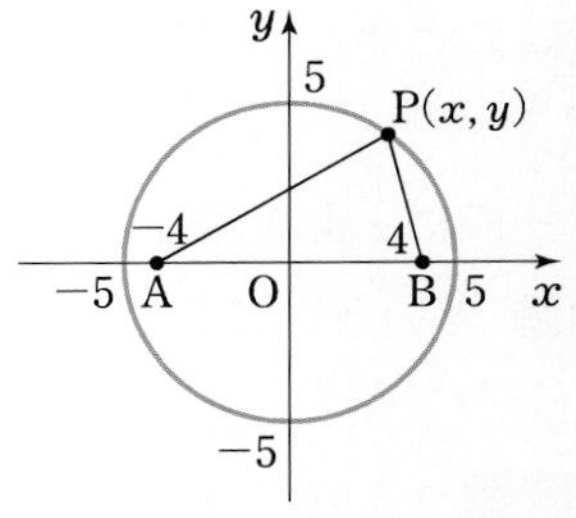

直線ABをx軸，線分ABの垂直二等分線をy軸とする。
このとき，2点A，Bの座標は，$(-4,\ 0)$，$(4,\ 0)$ となる。
点Pの座標を $(x,\ y)$ とする。
条件 $AP^2+BP^2=82$ から

$$(x+4)^2+y^2+(x-4)^2+y^2=82$$

整理すると　$x^2+y^2=25$　…… ①

よって，点Pは，円①上にある。
逆に，円①上の任意の点 $P(x,\ y)$ は，条件を満たす。
したがって，求める軌跡は，中心が線分ABの中点，半径が5の円である。

例12は，線分ABの中点をMとし，中線定理を用いて
$AP^2+BP^2=2(MP^2+MA^2)$ としても解ける。

練習 39　AB=8 である2定点A，Bに対して，条件 $AP^2-BP^2=48$ を満たす点Pの軌跡を求めよ。

(*) [1] の証明を逆にたどることによって [2] が明らかな場合には，[2] の証明を省略することがある。

2 点 A(0, 0)，B(3, 0) からの距離の比が 2：1 である点Pの軌跡を求めよ。

解答 点Pの座標を $(x,\ y)$ とする。

AP：BP＝2：1 であるから

$$AP=2BP$$

よって

$$\sqrt{x^2+y^2}=2\sqrt{(x-3)^2+y^2}$$

両辺を 2 乗して整理すると

$$x^2-8x+y^2+12=0$$

すなわち　$(x-4)^2+y^2=2^2$　…… ①

よって，点Pは，円 ① 上にある。

逆に，円 ① 上の任意の点 $P(x,\ y)$ は，条件を満たす。

したがって，求める軌跡は，中心が点 (4, 0)，半径が 2 の円である。　答

練習 40 ▶ 2 点 A(−5, 0)，B(5, 0) からの距離の比が 2：3 である点Pの軌跡を求めよ。

一般に，m，n が異なる正の数のとき，2 定点 A，B からの距離の比が $m：n$ である点の軌跡は，線分 AB を $m：n$ に内分する点，外分する点を直径の両端とする円である。この円を **アポロニウスの円** という。

なお，$m=n$ のときには，軌跡は線分 AB の垂直二等分線となる。

上の例題 7 において，線分 AB を 2：1 に内分する点の座標は (2, 0)，2：1 に外分する点の座標は (6, 0) であるから，点Pの軌跡は，たしかに 2 点 (2, 0)，(6, 0) を直径の両端とする円になっている。

動点Pの座標 $(x,\ y)$ が，ある文字 a を用いて，「$x=f(a),\ y=g(a)$」と表されるような場合には，2つの式から a を消去して，x と y の関係式を導くことにより，Pの軌跡が求められる。

例題 8　a が実数全体を変化するとき，放物線 $y=x^2+2ax+1$ の頂点Pの軌跡を求めよ。

解答　点Pの座標を $(x,\ y)$ とする。
放物線の式は

$$y=(x+a)^2-a^2+1$$

と変形されるから，頂点Pの座標について

$$x=-a,\ y=-a^2+1$$

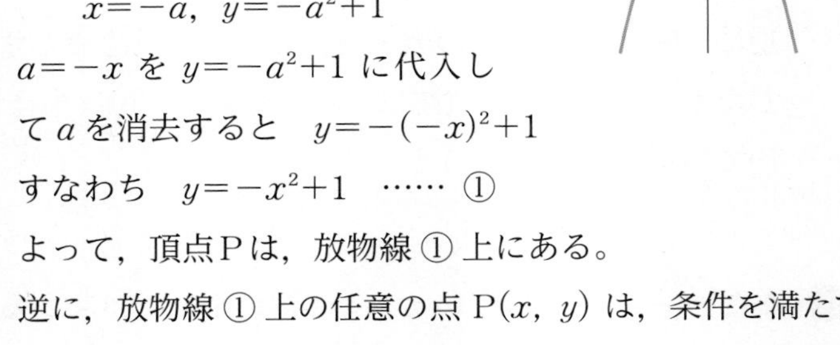

$a=-x$ を $y=-a^2+1$ に代入して a を消去すると　$y=-(-x)^2+1$
すなわち　$y=-x^2+1$　…… ①
よって，頂点Pは，放物線 ① 上にある。
逆に，放物線 ① 上の任意の点 $\mathrm{P}(x,\ y)$ は，条件を満たす。
したがって，求める軌跡は，放物線 $y=-x^2+1$ である。 答

例題8において，a は実数全体を動くから，x も実数全体を動く。したがって，点Pの軌跡は，放物線 $y=-x^2+1$ の全体である。

練習 41　a が実数全体を変化するとき，放物線 $y=-x^2+4ax-3$ の頂点Pの軌跡を求めよ。

練習 42　実数 a に対して，方程式 $x^2+y^2-2ax+4ay+5a^2-4=0$ は円を表す。a が実数全体を変化するとき，その中心Pの軌跡を求めよ。

曲線と領域

不等式 $y>f(x)$ の表す領域は **曲線 $y=f(x)$ より上側の部分**
不等式 $y<f(x)$ の表す領域は **曲線 $y=f(x)$ より下側の部分**

注意　$y\geqq f(x)$ や $y\leqq f(x)$ の表す領域は，曲線 $y=f(x)$ を含む。

例 13　不等式 $y\leqq x^2-1$ の表す領域は，放物線 $y=x^2-1$ および放物線 $y=x^2-1$ より下側の部分である。よって，右の図の斜線部分である。ただし，境界線を含む。

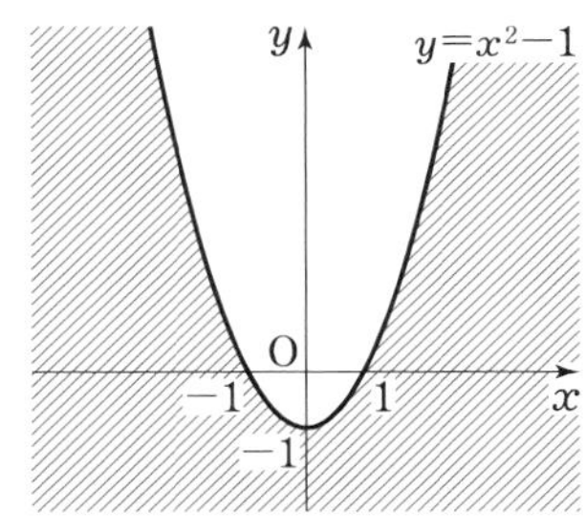

練習 46　次の不等式の表す領域を図示せよ。

(1)　$y\geqq -x+1$　　(2)　$y<2x-1$　　(3)　$y>-x^2+2$

(4)　$y-4\leqq 0$　　(5)　$2x-y+1>0$　　(6)　$x-3y+6\leqq 0$

不等式 $x>a$ の表す領域は，直線 $x=a$ より右側の部分であり，不等式 $x<a$ の表す領域は，直線 $x=a$ より左側の部分である。

たとえば，不等式 $x>-1$ の表す領域は，右の図の斜線部分である。ただし，境界線を含まない。

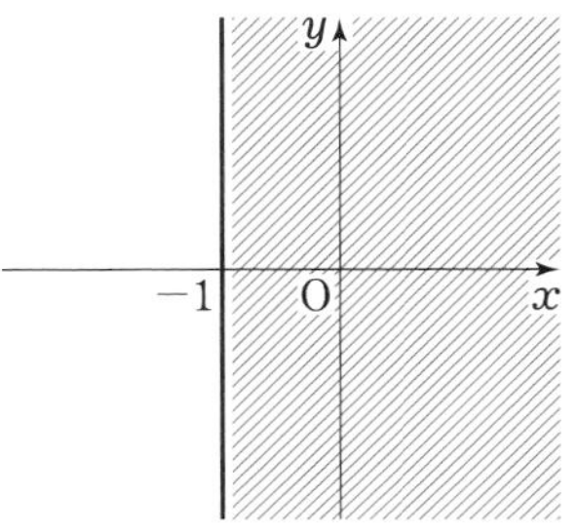

練習 47　次の不等式の表す領域を図示せよ。

(1)　$x\leqq 2$　　(2)　$3x-4>0$

円の内部，外部

r を正の定数とするとき，不等式

$$x^2+y^2<r^2 \quad \cdots\cdots \text{①}$$

はどのような領域を表すか調べてみよう。

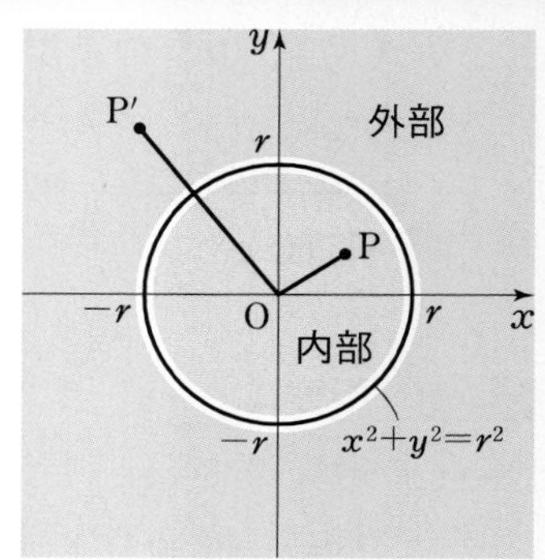

原点Oと点 $\mathrm{P}(x,\ y)$ の距離 OP について，① は次のことを意味している。

$\mathrm{OP}^2<r^2$　すなわち　$\mathrm{OP}<r$

したがって，不等式 ① の表す領域は，円 $x^2+y^2=r^2$ の内部である。

同様に，不等式 $x^2+y^2>r^2$ の表す領域は，図の点 P′ の位置からわかるように，円 $x^2+y^2=r^2$ の外部である。

円と領域

不等式 $\boldsymbol{x^2+y^2<r^2}$ の表す領域は **円 $\boldsymbol{x^2+y^2=r^2}$ の内部**

不等式 $\boldsymbol{x^2+y^2>r^2}$ の表す領域は **円 $\boldsymbol{x^2+y^2=r^2}$ の外部**

例 14　不等式 $x^2+y^2-4x+2y+1\leqq 0$ の表す領域を求める。

不等式は　$(x-2)^2+(y+1)^2\leqq 4$

と変形できるから，求める領域は円 $(x-2)^2+(y+1)^2=2^2$ およびその内部である。

よって，右の図の斜線部分である。

ただし，境界線を含む。

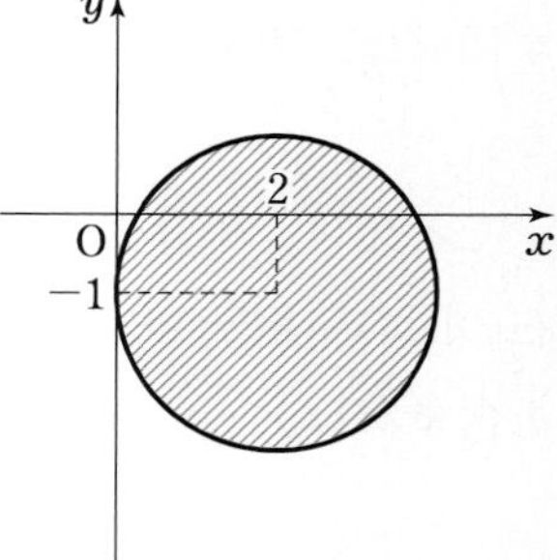

練習 48　次の不等式の表す領域を図示せよ。

(1)　$x^2+y^2\geqq 16$　　(2)　$x^2+(y-2)^2<9$　　(3)　$x^2+y^2+6x-2y+6\leqq 0$

練習 49 ▶ 中心が点 (3, −5)，半径が 4 の円の内部を表す不等式を作れ。ただし，境界線を含まないものとする。

連立不等式の表す領域

x，y についての連立不等式の表す領域は，各不等式を同時に満たす点 $(x,\ y)$ 全体の集合で，各不等式の表す領域の共通な部分である。

例題 9 連立不等式 $\begin{cases} x^2+y^2<25 \\ x-y+1 \leqq 0 \end{cases}$ の表す領域を図示せよ。

解答 $x^2+y^2<25$ の表す領域を M，$x-y+1 \leqq 0$ の表す領域を N とすると，求める領域は M と N の共通な部分である。

M は，円 $x^2+y^2=5^2$ の内部，

N は，直線 $y=x+1$ および直線の上側の部分であるから，

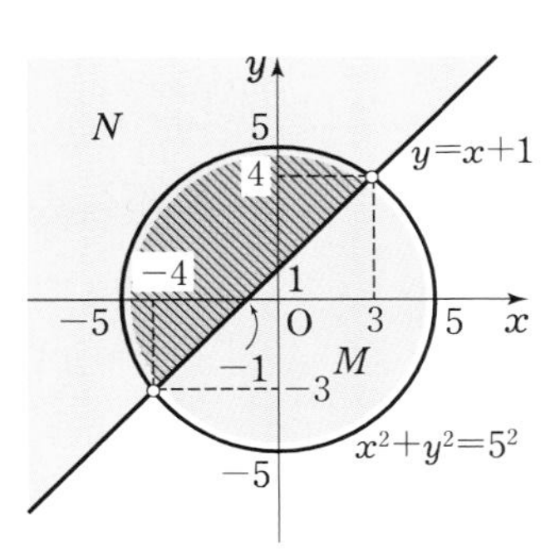

求める領域は，図の斜線部分である。

ただし，境界線は直線を含み，円周および円と直線の交点を含まない。 答

練習 50 ▶ 次の連立不等式の表す領域を図示せよ。

(1) $\begin{cases} x+y+1<0 \\ 3x-y+2<0 \end{cases}$ (2) $\begin{cases} 2x+y+2>0 \\ x^2+y^2 \geqq 9 \end{cases}$ (3) $\begin{cases} x^2+y^2-4x+3>0 \\ x^2+y^2 \leqq 4 \end{cases}$

練習 51 ▶ 連立不等式 $\begin{cases} y \geqq x^2 \\ y \leqq -x^2+2x+4 \end{cases}$ の表す領域を図示せよ。

練習 52 右の図の斜線部分は，どのような連立不等式の表す領域か。
ただし，境界線を含まないものとする。

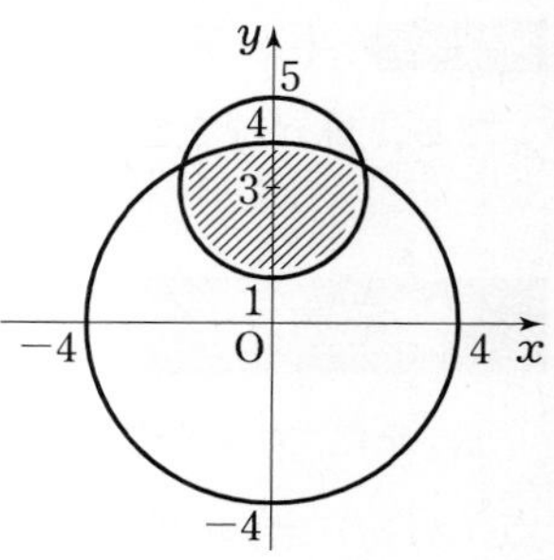

練習 53 3 点 A(0, 4)，B(−2, 0)，C(3, 1) を頂点とする △ABC の周およびその内部を表す連立不等式を作れ。

例題 10 次の不等式の表す領域を図示せよ。

$$(x+y-3)(2x-y)<0$$

考え方　不等式について成り立つ次の性質を利用する。

$$AB<0 \iff 「A>0,\ B<0 \quad または \quad A<0,\ B>0」$$

解答 与えられた不等式から

$$\begin{cases} x+y-3>0 \\ 2x-y<0 \end{cases} \quad \cdots\cdots ①$$

または $\begin{cases} x+y-3<0 \\ 2x-y>0 \end{cases} \quad \cdots\cdots ②$

よって，求める領域は，① の表す領域と ② の表す領域を合わせた部分である。すなわち，図の斜線部分である。ただし，境界線を含まない。 答

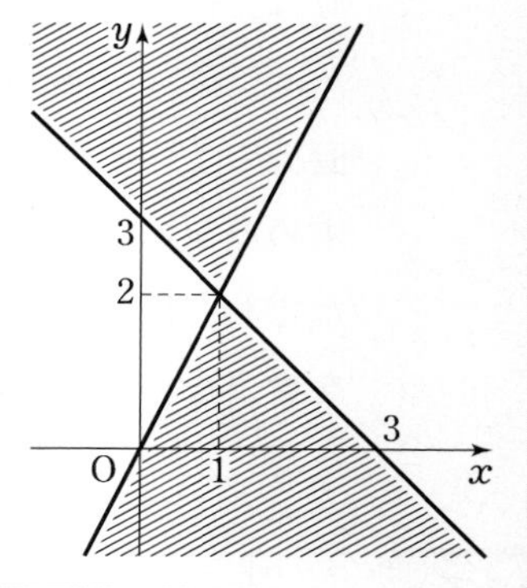

注　意　方程式 $(x+y-3)(2x-y)=0$ は，2 直線 $x+y-3=0$，$2x-y=0$ を表す。

練習 54 次の不等式の表す領域を図示せよ。

(1) $(x-y-2)(3x+y+6)\geqq 0$　　(2) $(x^2+y^2-1)(y-x+1)<0$

(3) $(y-x-2)(y-x^2)\leqq 0$

さらに，いろいろな不等式の表す領域を考えてみよう。

応用例題 8 次の不等式の表す領域を図示せよ。

(1) $xy>1$　　　　(2) $|x|+|y|<2$

解答 (1) 不等式 $xy>1$ は，

$x>0$ のとき　$y>\dfrac{1}{x}$

$x<0$ のとき　$y<\dfrac{1}{x}$

を表すから，求める領域は，図の斜線部分である。ただし，境界線を含まない。 答

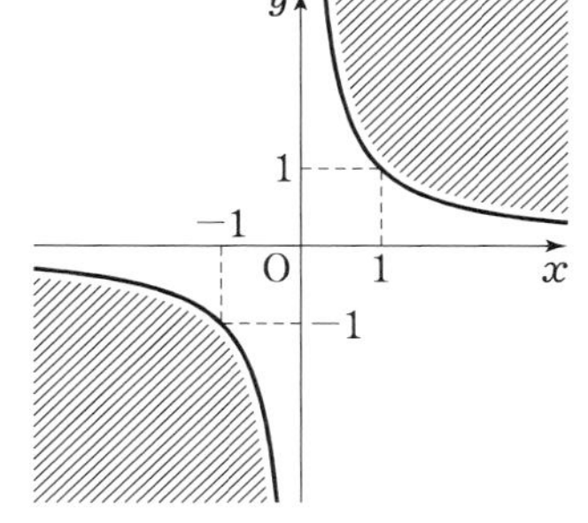

(2) 不等式 $|x|+|y|<2$ は，

$x \geqq 0$，$y \geqq 0$ のとき

$x+y<2$

$x \geqq 0$，$y<0$ のとき

$x-y<2$

$x<0$，$y \geqq 0$ のとき

$-x+y<2$

$x<0$，$y<0$ のとき

$-x-y<2$

を表すから，求める領域は，図の斜線部分である。ただし，境界線を含まない。 答

練習 55 次の不等式の表す領域を図示せよ。

(1) $xy \leqq -4$　　　　(2) $|x+y|<2$

(3) $2|x|+|y| \leqq 6$　　　　(4) $1<|x|+|y|<3$

不等式の表す領域の利用

不等式の表す領域を利用して，いろいろな問題を解いてみよう。

応用例題 9 $x^2+y^2<1$ の表す領域が，$x+y<\sqrt{2}$ の表す領域に含まれることを示せ。

証明 $x^2+y^2<1$ の表す領域を P，$x+y<\sqrt{2}$ の表す領域を Q とする。

P は，円 $x^2+y^2=1$ の内部，

Q は，直線 $x+y-\sqrt{2}=0$

より下側の部分である。

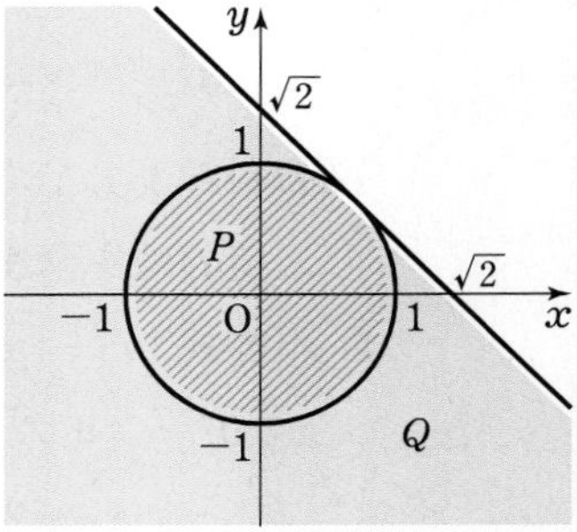

円 $x^2+y^2=1$ の中心 $(0,\ 0)$ と

直線 $x+y-\sqrt{2}=0$ の距離は

$$\frac{|-\sqrt{2}|}{\sqrt{1^2+1^2}}=1$$

よって，円の半径に等しいから，直線は円に接する。

したがって，上の図のように，P は Q に含まれる。

すなわち，$x^2+y^2<1$ の表す領域は，$x+y<\sqrt{2}$ の表す領域に含まれる。 終

練習 56 $x^2+y^2<1$ の表す領域を P，$x^2+4x+y^2>-3$ の表す領域を Q とするとき，P は Q に含まれることを示せ。

x，y がいくつかの1次不等式を満たすとき，x，y の1次式の値を最大または最小にする問題は **線形計画法** の問題とよばれ，経済に関する分野などでよく用いられる。

不等式の表す領域を利用して，線形計画法の問題を考えてみよう。

x，y が不等式　$x \geqq 0$，　$y \geqq 0$，　$x+3y \leqq 15$，　$2x+y \leqq 10$ を満たすとき，$x+y$ の最大値，最小値を求めよ。

解答　与えられた 4 つの不等式を連立させた連立不等式の表す領域を M とすると，M は，4 点 $(0,\ 0)$，$(5,\ 0)$，$(3,\ 4)$，$(0,\ 5)$ を頂点とする四角形の周およびその内部である。

ここで，$x+y=k$ とおくと

$$y=-x+k \quad \cdots\cdots ①$$

よって，この直線が M と共有点をもつような k の最大値，最小値を求めればよい。

図からわかるように，k の値は，直線 ① が点 $(3,\ 4)$ を通るとき最大となり，原点 $(0,\ 0)$ を通るとき最小となる。

したがって，$x+y$ は $x=3$，$y=4$ で最大値 7 をとり，

$x=0$，$y=0$ で最小値 0 をとる。　答

練習 57　x，y が不等式　$x \geqq 0$，$y \geqq 0$，$2x+3y \leqq 25$，$3x+y \leqq 13$ を満たすとき，$3x+2y$ の最大値，最小値を求めよ。

練習 58　食品 A，B には，100 g 当たり，脂肪，タンパク質，エネルギーが表に示されている量だけ含まれている。食品 A と B を食べ，合わせて脂肪を 30 g 以下，エネルギーを 600 kcal (キロカロリー) 以下に制限し，タンパク質をなるべく多くとるためには，食品 A，B を何 g ずつ食べればよいか。

表　100 g 当たりの含有量

	食品A	食品B
脂　　肪 (g)	10	10
タンパク質 (g)	4	5
エネルギー (kcal)	150	300

第4章

確認問題

1 2点 A$(-1,\ 4)$，B$(2,\ 1)$ 間の距離を求めよ。また，線分 AB を 2：1 に内分する点の座標と外分する点の座標を，それぞれ求めよ。

2 2点 A$(-2,\ 3)$，B$(6,\ 7)$ を結ぶ線分の垂直二等分線 ℓ の方程式を求めよ。

3 円 $x^2+y^2-2kx-4ky+2k^2=0$ の中心が直線 $y=-3x+35$ 上にあるとき，定数 k の値を求めよ。また，そのときの円の中心の座標と半径を求めよ。

4 次の問いに答えよ。

(1) 点 $(1,\ -3)$ を中心とし，直線 $3x-4y-5=0$ に接する円の方程式を求めよ。また，その接点の座標を求めよ。

(2) 直線 $y=m(x-2)$ が円 $x^2+y^2+6x=0$ に接するとき，定数 m の値を求めよ。

5 円 $x^2+y^2-6x+8y=0$ の周上の点から直線 $4x+3y=30$ までの距離の最小値を求めよ。

6 次の軌跡を求めよ。

(1) 直線 $x+y-1=0$ への距離が直線 $x-y-2=0$ への距離の2倍である点Pの軌跡

(2) 放物線 $y=x^2$ 上を動く点Qと点 $(3,\ 5)$ を結ぶ線分の中点Pの軌跡

7 不等式 $1<x^2+y^2<9$ の表す領域を図示せよ。

8 3つの不等式 $x\leqq 0$，$x-y\leqq 0$，$x^2+y^2\leqq 16$ を同時に満たす点 $(x,\ y)$ の存在する部分の面積を求めよ。

演習問題 A

1 3 点 A(0, 1), B(0, 0), C(1, 0) がある。△ABC 内に点Pをとり，線分 AP の中点をM，線分 BM の中点をN，線分 CN の中点をLとすると，LはPと一致するという。このとき，点Pの座標を求めよ。

2 2 直線 $3x+y-17=0$, $x+ay-9=0$ について，これらが平行であるとき，および垂直であるときの定数 a の値を，それぞれ求めよ。

3 原点Oと異なる 2 点 P$(a,\ b)$, Q$(c,\ d)$ がつくる △OPQ がある。

(1) 点Qと直線 OP の距離を，a, b, c, d を用いて表せ。

(2) △OPQ の面積は，$\dfrac{1}{2}|ad-bc|$ で表されることを示せ。

4 3 直線 $x+3y-7=0$, $x-3y-1=0$, $x-y+1=0$ で囲まれる三角形の外接円の方程式を求めよ。また，この外接円の面積を求めよ。

5 円 C：$x^2+y^2-4x-2y+3=0$ と直線 ℓ：$y=-x+k$ が異なる 2 点で交わるような定数 k の値の範囲を求めよ。また，ℓ が C によって切り取られる線分の長さが 2 であるとき，定数 k の値を求めよ。

6 方程式 $x^2+y^2-4kx+(6k-2)y+14k^2-8k+1=0$ が円を表すとき，定数 k の値の範囲を求めよ。また，k の値がこの範囲で変化するとき，この円の中心の軌跡を求めよ。

7 連立不等式 $\begin{cases} x-3y+2>0 \\ (x+y-2)(x-y+2)<0 \end{cases}$ の表す領域を図示せよ。

第4章

演習問題 B

8 次の 3 直線が三角形をつくらないときの k の値をすべて求めよ。

$$3x-2y=-4,\quad 2x+y=-5,\quad x+ky=k+2$$

9 円 $x^2+y^2-2x-6y+5=0$ …… ①，直線 $x-2y+5=0$ …… ② について，次の問いに答えよ。

(1) 円 ① と直線 ② は異なる 2 点で交わることを示せ。

(2) 円 ① と直線 ② の交点，および，点 $(1,\ 4)$ の 3 点を通る円の中心の座標と半径を求めよ。

10 半径 3 の円Oと円 $x^2+y^2=4$ との異なる 2 つの共有点を通る直線の方程式が $6x+2y+5=0$ であるとき，円Oの中心の座標を求めよ。

11 放物線 $y=x^2$ と直線 $y=mx+1$ の交点 P，Q について，次の問いに答えよ。

(1) 線分 PQ の長さ l を定数 m を用いて表せ。

(2) 線分 PQ を直径とする円の方程式を求めよ。

(3) (2) で求めた円が原点Oを通ることを示せ。

12 直線 $3x-4y+10=0$ と x 軸の両方に接する円の中心の軌跡を求めよ。

13 ある工場で製品 A，B が生産されている。A，B それぞれ 1 kg を生産するのに必要な原料 P，Q，R の量 (kg) とその費用 (百万円) は，右の表の通りである。原料 P は 10 kg 以上，Q も 10 kg 以上，R は 15 kg 以上使って A と B を生産するとき，その費用を最小にするには，A，B をそれぞれ何 kg 作ればよいか。

	P	Q	R	費用
A	5	1	1	2
B	1	2	5	3

第5章 三角比

数Ⅰ 1. 三角比
数Ⅰ 2. 三角比の相互関係
数Ⅰ 3. 三角比の拡張
数Ⅰ 4. 三角形と正弦定理，余弦定理
数Ⅰ 5. 三角形の面積

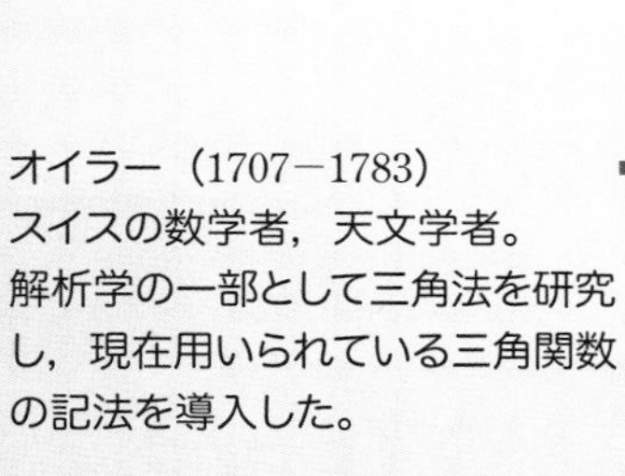

オイラー（1707−1783）➡
スイスの数学者，天文学者。
解析学の一部として三角法を研究し，現在用いられている三角関数の記法を導入した。

With regard to geometrical properties, we have learned the congruence and the similarity conditions for triangles, and the Pythagorean theorem.

We have also learned the inscribed angle theorem and the properties of inscribed quadrilaterals.

In this chapter, we will learn the concept of trigonometric ratios, theorems that hold for the lengths of the sides and the sizes of the interior angles of a triangle, and new formulas for the area of a triangle.

Trigonometric ratios are very useful when considering geometrical properties.

Learning the contents of this chapter will lead us to appreciate this usefulness.

1. 三角比

正接，正弦，余弦

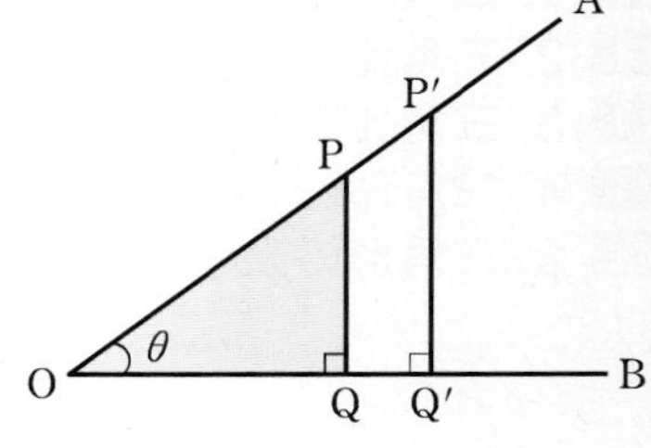

半直線OA，OBについて $\angle\mathrm{AOB}=\theta$ が鋭角であるとする。OA上の2点P，P′から，OBにそれぞれ垂線PQ，P′Q′を引くと　　$\triangle\mathrm{POQ}\backsim\triangle\mathrm{P'OQ'}$

よって　　$\dfrac{\mathrm{QP}}{\mathrm{OQ}}=\dfrac{\mathrm{Q'P'}}{\mathrm{OQ'}}$

したがって，$\dfrac{\mathrm{QP}}{\mathrm{OQ}}$ の値は，PがOA上のどこにあっても一定である。この値を，角 θ の **正接** または **タンジェント** といい，$\boldsymbol{\tan\theta}$ と表す。

同様に，$\dfrac{\mathrm{PQ}}{\mathrm{OP}}$ の値も一定である。この値を，角 θ の **正弦** または **サイン** といい，$\boldsymbol{\sin\theta}$ と表す。

また，$\dfrac{\mathrm{OQ}}{\mathrm{OP}}$ の値も一定で，この値を，角 θ の **余弦** または **コサイン** といい，$\boldsymbol{\cos\theta}$ と表す。

正接，正弦，余弦をまとめて **三角比** という。

三角比

右の図の直角三角形において

$$\sin\theta=\frac{y}{r},\quad \cos\theta=\frac{x}{r},\quad \tan\theta=\frac{y}{x}$$

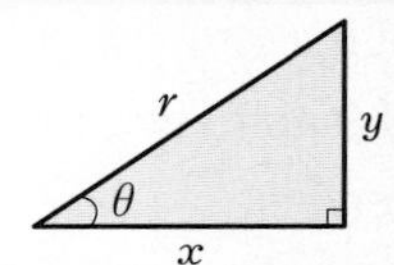

例題 2　θ は鋭角とする。$\cos\theta=\dfrac{2}{3}$ のとき，$\sin\theta$ と $\tan\theta$ の値を求めよ。

解答　$\sin^2\theta+\cos^2\theta=1$ から

$$\sin^2\theta=1-\cos^2\theta=1-\left(\frac{2}{3}\right)^2=\frac{5}{9}$$

θ が鋭角のとき，$\sin\theta>0$ であるから

$$\sin\theta=\sqrt{\frac{5}{9}}=\frac{\sqrt{5}}{3}$$ 答

また　$\tan\theta=\dfrac{\sin\theta}{\cos\theta}=\dfrac{\sqrt{5}}{3}\div\dfrac{2}{3}=\dfrac{\sqrt{5}}{2}$　答

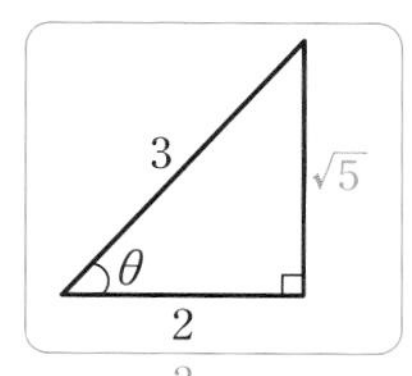

↑ $\cos\theta=\dfrac{2}{3}$ から，上の図を考え，$\sin\theta$ と $\tan\theta$ の値を求めてもよい

練習 6　θ は鋭角とする。$\sin\theta=\dfrac{2}{5}$ のとき，$\cos\theta$ と $\tan\theta$ の値を求めよ。

例題 3　θ は鋭角とする。$\tan\theta=2$ のとき，$\cos\theta$ と $\sin\theta$ の値を求めよ。

解答　$1+\tan^2\theta=\dfrac{1}{\cos^2\theta}$ から

$$\cos^2\theta=\frac{1}{1+\tan^2\theta}=\frac{1}{1+2^2}=\frac{1}{5}$$

θ が鋭角のとき，$\cos\theta>0$ であるから

$$\cos\theta=\sqrt{\frac{1}{5}}=\frac{1}{\sqrt{5}}$$ 答

また　$\sin\theta=\tan\theta\cos\theta=2\cdot\dfrac{1}{\sqrt{5}}=\dfrac{2}{\sqrt{5}}$　答

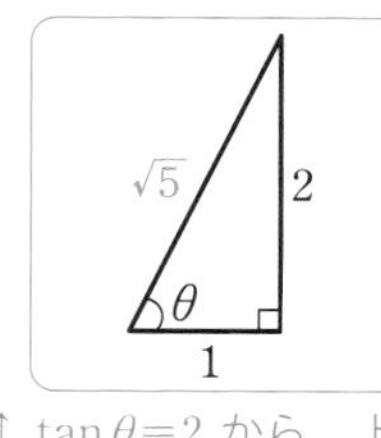

↑ $\tan\theta=2$ から，上の図を考え，$\cos\theta$ と $\sin\theta$ の値を求めてもよい

練習 7　θ は鋭角とする。$\tan\theta=3$ のとき，$\cos\theta$ と $\sin\theta$ の値を求めよ。

$90° - \theta$ の三角比

右の図の直角三角形において

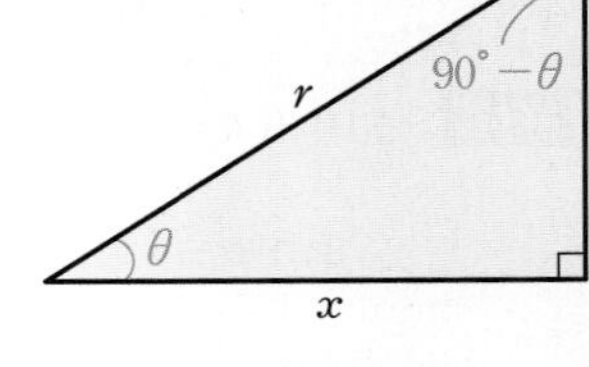

$$\sin\theta = \frac{y}{r}, \quad \sin(90° - \theta) = \frac{x}{r}$$

$$\cos\theta = \frac{x}{r}, \quad \cos(90° - \theta) = \frac{y}{r}$$

$$\tan\theta = \frac{y}{x}, \quad \tan(90° - \theta) = \frac{x}{y}$$

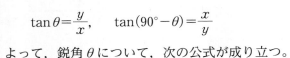

よって，鋭角 θ について，次の公式が成り立つ。

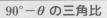

$90° - \theta$ の三角比

[1] $\boldsymbol{\sin(90° - \theta) = \cos\theta}$　　[2] $\boldsymbol{\cos(90° - \theta) = \sin\theta}$

[3] $\boldsymbol{\tan(90° - \theta) = \dfrac{1}{\tan\theta}}$

例 4

(1) $\sin 58° = \sin(90° - 32°) = \cos 32°$

(2) $\cos 73° = \cos(90° - 17°) = \sin 17°$

(3) $\tan 81° = \tan(90° - 9°) = \dfrac{1}{\tan 9°}$

(1)

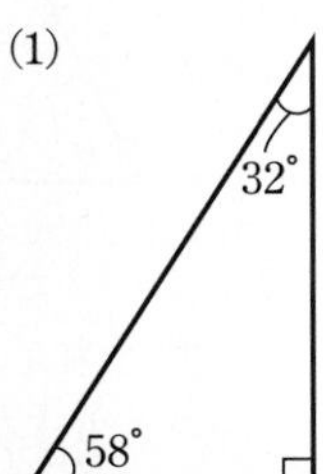

(2)

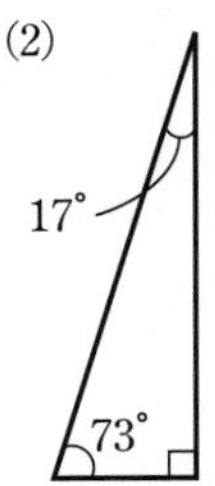

(3)

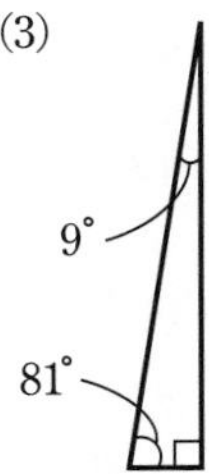

練習 8 次の三角比を 45° 以下の三角比で表せ。

(1) $\sin 49°$　　(2) $\cos 65°$　　(3) $\tan 77°$

3. 三角比の拡張

座標を用いた三角比の定義

これまでは，直角三角形を用いて鋭角の三角比を考えたが，座標平面を用いて，三角比の考えを 0° 以上 180° 以下の角にまで拡張しよう。

右の図のように，座標平面上で，原点Oを中心とする半径 r の半円をかき，この半円と x 軸の正の部分との交点をAとする。

半円上に $\angle \mathrm{AOP}=\theta$ となる点Pをとり，Pの座標を $(x,\ y)$ とする。

このとき，θ の三角比を次の式で定義する。

$$\sin\theta=\frac{y}{r},\quad \cos\theta=\frac{x}{r},\quad \tan\theta=\frac{y}{x}$$

$0°<\theta<90°$ のとき，上の定義は直角三角形を用いた定義と一致する。

また，これらの値は，いずれも半円の半径に関係なく，θ だけで定まる。

ただし，$x=0$ となる θ，すなわち，$\theta=90°$ に対しては，$\tan\theta$ の値を定義しない。

θ が鋭角のとき

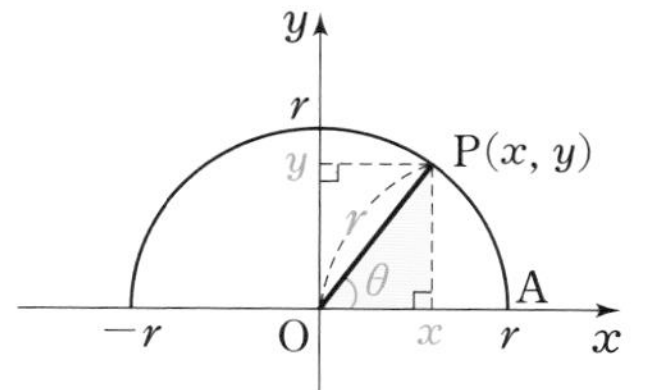

θ が鈍角のとき

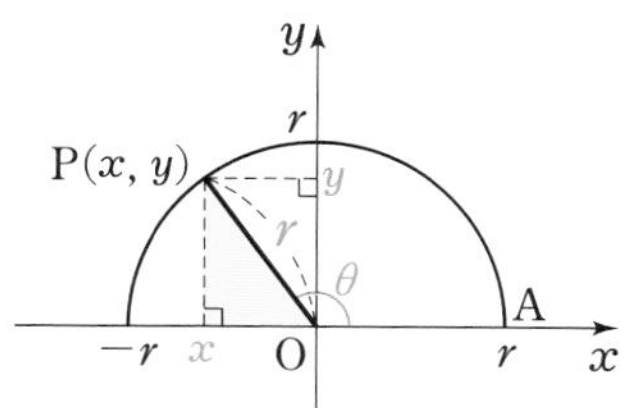

θ が鈍角，すなわち $90°<\theta<180°$ のときは，点Pは第 2 象限にあり，$x<0$，$y>0$ であるから，三角比の符号は次のようになる。

$$\sin\theta>0,\qquad \cos\theta<0,\qquad \tan\theta<0$$

例 5 右の図のような，半径 2 の半円において，$\angle AOP=120°$ のとき，点Pの座標は $(-1,\ \sqrt{3})$ となる。

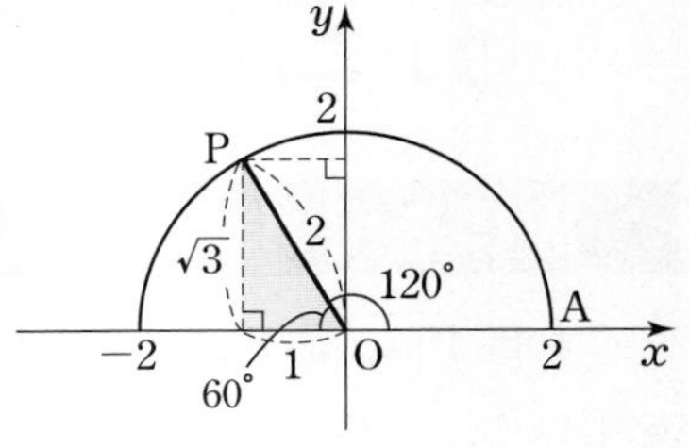

よって　$\sin 120°=\dfrac{\sqrt{3}}{2}$

$\cos 120°=-\dfrac{1}{2}$

$\tan 120°=-\sqrt{3}$

練習 9 ▶ 下の図を用いて，次の角の正弦，余弦，正接を求めよ。

(1)　135°　　　　(2)　150°

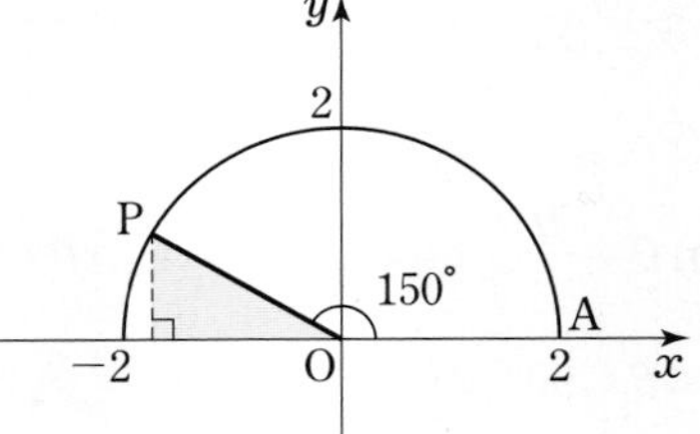

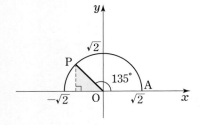

θ が 0°，90°，180° のとき，前のページの点Pの座標は，それぞれ次のようになる。

$(r,\ 0)$，　$(0,\ r)$，　$(-r,\ 0)$

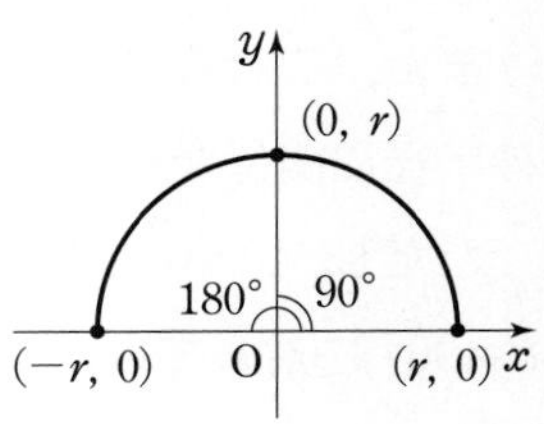

よって，0°，90°，180° の三角比の値は，次のようになる。

$\sin 0°=0$，　$\cos 0°=1$，　$\tan 0°=0$

$\sin 90°=1$，　$\cos 90°=0$，　$\tan 90°$ の値は定義されない

$\sin 180°=0$，　$\cos 180°=-1$，　$\tan 180°=0$

三角比の値は，いずれも半円の半径 r に関係なく，θ だけで定まる。

よって，今後は半径が 1 の半円で考える。

右の図のように，座標平面上で，原点Oを中心とする半径 1 の半円をかき，この半円と x 軸の正の部分との交点をAとする。

0°≦θ<90° のとき

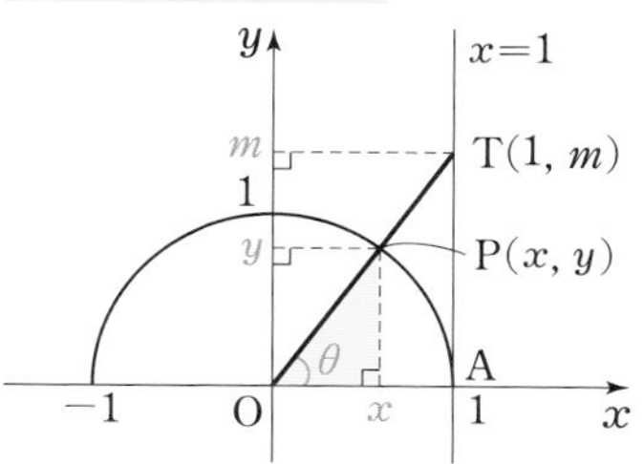

半円上に ∠AOP$=\theta$ となる点Pをとり，Pの座標を $(x,\ y)$ とする。

このとき，θ の三角比は，次の式で表される。

$$\sin\theta=y,\quad \cos\theta=x,\quad \tan\theta=\frac{y}{x}$$

$-1\leqq x\leqq 1$，$0\leqq y\leqq 1$ であるから，$0^\circ\leqq\theta\leqq 180^\circ$ の $\sin\theta$，$\cos\theta$ の値について，次のことが成り立つ。

$$0\leqq\sin\theta\leqq 1,\quad -1\leqq\cos\theta\leqq 1$$

90°<θ≦180° のとき

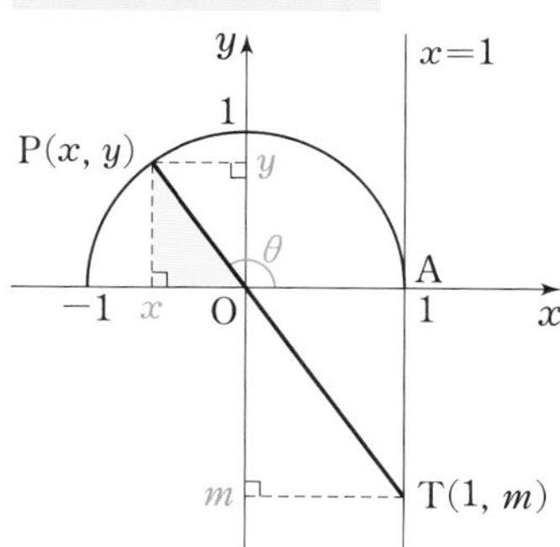

また，直線 OP と直線 $x=1$ との交点をTとし，Tの座標を $(1,\ m)$ とすると　　$\tan\theta=\dfrac{m}{1}=m$

であり，m は任意の実数値をとるから，

$\tan\theta$ は $\theta\neq 90^\circ$ で定義でき，任意の実数値をとる。

第 1 象限，第 2 象限の角の三角比の値の符号は，次のようになる。

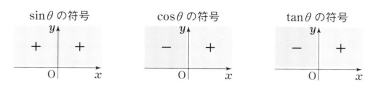

sinθ の符号

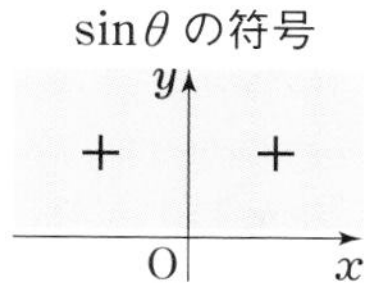

cosθ の符号

y
−　+
O　x

tanθ の符号

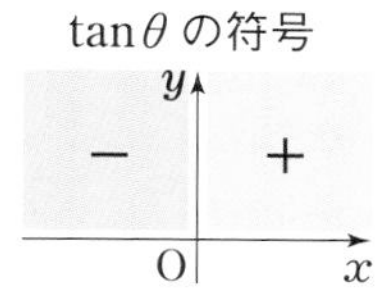

第5章

$180°-\theta$ の三角比

右の図のように，半径 1 の半円上に，$\angle AOP=\theta$ となる点Pをとり，Pの座標を $(x,\ y)$ とする。

θ が鋭角のとき

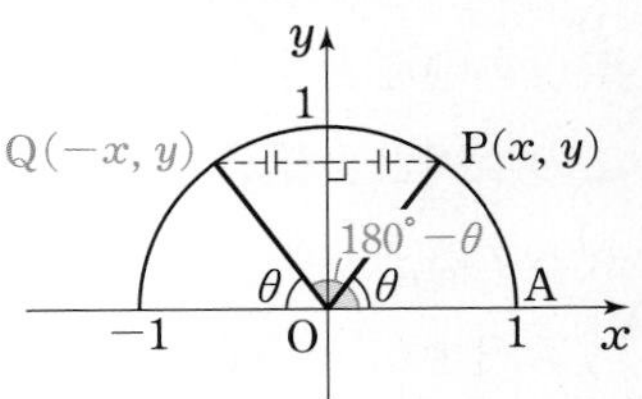

y 軸に関して点Pと対称な点Qをとると，$\angle AOQ=180°-\theta$ であり，Qの座標は $(-x,\ y)$ となるから

$$\sin\theta=y,\qquad \sin(180°-\theta)=y$$

$$\cos\theta=x,\qquad \cos(180°-\theta)=-x$$

$$\tan\theta=\frac{y}{x},\qquad \tan(180°-\theta)=-\frac{y}{x}$$

θ が鈍角のとき

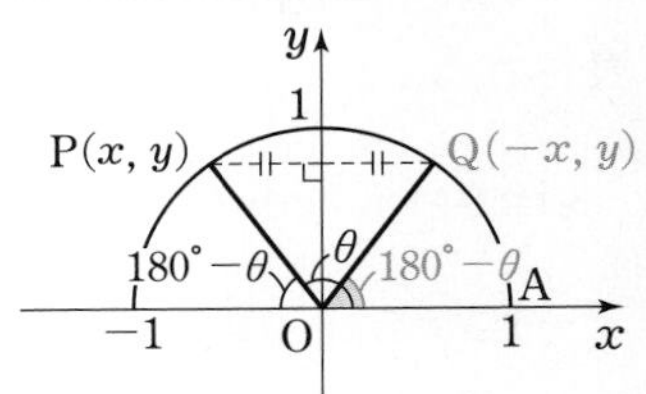

よって，$0°\leqq\theta\leqq180°$ のとき，次の公式が成り立つ。

$180°-\theta$ の三角比

[1]　$\boldsymbol{\sin(180°-\theta)=\sin\theta}$　　[2]　$\boldsymbol{\cos(180°-\theta)=-\cos\theta}$

[3]　$\boldsymbol{\tan(180°-\theta)=-\tan\theta}$

上の公式を用いると，鈍角の三角比を鋭角の三角比で表すことができる。

例 6

(1)　$\sin 154°=\sin(180°-26°)=\sin 26°$

(2)　$\cos 127°=\cos(180°-53°)=-\cos 53°$

(3)　$\tan 106°=\tan(180°-74°)=-\tan 74°$

練習 10　巻末の表を用いて，次の値を求めよ。

(1)　$\sin 132°$　　(2)　$\cos 147°$　　(3)　$\tan 115°$

等式を満たす θ

三角比の値が与えられたとき，角の大きさを求めることを考えよう。

例題 4　$0^\circ \leqq \theta \leqq 180^\circ$ のとき，次の等式を満たす θ を求めよ。

(1)　$\sin\theta=\dfrac{1}{2}$　　　(2)　$\cos\theta=-\dfrac{1}{\sqrt{2}}$

解答　(1)　半径 1 の半円と直線 $y=\dfrac{1}{2}$ との交点を P，Q とすると，求める θ は，右の図の

$\angle$AOP と $\angle$AOQ

である。

よって　　$\theta=30^\circ,\ 150^\circ$　

(2)　半径 1 の半円と直線 $x=-\dfrac{1}{\sqrt{2}}$ との交点を P とすると，求める θ は，右の図の

$\angle$AOP

である。

よって　　$\theta=135^\circ$　答

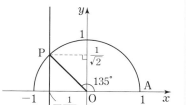

練習 11　$0^\circ \leqq \theta \leqq 180^\circ$ のとき，次の等式を満たす θ を求めよ。

(1)　$\sin\theta=\dfrac{\sqrt{3}}{2}$　　　(2)　$\cos\theta=-\dfrac{1}{2}$

(3)　$\sin\theta=0$　　　(4)　$2\cos\theta+\sqrt{3}=0$

例題 5　$0^\circ \leqq \theta \leqq 180^\circ$ のとき，$\tan\theta=-\sqrt{3}$ を満たす θ を求めよ。

解答　右の図のように

点 $\mathrm{T}(1,\ -\sqrt{3})$ をとり，

半径 1 の半円と直線 OT

との交点を P とすると，

求める θ は　　$\angle\mathrm{AOP}$

である。

よって　　$\theta=120^\circ$　　答

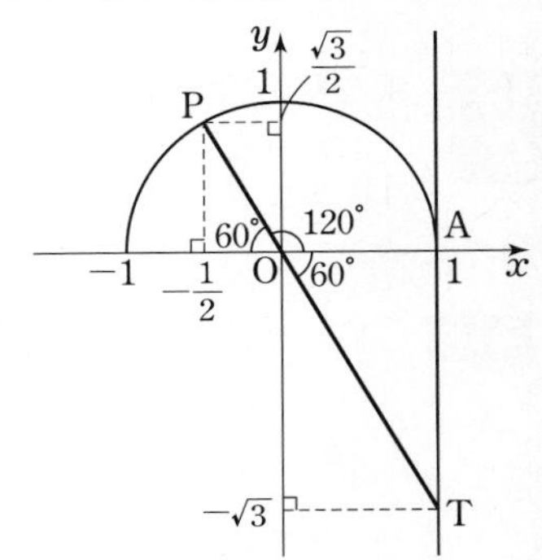

練習 12　$0^\circ \leqq \theta \leqq 180^\circ$ のとき，次の等式を満たす θ を求めよ。

(1)　$\tan\theta=1$　　　　(2)　$\sqrt{3}\tan\theta+1=0$

三角比の相互関係

右の図のような半径 1 の半円上に，$\angle\mathrm{AOP}=\theta$ となる点 $\mathrm{P}(x,\ y)$ をとる。

このとき

$$\sin\theta=y,\ \cos\theta=x,\ \tan\theta=\frac{y}{x}$$

また，三平方の定理により　　$x^2+y^2=1$

よって，184 ページで示した三角比の相互関係は，$0^\circ \leqq \theta \leqq 180^\circ$ のときにも成り立つ。

三角比の相互関係

[1]　$\tan\theta=\dfrac{\sin\theta}{\cos\theta}$　　[2]　$\sin^2\theta+\cos^2\theta=1$

[3]　$1+\tan^2\theta=\dfrac{1}{\cos^2\theta}$

例題 6　$0^\circ \leqq \theta \leqq 180^\circ$ とする。$\sin\theta=\dfrac{3}{5}$ のとき，$\cos\theta$ と $\tan\theta$ の値を求めよ。

解答　$\sin^2\theta+\cos^2\theta=1$ から

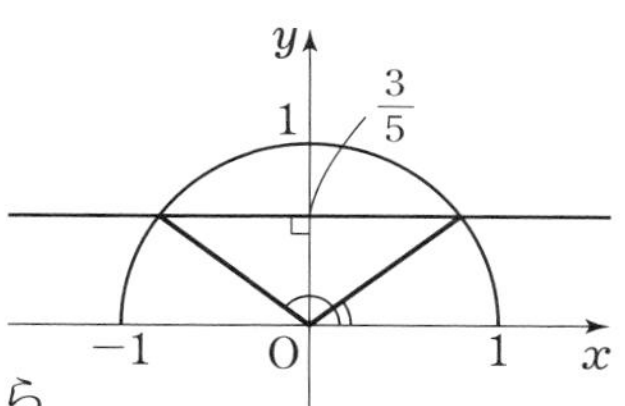

$$\cos^2\theta=1-\sin^2\theta$$

$$=1-\left(\frac{3}{5}\right)^2=\frac{16}{25}$$

$0^\circ \leqq \theta \leqq 90^\circ$ のとき，$\cos\theta \geqq 0$ であるから

$$\cos\theta=\sqrt{\frac{16}{25}}=\frac{4}{5},\ \tan\theta=\frac{\sin\theta}{\cos\theta}=\frac{3}{5}\div\frac{4}{5}=\frac{3}{4}$$ 答

$90^\circ < \theta \leqq 180^\circ$ のとき，$\cos\theta<0$ であるから

$$\cos\theta=-\sqrt{\frac{16}{25}}=-\frac{4}{5},\ \tan\theta=\frac{\sin\theta}{\cos\theta}=\frac{3}{5}\div\left(-\frac{4}{5}\right)=-\frac{3}{4}$$ 答

練習 13 ▶ $0^\circ \leqq \theta \leqq 180^\circ$ とする。

(1) $\cos\theta=-\dfrac{1}{4}$ のとき，$\sin\theta$ と $\tan\theta$ の値を求めよ。

(2) $\sin\theta=\dfrac{2}{3}$ のとき，$\cos\theta$ と $\tan\theta$ の値を求めよ。

(3) $\tan\theta=-2$ のとき，$\cos\theta$ と $\sin\theta$ の値を求めよ。

(4) $\tan\theta=-\sqrt{2}$ のとき，$\cos\theta$ と $\sin\theta$ の値を求めよ。

いろいろな角の三角比の値を表にまとめると，次のようになる。

θ	0°	30°	45°	60°	90°	120°	135°	150°	180°
$\sin\theta$	0	$\frac{1}{2}$	$\frac{1}{\sqrt{2}}$	$\frac{\sqrt{3}}{2}$	1	$\frac{\sqrt{3}}{2}$	$\frac{1}{\sqrt{2}}$	$\frac{1}{2}$	0
$\cos\theta$	1	$\frac{\sqrt{3}}{2}$	$\frac{1}{\sqrt{2}}$	$\frac{1}{2}$	0	$-\frac{1}{2}$	$-\frac{1}{\sqrt{2}}$	$-\frac{\sqrt{3}}{2}$	-1
$\tan\theta$	0	$\frac{1}{\sqrt{3}}$	1	$\sqrt{3}$	／	$-\sqrt{3}$	-1	$-\frac{1}{\sqrt{3}}$	0

直線の傾きと正接

$m \neq 0$ のとき，直線 $y=mx$ の傾き m について考えよう。

下の図のように，x 軸の正の部分から，時計の針の回転と逆の向きに，直線 $y=mx$ まで測った角 θ を，直線 $y=mx$ と x 軸の正の向きとのなす角という。直線 $y=mx$ 上に点 $\mathrm{P}(1,\ m)$ をとると

$m>0$ のとき　$\tan\theta=\dfrac{m}{1}=m$

$m<0$ のとき　$\tan(180°-\theta)=\dfrac{-m}{1}$ より　$\tan\theta=m$

となるから，次の関係が成り立つ。

$$\boldsymbol{m=\tan\theta}$$

注意　$m=0$ のときは，$\theta=0°$ とすると，この場合も $m=\tan\theta$ が成り立つ。

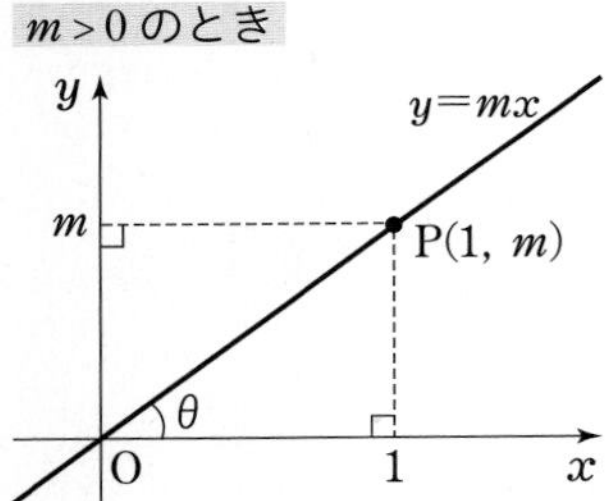

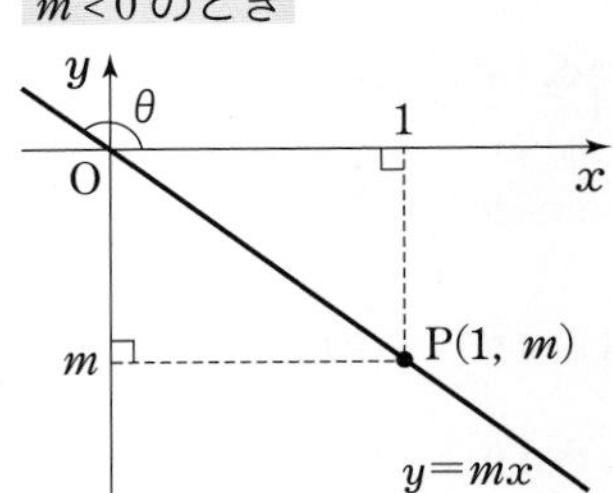

例 7　直線 $y=\sqrt{3}\,x$ と x 軸の正の向きとのなす角 θ を求める。

$\tan\theta=\sqrt{3}$

から　$\theta=60°$

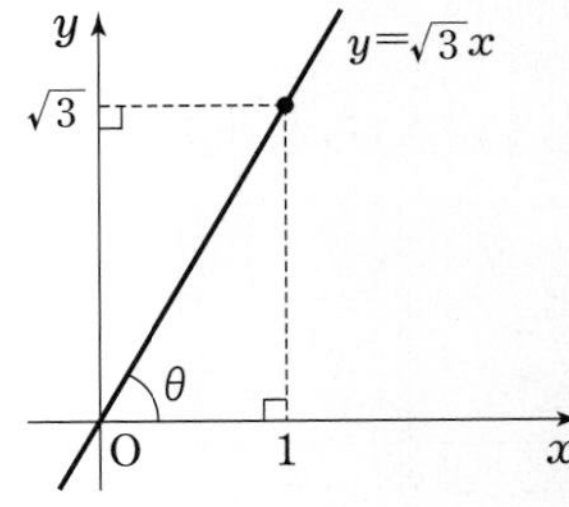

練習 14　次の直線と x 軸の正の向きとのなす角 θ を求めよ。

(1)　$y=-x$　　(2)　$y=\dfrac{1}{\sqrt{3}}x$

4. 三角形と正弦定理，余弦定理

△ABC において，∠A，∠B，∠C の大きさを，それぞれ A，B，C で表し(*)，辺 BC，CA，AB の長さを，それぞれ a，b，c で表す。

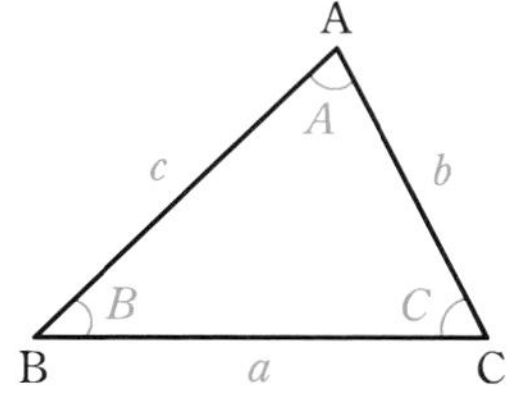

正弦定理

△ABC の外接円の半径を R とすると，等式 $a=2R\sin A$ が成り立つ。

証明

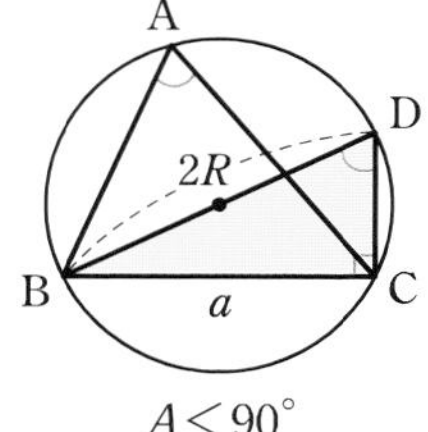

$A<90^\circ$

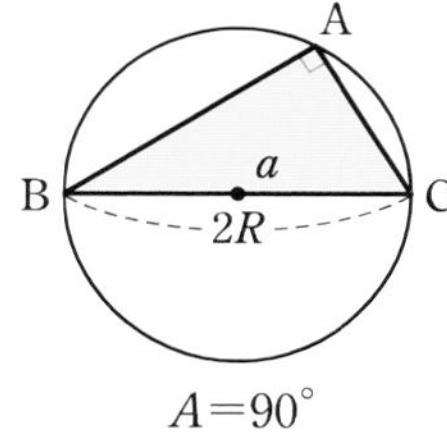

$A=90^\circ$

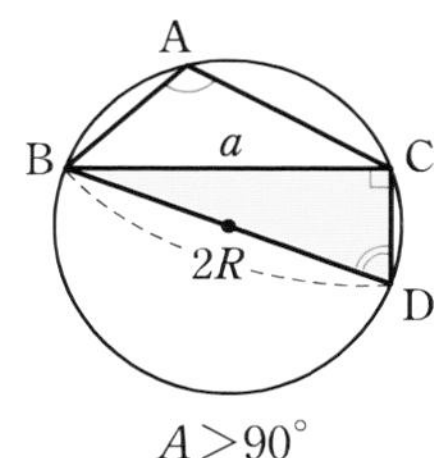

$A>90^\circ$

$A<90^\circ$ の場合　図のように，点Bを通る直径を BD とすると

$$D=A,\ \angle \mathrm{BCD}=90^\circ$$

よって，△DBC において　　$a=2R\sin D=2R\sin A$

$A=90^\circ$ の場合　辺 BC は直径であるから　　$a=2R$，$A=90^\circ$

よって　　$2R\sin A=2R\sin 90^\circ=a$

$A>90^\circ$ の場合　図のように，点Bを通る直径を BD とすると，四角形 ABDC は円に内接し　　$D=180^\circ-A$，$\angle \mathrm{BCD}=90^\circ$

よって，△BDC において　　$a=2R\sin(180^\circ-A)=2R\sin A$

したがって，いずれの場合も　　$a=2R\sin A$　[終]

同様にして，$b=2R\sin B$，$c=2R\sin C$ が成り立つ。

よって，次のページの **正弦定理** が得られる。

(*) 本書では，多角形についても，∠A の大きさを A で表すことがある。

正弦定理

> △ABC の外接円の半径をRとすると
> $$\frac{a}{\sin A}=\frac{b}{\sin B}=\frac{c}{\sin C}=2R$$

正弦定理は，比の形を用いることで，次のようにも表すことができる。

$$a:\sin A=b:\sin B=c:\sin C$$

または　　$a:b:c=\sin A:\sin B:\sin C$

三角形の 1 辺の長さと 2 つの角の大きさがわかっている場合には，正弦定理を用いて，残りの 2 辺の長さを求めることができる。

例 8　△ABC において，$c=\sqrt{6}$，$A=75°$，$C=60°$ であるとき，bを求める。

$B=180°-(75°+60°)=45°$

であるから，正弦定理により

$$\frac{b}{\sin 45°}=\frac{\sqrt{6}}{\sin 60°}$$

よって　$b=\dfrac{\sqrt{6}}{\sin 60°}\cdot\sin 45°=2$

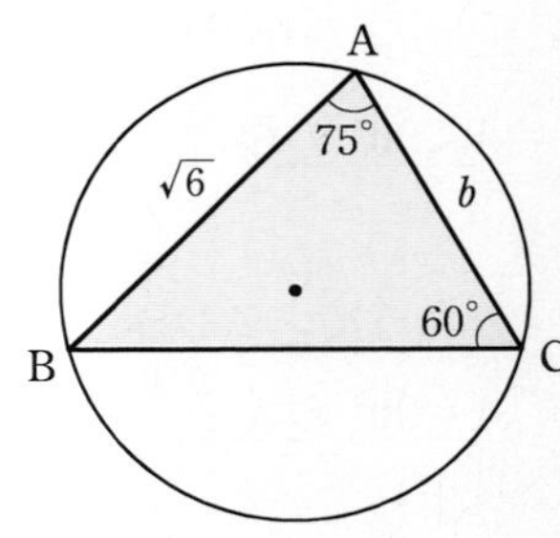

例 9　例 8 の △ABC において，外接円の半径Rを求める。

$\dfrac{\sqrt{6}}{\sin 60°}=2R$ であるから　　$R=\dfrac{1}{2}\cdot\dfrac{\sqrt{6}}{\sin 60°}=\sqrt{2}$

練習 15▶ △ABC の外接円の半径をRとするとき，次のものを求めよ。

(1)　$a=2\sqrt{3}$，$A=45°$，$B=15°$ のときcとR

(2)　$a=\sqrt{2}$，$b=1$，$B=30°$ のときAとR

(3)　$a=R$ のときA

余弦定理

△ABC について，次の **余弦定理** が成り立つ。

余弦定理

△ABC において　　$a^2=b^2+c^2-2bc\cos A$

$$b^2=c^2+a^2-2ca\cos B$$

$$c^2=a^2+b^2-2ab\cos C$$

証明　△ABC において，A が原点，辺 AB が x 軸の正の部分になるように座標軸を定める。

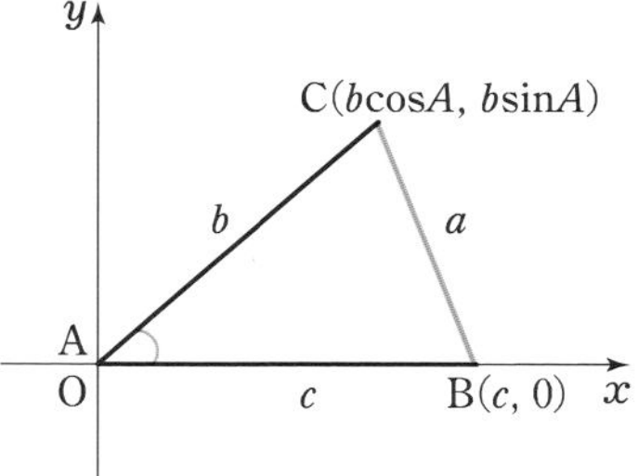

このとき，頂点 B，C は

$B(c,\ 0)$，$C(b\cos A,\ b\sin A)$

よって，辺 BC について

$$BC^2=(c-b\cos A)^2+(b\sin A)^2=b^2-2bc\cos A+c^2$$

ここで，$BC^2=a^2$ であるから　　$a^2=b^2+c^2-2bc\cos A$

同様にして，第 2，第 3 の等式も導かれる。　終

注　意　∠A または ∠B が鈍角の場合も同様に証明できる。

∠A が鈍角の場合

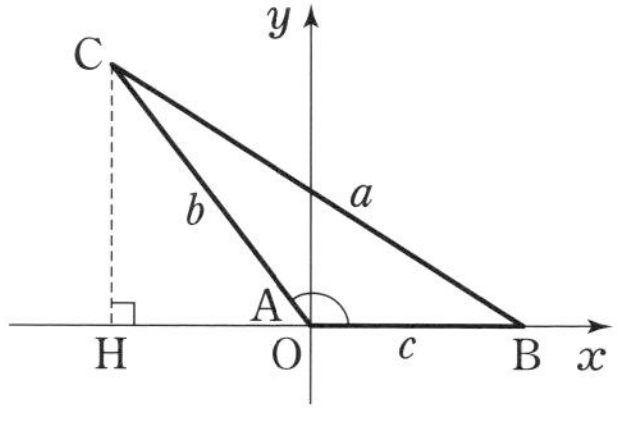

$CH=b\sin(180^\circ-A)=b\sin A$

$BH=AB+AH$

$=c+b\cos(180^\circ-A)$

$=c-b\cos A$

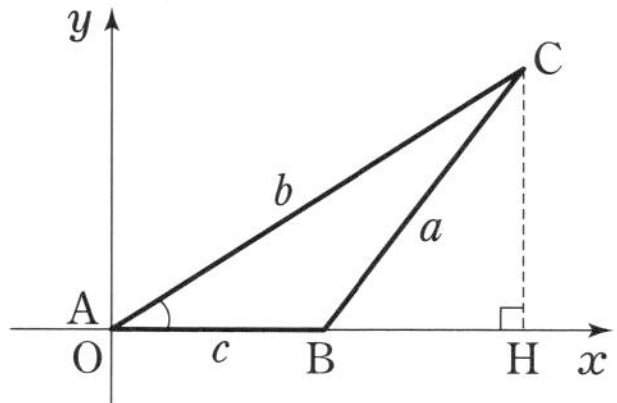

$CH=b\sin A$

$BH=AH-AB$

$=b\cos A-c$

三角形の 2 辺の長さと 1 つの角の大きさがわかっている場合には，余弦定理を用いて，残りの辺の長さを求めることができる。

例 10　△ABC において，$b=2$，$c=3$，$A=60^\circ$ のとき a を求める。

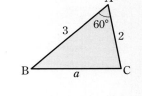

余弦定理により

$$a^2=2^2+3^2-2\cdot 2\cdot 3\cos 60^\circ=7$$

$a>0$ であるから　$a=\sqrt{7}$

練習 16　△ABC において，$a=5$，$c=3$，$B=120^\circ$ のとき，b を求めよ。

△ABC において，$b=3$，$c=4$，$B=45^\circ$ のとき，a を求めよ。

解答　余弦定理により

$$3^2=4^2+a^2-2\cdot 4\cdot a\cos 45^\circ$$

整理すると

$$a^2-4\sqrt{2}\,a+7=0$$

これを解くと　$a=2\sqrt{2}\pm 1$　答

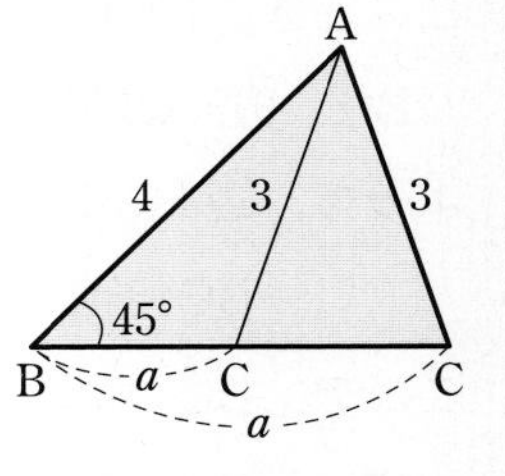

練習 17　△ABC において，$a=7$，$b=8$，$A=60^\circ$ のとき，c を求めよ。

三角形の 2 辺とその間の角が与えられると，条件を満たす三角形がただ 1 つ定まる。また，例題 7 や練習 17 のように，三角形の 2 辺とその対角の 1 つが与えられたときは，条件を満たす三角形が 2 つ存在する場合がある。

余弦定理は，次の形で利用されることも多い。

$$\cos A=\frac{b^2+c^2-a^2}{2bc},\quad \cos B=\frac{c^2+a^2-b^2}{2ca},\quad \cos C=\frac{a^2+b^2-c^2}{2ab}$$

三角形の3辺の長さがわかっている場合には，余弦定理を用いて，その三角形の角の大きさを求めることができる。

例 11 △ABC において，$a=4$，$b=\sqrt{3}$，$c=\sqrt{7}$ のときCを求める。

余弦定理により　$\cos C=\dfrac{4^2+(\sqrt{3})^2-(\sqrt{7})^2}{2\cdot4\cdot\sqrt{3}}=\dfrac{\sqrt{3}}{2}$

$0^\circ<C<180^\circ$ であるから　$C=30^\circ$

練習 18 △ABC において，$a=7$，$b=5$，$c=8$ のとき，Aを求めよ。

余弦定理　$a^2=b^2+c^2-2bc\cos A$　において，$A=90^\circ$ とすると $a^2=b^2+c^2$ となり，このとき，余弦定理は三平方の定理を表している。

また，$\cos A=\dfrac{b^2+c^2-a^2}{2bc}$ が成り立つから，$\cos A$ と $b^2+c^2-a^2$ の符号は一致する。

よって，△ABC において，次のことが成り立つ。

$$\boldsymbol{A<90^\circ \iff a^2<b^2+c^2}$$
$$\boldsymbol{A>90^\circ \iff a^2>b^2+c^2}$$

既に学んだように，三角形について，次のことが成り立つ。

三角形の2辺の大小関係は，その向かい合う角の大小関係と一致する。

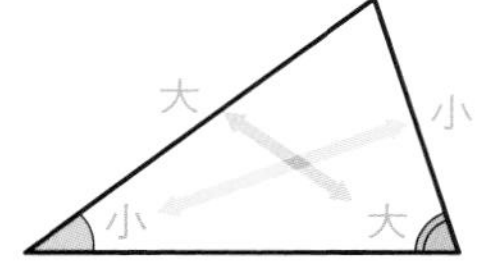

練習 19 3辺の長さが次のような三角形は，鋭角三角形，直角三角形，鈍角三角形のいずれであるか。

(1)　$a=6$，$b=4$，$c=3$　　(2)　$a=6$，$b=7$，$c=8$

正弦定理と余弦定理の応用

正弦定理や余弦定理を用いて,残りの辺の長さや角の大きさを求めよう。

例題 8 $a=\sqrt{6}$, $b=2$, $c=1+\sqrt{3}$ のとき, $\triangle$ABC の 3 つの角の大きさを求めよ。

解答 余弦定理により $\cos A=\dfrac{2^2+(1+\sqrt{3})^2-(\sqrt{6})^2}{2\cdot2(1+\sqrt{3})}=\dfrac{1}{2}$

よって $A=60^\circ$

正弦定理により $\dfrac{\sqrt{6}}{\sin 60^\circ}=\dfrac{2}{\sin B}$

したがって $\sin B=\dfrac{1}{\sqrt{2}}$

$A=60^\circ$ より $0^\circ<B<120^\circ$

よって $B=45^\circ$

このとき $C=180^\circ-(60^\circ+45^\circ)=75^\circ$

答 $A=60^\circ$, $B=45^\circ$, $C=75^\circ$

練習 20 次の $\triangle$ABC の残りの辺の長さと角の大きさを求めよ。

(1) $a=2$, $b=\sqrt{2}$, $c=1+\sqrt{3}$ (2) $b=4$, $c=2(1+\sqrt{3})$, $A=60^\circ$

三角形の形状決定

先生

上の例題 8 について, $\cos B$ や $\cos C$ から求める解法を考えてみましょう。
また,気づいたことを話し合いましょう。

$b=4$，$c=4\sqrt{3}$，$B=30^\circ$ のとき，△ABC の残りの辺の長さと角の大きさを求めよ。

解答 正弦定理により　$\dfrac{4}{\sin 30^\circ}=\dfrac{4\sqrt{3}}{\sin C}$

したがって　$\sin C=\dfrac{\sqrt{3}}{2}$

よって　$C=60^\circ$　または　$C=120^\circ$

[1]　$C=60^\circ$ のとき

$A=180^\circ-(30^\circ+60^\circ)=90^\circ$

よって

$$\frac{a}{\sin 90^\circ}=\frac{4}{\sin 30^\circ}$$

$$a=\frac{4}{\sin 30^\circ}\cdot\sin 90^\circ$$

$$=8$$

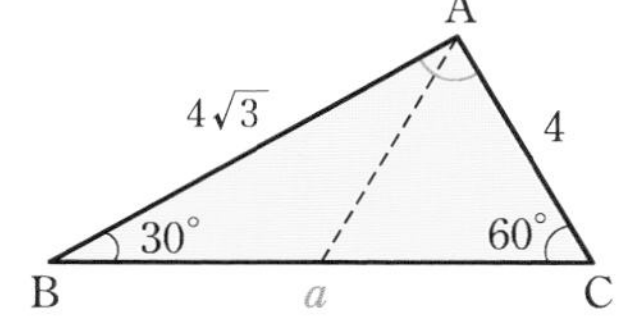

[2]　$C=120^\circ$ のとき

$A=180^\circ-(30^\circ+120^\circ)=30^\circ$

よって，$A=B$ より，△ABC は $a=b$ の二等辺三角形であるから　$a=b=4$

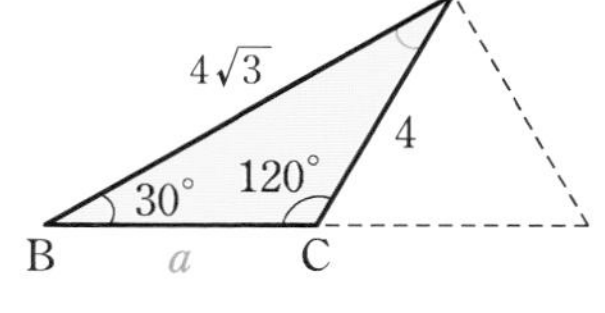

したがって　$a=8$，$A=90^\circ$，$C=60^\circ$

または　$a=4$，$A=30^\circ$，$C=120^\circ$　答

練習 21 次の △ABC の残りの辺の長さと角の大きさを求めよ。ただし，

$\sin 15^\circ=\dfrac{\sqrt{6}-\sqrt{2}}{4}$，$\sin 75^\circ=\dfrac{\sqrt{6}+\sqrt{2}}{4}$ である。

(1)　$b=1$，$c=\sqrt{3}$，$C=60^\circ$　　(2)　$a=\sqrt{6}$，$b=2$，$B=45^\circ$

196 ページで学んだように，正弦定理は，比の形を用いて，次のようにも表すことができる。

$$a : b : c = \sin A : \sin B : \sin C$$

応用例題 2　△ABC において，次の等式が成り立つとき，この三角形の最も大きい角の大きさを求めよ。

$$\sin A : \sin B : \sin C = 3 : 5 : 7$$

考え方　最も大きい辺の対角が最も大きい角である。与えられた等式と正弦定理から，最も大きい辺がわかる。

解答　正弦定理により，

$$a : b : c = \sin A : \sin B : \sin C$$

が成り立つから

$$a : b : c = 3 : 5 : 7$$

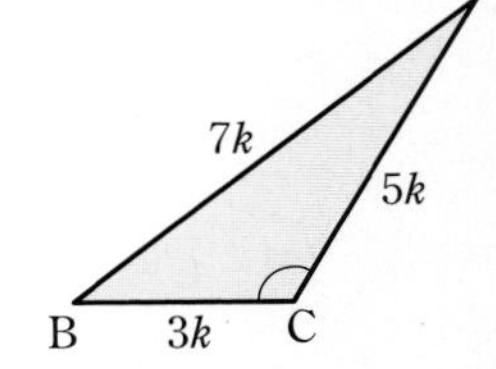

よって，正の定数 k を用いて，

$$a = 3k, \quad b = 5k, \quad c = 7k$$

と表すことができる。

最も大きい辺は c であるから，最も大きい角は C である。

余弦定理により

$$\cos C = \frac{(3k)^2 + (5k)^2 - (7k)^2}{2 \cdot 3k \cdot 5k} = -\frac{1}{2}$$

よって，最も大きい角は　$C = 120^\circ$　答

練習 22　応用例題 2 において，この三角形の最も小さい角の余弦の値を求めよ。

5. 三角形の面積

三角形の面積

△ABC の面積を S，頂点Cから辺 AB またはその延長に下ろした垂線を CH とすると，次の式が成り立つ。

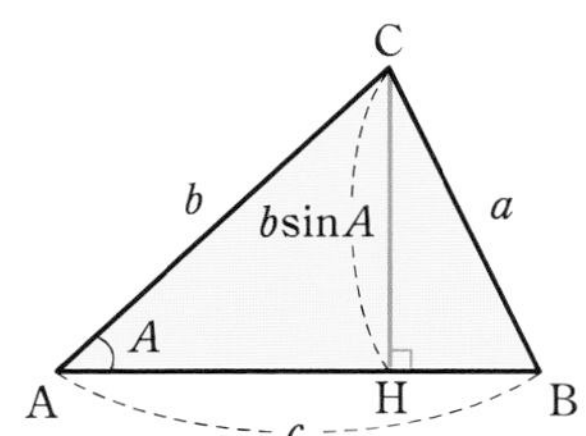

$$S=\frac{1}{2}\mathrm{AB}\cdot\mathrm{CH}=\frac{1}{2}c\cdot b\sin A$$

同様にして，次の公式が得られる。

三角形の面積

△ABC の面積を S とすると

$$\boldsymbol{S=\frac{1}{2}bc\sin A=\frac{1}{2}ca\sin B=\frac{1}{2}ab\sin C}$$

練習 27 次のような △ABC の面積を求めよ。

(1) $b=7$，$c=8$，$A=30°$　　(2) $a=4$，$b=6$，$C=135°$

(3) 1辺の長さが 4 の正三角形 ABC

例題 9 $a=5$，$b=7$，$c=8$ である △ABC の面積 S を求めよ。

解答 余弦定理により　$\cos A=\frac{7^2+8^2-5^2}{2\cdot7\cdot8}=\frac{11}{14}$

$0°<A<180°$ であるから　$\sin A>0$

よって　$\sin A=\sqrt{1-\cos^2 A}=\sqrt{1-\left(\frac{11}{14}\right)^2}=\frac{5\sqrt{3}}{14}$

したがって　$S=\frac{1}{2}\cdot7\cdot8\cdot\frac{5\sqrt{3}}{14}=10\sqrt{3}$　答

練習 28 $a=2$，$b=3$，$c=4$ である △ABC の面積を求めよ。

前のページの例題 9 と同じように考えると，3 辺の長さが与えられた △ABC の面積 S は次の式で表される。これを **ヘロンの公式** という。

ヘロンの公式

$$\boldsymbol{S=\sqrt{s(s-a)(s-b)(s-c)}} \qquad \text{ただし} \quad s=\frac{a+b+c}{2}$$

証明 余弦定理により $\quad \cos A=\dfrac{b^2+c^2-a^2}{2bc}$

よって $\quad \sin^2 A=1-\cos^2 A=(1+\cos A)(1-\cos A)$

$$=\left(1+\frac{b^2+c^2-a^2}{2bc}\right)\left(1-\frac{b^2+c^2-a^2}{2bc}\right)$$

$$=\frac{(b+c)^2-a^2}{2bc}\cdot\frac{a^2-(b-c)^2}{2bc}$$

$$=\frac{(a+b+c)(-a+b+c)(a-b+c)(a+b-c)}{(2bc)^2}$$

ここで，$a+b+c=2s$ とおくと

$-a+b+c=2(s-a)$，$a-b+c=2(s-b)$，$a+b-c=2(s-c)$

したがって $\quad \sin^2 A=\dfrac{4s(s-a)(s-b)(s-c)}{(bc)^2}$

$0^\circ<A<180^\circ$ であるから $\quad \sin A>0$

よって $\quad \sin A=\dfrac{2\sqrt{s(s-a)(s-b)(s-c)}}{bc}$

これを，$S=\dfrac{1}{2}bc\sin A$ に代入すると

$$S=\sqrt{s(s-a)(s-b)(s-c)}$$ 終

練習 29 ヘロンの公式を用いて，次の図形の面積を求めよ。

(1) $a=5$，$b=9$，$c=10$ である △ABC の面積

(2) AB=7，BC=10，BD=13 である平行四辺形 ABCD の面積

いろいろな図形について，その面積を求めてみよう。

応用例題 6 円に内接する四角形 ABCD において，AB=1，BC=2，CD=3，DA=4 であるとき，次のものを求めよ。

(1) $\cos A$　　　(2) 四角形 ABCD の面積 S

解答 (1) △ABD において，余弦定理により

$$BD^2=1^2+4^2-2\cdot1\cdot4\cos A$$
$$=17-8\cos A \quad \cdots\cdots ①$$

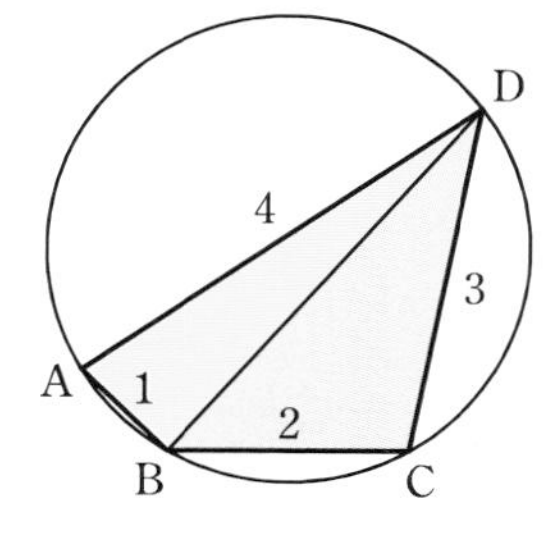

△BCD において，$C=180°-A$ であるから，余弦定理により

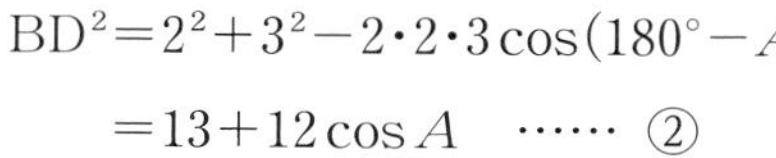

$$BD^2=2^2+3^2-2\cdot2\cdot3\cos(180°-A)$$
$$=13+12\cos A \quad \cdots\cdots ②$$

①，② から　$17-8\cos A=13+12\cos A$

よって　　　$\cos A=\dfrac{1}{5}$　答

(2) $\sin A>0$ であるから

$$\sin A=\sqrt{1-\cos^2 A}=\sqrt{1-\left(\frac{1}{5}\right)^2}=\frac{2\sqrt{6}}{5}$$

また　$\sin C=\sin(180°-A)=\sin A=\dfrac{2\sqrt{6}}{5}$

よって　$S=\triangle ABD+\triangle BCD$

$$=\frac{1}{2}\cdot1\cdot4\cdot\frac{2\sqrt{6}}{5}+\frac{1}{2}\cdot2\cdot3\cdot\frac{2\sqrt{6}}{5}$$
$$=2\sqrt{6}$$　答

練習 30 円に内接する四角形 ABCD において，AB=8，BC=3，CD=5，DA=5 であるとき，次のものを求めよ。

(1) $\cos A$ の値　(2) 対角線 BD の長さ　(3) 四角形 ABCD の面積

練習 31 円に内接する四角形 ABCD において，AB=6，BC=CD=3，∠ABC=120° であるとき，次のものを求めよ。

(1) 対角線 AC の長さ　(2) 辺 AD の長さ　(3) 四角形 ABCD の面積

練習 32 AD∥BC，AB=7，BC=9，CD=6，DA=6 である台形 ABCD について，次の問いに答えよ。

(1) 点Aを通り辺 DC に平行な直線と，辺 BC との交点をEとする。
△ABEについて，$\sin B$ の値を求めよ。

(2) 台形 ABCD の高さ h と面積 S を求めよ。

面積を利用すると，線分の長さを求めることができる場合がある。

応用例題 7 ∠A=60°，AB=8，AC=6 である △ABC において，∠A の二等分線と辺 BC との交点をDとする。
このとき，面積を利用して，線分 AD の長さを求めよ。

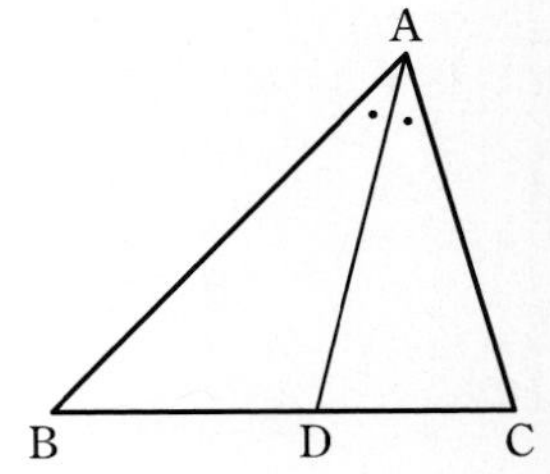

考え方　△ABC の面積を 2 通りにとらえる。

解答　　△ABC=△ABD+△ACD

であるから

$$\frac{1}{2}\cdot 8\cdot 6\sin 60^\circ=\frac{1}{2}\cdot 8\cdot \mathrm{AD}\sin 30^\circ+\frac{1}{2}\cdot 6\cdot \mathrm{AD}\sin 30^\circ$$

$$12\sqrt{3}=2\mathrm{AD}+\frac{3}{2}\mathrm{AD}$$

よって　$\mathrm{AD}=\dfrac{24\sqrt{3}}{7}$　答

練習 33 ∠A=120°，AB=4，AC=7 である △ABC において，∠A の二等分線と辺 BC との交点をDとする。このとき，線分 AD の長さを求めよ。

三角形の内接円と面積

既に学んだように，次のことが成り立つ。

3 辺の長さが a，b，c である三角形の面積を S，内接円の半径を r とすると，等式 $\boldsymbol{S=\frac{1}{2}(a+b+c)r}$ が成り立つ。

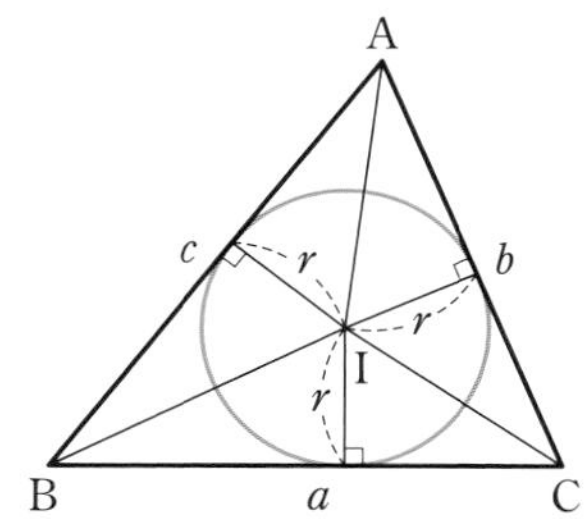

応用例題 8　$a=5$，$b=6$，$c=3$ である $\triangle$ABC の内接円の半径 r を求めよ。

考え方　まず，$\triangle$ABC の面積を三角比を利用して求める。それが $\frac{1}{2}(a+b+c)r$ に等しいことを利用する。

解答　余弦定理により　$\cos A=\dfrac{6^2+3^2-5^2}{2\cdot6\cdot3}=\dfrac{5}{9}$

$\sin A>0$ であるから　$\sin A=\sqrt{1-\left(\dfrac{5}{9}\right)^2}=\dfrac{2\sqrt{14}}{9}$

$\triangle$ABC の面積を S とすると

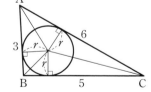

$$S=\frac{1}{2}\cdot6\cdot3\cdot\frac{2\sqrt{14}}{9}=2\sqrt{14}$$

また　$S=\dfrac{1}{2}(5+6+3)r=7r$

よって，$7r=2\sqrt{14}$ から

$$r=\frac{2\sqrt{14}}{7}$$　答

練習 34　$a=4$，$b=5$，$c=6$ である $\triangle$ABC の内接円の半径 r を求めよ。

空間図形への応用

空間図形の内部の三角形の面積を求めてみよう。

応用例題 9 右の図のような，

$$AB=3,\ AD=1,\ AE=2$$

である直方体 ABCD-EFGH がある。

△AFC の面積 S を求めよ。

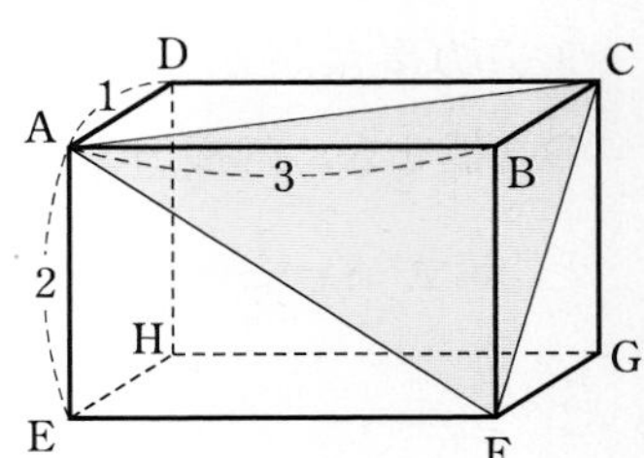

考え方　AF，FC，CA の長さを求めて，△AFC に余弦定理を適用する。

解答　三平方の定理により

$$AF^2=AB^2+BF^2=3^2+2^2=13$$

$$FC^2=BC^2+BF^2=1^2+2^2=5$$

$$CA^2=AB^2+BC^2=3^2+1^2=10$$

よって，△AFC において，余弦定理により

$$\cos\angle AFC=\frac{13+5-10}{2\cdot\sqrt{13}\cdot\sqrt{5}}=\frac{4}{\sqrt{65}}$$

ゆえに　$\sin\angle AFC=\sqrt{1-\left(\frac{4}{\sqrt{65}}\right)^2}=\frac{7}{\sqrt{65}}$

したがって

$$S=\frac{1}{2}\cdot\sqrt{13}\cdot\sqrt{5}\cdot\frac{7}{\sqrt{65}}=\frac{7}{2}$$　答

練習 35　右の図のような，

$$AB=6,\ AD=4,\ AE=3$$

である直方体 ABCD-EFGH がある。

△DEG の面積 S を求めよ。

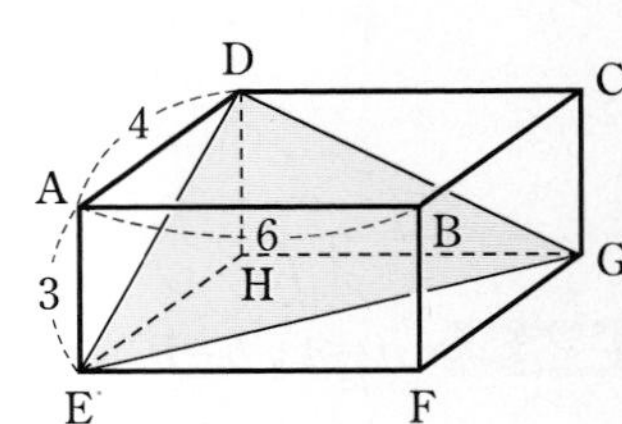

応用例題 10　1辺の長さが6である正四面体 ABCD において，頂点Aから △BCD に垂線 AH を下ろす。

(1)　Hは △BCD の外接円の中心であることを示せ。

(2)　AH の長さを求めよ。

(3)　正四面体 ABCD の体積 V を求めよ。

考え方　(1)　△ABH，△ACH，△ADH はすべて合同である。

解答　(1)　△ABH，△ACH，△ADH はいずれも直角三角形で，

$$AB=AC=AD,\quad AH \text{ は共通}$$

であるから，これらの直角三角形は合同である。

よって　　$BH=CH=DH$

ゆえに，Hは △BCD の外接円の中心である。　終

(2)　BH は △BCD の外接円の半径であるから，正弦定理により　　$\dfrac{6}{\sin 60^\circ}=2BH$

よって　　$BH=2\sqrt{3}$

△ABH は直角三角形であるから，三平方の定理により

$$AH=\sqrt{6^2-(2\sqrt{3})^2}=\sqrt{24}=2\sqrt{6}$$　答

(3)　△BCD の面積を S とすると

$$S=\frac{1}{2}\cdot 6\cdot 6\sin 60^\circ=9\sqrt{3}$$

よって　　$V=\dfrac{1}{3}\cdot S\cdot AH=\dfrac{1}{3}\cdot 9\sqrt{3}\cdot 2\sqrt{6}=18\sqrt{2}$　答

練習 36　PA=PB=PC=4，AB=6，BC=4，CA=5 である三角錐 PABC の体積 V を求めよ。

確認問題

1 ある地点Aから塔の先端Pの仰角を測ると，30° であった。また，Aから塔に向かって水平に 20 m 近づいた地点BからPの仰角を測ると，60° であった。塔の高さを求めよ。ただし，観測者の目の高さは考えないものとする。

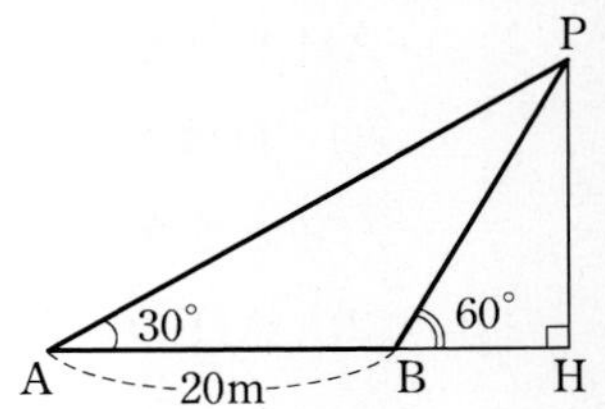

2 △ABC において，次の等式が成り立つことを証明せよ。

$$\sin\frac{A}{2}=\cos\frac{B+C}{2}$$

3 $a=\sqrt{3}$，$b=1$，$c=\sqrt{2}$ である △ABC について，次のものを求めよ。

(1) $\cos B$　　(2) 面積　　(3) 外接円の半径

4 半径 1 の円に内接する正八角形の面積 S を求めよ。

5 1 辺の長さが 6 の正四面体 ABCD において，辺 AB の中点をEとし，辺 AD を 1：2 に分ける点をFとする。
△CEF の面積を求めよ。

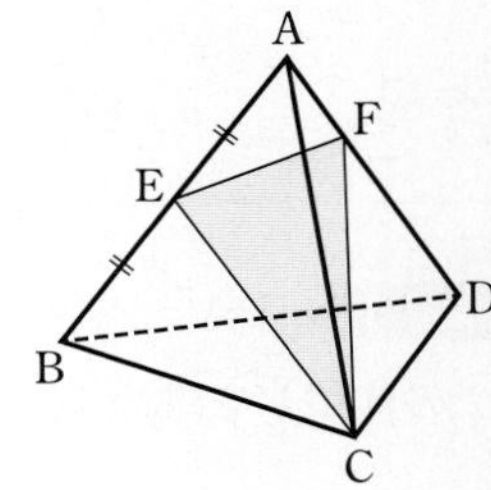

演習問題 A

1 長方形 ABCD において，$AB=a$，$\angle ADB=\theta$ とする。A から対角線 BD に引いた垂線を AH とするとき，次の線分の長さを，それぞれ a，θ を用いて表せ。

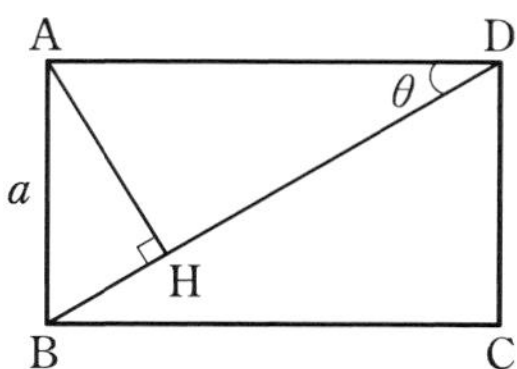

(1)　AD　　　(2)　BH　　　(3)　DH

2 △ABC において，$A=60^\circ$，$a:b=2:1$，$c=6$ とする。

(1)　$\sin B$ の値を求めよ。　　　(2)　b の値を求めよ。

3 △ABC において，$\dfrac{2}{\sin A}=\dfrac{3}{\sin B}=\dfrac{4}{\sin C}$ であるとき，$\cos A$，$\sin A$，$\tan A$ の値を，それぞれ求めよ。

4 △ABC において，$b\cos C=c\cos B$ が成り立つとする。

(1)　△ABC はどのような形の三角形か。

(2)　$a=\sqrt{3}\,b$ であるとき，A，B，C を求めよ。

5 次の問いに答えよ。

(1)　四角形の 2 つの対角線の長さが a，b で，そのなす角が θ であるとき，この四角形の面積を a，b，θ を用いて表せ。

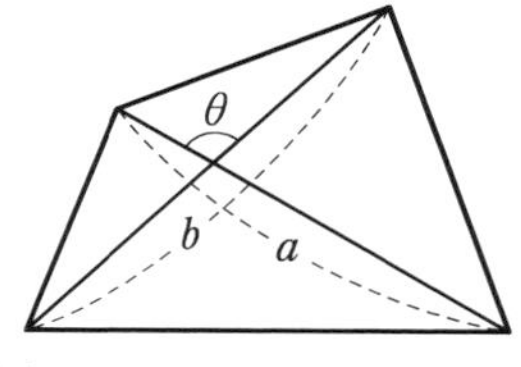

(2)　対角線の長さの和が 1 である四角形のうちで，その面積が最大となるものの面積を求めよ。

6 △ABC の面積を S，外接円の半径を R とするとき，次の等式が成り立つことを証明せよ。

(1)　$S=2R^2\sin A\sin B\sin C$　　　(2)　$S=\dfrac{abc}{4R}$

演習問題 B

7 $0^\circ \leqq \theta \leqq 180^\circ$ とする。次の不等式を満たす θ の値の範囲を求めよ。

$$\sin\theta < \frac{\sqrt{3}}{2}$$

8 △ABC において，次の等式が成り立つことを証明せよ。

$$a(\sin B - \sin C) + b(\sin C - \sin A) + c(\sin A - \sin B) = 0$$

9 直方体 ABCD-EFGH において，

$$\text{AB}=4,\ \text{AD}=2,\ \text{AE}=3$$

とする。

(1) △AFC の面積を求めよ。

(2) Bから平面 AFC に下ろした垂線の長さを求めよ。

10 $A=90^\circ$ の直角三角形 ABC において，∠A の二等分線と辺 BC との交点をDとし，∠C の二等分線と AD との交点をEとする。

(1) AE：ED を a，b，c を用いて表せ。

(2) AE：ED$=\sqrt{3}:\sqrt{2}$ であるとき，$\sin B + \cos B$ の値を求めよ。

11 1辺の長さが a の正四面体 ABCD の体積を V，表面積を S とする。

(1) 体積 V を求めよ。

(2) この四面体に内接する球の半径を r とすると，$V=\frac{1}{3}rS$ が成り立つことを示せ。

(3) 内接する球の半径 r と球の体積 V' を求めよ。

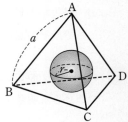

第6章　三角関数

フーリエ（1768−1830）➡
フランスの数学者，物理学者。三角関数が弦の振動などの周期的現象の研究だけでなく，熱現象などの研究にも有効であることを示した。

The concept of trigonometric ratios we learned in Chapter 5 can be extended to the concept of trigonometric functions of any angle.

In this chapter, we will consider a new type of functions called trigonometric functions, expanding the definition of an angle to negative and more than 360 degrees.

While the trigonometric ratios are mainly used for considering properties of geometric figures, the trigonometric functions are applicable to various fields, not limited to geometry.

The graphs of the trigonometric functions have a wave shape, which is deeply related to physical properties of sound and electricity.

Through learning trigonometric functions besides trigonometric ratios, we can become more aware of pervasiveness of mathematics than ever.

1. 一般角と弧度法

一般角

点Oを中心として回転する半直線OPが，その最初の位置OXからどれだけ回転したかを表す回転の角について考えよう。

このとき，OXを **始線**，OPを **動径** という。

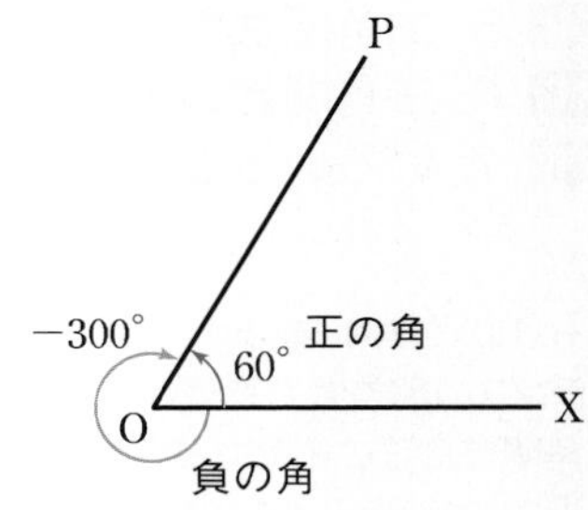

回転には2つの向きがあり，

時計の針の回転と逆の向きを **正の向き**

時計の針の回転と同じ向きを **負の向き**

という。また，

正の向きの回転の角を **正の角**

負の向きの回転の角を **負の角**

という。

正の角や負の角は，たとえば，$+60^\circ$，-300° のように表す。

$+60^\circ$ は，単に 60° とも表す。

上のように考えると，負の角や 360° より大きい角も考えることができる。このように考えた回転の角を **一般角** という。

一般角 θ に対して，始線OXから角 θ だけ回転した位置にある動径OPを **θ の動径** という。また，角 θ を，**動径OPの表す角** という。

例 1 下の図の動径OPは，[1]では 480° の動径，[2]では -45° の動径である。

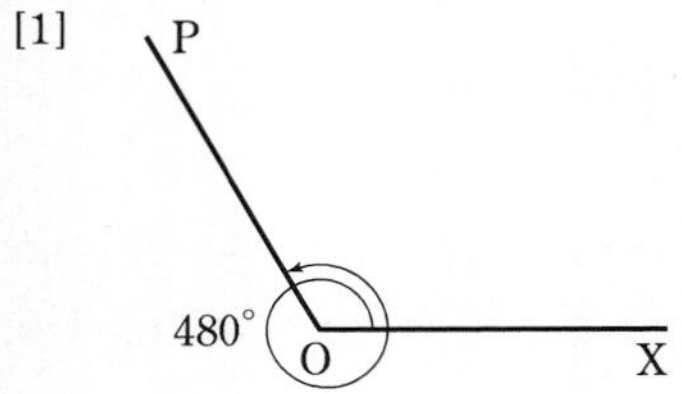

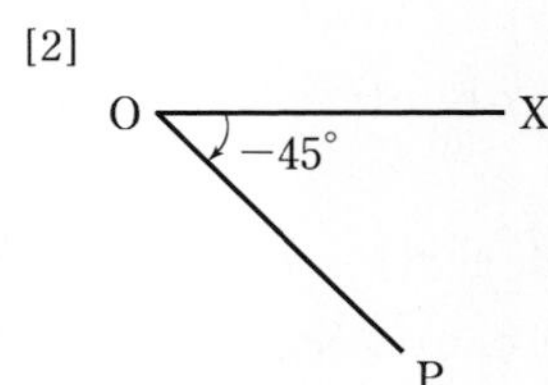

練習 1 次の角の動径を図示せよ。

(1) 420°　　(2) $-120°$　　(3) 675°　　(4) $-585°$

動径は，360° 回転するともとの動径に重なる。

たとえば，40° の動径 OP の表す角は

$$400° = 40° + 360°$$

$$760° = 40° + 360° \times 2$$

$$-320° = 40° + 360° \times (-1)$$

$$-680° = 40° + 360° \times (-2)$$

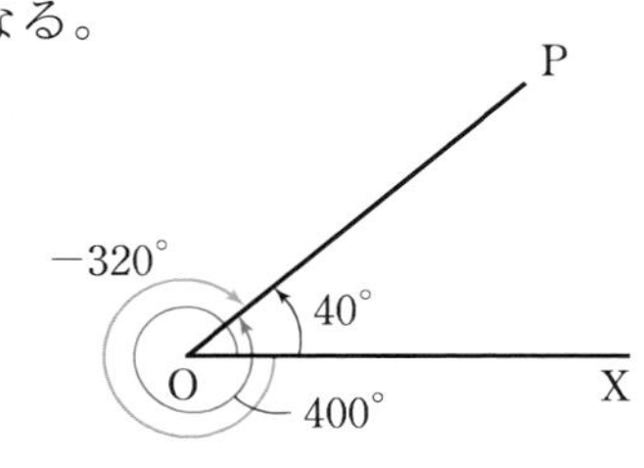

などと無数に考えられる。これらの角を **動径 OP の表す一般角** という。

一般に，動径 OP と始線 OX とのなす角の 1 つを α とすると，動径 OP の表す一般角 θ は，次のように表される。

$$\boldsymbol{\theta = \alpha + 360° \times n} \qquad \text{ただし，} n \text{ は整数}$$

練習 2 次の角の動径を OP とするとき，動径 OP の表す角を $\alpha + 360° \times n$（n は整数，$0° \leqq \alpha < 360°$）の形で表せ。

(1) 480°　　(2) 1420°　　(3) $-360°$　　(4) $-150°$　　(5) $-780°$

座標平面上において，x 軸の正の部分を始線として，一般角 θ を表す動径 OP が，たとえば，第 3 象限にあるとき，θ を第 3 象限の角という。

30° は第 1 象限の角であり，210° は第 3 象限の角である。

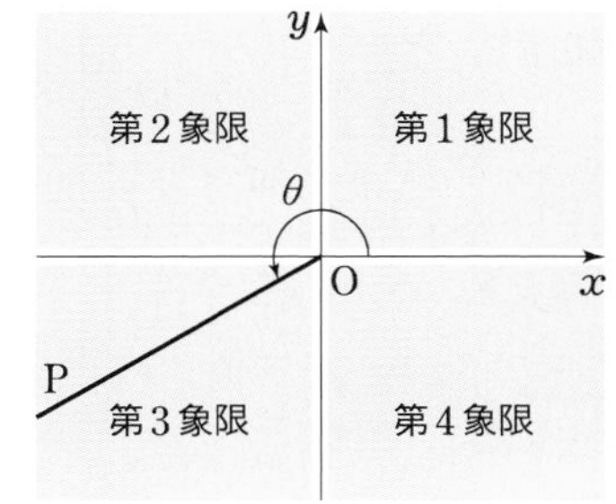

注 意　動径 OP が座標軸に重なるとき，θ はどの象限の角でもないとする。

練習 3 次の角は第何象限の角か。

(1) 200°　　(2) 760°　　(3) $-210°$　　(4) $-370°$

第6章

弧度法

これまでは，角の大きさを表すのに，30° や 120° などの「度」を単位とする **度数法** を用いてきたが，ここで，新しい角の表し方を学ぼう。

半径 1 の円において，長さが 1 の弧に対する中心角の大きさを，新しい単位 **ラジアン** を用いて，1 ラジアンと定める。

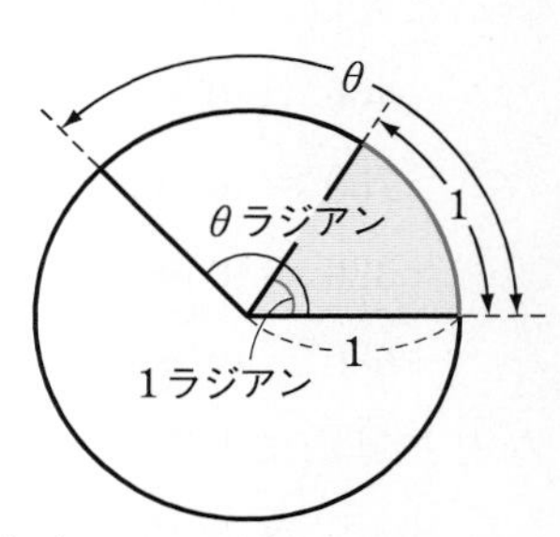

円の弧の長さは，その中心角の大きさに比例するから，半径 1 の円の長さ θ の弧に対する中心角は θ ラジアンである。

また，半径 1 の円の円周の長さは 2π であるから

$$360^\circ = 2\pi \text{ ラジアン}$$

となり，このことから，次のことが成り立つ。

$$\boldsymbol{1^\circ = \frac{\pi}{180}} \textbf{ ラジアン}$$

$$\textbf{1 ラジアン} = \left(\frac{\mathbf{180}}{\boldsymbol{\pi}}\right)^\circ \quad (=57.29\cdots\cdots^\circ)$$

ラジアンは **弧度** ともいい，ラジアンを単位とする角の測り方を **弧度法** という。

度数	…	0°	30°	45°	60°	90°	120°	135°	150°	180°	270°	360°	…
弧度	…	0	$\frac{\pi}{6}$	$\frac{\pi}{4}$	$\frac{\pi}{3}$	$\frac{\pi}{2}$	$\frac{2}{3}\pi$	$\frac{3}{4}\pi$	$\frac{5}{6}\pi$	π	$\frac{3}{2}\pi$	2π	…

注 意　上のように，弧度法では，単位のラジアンは省略することが多い。

練習 4 次の角を，度数はラジアンに，ラジアンは度数に書き直せ。

(1)　15°　　(2)　225°　　(3)　510°　　(4)　$\frac{2}{5}\pi$　　(5)　$\frac{7}{6}\pi$　　(6)　$\frac{9}{2}\pi$

弧度法では，動径 OP と始線 OX とのなす角の 1 つを α とすると，動径 OP の表す一般角 θ は，次のように表される。

$$\boldsymbol{\theta=\alpha+2n\pi} \qquad \text{ただし，}n\text{ は整数}$$

弧度法でも，度数法のときと同じ定義や公式が適用できる。

注 意　今後，特に断りがない限り，角の大きさは弧度法で表されているものとする。

扇形の弧の長さと面積

扇形の弧の長さと面積を，弧度法を使って求めてみよう。

扇形の弧の長さと面積は，それぞれ中心角の大きさに比例する。よって，半径が r，中心角が θ の扇形について，その弧の長さ l と面積 S は

$$l=2\pi r\times\frac{\theta}{2\pi}=r\theta$$

$$S=\pi r^2\times\frac{\theta}{2\pi}=\frac{1}{2}r^2\theta=\frac{1}{2}rl$$

となる。

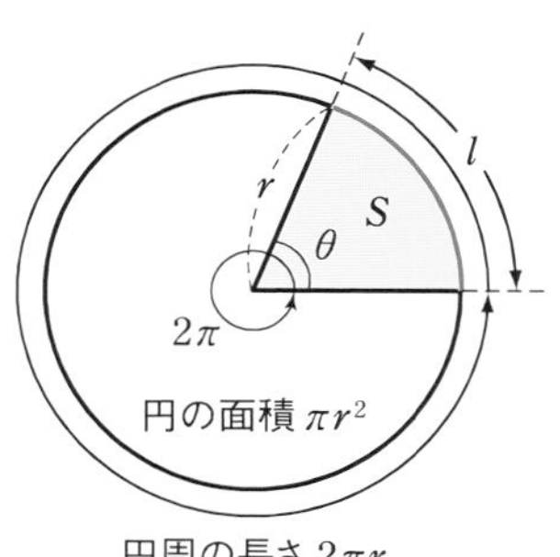

扇形の弧の長さと面積

半径が r，中心角が θ の扇形の弧の長さを l，面積を S とすると

$$\boldsymbol{l=r\theta,} \qquad \boldsymbol{S=\frac{1}{2}r^2\theta=\frac{1}{2}rl}$$

練習 5 次のような扇形の弧の長さと面積を求めよ。

(1) 半径が 3，中心角が $\frac{\pi}{6}$　　(2) 半径が 6，中心角が $\frac{4}{3}\pi$

2. 一般角の三角関数

一般角の三角関数

座標平面上で，図のように，原点Oを中心とする半径 r の円をかき，x 軸の正の部分を始線と考えて，角 θ の動径と円の交点をPとする。

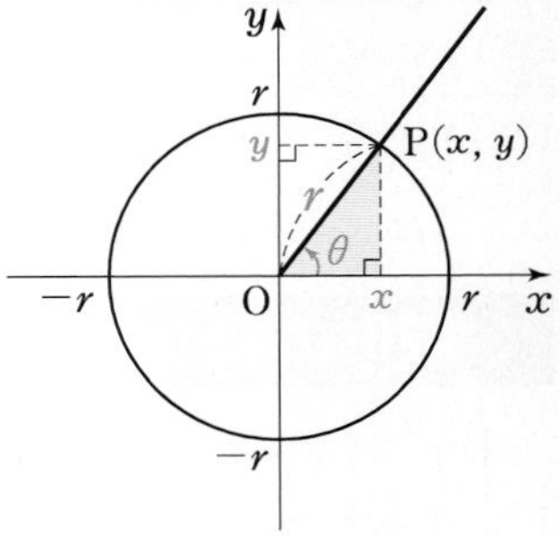

点Pの座標を $(x,\ y)$ とする。

このとき，一般角 θ の **正弦**，**余弦**，**正接** を，それぞれ次の式で定義する。

$$\sin\theta=\frac{y}{r},\quad \cos\theta=\frac{x}{r},\quad \tan\theta=\frac{y}{x}$$

$0\leqq\theta\leqq\pi$ のとき，これらの値は三角比の定義と一致する。

ただし，$x=0$ となる θ，すなわち $\theta=\dfrac{\pi}{2}+n\pi$ （n は整数）に対しては，$\tan\theta$ の値を定義しない。

$\sin\theta$，$\cos\theta$，$\tan\theta$ はそれぞれ，一般角 θ に対応して値がただ1つ定まるから，θ の関数である。これらをまとめて，**三角関数** という。

例 2　$\dfrac{7}{6}\pi$ の三角関数の値を求める。

$\dfrac{7}{6}\pi$ の動径上に長さ2の線分 OP をとると，点Pの座標は

$(-\sqrt{3},\ -1)$ となるから

$$\sin\frac{7}{6}\pi=-\frac{1}{2},\quad \cos\frac{7}{6}\pi=-\frac{\sqrt{3}}{2},$$

$$\tan\frac{7}{6}\pi=\frac{1}{\sqrt{3}}$$

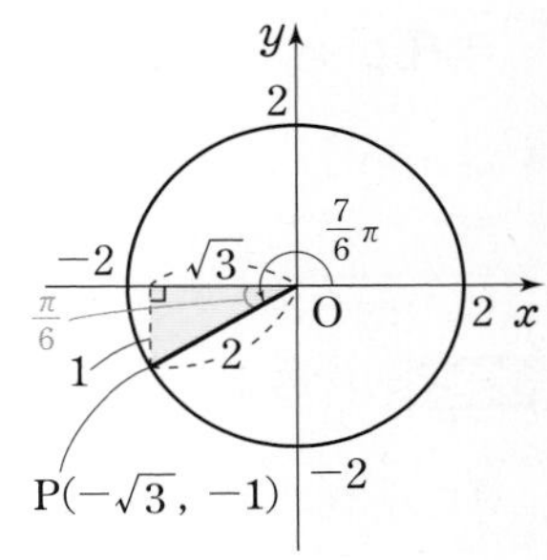

練習 6 次の角の正弦，余弦，正接の値を求めよ。

(1) $\frac{5}{6}\pi$　　(2) $-\frac{\pi}{4}$　　(3) $\frac{4}{3}\pi$　　(4) $-\frac{5}{4}\pi$

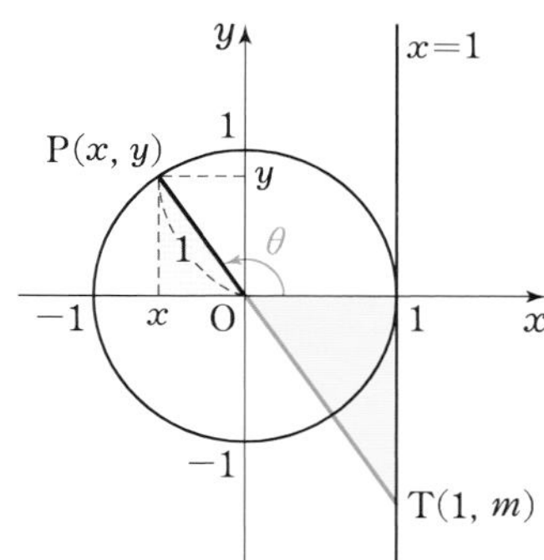

座標平面上で，原点Oを中心とする半径1の円を **単位円** という。

右の図のように，角 θ の動径と単位円との交点を $\mathrm{P}(x,\ y)$ とし，直線 OP と直線 $x=1$ との交点を $\mathrm{T}(1,\ m)$ とすると，次のことが成り立つ。

$$\sin\theta=\frac{y}{1}=y,\quad \cos\theta=\frac{x}{1}=x,$$

$$\tan\theta=\frac{y}{x}=\frac{m}{1}=m$$

すなわち　　$\boldsymbol{y=\sin\theta,\quad x=\cos\theta,\quad m=\tan\theta}$

このとき，$-1\leqq x\leqq 1$，$-1\leqq y\leqq 1$ で，m は任意の実数値をとるから，次のことがいえる。

三角関数の値の範囲

$$\boldsymbol{-1\leqq\sin\theta\leqq 1,\quad -1\leqq\cos\theta\leqq 1,}$$

$\tan\theta$ は任意の実数値をとる

三角関数の値の符号は，それぞれ下の図のように，各象限の角に対して定まる。

$\sin\theta$ の符号

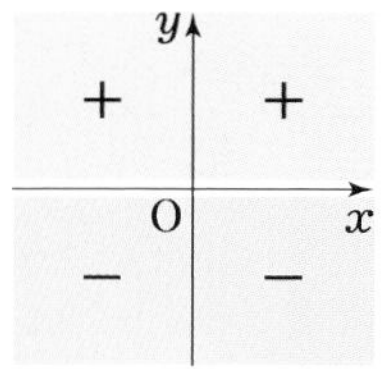

$\cos\theta$ の符号

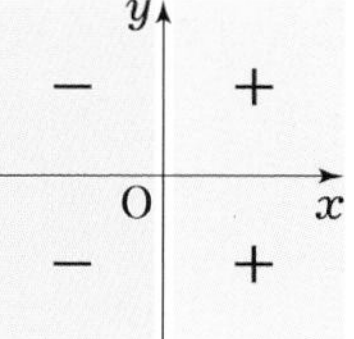

$\tan\theta$ の符号

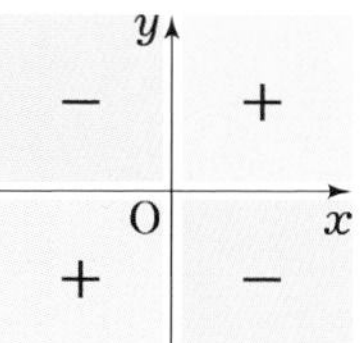

三角関数の相互関係

三角比の場合と同様に，三角関数についても，次の公式が成り立つ。

三角関数の相互関係

[1] $\tan\theta=\dfrac{\sin\theta}{\cos\theta}$　　[2] $\sin^2\theta+\cos^2\theta=1$

[3] $1+\tan^2\theta=\dfrac{1}{\cos^2\theta}$

三角関数 $\sin\theta$，$\cos\theta$，$\tan\theta$ のいずれか 1 つの値が与えられたとき，これらの等式を用いて，他の三角関数の値を求めることができる。

例題 1　θ が第 2 象限の角で，$\sin\theta=\dfrac{2}{3}$ であるとき，$\cos\theta$ と $\tan\theta$ の値を求めよ。

解答　θ は第 2 象限の角であるから　　$\cos\theta<0$

したがって，$\sin^2\theta+\cos^2\theta=1$ から

$$\cos\theta=-\sqrt{1-\sin^2\theta}=-\sqrt{1-\left(\frac{2}{3}\right)^2}$$

$$=-\frac{\sqrt{5}}{3}\quad \boxed{答}$$

また　$\tan\theta=\dfrac{\sin\theta}{\cos\theta}=\dfrac{2}{3}\div\left(-\dfrac{\sqrt{5}}{3}\right)$

$$=-\frac{2}{\sqrt{5}}\quad \boxed{答}$$

練習 7 次の問いに答えよ。

(1) θ が第1象限の角で，$\sin\theta=\dfrac{3}{5}$ であるとき，$\cos\theta$ と $\tan\theta$ の値を求めよ。

(2) θ が第4象限の角で，$\cos\theta=\dfrac{1}{4}$ であるとき，$\sin\theta$ と $\tan\theta$ の値を求めよ。

例題 2 θ が第4象限の角で，$\tan\theta=-3$ であるとき，$\sin\theta$ と $\cos\theta$ の値を求めよ。

解答 $\cos^2\theta=\dfrac{1}{1+\tan^2\theta}=\dfrac{1}{1+(-3)^2}=\dfrac{1}{10}$

θ は第4象限の角であるから

$\cos\theta>0$

よって　$\cos\theta=\dfrac{1}{\sqrt{10}}$　答

また　$\sin\theta=\tan\theta\cos\theta$

$=(-3)\cdot\dfrac{1}{\sqrt{10}}$

$=-\dfrac{3}{\sqrt{10}}$　答

$\mathrm{OP}=\sqrt{1^2+(-3)^2}=\sqrt{10}$
このことからも，$\sin\theta$ と $\cos\theta$ の値が求められる

例題2において，「θ が第4象限の角で」という条件が与えられていないときは，$\tan\theta<0$ であることから，θ は第2象限の角である場合も考えなければならない。

練習 8 $\tan\theta=2$ であるとき，$\sin\theta$ と $\cos\theta$ の値を求めよ。

例題 3 等式　$\tan\theta+\dfrac{1}{\tan\theta}=\dfrac{1}{\sin\theta\cos\theta}$　を証明せよ。

証明 $\tan\theta+\dfrac{1}{\tan\theta}=\dfrac{\sin\theta}{\cos\theta}+\dfrac{\cos\theta}{\sin\theta}=\dfrac{\sin^2\theta+\cos^2\theta}{\sin\theta\cos\theta}$

$=\dfrac{1}{\sin\theta\cos\theta}$　終

練習 9 ▶ 次の等式を証明せよ。

(1)　$(\sin\theta+\cos\theta)^2+(\sin\theta-\cos\theta)^2=2$

(2)　$\dfrac{\cos\theta}{1+\sin\theta}+\dfrac{\cos\theta}{1-\sin\theta}=\dfrac{2}{\cos\theta}$

例題 4 $\sin\theta+\cos\theta=a$ であるとき，次の式の値を，a を用いて表せ。

(1)　$\sin\theta\cos\theta$　　　(2)　$\sin^3\theta+\cos^3\theta$

解答 (1)　$\sin\theta+\cos\theta=a$ の両辺を 2 乗すると

$$\sin^2\theta+2\sin\theta\cos\theta+\cos^2\theta=a^2$$

よって　　$1+2\sin\theta\cos\theta=a^2$

したがって　　$\sin\theta\cos\theta=\dfrac{a^2-1}{2}$　答

(2)　$\sin^3\theta+\cos^3\theta$

$=(\sin\theta+\cos\theta)(\sin^2\theta-\sin\theta\cos\theta+\cos^2\theta)$

$=(\sin\theta+\cos\theta)(1-\sin\theta\cos\theta)$

$=a\left(1-\dfrac{a^2-1}{2}\right)=\dfrac{a(3-a^2)}{2}$　答

練習 10 ▶ $\sin\theta-\cos\theta=a$ であるとき，次の式の値を，a を用いて表せ。

(1)　$\sin\theta\cos\theta$　　　(2)　$\sin^3\theta-\cos^3\theta$

3. 三角関数の性質

$\theta+2n\pi$ の三角関数

n が整数のとき，角 $\theta+2n\pi$ の動径と角 θ の動径は一致するから，次の公式が成り立つ。

$\theta+2n\pi$ の三角関数

[1] $\begin{cases} \sin(\theta+2n\pi)=\sin\theta \\ \cos(\theta+2n\pi)=\cos\theta \\ \tan(\theta+2n\pi)=\tan\theta \end{cases}$ （n は整数）

特に，正接については，$\tan(\theta+n\pi)=\tan\theta$ が成り立つ。

例 3 $\sin\frac{13}{3}\pi=\sin\left(\frac{\pi}{3}+4\pi\right)=\sin\frac{\pi}{3}=\frac{\sqrt{3}}{2}$

練習 11 次の値を求めよ。

(1) $\sin\frac{25}{4}\pi$　　(2) $\cos\frac{9}{2}\pi$　　(3) $\tan\frac{17}{6}\pi$

$-\theta$，$\theta+\pi$，$\pi-\theta$ の三角関数

$-\theta$ の三角関数について，次の公式が成り立つ。

$-\theta$ の三角関数

[2] $\begin{cases} \sin(-\theta)=-\sin\theta \\ \cos(-\theta)=\cos\theta \\ \tan(-\theta)=-\tan\theta \end{cases}$

この公式は，次のページのように証明できる。

証明 図のように，角 θ，$-\theta$ の動径と単位円との交点を，それぞれ P，Q とすると，2 点 P，Q は x 軸に関して対称である。

よって，P の座標を $(a,\ b)$ とすると，Q の座標は $(a,\ -b)$ であり，次のことが成り立つ。

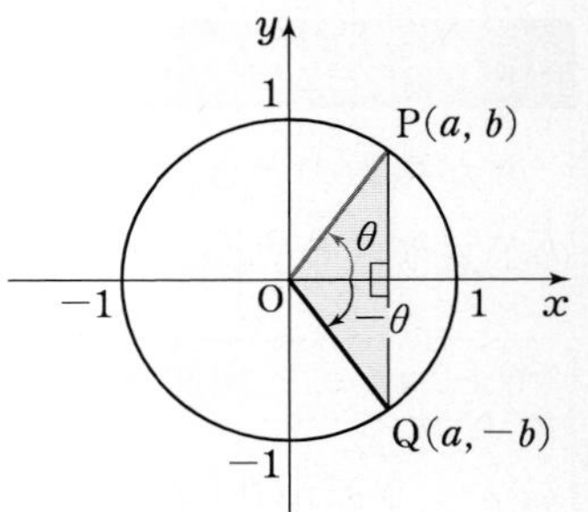

$$\sin(-\theta) = -b = -\sin\theta$$
$$\cos(-\theta) = a = \cos\theta$$
$$\tan(-\theta) = \frac{-b}{a} = -\tan\theta$$ 終

$\theta+\pi$，$\pi-\theta$ の三角関数について，次の公式が成り立つ。このうち，公式 [3′] は，190 ページで示したものと同じものである。

$\theta+\pi$，$\pi-\theta$ の三角関数

[3] $\begin{cases} \sin(\theta+\pi) = -\sin\theta \\ \cos(\theta+\pi) = -\cos\theta \\ \tan(\theta+\pi) = \tan\theta \end{cases}$　　[3′] $\begin{cases} \sin(\pi-\theta) = \sin\theta \\ \cos(\pi-\theta) = -\cos\theta \\ \tan(\pi-\theta) = -\tan\theta \end{cases}$

練習 12 公式 [2]，[3′] を用いて，公式 [3] を証明せよ。

例 4

(1) $\sin\left(-\dfrac{\pi}{4}\right) = -\sin\dfrac{\pi}{4} = -\dfrac{1}{\sqrt{2}}$

(2) $\tan\dfrac{7}{6}\pi = \tan\left(\dfrac{\pi}{6}+\pi\right) = \tan\dfrac{\pi}{6} = \dfrac{1}{\sqrt{3}}$

練習 13 次の値を求めよ。

(1) $\sin\left(-\dfrac{\pi}{2}\right)$　(2) $\cos\left(-\dfrac{\pi}{6}\right)$　(3) $\tan\left(-\dfrac{\pi}{4}\right)$

(4) $\sin\dfrac{7}{6}\pi$　(5) $\cos\dfrac{5}{4}\pi$　(6) $\tan\dfrac{4}{3}\pi$

$\theta+\dfrac{\pi}{2}$, $\dfrac{\pi}{2}-\theta$ の三角関数

図のように，角 θ，$\theta+\dfrac{\pi}{2}$ の動径と単位円との交点を，それぞれ P，Q とする。

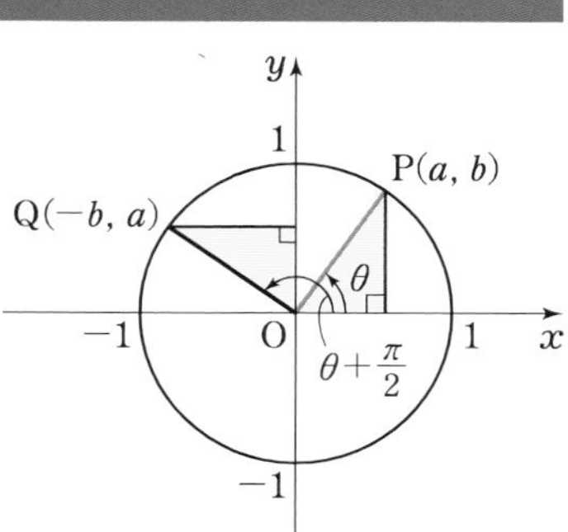

動径 OQ は，動径 OP を $\dfrac{\pi}{2}$ だけ回転した位置にあるから，P の座標を $(a,\ b)$ とすると，Q の座標は $(-b,\ a)$ となる。

よって，次の公式 [4] が成り立つ。

$\theta+\dfrac{\pi}{2}$, $\dfrac{\pi}{2}-\theta$ の三角関数

[4]
$$\begin{cases}\sin\left(\theta+\dfrac{\pi}{2}\right)=\cos\theta\\ \cos\left(\theta+\dfrac{\pi}{2}\right)=-\sin\theta\\ \tan\left(\theta+\dfrac{\pi}{2}\right)=-\dfrac{1}{\tan\theta}\end{cases}$$

[4′]
$$\begin{cases}\sin\left(\dfrac{\pi}{2}-\theta\right)=\cos\theta\\ \cos\left(\dfrac{\pi}{2}-\theta\right)=\sin\theta\\ \tan\left(\dfrac{\pi}{2}-\theta\right)=\dfrac{1}{\tan\theta}\end{cases}$$

練習 14 公式 [2]，[4] を用いて，公式 [4′] を証明せよ。

これまでに学んだ公式を利用すると，任意の角の三角関数の値を，0 から $\dfrac{\pi}{2}$ までの角の三角関数の値で表すことができる。

練習 15 次の三角関数を 0 から $\dfrac{\pi}{2}$ までの角の三角関数で表せ。また，その値を求めよ。

(1) $\sin\dfrac{15}{4}\pi$　　(2) $\cos\dfrac{19}{6}\pi$　　(3) $\tan\left(-\dfrac{20}{3}\pi\right)$

練習 16 次の式を簡単にせよ。

$$\tan(\pi+\theta)\sin\left(\frac{\pi}{2}+\theta\right)+\cos(\pi+\theta)\tan(\pi-\theta)$$

4. 三角関数のグラフ

三角関数のグラフ

右の図のように，角 θ の動径と単位円との交点を $\mathrm{P}(a,\ b)$ とすると

$\sin\theta=b$ （Pの y 座標に等しい）

$\cos\theta=a$ （Pの x 座標に等しい）

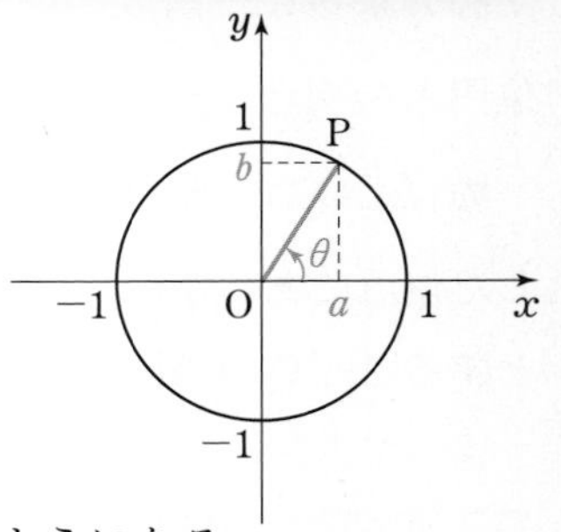

このことを用いると，関数 $y=\sin\theta$，$y=\cos\theta$ のグラフをかくことができる。

関数 $y=\sin\theta$，$y=\cos\theta$ のグラフは，次のようになる。

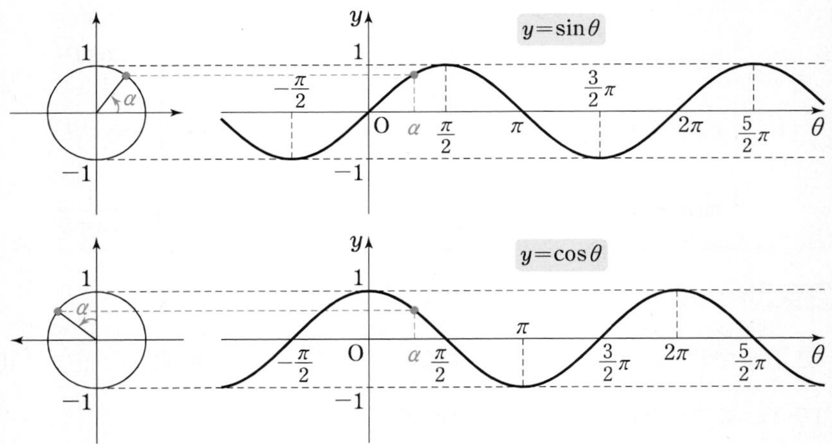

$y=\sin\theta$ のグラフの形をした曲線を **正弦曲線** という。

$\cos\theta=\sin\left(\theta+\dfrac{\pi}{2}\right)$ であるから，93 ページで学習した通り，$y=\cos\theta$ のグラフは，$y=\sin\theta$ のグラフを，θ 軸方向に $-\dfrac{\pi}{2}$ だけ平行移動したものであり，$y=\cos\theta$ のグラフも正弦曲線である。

右の図のように，角 θ の動径と単位円との交点をP，直線OPと直線 $x=1$ との交点を $\mathrm{T}(1,\ c)$ とすると

$\tan\theta=c$ （Tの y 座標に等しい）

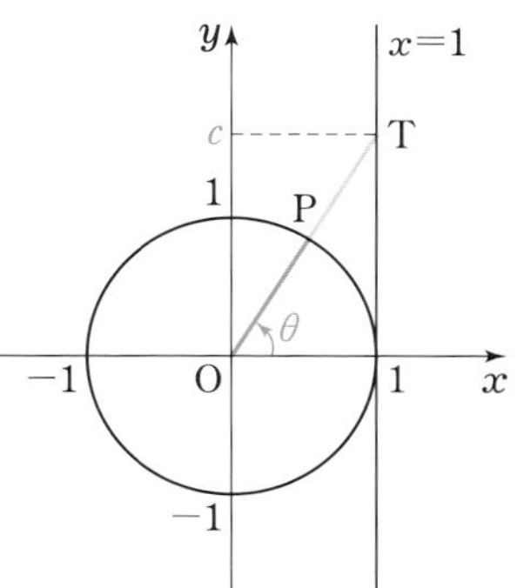

このことを用いると，関数 $y=\tan\theta$ のグラフをかくことができる。

関数 $y=\tan\theta$ のグラフは，次のようになる。

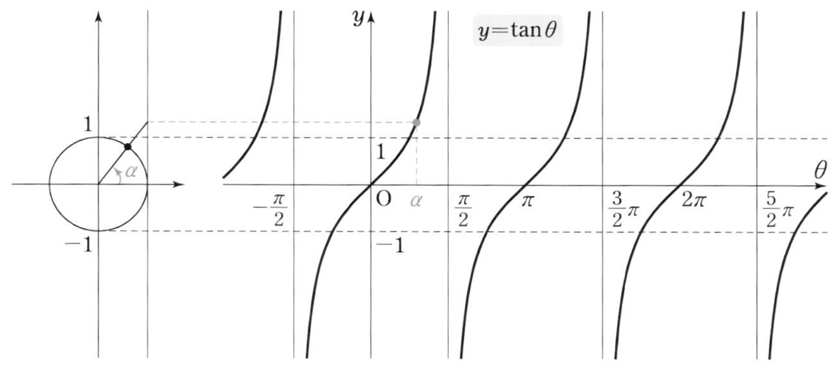

$\tan\theta$ は $\theta=\dfrac{\pi}{2}$ では定義されないが，$y=\tan\theta$ のグラフは，θ が $\dfrac{\pi}{2}$ に限りなく近づくと，直線 $\theta=\dfrac{\pi}{2}$ に限りなく近づく。

このように，グラフが一定の直線に限りなく近づくとき，その直線を，そのグラフの **漸近線**（ぜんきんせん） という。

$y=\tan\theta$ のグラフの漸近線は，

$$\text{直線 } \theta=\frac{\pi}{2}+n\pi \quad (n\text{ は整数})$$

である。

三角関数のグラフの特徴

[1]　関数 $y=\sin\theta$，$y=\tan\theta$ のグラフは，原点に関して対称であり，関数 $y=\cos\theta$ のグラフは，y 軸に関して対称である。

$y=\sin\theta$

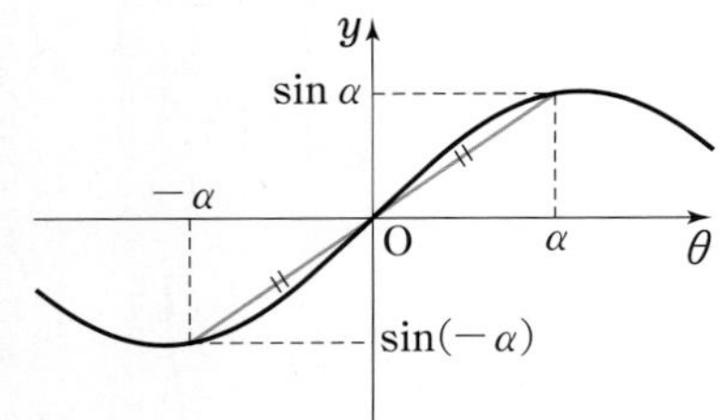

$y=\cos\theta$

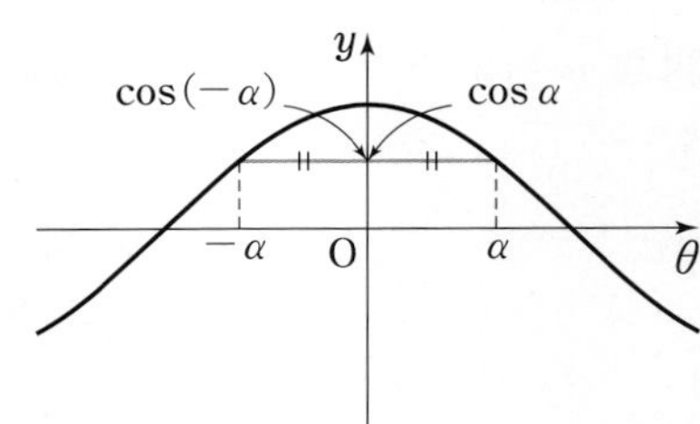

これは，227 ページで学んだ次の公式が成り立つことからわかる。

$$\sin(-\theta)=-\sin\theta,\quad \cos(-\theta)=\cos\theta,\quad \tan(-\theta)=-\tan\theta$$

一般に，関数 $y=f(x)$ において

常に $\boldsymbol{f(-x)=-f(x)}$ が成り立つとき，$y=f(x)$ は **奇関数**，

常に $\boldsymbol{f(-x)=\ \ f(x)}$ が成り立つとき，$y=f(x)$ は **偶関数**

であるという。

$y=\sin\theta$，$y=\tan\theta$ は奇関数，$y=\cos\theta$ は偶関数である。

奇関数のグラフは原点に関して対称であり，偶関数のグラフは y 軸に関して対称である。

練習 17　次の関数の中から，奇関数，偶関数をそれぞれ選べ。

(ア)　$y=-x^2$　　(イ)　$y=x^2+3$

(ウ)　$y=x^2+2x+3$　　(エ)　$y=x^3$

(オ)　$y=-x^3+2x$　　(カ)　$y=-\cos\theta$

[2]　関数 $y=\sin\theta$，$y=\cos\theta$ のグラフは 2π ごとに，関数 $y=\tan\theta$ のグラフは π ごとに，それぞれ同じ形がくり返されている。

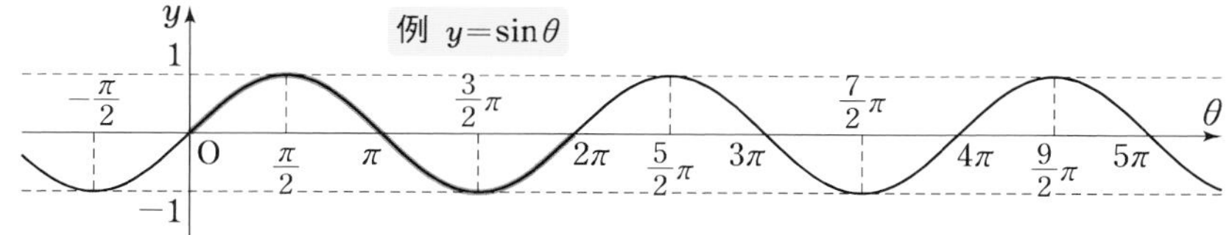

これは，227 ページで学んだ次の公式が成り立つことからわかる。

$$\sin(\theta+2\pi)=\sin\theta,\ \cos(\theta+2\pi)=\cos\theta,\ \tan(\theta+\pi)=\tan\theta$$

一般に，関数 $y=f(x)$ において，p を 0 でない定数とするとき，

$$\boldsymbol{f(x+p)=f(x)}$$

が常に成り立つならば，関数 $y=f(x)$ は，p を **周期** とする **周期関数** であるという。

このとき，$2p$，$3p$，$-p$，$-2p$ なども周期であり，周期は無数にあるが，普通，周期といえば，そのうちの正で最小の数をいう。

> $y=\sin\theta$，$y=\cos\theta$ は 2π を周期とする周期関数であり，
> $y=\tan\theta$　　　は π を周期とする周期関数である。

三角関数とそのグラフの特徴をまとめると，次のようになる。

関数	$y=\sin\theta$	$y=\cos\theta$	$y=\tan\theta$
定義域	実数全体	実数全体	$\frac{\pi}{2}+n\pi$（n は整数）以外の実数
値域	$-1\leqq y\leqq 1$	$-1\leqq y\leqq 1$	実数全体
周期	2π	2π	π
関数の性質	奇関数	偶関数	奇関数
グラフの特徴	原点に関して対称	y 軸に関して対称	原点に関して対称

例 5

関数 $y=2\sin\theta$ のグラフ

このグラフは，$y=\sin\theta$ のグラフを，θ 軸をもとにして y 軸方向に 2 倍に拡大したもので，下の図のようになる。
周期は 2π である。

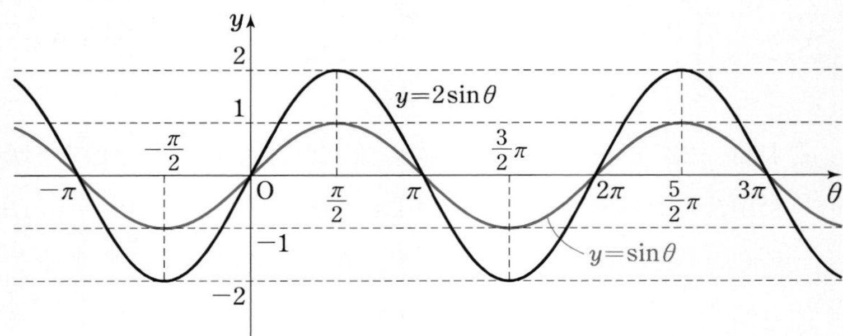

練習 18 次の関数のグラフをかけ。また，その周期を求めよ。

(1) $y=\dfrac{1}{2}\sin\theta$　　(2) $y=3\cos\theta$

関数 $y=\sin\left(\theta-\dfrac{\pi}{3}\right)$ のグラフ

このグラフは，$y=\sin\theta$ のグラフを θ 軸方向に $\dfrac{\pi}{3}$ だけ平行移動したもので，下の図のようになる。
周期は 2π である。

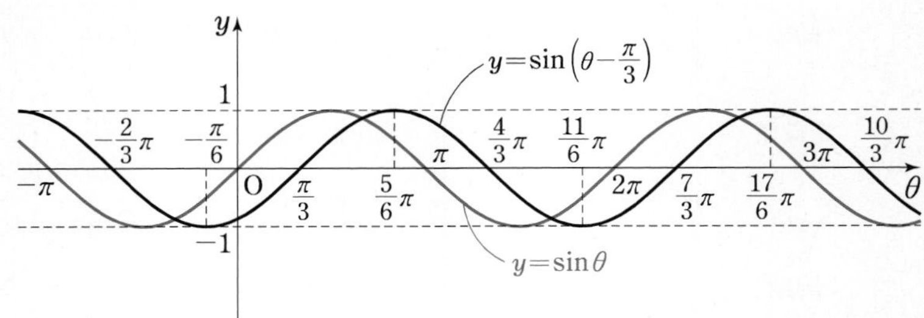

練習 19 次の関数のグラフをかけ。また，その周期を求めよ。

(1) $y=\sin\left(\theta+\dfrac{\pi}{6}\right)$　　(2) $y=\cos\left(\theta-\dfrac{\pi}{4}\right)$

例7 関数 $y=\sin 2\theta$ のグラフ

任意の角 α に対して，$\theta=\dfrac{\alpha}{2}$ のときの $\sin 2\theta$ の値と，$\theta=\alpha$ のときの $\sin\theta$ の値は，ともに $\sin\alpha$ であり等しい。

よって，$y=\sin 2\theta$ のグラフは，$y=\sin\theta$ のグラフを，y 軸をもとにして θ 軸方向に $\dfrac{1}{2}$ 倍に縮小したもので，下の図のようになる。

周期は，$y=\sin\theta$ の周期の $\dfrac{1}{2}$ 倍，すなわち $2\pi\times\dfrac{1}{2}=\pi$ である。

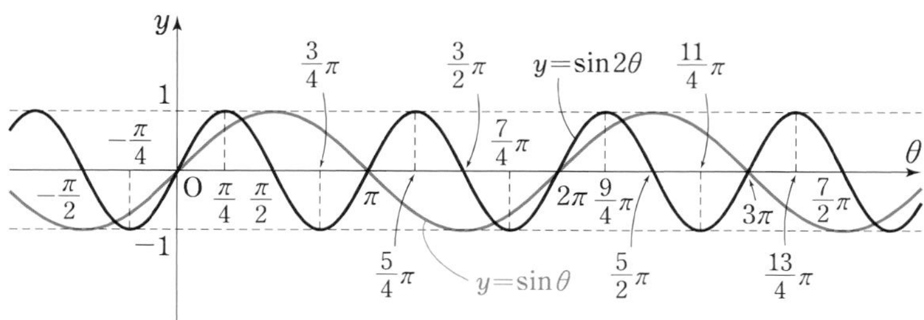

練習 20 次の関数のグラフをかけ。また，その周期を求めよ。

(1) $y=\sin 3\theta$　　(2) $y=\cos\dfrac{\theta}{2}$　　(3) $y=\tan 2\theta$

一般に，正の数 m が与えられたとき，

関数 $y=\sin m\theta$，$y=\cos m\theta$ の周期は $\dfrac{2\pi}{m}$ であり，

関数 $y=\tan m\theta$ の周期は $\dfrac{\pi}{m}$ である。

例題 5 $y=\sin\left(2\theta-\dfrac{\pi}{3}\right)$ のグラフをかけ。また，その周期を求めよ。

解答

$$\sin\left(2\theta-\frac{\pi}{3}\right)=\sin 2\left(\theta-\frac{\pi}{6}\right)$$

よって，$y=\sin\left(2\theta-\dfrac{\pi}{3}\right)$ のグラフは，$y=\sin 2\theta$ のグラフを θ 軸方向に $\dfrac{\pi}{6}$ だけ平行移動したもので，下の図のようになる。

また，周期は，$y=\sin 2\theta$ の周期と等しく π である。 答

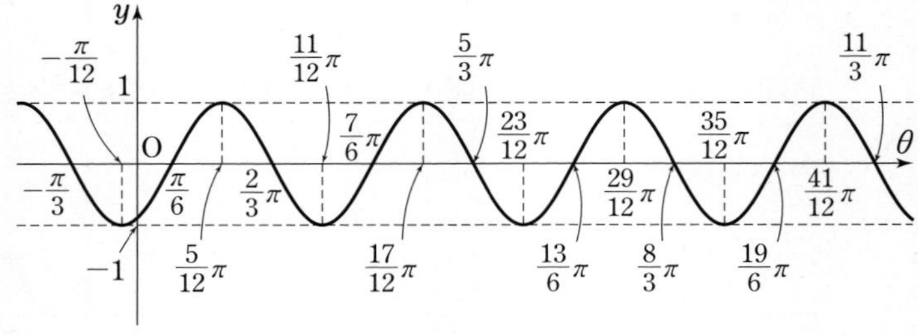

練習 21 $\cos\left(\dfrac{\theta}{2}-\dfrac{\pi}{6}\right)=\cos\dfrac{1}{2}\left(\theta-\dfrac{\pi}{3}\right)$ と変形できることを用いて，関数 $y=\cos\left(\dfrac{\theta}{2}-\dfrac{\pi}{6}\right)$ のグラフをかけ。また，その周期を求めよ。

一般に，角 α と，正の数 m が与えられたとき，次のことが成り立つ。

> 関数 $y=\sin(m\theta+\alpha)$，$y=\cos(m\theta+\alpha)$ の周期は $\dfrac{2\pi}{m}$ であり，
>
> 関数 $y=\tan(m\theta+\alpha)$ の周期は $\dfrac{\pi}{m}$ である。

5. 三角関数の応用

三角関数を含む方程式，不等式

例題 6　$0 \leqq \theta < 2\pi$ のとき，方程式 $2\sin\theta + 1 = 0$ を解け。

解答　方程式を変形すると　$\sin\theta = -\dfrac{1}{2}$

単位円と直線 $y = -\dfrac{1}{2}$ との交点を P，Q とすると，求める θ の値は，動径 OP，OQ の表す角である。

$0 \leqq \theta < 2\pi$ であるから

$$\theta = \frac{7}{6}\pi,\ \frac{11}{6}\pi \qquad \boxed{答}$$

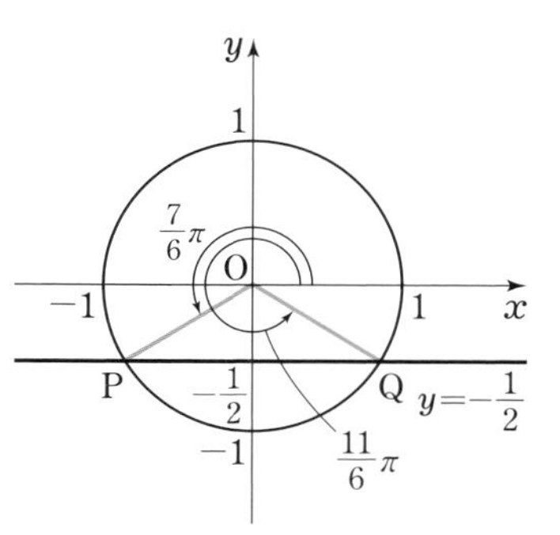

例題 6 において，θ の範囲に制限がなければ，θ は動径 OP，OQ の表す一般角であるから，次のようになる。

$$\theta = \frac{7}{6}\pi + 2n\pi,\ \frac{11}{6}\pi + 2n\pi \qquad (n \text{ は整数})$$

a を定数とするとき，等式 $\cos\theta = a$ を満たす θ の値を求めるには，単位円と直線 $x = a$ との交点を考えるとよい。

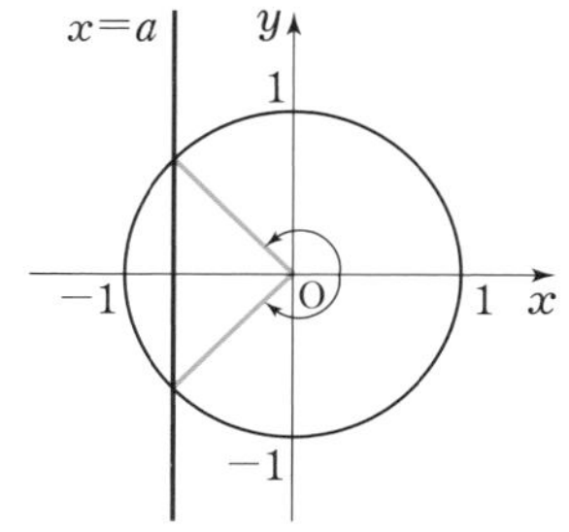

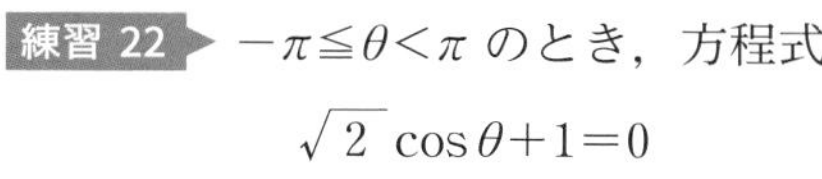

練習 22　$-\pi \leqq \theta < \pi$ のとき，方程式

$$\sqrt{2}\cos\theta + 1 = 0$$

を解け。

練習 23 $0 \leqq \theta < 2\pi$ のとき，次の方程式を解け。また，θ が一般角のとき，θ を $\alpha + 2n\pi$（n は整数，$0 \leqq \alpha < 2\pi$）の形で表せ。

(1) $\sqrt{2}\sin\theta - 1 = 0$　　(2) $2\cos\theta - 1 = 0$　　(3) $2\sin\theta + \sqrt{3} = 0$

例題 7　$0 \leqq \theta < 2\pi$ のとき，方程式 $\sqrt{3}\tan\theta - 1 = 0$ を解け。

解答　方程式を変形すると　$\tan\theta = \dfrac{1}{\sqrt{3}}$

右の図のように

$$点\ \mathrm{T}\left(1,\ \frac{1}{\sqrt{3}}\right)$$

をとり，直線 OT と単位円との交点を P，Q とすると，求める θ の値は，動径 OP，OQ の表す角である。

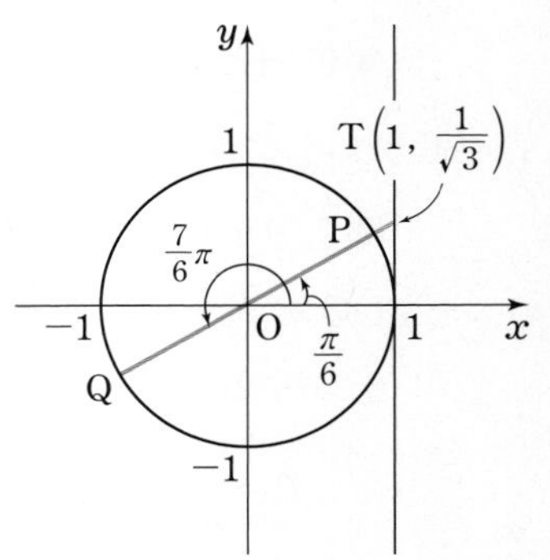

$0 \leqq \theta < 2\pi$ であるから

$$\theta = \frac{\pi}{6},\ \frac{7}{6}\pi$$　答

例題 7 において，θ が一般角のときには，n を整数として

$\theta = \dfrac{\pi}{6} + 2n\pi,\ \dfrac{7}{6}\pi + 2n\pi$ となるが，これらはまとめて

$$\theta = \frac{\pi}{6} + n\pi$$

と表すことができる。

練習 24 $0 \leqq \theta < 2\pi$ のとき，次の方程式を解け。また，θ が一般角のとき，θ を $\alpha + n\pi$（n は整数，$0 \leqq \alpha < \pi$）の形で表せ。

(1) $\tan\theta - \sqrt{3} = 0$　　(2) $\tan\theta + 1 = 0$

例題 8 $0 \leqq \theta < 2\pi$ のとき，不等式 $\sin\theta > -\dfrac{1}{2}$ を解け。

解答 $0 \leqq \theta < 2\pi$ において，

$\sin\theta = -\dfrac{1}{2}$ となる θ の値は

$$\theta = \frac{7}{6}\pi,\ \frac{11}{6}\pi$$

よって，右の図から，求める不等式の解は

$$0 \leqq \theta < \frac{7}{6}\pi,\ \frac{11}{6}\pi < \theta < 2\pi$$ 答

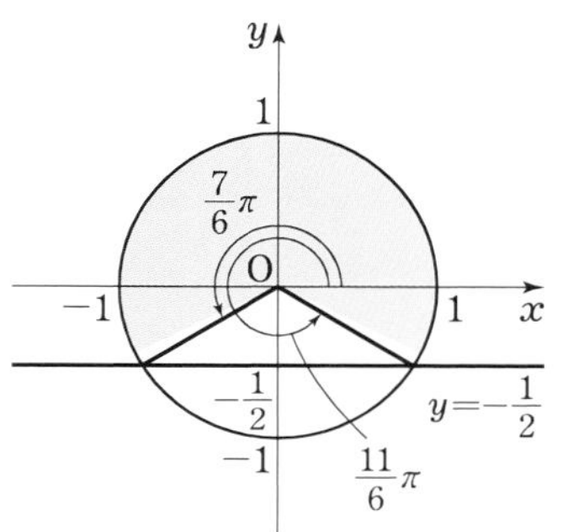

例題 8 の不等式 $\sin\theta > -\dfrac{1}{2}$ の解は，関数 $y=\sin\theta$ $(0 \leqq \theta < 2\pi)$ のグラフが，直線 $y=-\dfrac{1}{2}$ より上側にあるような θ の値の範囲である。

したがって，例題 8 における不等式の解は，右のグラフからも

$$0 \leqq \theta < \frac{7}{6}\pi,\ \frac{11}{6}\pi < \theta < 2\pi$$

となることがわかる。

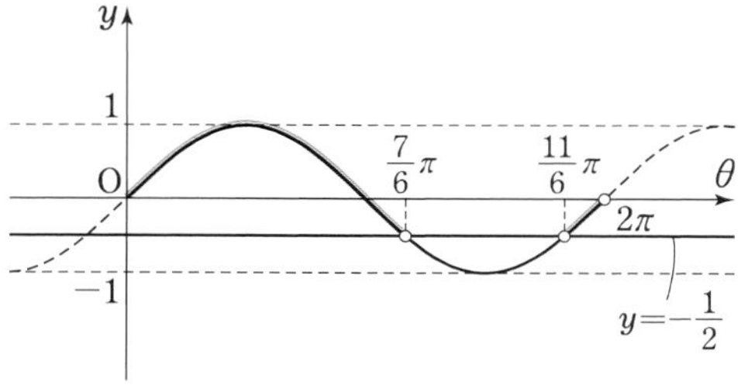

練習 25 $0 \leqq \theta < 2\pi$ のとき，次の不等式を解け。

(1) $\sin\theta < \dfrac{\sqrt{3}}{2}$　　(2) $\sqrt{2}\cos\theta + 1 \geqq 0$　　(3) $\sqrt{3}\tan\theta - 1 > 0$

練習 26 $0 \leqq \theta < 2\pi$ のとき，次の方程式，不等式を解け。

(1) $\sin\left(\theta + \dfrac{\pi}{3}\right) = \dfrac{1}{\sqrt{2}}$　　(2) $\cos\left(\theta - \dfrac{\pi}{6}\right) \geqq \dfrac{1}{2}$

6. 三角関数の加法定理

正弦，余弦の加法定理

2 つの角の和または差の正弦，余弦について，次の **加法定理** が成り立つ。

正弦，余弦の加法定理

[1] $\begin{cases} \sin(\alpha+\beta)=\sin\alpha\cos\beta+\cos\alpha\sin\beta & \cdots\cdots \text{(ア)} \\ \sin(\alpha-\beta)=\sin\alpha\cos\beta-\cos\alpha\sin\beta & \cdots\cdots \text{(イ)} \end{cases}$

[2] $\begin{cases} \cos(\alpha+\beta)=\cos\alpha\cos\beta-\sin\alpha\sin\beta & \cdots\cdots \text{(ウ)} \\ \cos(\alpha-\beta)=\cos\alpha\cos\beta+\sin\alpha\sin\beta & \cdots\cdots \text{(エ)} \end{cases}$

(エ) の **証明**　図 1 のように，角 α，β の動径と単位円との交点を，それぞれ P，Q とする。

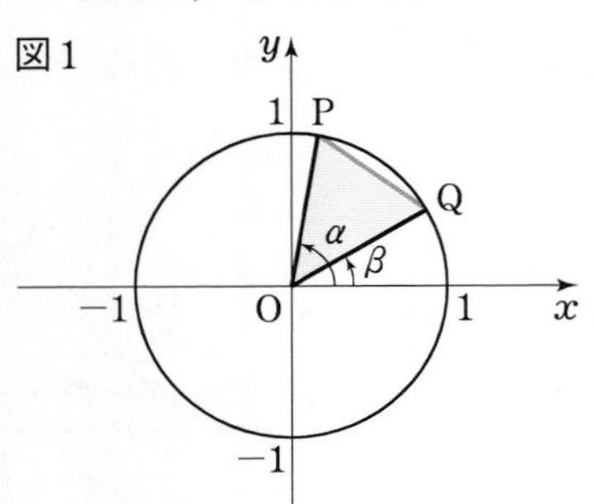

図 1

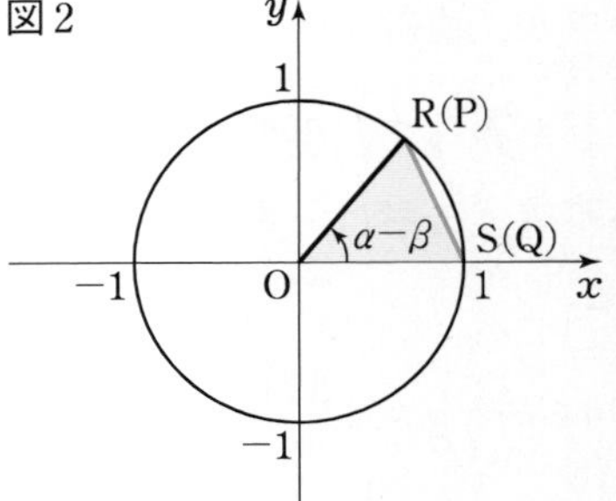

図 2

このとき，　P$(\cos\alpha,\ \sin\alpha)$，Q$(\cos\beta,\ \sin\beta)$　であるから

$$\begin{aligned} PQ^2 &= (\cos\beta-\cos\alpha)^2+(\sin\beta-\sin\alpha)^2 \\ &= 2-2(\cos\alpha\cos\beta+\sin\alpha\sin\beta) \quad \cdots\cdots \text{①} \end{aligned}$$

次に，図 2 のように，△OPQ を原点 O を中心として $-\beta$ だけ回転し，Q が点 S(1, 0) に重なるようにすると，P が移る点 R は，

$$R(\cos(\alpha-\beta),\ \sin(\alpha-\beta))$$

となる。

よって　$RS^2=\{1-\cos(\alpha-\beta)\}^2+\{0-\sin(\alpha-\beta)\}^2$

$$=2-2\cos(\alpha-\beta) \quad \cdots\cdots \text{②}$$

PQ＝RS であるから，①，② により

$$2-2(\cos\alpha\cos\beta+\sin\alpha\sin\beta)=2-2\cos(\alpha-\beta)$$

したがって　$\cos(\alpha-\beta)=\cos\alpha\cos\beta+\sin\alpha\sin\beta$　終

(ウ) の 証明　$\cos(\alpha+\beta)=\cos\{\alpha-(-\beta)\}$

$$=\cos\alpha\cos(-\beta)+\sin\alpha\sin(-\beta)$$

（エ）

$$=\cos\alpha\cos\beta-\sin\alpha\sin\beta$$

終

(ア) の 証明　$\sin(\alpha+\beta)=\cos\left\{\frac{\pi}{2}-(\alpha+\beta)\right\}$　← 229 ページ公式 [4′]

$$=\cos\left\{\left(\frac{\pi}{2}-\alpha\right)-\beta\right\}$$

$$=\cos\left(\frac{\pi}{2}-\alpha\right)\cos\beta+\sin\left(\frac{\pi}{2}-\alpha\right)\sin\beta$$

（エ）

$$=\sin\alpha\cos\beta+\cos\alpha\sin\beta$$

終

(イ) の 証明　$\sin(\alpha-\beta)=\sin\{\alpha+(-\beta)\}$

$$=\sin\alpha\cos(-\beta)+\cos\alpha\sin(-\beta)$$

（ア）

$$=\sin\alpha\cos\beta-\cos\alpha\sin\beta$$

終

例 8　$\sin 75^\circ=\sin(45^\circ+30^\circ)=\sin 45^\circ\cos 30^\circ+\cos 45^\circ\sin 30^\circ$

$$=\frac{1}{\sqrt{2}}\cdot\frac{\sqrt{3}}{2}+\frac{1}{\sqrt{2}}\cdot\frac{1}{2}=\frac{\sqrt{6}+\sqrt{2}}{4}$$

練習 27 次の値を求めよ。

(1)　$\cos 75^\circ$　　(2)　$\sin 15^\circ$　　(3)　$\cos 15^\circ$

練習 28 $\frac{7}{12}\pi=\frac{\pi}{3}+\frac{\pi}{4}$ であることを用いて，次の値を求めよ。

(1)　$\sin\frac{7}{12}\pi$　　(2)　$\cos\frac{7}{12}\pi$

例題 9 $\sin\alpha=\dfrac{4}{5}$，$\cos\beta=\dfrac{5}{13}$ のとき，$\sin(\alpha+\beta)$ の値を求めよ。ただし，α は第 1 象限の角，β は第 4 象限の角とする。

解答 α は第 1 象限の角，β は第 4 象限の角であるから

$$\cos\alpha>0,\quad \sin\beta<0$$

よって $\cos\alpha=\sqrt{1-\sin^2\alpha}=\sqrt{1-\left(\dfrac{4}{5}\right)^2}=\dfrac{3}{5}$

$\sin\beta=-\sqrt{1-\cos^2\beta}=-\sqrt{1-\left(\dfrac{5}{13}\right)^2}=-\dfrac{12}{13}$

したがって $\sin(\alpha+\beta)=\sin\alpha\cos\beta+\cos\alpha\sin\beta$

$$=\frac{4}{5}\cdot\frac{5}{13}+\frac{3}{5}\left(-\frac{12}{13}\right)=-\frac{16}{65}$$ 答

練習 29 $\sin\alpha=\dfrac{2}{3}$，$\sin\beta=\dfrac{3}{5}$ のとき，次の値を求めよ。ただし，α は第 2 象限の角，β は第 1 象限の角とする。

(1) $\sin(\alpha+\beta)$　(2) $\sin(\alpha-\beta)$　(3) $\cos(\alpha+\beta)$　(4) $\cos(\alpha-\beta)$

正接の加法定理

正接についても，次の **加法定理** が成り立つ。

正接の加法定理

[3] $\displaystyle \tan(\alpha+\beta)=\frac{\tan\alpha+\tan\beta}{1-\tan\alpha\tan\beta}$，$\displaystyle \tan(\alpha-\beta)=\frac{\tan\alpha-\tan\beta}{1+\tan\alpha\tan\beta}$

証明 $$\tan(\alpha+\beta)=\frac{\sin(\alpha+\beta)}{\cos(\alpha+\beta)}=\frac{\sin\alpha\cos\beta+\cos\alpha\sin\beta}{\cos\alpha\cos\beta-\sin\alpha\sin\beta}$$

分母と分子を $\cos\alpha\cos\beta$ で割ることにより，第 1 式が得られる。

また，第 1 式の β を $-\beta$ でおき換えると，第 2 式が得られる。 終

例 9

$$\tan 75^\circ = \tan(45^\circ + 30^\circ) = \frac{\tan 45^\circ + \tan 30^\circ}{1 - \tan 45^\circ \tan 30^\circ} = \frac{1 + \frac{1}{\sqrt{3}}}{1 - 1 \cdot \frac{1}{\sqrt{3}}}$$

$$= \frac{\sqrt{3} + 1}{\sqrt{3} - 1} = \frac{(\sqrt{3} + 1)^2}{(\sqrt{3})^2 - 1^2} = \frac{4 + 2\sqrt{3}}{2} = 2 + \sqrt{3}$$

練習 30 ▶ 次の値を求めよ。

(1) $\tan 15^\circ$　　　(2) $\tan \frac{7}{12}\pi$

練習 31 ▶ $0 < \alpha < \frac{\pi}{2}$，$0 < \beta < \frac{\pi}{2}$ で，$\tan\alpha = 3$，$\tan\beta = 2$ のとき，$\tan(\alpha + \beta)$ および $\alpha + \beta$ の値を求めよ。

直線の傾きと正接

194 ページで学んだように，$m \neq 0$ のとき，直線 $y = mx$ の $y \geqq 0$ の部分と x 軸の正の向きとのなす角を θ とすると，直線の傾き m について，$\boldsymbol{m = \tan\theta}$ が成り立つ。

注意　$m = 0$ のときは，$\theta = 0$ とすると，この場合も $m = \tan\theta$ が成り立つ。

例 10　直線 $y = \sqrt{3}x$ の $y \geqq 0$ の部分と x 軸の正の向きとのなす角を θ とすると

$$\tan\theta = \sqrt{3}$$

$0 \leqq \theta < \pi$ であるから　$\theta = \frac{\pi}{3}$

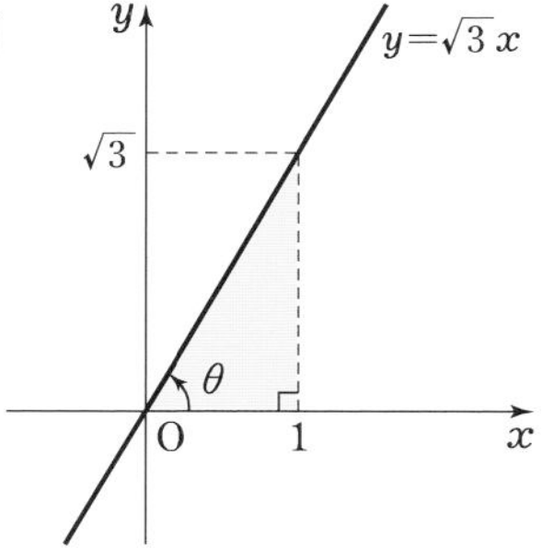

練習 32 ▶ 次の直線の $y \geqq 0$ の部分と x 軸の正の向きとのなす角（ラジアン）を求めよ。

(1) $y = x$　　　(2) $\sqrt{3}x + y = 0$

2 直線のなす角の大きさを，正接の加法定理を用いて求めてみよう。

例題 10 2 直線 $y=-2x+4$，$y=3x-3$ のなす角 θ を求めよ。ただし，$0\leqq\theta\leqq\dfrac{\pi}{2}$ とする。

解答 右の図のように，2 直線

$y=-2x+4$，$y=3x-3$

が x 軸の正の向きとのなす角をそれぞれ θ_1，θ_2 とする。

このとき

$$\theta=\theta_1-\theta_2$$

である。よって

$$\tan\theta=\tan(\theta_1-\theta_2)$$

$$=\frac{\tan\theta_1-\tan\theta_2}{1+\tan\theta_1\tan\theta_2}$$

ここで，$\tan\theta_1=-2$，$\tan\theta_2=3$ であるから

$$\tan\theta=\frac{-2-3}{1+(-2)\cdot 3}=1$$

$0\leqq\theta\leqq\dfrac{\pi}{2}$ であるから　　$\theta=\dfrac{\pi}{4}$　　答

一般に，交わる 2 直線 $y=m_1x+n_1$，$y=m_2x+n_2$ が垂直でないとき，そのなす鋭角を θ とすると　$\tan\theta=\left|\dfrac{m_1-m_2}{1+m_1m_2}\right|$　が成り立つ。

練習 33 次の 2 直線のなす角 θ を求めよ。ただし，$0\leqq\theta\leqq\dfrac{\pi}{2}$ とする。

(1)　$y=3x-2$，$y=\dfrac{1}{2}x+1$　　(2)　$\sqrt{3}\,x-2y=6$，$3\sqrt{3}\,x+y=-1$

7. いろいろな公式

2倍角，半角の公式

240，242ページの加法定理 [1]～[3] の第1式において，$\beta=\alpha$ とおくと，次の **2倍角の公式** が得られる。

2倍角の公式

$$\sin 2\alpha=2\sin\alpha\cos\alpha$$

$$\cos 2\alpha=\cos^2\alpha-\sin^2\alpha=1-2\sin^2\alpha=2\cos^2\alpha-1$$

$$\tan 2\alpha=\frac{2\tan\alpha}{1-\tan^2\alpha}$$

練習 34 ▶ $\frac{\pi}{2}<\alpha<\pi$，$\sin\alpha=\frac{1}{3}$ であるとき，$\cos 2\alpha$，$\sin 2\alpha$，$\tan 2\alpha$ の値を求めよ。

$\cos 2\alpha$ の式から　　$\sin^2\alpha=\frac{1-\cos 2\alpha}{2}$，　$\cos^2\alpha=\frac{1+\cos 2\alpha}{2}$

よって　　$\tan^2\alpha=\frac{\sin^2\alpha}{\cos^2\alpha}=\frac{1-\cos 2\alpha}{1+\cos 2\alpha}$

ここで，α を $\frac{\alpha}{2}$ とおき換えると，次の **半角の公式** が得られる。

半角の公式

$$\sin^2\frac{\alpha}{2}=\frac{1-\cos\alpha}{2},\quad \cos^2\frac{\alpha}{2}=\frac{1+\cos\alpha}{2},\quad \tan^2\frac{\alpha}{2}=\frac{1-\cos\alpha}{1+\cos\alpha}$$

練習 35 ▶ $\pi<\alpha<\frac{3}{2}\pi$，$\cos\alpha=-\frac{2}{3}$ であるとき，$\sin\frac{\alpha}{2}$，$\cos\frac{\alpha}{2}$，$\tan\frac{\alpha}{2}$ の値を求めよ。

第6章

これまでに学んだ公式を利用すると，$\sin 3\alpha$ について，等式

$$\sin 3\alpha = 3\sin\alpha - 4\sin^3\alpha$$

を導くことができる。

証明 $\sin 3\alpha = \sin(\alpha + 2\alpha) = \sin\alpha\cos 2\alpha + \cos\alpha\sin 2\alpha$

$$= \sin\alpha(1 - 2\sin^2\alpha) + 2\sin\alpha\cos^2\alpha$$

$$= \sin\alpha - 2\sin^3\alpha + 2\sin\alpha(1 - \sin^2\alpha)$$

$$= 3\sin\alpha - 4\sin^3\alpha$$ 終

練習 36 等式 $\cos 3\alpha = 4\cos^3\alpha - 3\cos\alpha$ を証明せよ。

積と和の公式

240 ページの正弦，余弦の加法定理 [1]，[2] において，**(ア)** と **(イ)**，**(ウ)** と **(エ)** の和，差をそれぞれ計算すると

$$\sin(\alpha+\beta) + \sin(\alpha-\beta) = 2\sin\alpha\cos\beta \quad \cdots\cdots ①$$

$$\sin(\alpha+\beta) - \sin(\alpha-\beta) = 2\cos\alpha\sin\beta \quad \cdots\cdots ②$$

$$\cos(\alpha+\beta) + \cos(\alpha-\beta) = 2\cos\alpha\cos\beta \quad \cdots\cdots ③$$

$$\cos(\alpha+\beta) - \cos(\alpha-\beta) = -2\sin\alpha\sin\beta \quad \cdots\cdots ④$$

これらから，正弦，余弦の積を和，差に変形する次の公式が得られる。

積を和，差に変形する公式

$$\sin\alpha\cos\beta = \frac{1}{2}\{\sin(\alpha+\beta) + \sin(\alpha-\beta)\}$$

$$\cos\alpha\sin\beta = \frac{1}{2}\{\sin(\alpha+\beta) - \sin(\alpha-\beta)\}$$

$$\cos\alpha\cos\beta = \frac{1}{2}\{\cos(\alpha+\beta) + \cos(\alpha-\beta)\}$$

$$\sin\alpha\sin\beta = -\frac{1}{2}\{\cos(\alpha+\beta) - \cos(\alpha-\beta)\}$$

演習問題 A

1 次の式を簡単にせよ。

$$\cos\theta+\cos\left(\theta+\frac{\pi}{2}\right)+\cos(\theta+\pi)+\cos\left(\theta+\frac{3}{2}\pi\right)$$

2 $\sin\theta+\cos\theta=\dfrac{1}{\sqrt{5}}$ であるとき，次の式の値を求めよ。

(1) $\sin\theta\cos\theta$　　(2) $\tan\theta+\dfrac{1}{\tan\theta}$

3 $0\leqq\theta<2\pi$ のとき，次の方程式，不等式を解け。

(1) $\tan\left(\dfrac{\theta}{2}-\dfrac{\pi}{6}\right)=1$　　(2) $-\dfrac{1}{2}<\cos\theta<\dfrac{1}{2}$

4 等式 $2\cos 2\theta-\cos\theta+2=0$ を満たす θ に対して，$\tan\dfrac{\theta}{2}$ の値を求めよ。

5 k は定数とする。2 次方程式 $2x^2+kx-1=0$ の 2 つの解が $\sin\theta$，$\cos\theta$ であるとき，次の値を求めよ。ただし，$\pi\leqq\theta\leqq2\pi$ とする。

(1) $\sin\theta\cos\theta$　　(2) k　　(3) θ

6 $\triangle$ABC において，AB=AC とするとき，$\cos A+\cos B+\cos C$ の最大値を求めよ。

演習問題 B

7 $\begin{cases} 2\sin\theta-\cos\theta=1 \\ \sin\theta-\cos\theta=a \end{cases}$ のとき，a，$\sin\theta$，$\cos\theta$ の値を求めよ。

8 関数 $y=\sin\dfrac{\theta}{2}+\sin\dfrac{\theta}{3}$ の周期を求めよ。

9 $t=\tan\dfrac{\theta}{2}$ とおくとき，等式 $\sin\theta=\dfrac{2t}{1+t^2}$，$\cos\theta=\dfrac{1-t^2}{1+t^2}$，$\tan\theta=\dfrac{2t}{1-t^2}$ が成り立つことを示せ。

10 直線 $y=2x-1$ と $\dfrac{\pi}{4}$ の角をなす直線の傾きを求めよ。

11 $\triangle$ABC において，次の等式が成り立つことを証明せよ。

$$\sin A+\sin B+\sin C=4\cos\frac{A}{2}\cos\frac{B}{2}\cos\frac{C}{2}$$

12 $0\leqq\theta\leqq\pi$ とする。次の問いに答えよ。

(1) $t=\sin\theta+\sqrt{3}\cos\theta$ のとき，t のとりうる値の範囲を求めよ。

(2) $y=\sqrt{3}(-2\sin\theta+\sin 2\theta)-6\cos\theta+\cos 2\theta$ を t の関数として表せ。また，y の最大値，最小値とそのときの θ の値を求めよ。

総合問題

1 葵さんは，次の問題について考えている。

> （問題）　i を虚数単位とするとき，x についての3次方程式
> $x^3-(6+4i)x^2+(8+18i)x-20i=0$ を解け。

下の会話文を読み，問いに答えよ。

葵さん：係数に虚数が入っています。どうすればよいのでしょうか？

先生　：複素数の相等について思い出してみてください。

葵さん：(ア)<u>複素数の相等を用いて x を求めると，実数解が $x=2$ のみであることがわかりました。</u>

先生　：このことから，左辺は $x-2$ を因数にもつことがわかりますね。

葵さん：計算してみると……，残りの解を求めるための2次方程式は $x^2-(4+4i)x+10i=0$ です。

先生　：この2次方程式は $(x+m)^2=n$ の形に変形することにより，解くことができます。

葵さん：変形してみると $\{x-(2+2i)\}^2=-2i$ になりました。でも，$x-(2+2i)=\pm\sqrt{-2i}$ とすると，根号の中に虚数が入ってしまいます。

先生　：2乗して $-2i$ になる数は求められますか？

葵さん：(イ)<u>$(a+bi)^2=-2i$ となる実数 a，b を求めればよいから……，複素数の相等を用いればよいのですね。</u>

先生　：$\{x-(2+2i)\}^2=(a+bi)^2$ となるので，解が求められますね。

(1)　下線部(ア)について，実数解が $x=2$ のみであることを証明せよ。

(2)　下線部(イ)について，$(a+bi)^2=-2i$ を満たす実数 a，b の組をすべて求めよ。

(3)　3次方程式 $x^3-(6+4i)x^2+(8+18i)x-20i=0$ を解け。

2 次の問いに答えよ。

(1) 右の図は，2 次関数 $y=ax^2+bx+c$ のグラフである。次の (ア)〜(オ) の符号を答えよ。

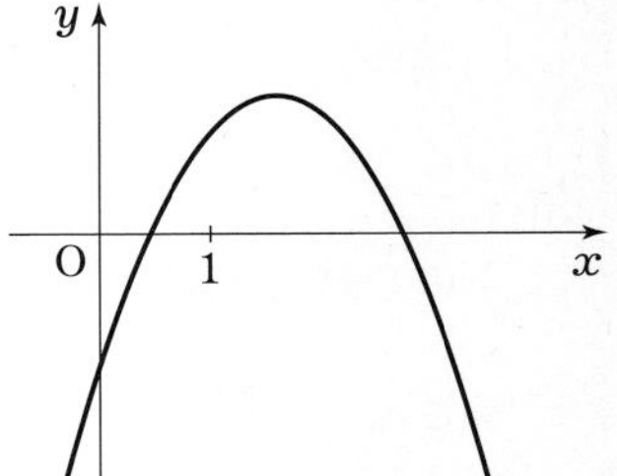

(ア) a，b，c

(イ) b^2-4ac

(ウ) $a+b+c$

(エ) $a-b+c$

(オ) $\dfrac{-b-\sqrt{b^2-4ac}}{2a}-1$

(2) 右の図は，2 次関数 $y=ax^2+bx+c$ のグラフである。次の (ア)〜(ウ) を a，b，c を用いて表せ。

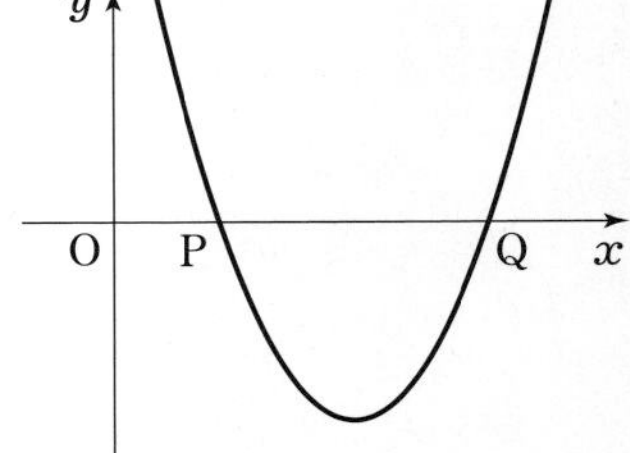

(ア) OP＋OQ

(イ) OP・OQ

(ウ) PQ

3 次の問いに答えよ。

(1) 2 つの円 C_1：$x^2+y^2=25$，C_2：$(x-4)^2+(y-3)^2=2$ について，C_1，C_2 の 2 つの交点を通る直線の式を求めよ。

(2) 点 P$(X,\ Y)$ から円 C：$(x-a)^2+(y-b)^2=r^2$ に引いた接線の長さを $d(P,\ C)$ と表すことにする。このとき，

$$d(P,\ C)=\sqrt{(X-a)^2+(Y-b)^2-r^2}$$

となることを示せ。ただし，点Pは円 C の外部にあるものとする。

注 意　接線の長さとは，点Pから円 C に引いた接線と円との接点をHとするとき，長さ PH のことである。

(3) 2 つの円 C_1：$x^2+y^2=25$，C_3：$(x-8)^2+(y-6)^2=5$ について，

$$d(P,\ C_1)=d(P,\ C_3)$$

となる点Pの軌跡を求めよ。

(4) (3)の 2 つの円 C_1 と C_3 は共有点をもたない。しかし，k ($k>0$ かつ $k\neq1$) を定数として

$$(x^2+y^2-25)-k\{(x-8)^2+(y-6)^2-5\}=0 \quad \cdots\cdots \ (※)$$

とすると，方程式 (※) はある円を表す。この円はどのような点の軌跡であると考えられるか答えよ。

4 東西に 45 m，南北に 60 m の長方形の土地から，右の図のように南の西側，東側にそれぞれ正方形，長方形の区域を分け，正方形の区域では作物A，長方形の区域では作物Bを育てようと考えている。

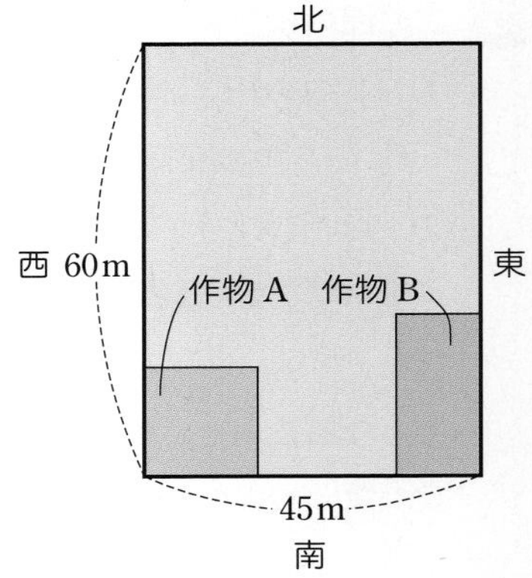

正方形の区域は1辺を x m とし，長方形の区域は東西に y m，南北に $2y$ m であり，$x \leqq 2y$ を満たしている。

他の土地と区別するため，200 m の1本のロープから必要な長さを切り出して，正方形と長方形の区域を囲むものとする。

作物Aの 1 m^2 あたりの収穫量は 2 kg，作物Bの 1 m^2 あたりの収穫量は 1 kg とし，全体の収穫量を最大にしたい。

(1) 全体の収穫量を x，y を用いて表せ。

(2) 収穫量の最大値を求めよ。

5 文子(ふみこ)さんと芳治(よしはる)さんは，次の問題について考えている。

> (問題)　△ABC において，$A=60^\circ$，AB=2 とする。BC が次の長さのとき，AC の長さを求めよ。
>
> ①　BC=3　　　　②　$\mathrm{BC}=\dfrac{\sqrt{15}}{2}$

下の会話文を読み，問いに答えよ。

文子さん：この問題を解くと，① では答えが 1 通りになり，② では答えが 2 通りになります。

芳治さん：①，② いずれの場合も，2 組の辺とその間ではない 1 つの角が条件として与えられているので，三角形を決定する条件にはなっていません。

文子さん：ではどうして，① は 1 通り，② は 2 通りになるのでしょう。

芳治さん：BC の長さの違いに，その理由があるのかもしれません。調べてみましょう。

文子さん：$\mathrm{BC}=t$ $(t>0)$，$\mathrm{AC}=x$ $(x>0)$ とおいてみましょう。

(1)　△ABC において，x と t の関係式を求めよ。

(2)　(1) で求めた関係式を用いて，AC の値が 2 通りになるときの t の範囲を求めよ。

芳治さん：なるほど，この範囲をもとにして考えてみると，(問題) の ① と ② の違いがわかりますね。さらに深く考察してみましょう。A が鋭角でないときはどうでしょうか。

(3)　A が鋭角でない場合について，AC の値の個数を求めよ。

6 英人さんは，次の問題について下のように解答した。

（問題）　$0 \leqq \theta < 2\pi$ のとき，不等式 $\sin\theta < \cos\theta$ を解け。

英人さんの解答

不等式 $\sin\theta < \cos\theta$ の両辺を $\cos\theta$ で割ると

$$\frac{\sin\theta}{\cos\theta} < 1$$

$\dfrac{\sin\theta}{\cos\theta} = \tan\theta$ であるから

$$\tan\theta < 1$$

$0 \leqq \theta < 2\pi$ であるから

$$0 \leqq \theta < \frac{\pi}{4},\ \frac{\pi}{2} < \theta < \frac{5}{4}\pi,\ \frac{3}{2}\pi < \theta < 2\pi$$

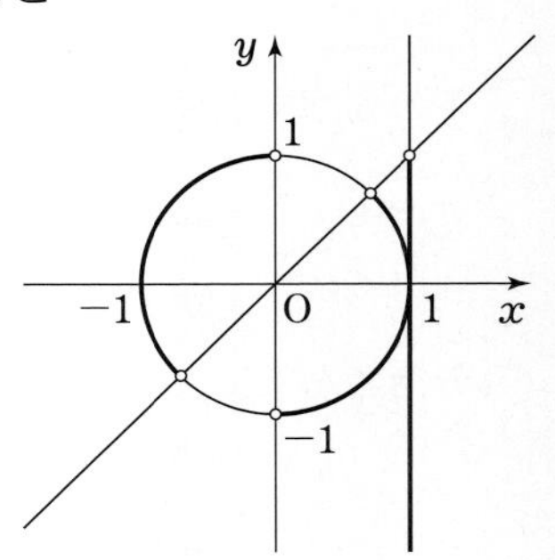

先生　　：残念，間違っています。大事なことを見落としていますよ。
英人さん：あれ？何が間違っているのでしょうか？

英人さんの解答は間違っている。英人さんの解答について誤りを指摘せよ。また，正しい解を求めよ。

7 裕二さんと琴葉さんは，次の問題について考えている。

（問題）　右の図のような点Oを中心とする半径1の半円を利用し，$\tan\dfrac{\theta}{2}$ を $\sin\theta$，$\cos\theta$ を用いて表せ。

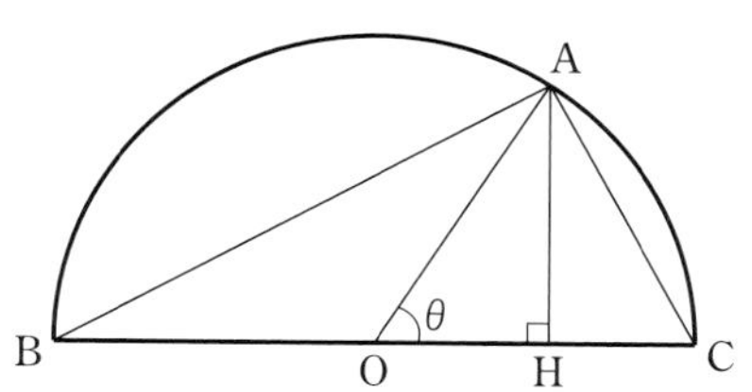

下の会話文を読み，問いに答えよ。

裕二さん：AH＝［ア］，OH＝［イ］であることはわかります。

琴葉さん：∠ABH＝［ウ］だから，$\tan\dfrac{\theta}{2}=$［エ］…… ① ですね。

裕二さん：① は授業では学んでいません。

琴葉さん：授業で学んだ公式は $\tan^2\dfrac{\theta}{2}=\dfrac{1-\cos\theta}{1+\cos\theta}$ …… ② でした。

たとえば，① の式で $\theta=30^\circ$ とすると，$\tan 15^\circ=$［オ］となり，② の式で $\theta=30^\circ$ とすると，$\tan^2 15^\circ=$［カ］となります。

確かに，［オ］$^2=$［カ］となっています。偶然でしょうか？

裕二さん：そんなことはないと思います。(キ)<u>① の式から ② の式を導けるのではないでしょうか。</u>

(1)　［ア］～［カ］に当てはまる式や値を入れよ。

(2)　下線部(キ)について，① の式から ② の式を導け。

答 と 略 解

確認問題，演習問題A，演習問題Bの答である。[　] 内に，ヒントや略解を示した。

第1章

確認問題 (p. 42)

1 順に　$-xy-3y^2$, $13x^2-9xy+7y^2$

2 (1)　$10x^2+7xy-12y^2$

(2)　$2a^3-9a^2b+ab^2+12b^3$

(3)　$8a^3+12a^2+6a+1$

(4)　$8x^3-60x^2y+150xy^2-125y^3$

(5)　a^3+8b^3

(6)　$8x^3-27y^3$

3 (1)　$(x+4)(2x-3)$

(2)　$(2x-5y)(3x+2y)$

(3)　$(3a+4b)(5a-b)$

(4)　$(2a-5b)(4a^2+10ab+25b^2)$

4 (1)　商は $3x+13$，余りは 38

$3x^2+4x-1$

$=(x-3)(3x+13)+38$

(2)　商は $2x-1$，余りは $4x-10$

$2x^3-5x+x^2-6$

$=(x^2+x-4)(2x-1)+4x-10$

5 (1)　$\dfrac{x+1}{(x-1)(x-5)}$

(2)　$\dfrac{(x+2)(x+4)}{(x+1)(x-5)}$

(3)　$x^2-4x+16$　(4)　$\dfrac{b}{a(a+2b)}$

6 (1)　$-2\sqrt{7}$　(2)　$-6\sqrt{3}$

(3)　$-4-9\sqrt{6}$　(4)　-13

演習問題A (p. 43)

1 (1)　$a^6-16a^3b^3+64b^6$

(2)　$x^4+4x^3-11x^2-30x$

2 (1)　$z(x+y-3z)$

(2)　$(x+4y-3)(2x+y-2)$

3 (1)　$\dfrac{a^2-a+1}{(a+3)(a+4)(a-4)}$

(2)　$\dfrac{x-4}{(x+2)(x-1)}$

(3)　$\dfrac{x^2+x}{x+4}$

4 $5-\sqrt{2}$

演習問題B (p. 43)

5 $x=1,\ -\dfrac{3}{2}$

6 (1)　62

(2)　488

[(2)　$x^3+y^3=(x+y)$
$\times(x^2-xy+y^2)$ を利用する]

7 $\dfrac{\sqrt{6}+\sqrt{2}}{2}$

8 $2x$　[$|x+2|-|x-2|$]

第 2 章

確認問題 (p. 78)

1 (1)　一致する　(2)　一致しない
(3)　一致する　(4)　一致しない

2 (1)　$x=\sqrt{2}\pm i$
(2)　$x=\dfrac{3\pm\sqrt{3}\,i}{6}$

3 $(p,\ q)=(-1,\ -3),\ (4,\ 27)$

4 $-3x-2$

5 (1)　$x=2,\ \pm 3$
(2)　$x=1,\ \dfrac{-1\pm\sqrt{15}\,i}{4}$
(3)　$x=-1,\ 2,\ \pm\sqrt{3}\,i$

6 略
[1 の 3 乗根は方程式 $x^3=1$ の解であることを利用]

7 28

演習問題 A (p. 79)

1 (1)　-1　　(2)　1
(3)　$-\dfrac{1+\sqrt{3}\,i}{2}$

2 $k=18$

3 $p=3,\ q=6$

4 (1)　2　　(2)　-12　(3)　-2

5 $-3x^2-2x+13$

6 $x=-1,\ 3,\ 1\pm\sqrt{7}\,i$

7 $(x,\ y,\ z)$
$=(3,\ 4,\ 5),\ (4,\ 3,\ 5)$
[第 1 式を $x+y=12-z$,
第 2 式を $(x+y)^2-2xy=z^2$
と変形する]

8 $x=\dfrac{3}{2},\ \dfrac{3\pm\sqrt{5}}{2}$

演習問題 B (p. 80)

9 $k=1$, 共通な解は　$x=\dfrac{-1\pm\sqrt{5}}{2}$
$k=0$, 共通な解は　$x=-1$
[共通な解を $x=\alpha$ とすると
$\alpha^2+k\alpha-1=0,\ \alpha^2+\alpha-k=0$]

10 (1)　略
(2)　$a=1$
(3)　$a=0,\ -8$
[(1)　① の左辺に $x=1$ を代入したとき等式が成り立つことを確かめる]

11 $1+8\sqrt{3}\,i$
[$P(x)$
$=(x^2-2x+4)(2x-2)-8x+9$]

12 2 cm または $(1+\sqrt{3})$ cm

13 (1)　$t^2-6t+8=0$
(2)　$x=1,\ 2\pm\sqrt{3}$
[(1)　$x^2(\neq 0)$ で ① の両辺を割る。
$x^2+\dfrac{1}{x^2}=\left(x+\dfrac{1}{x}\right)^2-2$ を利用]

14 (1)　$k=\pm\sqrt{10}$
(2)　$k=1$

第 3 章

確認問題 (p. 130)

1 $a=-1$, $b=-10$

2 (1) $x=3$ で最大値 7,

$x=1$ で最小値 -1

(2) $a=-2$, $b=1$

3 (1) $y=-2(x-1)^2+3$

$(y=-2x^2+4x+1)$

(2) $y=2x^2-8x-10$

4 (1) $(-3,\ 7)$, $(5,\ 23)$

(2) $k<1$ のとき 2 個

$k=1$ のとき 1 個

$k>1$ のとき 0 個

5 (1) $-\dfrac{5}{3}\leqq x<-\dfrac{3}{2}$

(2) $1-\sqrt{5}<x<-1$,

$2<x<1+\sqrt{5}$

6 $k\leqq-4$, $6\leqq k$

7 $-1<a<3$

演習問題 A (p. 131)

1 (1) $(6,\ -3)$

(2) $a=-1$, $b=6$, $c=-3$

2 8

[点Aの x 座標を p とすると

$2\mathrm{AB}+2\mathrm{AD}=2(6-2p)+2(6p-p^2)$]

3 $x=2$, $y=1$ で最小値 5

[$2x+y=5$ から $y=5-2x$

よって $x^2+y^2=x^2+(5-2x)^2$

$=5(x-2)^2+5$]

4 $1<a<5$

[$y=x^2+(1-a)x+a-1$ のグラフが x 軸より上にある条件]

5 $a<-1$, $5<a$

6 $-3<a<0$

[$f(x)=x^2+2x+a$ とおくと

$f(0)<0$, $f(1)>0$]

演習問題 B (p. 132)

7 (1) $x=-a$ で最小値

$p=-a^2+2a+6$

(2) $a=1$ で最大値 7

8 (1) $t\geqq-1$

(2) $x=1$ で最小値 -6

9 $x=\dfrac{9}{8}$ で最小値 $\dfrac{111}{32}$

10 $m=2$, $n=-1$

[$x^2=mx+n$, $x^2-4x+8=mx+n$ について，ともに (判別式)$=0$]

11 $a=3$ [点 $(p,\ 0)$ $(p>0)$ で交わるとすると

$p^2-2p-a=0$, $p^2-5p+2a=0$]

12 $\dfrac{1}{3}<k<1$

さくいん

あ行

か行

さ行

た行

な行

は行

ま行

や行

ら行

わ行

記号

三角比の表

θ	$\sin\theta$	$\cos\theta$	$\tan\theta$	θ	$\sin\theta$	$\cos\theta$	$\tan\theta$
0°	0.0000	1.0000	0.0000	45°	0.7071	0.7071	1.0000
1°	0.0175	0.9998	0.0175	46°	0.7193	0.6947	1.0355
2°	0.0349	0.9994	0.0349	47°	0.7314	0.6820	1.0724
3°	0.0523	0.9986	0.0524	48°	0.7431	0.6691	1.1106
4°	0.0698	0.9976	0.0699	49°	0.7547	0.6561	1.1504
5°	0.0872	0.9962	0.0875	50°	0.7660	0.6428	1.1918
6°	0.1045	0.9945	0.1051	51°	0.7771	0.6293	1.2349
7°	0.1219	0.9925	0.1228	52°	0.7880	0.6157	1.2799
8°	0.1392	0.9903	0.1405	53°	0.7986	0.6018	1.3270
9°	0.1564	0.9877	0.1584	54°	0.8090	0.5878	1.3764
10°	0.1736	0.9848	0.1763	55°	0.8192	0.5736	1.4281
11°	0.1908	0.9816	0.1944	56°	0.8290	0.5592	1.4826
12°	0.2079	0.9781	0.2126	57°	0.8387	0.5446	1.5399
13°	0.2250	0.9744	0.2309	58°	0.8480	0.5299	1.6003
14°	0.2419	0.9703	0.2493	59°	0.8572	0.5150	1.6643
15°	0.2588	0.9659	0.2679	60°	0.8660	0.5000	1.7321
16°	0.2756	0.9613	0.2867	61°	0.8746	0.4848	1.8040
17°	0.2924	0.9563	0.3057	62°	0.8829	0.4695	1.8807
18°	0.3090	0.9511	0.3249	63°	0.8910	0.4540	1.9626
19°	0.3256	0.9455	0.3443	64°	0.8988	0.4384	2.0503
20°	0.3420	0.9397	0.3640	65°	0.9063	0.4226	2.1445
21°	0.3584	0.9336	0.3839	66°	0.9135	0.4067	2.2460
22°	0.3746	0.9272	0.4040	67°	0.9205	0.3907	2.3559
23°	0.3907	0.9205	0.4245	68°	0.9272	0.3746	2.4751
24°	0.4067	0.9135	0.4452	69°	0.9336	0.3584	2.6051
25°	0.4226	0.9063	0.4663	70°	0.9397	0.3420	2.7475
26°	0.4384	0.8988	0.4877	71°	0.9455	0.3256	2.9042
27°	0.4540	0.8910	0.5095	72°	0.9511	0.3090	3.0777
28°	0.4695	0.8829	0.5317	73°	0.9563	0.2924	3.2709
29°	0.4848	0.8746	0.5543	74°	0.9613	0.2756	3.4874
30°	0.5000	0.8660	0.5774	75°	0.9659	0.2588	3.7321
31°	0.5150	0.8572	0.6009	76°	0.9703	0.2419	4.0108
32°	0.5299	0.8480	0.6249	77°	0.9744	0.2250	4.3315
33°	0.5446	0.8387	0.6494	78°	0.9781	0.2079	4.7046
34°	0.5592	0.8290	0.6745	79°	0.9816	0.1908	5.1446
35°	0.5736	0.8192	0.7002	80°	0.9848	0.1736	5.6713
36°	0.5878	0.8090	0.7265	81°	0.9877	0.1564	6.3138
37°	0.6018	0.7986	0.7536	82°	0.9903	0.1392	7.1154
38°	0.6157	0.7880	0.7813	83°	0.9925	0.1219	8.1443
39°	0.6293	0.7771	0.8098	84°	0.9945	0.1045	9.5144
40°	0.6428	0.7660	0.8391	85°	0.9962	0.0872	11.4301
41°	0.6561	0.7547	0.8693	86°	0.9976	0.0698	14.3007
42°	0.6691	0.7431	0.9004	87°	0.9986	0.0523	19.0811
43°	0.6820	0.7314	0.9325	88°	0.9994	0.0349	28.6363
44°	0.6947	0.7193	0.9657	89°	0.9998	0.0175	57.2900
45°	0.7071	0.7071	1.0000	90°	1.0000	0.0000	なし

■編　者
岡部 恒治　埼玉大学名誉教授
北島 茂樹　明星大学教授

■編集協力者
石椛 康朗　本郷中学校・高等学校教諭
上ヶ谷 友佑　広島大学附属福山中学校教諭
宇治川 雅也　東京都立白鷗高等学校・附属中学校教諭
大瀧 祐樹　東京都市大学付属中学校・高等学校教諭
大塚 重夫　浅野中学校・高等学校教諭
川端 清継　立命館中学校・高等学校教諭
官野 達博　横浜雙葉中学校・高等学校教諭
久保 光章　広島女学院中学高等学校主幹教諭
小松 道治　栄光学園中学高等学校教諭
坂巻 主太　佐久長聖中学・高等学校教諭
佐野 塁生　恵泉女学園中学・高等学校教諭
鈴木 祥之　早稲田大学系属早稲田実業学校教諭
髙村 亮　大妻中野中学校・高等学校教諭
竪 勇也　高槻中学校・高等学校教諭
田中 勉　田中教育研究所
中路 隆行　ノートルダム清心中・高等学校教諭
中畑 弘次　安田女子中学高等学校教諭
野末 訓章　南山高等学校・中学校男子部教諭
林 三奈夫　海星中学校・海星高等学校教諭
原澤 研二　立命館中学校・高等学校教諭
原田 泰典　大阪桐蔭中学校高等学校教諭
本多 壮太郎　鷗友学園女子中学高等学校教諭
前田 有嬉　南山高等学校・中学校女子部教諭
松岡 将秀　大阪桐蔭中学校高等学校教諭
松尾 鉄也　立教女学院中学校・高等学校教諭
吉村 浩　本郷中学校・高等学校教諭

■編集協力校
同志社香里中学校・高等学校

■表紙デザイン　有限会社アーク・ビジュアル・ワークス
■本文デザイン　齋藤 直樹／山本 泰子(Concent, Inc.)
　デザイン・プラス・プロフ株式会社
■イラスト　たなかきなこ
■写真協力　アフロ，amanaimages

初版
第1刷　2003年9月1日　発行
新課程
第1刷　2021年4月1日　発行

新課程

中高一貫教育をサポートする

体系数学 3
数式・関数編

[高校1，2年生用]

数と式，関数，図形の性質

ISBN978-4-410-21797-5

編　者　岡部 恒治　北島 茂樹
発行者　星野 泰也
発行所　**数研出版株式会社**
〒101-0052 東京都千代田区神田小川町2丁目3番地3
〔振替〕00140-4-118431
〒604-0861 京都市中京区烏丸通竹屋町上る大倉町205番地
〔電話〕代表 (075)231-0161
ホームページ　https://www.chart.co.jp
印刷　創栄図書印刷株式会社

三角関数と点の移動

本書の第 6 章で学ぶ三角関数の加法定理を利用すると，座標平面上の点を，原点 O を中心として一定の角度だけ回転した位置にある点の座標を求めることができる。

たとえば，点 P(2, 4)を，原点 O を中心として $\frac{\pi}{4}$ だけ回転した位置にある点 Q の座標を求める。

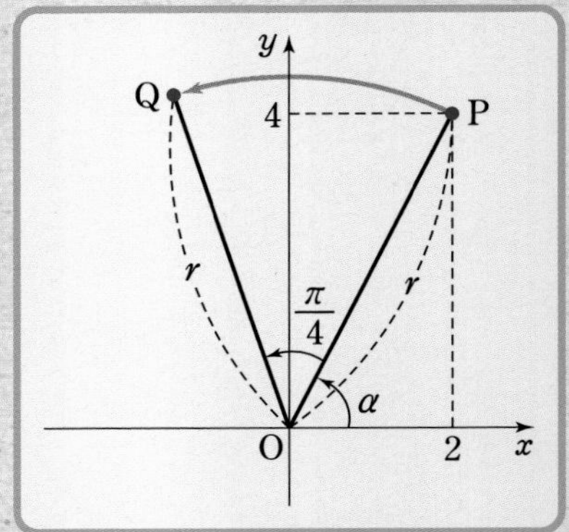

OP$=r$ とし，動径 OP と x 軸の正の向きとのなす角を α とすると

$$2=r\cos\alpha,\qquad 4=r\sin\alpha$$

となる。

点 Q の座標を$(x,\ y)$とすると

$$x=r\cos\left(\alpha+\frac{\pi}{4}\right),\qquad y=r\sin\left(\alpha+\frac{\pi}{4}\right)$$

となる。

ここで，三角関数の加法定理を利用すると

$$\begin{aligned}x&=r\left(\cos\alpha\cos\frac{\pi}{4}-\sin\alpha\sin\frac{\pi}{4}\right)\\&=r\cos\alpha\cos\frac{\pi}{4}-r\sin\alpha\sin\frac{\pi}{4}\\&=2\cdot\frac{1}{\sqrt{2}}-4\cdot\frac{1}{\sqrt{2}}\\&=-\sqrt{2}\end{aligned}$$

新課程　中高一貫教育をサポートする

体系数学3

数式・関数編 [高校1，2年生用]

数と式，関数，図形の性質

解答編

数研出版

第1章　数と式

1　多項式（本冊 $p.6$～14）

練習1　(1)　係数は **6**，次数は **3**

(2)　係数は **−5**，次数は **1**

(3)　係数は **2**，次数は **3**

(4)　係数は **−1**，次数は **5**

練習2　(1)　x に着目すると，

係数は $\boldsymbol{7a^2y^3}$，次数は **1**

y に着目すると，

係数は $\boldsymbol{7a^2x}$，次数は **3**

(2)　x と y に着目すると，

係数は $\boldsymbol{-3ab}$，次数は **3**

練習3　(1)　$6x^2+5x-1-3x^2+2x-8$

$=(6-3)x^2+(5+2)x+(-1-8)$

$\boldsymbol{=3x^2+7x-9}$

(2)　$3a^2-7ab-5b^2-4a^2+2ab-9b^2$

$=(3-4)a^2+(-7+2)ab+(-5-9)b^2$

$\boldsymbol{=-a^2-5ab-14b^2}$

練習4　(1)　次数は **3**，定数項は $\boldsymbol{by^2-c}$

(2)　次数は **2**，定数項は $\boldsymbol{ax^3-c}$

(3)　次数は **3**，定数項は $\boldsymbol{-c}$

練習5　(1)　$\boldsymbol{x^2+(a-2)x+(3a-9)}$

(2)　$\boldsymbol{x^2+(5y-3)x+(2y^3-7y+4)}$

練習6　(1)　$\boldsymbol{A+B}=(4x^3+x-6x^2-7)$

$+(8x^3-3x^2+x-1)$

$=(4+8)x^3+(-6-3)x^2$

$+(1+1)x+(-7-1)$

$\boldsymbol{=12x^3-9x^2+2x-8}$

$\boldsymbol{A-B}=(4x^3+x-6x^2-7)$

$-(8x^3-3x^2+x-1)$

$=4x^3+x-6x^2-7$

$-8x^3+3x^2-x+1$

$=(4-8)x^3+(-6+3)x^2$

$+(1-1)x+(-7+1)$

$\boldsymbol{=-4x^3-3x^2-6}$

(2)　$\boldsymbol{A+B}=(3x^2+2xy^2-5x^2y-5y^2)$

$+(x^2-4x^2y+3-xy^2+2y^2)$

$=(3+1)x^2+(-5-4)x^2y$

$+(2-1)xy^2+(-5+2)y^2+3$

$\boldsymbol{=4x^2-9x^2y+xy^2-3y^2+3}$

$\boldsymbol{A-B}=(3x^2+2xy^2-5x^2y-5y^2)$

$-(x^2-4x^2y+3-xy^2+2y^2)$

$=3x^2+2xy^2-5x^2y-5y^2$

$-x^2+4x^2y-3+xy^2-2y^2$

$=(3-1)x^2+(-5+4)x^2y$

$+(2+1)xy^2+(-5-2)y^2-3$

$\boldsymbol{=2x^2-x^2y+3xy^2-7y^2-3}$

練習7　$\boldsymbol{A-B+C}$

$=(a^2+9ab-7b^2)-(3a^2-ab)$

$+(5a^2-2ab+4b^2)$

$=a^2+9ab-7b^2-3a^2+ab$

$+5a^2-2ab+4b^2$

$=(1-3+5)a^2+(9+1-2)ab$

$+(-7+4)b^2$

$\boldsymbol{=3a^2+8ab-3b^2}$

$\boldsymbol{3A-(A-B+3C)}$

$=2A+B-3C$

$=2(a^2+9ab-7b^2)+(3a^2-ab)$

$-3(5a^2-2ab+4b^2)$

$=2a^2+18ab-14b^2+3a^2-ab$

$-15a^2+6ab-12b^2$

$=(2+3-15)a^2+(18-1+6)ab$

$+(-14-12)b^2$

$\boldsymbol{=-10a^2+23ab-26b^2}$

練習8　(1)　$4a^3\times6a^5=4\times6\times a^{3+5}$

$\boldsymbol{=24a^8}$

(2)　$-(3x^2y)^2\times4xy^3$

$=-3^2(x^2)^2y^2\times4xy^3$

$=-9x^4y^2\times4xy^3$

$=-9\times4\times x^{4+1}\times y^{2+3}$

$\boldsymbol{=-36x^5y^5}$

(3)　$2a^3b^2\times(-3b^5)^2$

$=2a^3b^2\times(-3)^2\times(b^5)^2$

$=2a^3b^2\times9\times b^{10}$

$=2\times9\times a^3\times b^{2+10}$

$\boldsymbol{=18a^3b^{12}}$

(4)　$(-2x^3y^2)^3\times5xy^4$

$=(-2)^3(x^3)^3(y^2)^3\times5xy^4$

$=-8x^9y^6\times5xy^4$

$=-8\times5\times x^{9+1}\times y^{6+4}$

$\boldsymbol{=-40x^{10}y^{10}}$

練習 9 (1) $7a^2(3a^3-4a^2-1)$

$=7a^2\cdot 3a^3-7a^2\cdot 4a^2-7a^2\cdot 1$

$=\boldsymbol{21a^5-28a^4-7a^2}$

(2) $(x^2+5x-3)(-x^4)$

$=x^2\cdot(-x^4)+5x\cdot(-x^4)-3\cdot(-x^4)$

$=\boldsymbol{-x^6-5x^5+3x^4}$

(3) $(2x^2-3x+5)(x+2)$

$=(2x^2-3x+5)x+(2x^2-3x+5)\cdot 2$

$=2x^3-3x^2+5x+4x^2-6x+10$

$=\boldsymbol{2x^3+x^2-x+10}$

(4) $(3x^2+2x-4)(2x-1)$

$=(3x^2+2x-4)\cdot 2x+(3x^2+2x-4)\cdot(-1)$

$=6x^3+4x^2-8x-3x^2-2x+4$

$=\boldsymbol{6x^3+x^2-10x+4}$

(5) $(x+y)(2x^2-xy-3)$

$=x(2x^2-xy-3)+y(2x^2-xy-3)$

$=2x^3-x^2y-3x+2x^2y-xy^2-3y$

$=\boldsymbol{2x^3+x^2y-xy^2-3x-3y}$

(6) $(a-b)(a^2+ab+b^2)$

$=a(a^2+ab+b^2)-b(a^2+ab+b^2)$

$=a^3+a^2b+ab^2-a^2b-ab^2-b^3$

$=\boldsymbol{a^3-b^3}$

練習10 (1) $(2x+3y)^2=(2x)^2+2\cdot 2x\cdot 3y+(3y)^2$

$=\boldsymbol{4x^2+12xy+9y^2}$

(2) $(5a-4b)^2=(5a)^2-2\cdot 5a\cdot 4b+(4b)^2$

$=\boldsymbol{25a^2-40ab+16b^2}$

(3) $(3x+4y)(3x-4y)=(3x)^2-(4y)^2$

$=\boldsymbol{9x^2-16y^2}$

(4) $(2a-7)(2a+3)$

$=(2a)^2+(-7+3)\cdot 2a+(-7)\cdot 3$

$=\boldsymbol{4a^2-8a-21}$

練習11 $(ax+b)(cx+d)$ を展開すると

$(ax+b)(cx+d)=ax(cx+d)+b(cx+d)$

$=acx^2+adx+bcx+bd$

$=acx^2+(ad+bc)x+bd$

よって,

$(ax+b)(cx+d)=acx^2+(ad+bc)x+bd$

が成り立つ。

練習12 (1) $(3x+2)(5x+1)$

$=3\cdot 5x^2+(3\cdot 1+2\cdot 5)x+2\cdot 1$

$=\boldsymbol{15x^2+13x+2}$

(2) $(2x-3)(4x+5)$

$=2\cdot 4x^2+\{2\cdot 5+(-3)\cdot 4\}x+(-3)\cdot 5$

$=\boldsymbol{8x^2-2x-15}$

(3) $(4a-3b)(a-5b)$

$=4\cdot 1a^2+\{4\cdot(-5b)+(-3b)\cdot 1\}a$

$+(-3b)\cdot(-5b)$

$=\boldsymbol{4a^2-23ab+15b^2}$

練習13 (1) $(x+2)^3=x^3+3\cdot x^2\cdot 2+3\cdot x\cdot 2^2+2^3$

$=\boldsymbol{x^3+6x^2+12x+8}$

(2) $(2a-1)^3$

$=(2a)^3-3\cdot(2a)^2\cdot 1+3\cdot 2a\cdot 1^2-1^3$

$=\boldsymbol{8a^3-12a^2+6a-1}$

(3) $(4x+y)^3$

$=(4x)^3+3\cdot(4x)^2\cdot y+3\cdot 4x\cdot y^2+y^3$

$=\boldsymbol{64x^3+48x^2y+12xy^2+y^3}$

(4) $(3a-2b)^3$

$=(3a)^3-3\cdot(3a)^2\cdot 2b+3\cdot 3a\cdot(2b)^2-(2b)^3$

$=\boldsymbol{27a^3-54a^2b+36ab^2-8b^3}$

練習14 $(a+b)(a^2-ab+b^2)$ を展開すると

$(a+b)(a^2-ab+b^2)$

$=a(a^2-ab+b^2)+b(a^2-ab+b^2)$

$=a^3-a^2b+ab^2+a^2b-ab^2+b^3$

$=a^3+b^3$

よって, $(a+b)(a^2-ab+b^2)=a^3+b^3$ が成り立つ。

練習15 (1) $(2x+1)(4x^2-2x+1)$

$=(2x+1)\{(2x)^2-2x\cdot 1+1^2\}$

$=(2x)^3+1^3$

$=\boldsymbol{8x^3+1}$

(2) $(3a-2b)(9a^2+6ab+4b^2)$

$=(3a-2b)\{(3a)^2+3a\cdot 2b+(2b)^2\}$

$=(3a)^3-(2b)^3$

$=\boldsymbol{27a^3-8b^3}$

練習16 (1) $(a-b+c)^2$

$=a^2+(-b)^2+c^2$

$+2a\cdot(-b)+2\cdot(-b)\cdot c+2ca$

$=\boldsymbol{a^2+b^2+c^2-2ab-2bc+2ca}$

(2) $(2x-3y+z)^2$

$=(2x)^2+(-3y)^2+z^2$

$+2\cdot 2x\cdot(-3y)+2\cdot(-3y)\cdot z+2z\cdot 2x$

$=\boldsymbol{4x^2+9y^2+z^2-12xy-6yz+4zx}$

練習17 (1) $(2a+b)^2(2a-b)^2$

$=\{(2a+b)(2a-b)\}^2$

$=(4a^2-b^2)^2$

$=\boldsymbol{16a^4-8a^2b^2+b^4}$

(2) $(x-y)^3(x+y)^3$
$=\{(x-y)(x+y)\}^3$
$=(x^2-y^2)^3$
$=\boldsymbol{x^6-3x^4y^2+3x^2y^4-y^6}$

(3) $(x-3)(x+3)(x^2+9)$
$=(x^2-9)(x^2+9)$
$=\boldsymbol{x^4-81}$

(4) $(x+1)(x-1)(x^2+1)(x^4+1)$
$=(x^2-1)(x^2+1)(x^4+1)$
$=(x^4-1)(x^4+1)$
$=\boldsymbol{x^8-1}$

(5) $(x^2+3x-3)(x^2+3x-5)$
$=\{(x^2+3x)-3\}\{(x^2+3x)-5\}$
$=(x^2+3x)^2-8(x^2+3x)+15$
$=x^4+6x^3+9x^2-8x^2-24x+15$
$=\boldsymbol{x^4+6x^3+x^2-24x+15}$

練習18 $(a+b+c)^2+(a-b-c)^2$
$-(a-b+c)^2-(a+b-c)^2$
$=\{a+(b+c)\}^2+\{a-(b+c)\}^2$
$-\{a-(b-c)\}^2-\{a+(b-c)\}^2$
$=a^2+2a(b+c)+(b+c)^2$
$+a^2-2a(b+c)+(b+c)^2$
$-\{a^2-2a(b-c)+(b-c)^2\}$
$-\{a^2+2a(b-c)+(b-c)^2\}$
$=2(b+c)^2-2(b-c)^2$
$=2(b^2+2bc+c^2)-2(b^2-2bc+c^2)$
$=\boldsymbol{8bc}$

2 因数分解 (本冊 p. 15～21)

練習19 (1) $3x^2y+6xy^2-12xyz$
$=3xy\cdot x+3xy\cdot 2y-3xy\cdot 4z$
$=\boldsymbol{3xy(x+2y-4z)}$

(2) $6a^2bc^2+4a^2b^2c-2abc$
$=2abc\cdot 3ac+2abc\cdot 2ab-2abc\cdot 1$
$=\boldsymbol{2abc(3ac+2ab-1)}$

(3) $a(2x-y)-(y-2x)b$
$=a(2x-y)+(2x-y)b$
$=\boldsymbol{(a+b)(2x-y)}$

(4) $(a+b)x-ay-by$
$=(a+b)x-(a+b)y$
$=\boldsymbol{(a+b)(x-y)}$

練習20 (1) $x^2+14x+49=x^2+2\cdot x\cdot 7+7^2$
$=\boldsymbol{(x+7)^2}$

(2) $x^2-10x+25=x^2-2\cdot x\cdot 5+5^2$
$=\boldsymbol{(x-5)^2}$

(3) $4a^2-12ab+9b^2$
$=(2a)^2-2\cdot 2a\cdot 3b+(3b)^2$
$=\boldsymbol{(2a-3b)^2}$

(4) $16x^2-81y^2=(4x)^2-(9y)^2$
$=\boldsymbol{(4x+9y)(4x-9y)}$

(5) $9a^2-(b-1)^2$
$=(3a)^2-(b-1)^2$
$=\{3a+(b-1)\}\{3a-(b-1)\}$
$=\boldsymbol{(3a+b-1)(3a-b+1)}$

(6) $x^2+6x+8=x^2+(2+4)x+2\cdot 4$
$=\boldsymbol{(x+2)(x+4)}$

(7) $x^2-17x-60$
$=x^2+\{3+(-20)\}x+3\cdot(-20)$
$=\boldsymbol{(x+3)(x-20)}$

(8) $a^2+8ab-20b^2$
$=a^2+\{10b+(-2b)\}a+10b\cdot(-2b)$
$=\boldsymbol{(a+10b)(a-2b)}$

(9) $x^2-xy-30y^2$
$=x^2+\{5y+(-6y)\}x+5y\cdot(-6y)$
$=\boldsymbol{(x+5y)(x-6y)}$

練習21 (1) $2x^2+11x+12=\boldsymbol{(x+4)(2x+3)}$
(2) $3x^2-2x-8=\boldsymbol{(x-2)(3x+4)}$
(3) $4x^2-12x+5=\boldsymbol{(2x-1)(2x-5)}$
(4) $8x^2+18x-5=\boldsymbol{(2x+5)(4x-1)}$
(5) $3a^2+7ab-6b^2=\boldsymbol{(a+3b)(3a-2b)}$
(6) $6a^2+ab-15b^2=\boldsymbol{(2a-3b)(3a+5b)}$

練習22 (1) $8x^3+12x^2+6x+1$
$=(2x)^3+3\cdot(2x)^2\cdot 1+3\cdot 2x\cdot 1^2+1^3$
$=\boldsymbol{(2x+1)^3}$

(2) $a^3-9a^2b+27ab^2-27b^3$
$=a^3-3\cdot a^2\cdot 3b+3\cdot a\cdot(3b)^2-(3b)^3$
$=\boldsymbol{(a-3b)^3}$

(3) $a^3+64=a^3+4^3$
$=(a+4)(a^2-a\cdot 4+4^2)$
$=\boldsymbol{(a+4)(a^2-4a+16)}$

(4) $x^3-1=x^3-1^3$
$=(x-1)(x^2+x\cdot 1+1^2)$
$=\boldsymbol{(x-1)(x^2+x+1)}$

(5) $64x^3+27y^3$
$=(4x)^3+(3y)^3$
$=(4x+3y)\{(4x)^2-4x\cdot 3y+(3y)^2\}$
$=\boldsymbol{(4x+3y)(16x^2-12xy+9y^2)}$

(6) $250a^3-16b^3$

$=2(125a^3-8b^3)$

$=2\{(5a)^3-(2b)^3\}$

$=2(5a-2b)\{(5a)^2+5a\cdot 2b+(2b)^2\}$

$=\boldsymbol{2(5a-2b)(25a^2+10ab+4b^2)}$

練習23 (1) x^2-y^2+6y-9

$=x^2-(y^2-6y+9)$

$=x^2-(y-3)^2$

$=\{x+(y-3)\}\{x-(y-3)\}$

$=\boldsymbol{(x+y-3)(x-y+3)}$

(2) $x^2-4y^2-12y-9$

$=x^2-(4y^2+12y+9)$

$=x^2-(2y+3)^2$

$=\{x+(2y+3)\}\{x-(2y+3)\}$

$=\boldsymbol{(x+2y+3)(x-2y-3)}$

練習24 (1) x^4-17x^2+16

$=(x^2)^2-17x^2+16$

$=(x^2-1)(x^2-16)$

$=\boldsymbol{(x+1)(x-1)(x+4)(x-4)}$

(2) x^4+2x^2+9

$=(x^4+6x^2+9)-4x^2$

$=(x^2+3)^2-(2x)^2$

$=\{(x^2+3)+2x\}\{(x^2+3)-2x\}$

$=\boldsymbol{(x^2+2x+3)(x^2-2x+3)}$

(3) $x^4+x^2y^2+25y^4$

$=(x^4+10x^2y^2+25y^4)-9x^2y^2$

$=(x^2+5y^2)^2-(3xy)^2$

$=\{(x^2+5y^2)+3xy\}\{(x^2+5y^2)-3xy\}$

$=\boldsymbol{(x^2+3xy+5y^2)(x^2-3xy+5y^2)}$

練習25 (1) $x^3+x^2y+x^2-y$

$=(x^2-1)y+(x^3+x^2)$

$=(x+1)(x-1)y+x^2(x+1)$

$=(x+1)\{(x-1)y+x^2\}$

$=\boldsymbol{(x+1)(x^2+xy-y)}$

(2) $2x^2+6xy+3x-3y-2$

$=(6x-3)y+(2x^2+3x-2)$

$=3(2x-1)y+(x+2)(2x-1)$

$=(2x-1)\{3y+(x+2)\}$

$=\boldsymbol{(2x-1)(x+3y+2)}$

練習26 (1) $x^2+xy-6y^2-x+7y-2$

$=x^2+(y-1)x-(6y^2-7y+2)$

$=x^2+(y-1)x-(2y-1)(3y-2)$

$=\{x-(2y-1)\}\{x+(3y-2)\}$

$=\boldsymbol{(x-2y+1)(x+3y-2)}$

(2) $2x^2+7xy+3y^2-x+2y-1$

$=2x^2+(7y-1)x+(3y^2+2y-1)$

$=2x^2+(7y-1)x+(y+1)(3y-1)$

$=\{x+(3y-1)\}\{2x+(y+1)\}$

$=\boldsymbol{(x+3y-1)(2x+y+1)}$

練習27 $ab(a-b)+bc(b-c)+ca(c-a)$

$=a^2b-ab^2+b^2c-bc^2+c^2a-ca^2$

$=(b-c)a^2-(b^2-c^2)a+b^2c-bc^2$

$=(b-c)a^2-(b+c)(b-c)a+bc(b-c)$

$=(b-c)\{a^2-(b+c)a+bc\}$

$=(b-c)(a-b)(a-c)$

$=\boldsymbol{-(a-b)(b-c)(c-a)}$

3 多項式の割り算 (本冊 $p.$ 22〜24)

練習28 (1)

$$\begin{array}{r} 2x-1 \\ x+3\,\big)\overline{\,2x^2+5x-8} \\ \underline{2x^2+6x} \\ -x-8 \\ \underline{-x-3} \\ -5 \end{array}$$

上の計算から，商は $\boldsymbol{2x-1}$，余りは $\boldsymbol{-5}$

また　$\boldsymbol{2x^2+5x-8=(x+3)(2x-1)-5}$

(2)

$$\begin{array}{r} x^2-\ x\ -2 \\ x-2\,\big)\overline{\,x^3-3x^2\qquad -7} \\ \underline{x^3-2x^2\qquad\quad} \\ -x^2\qquad\quad \\ \underline{-x^2+2x} \\ -2x-7 \\ \underline{-2x+4} \\ -11 \end{array}$$

上の計算から，商は $\boldsymbol{x^2-x-2}$，余りは $\boldsymbol{-11}$

また　$\boldsymbol{x^3-3x^2-7=(x-2)(x^2-x-2)-11}$

(3)

$$\begin{array}{r} 3x\ +5\qquad\quad \\ x^2-2x-1\,\big)\overline{\,3x^3-\ x^2-16x-1} \\ \underline{3x^3-6x^2-\ 3x\quad} \\ 5x^2-13x-1 \\ \underline{5x^2-10x-5} \\ -3x+4 \end{array}$$

上の計算から，商は　$\boldsymbol{3x+5}$,

余りは $\boldsymbol{-3x+4}$

また　$\boldsymbol{3x^3-x^2-16x-1}$

$\boldsymbol{=(x^2-2x-1)(3x+5)-3x+4}$

練習29　$A=(2x^2+3)(x+1)+6x-2$ であるから

$$A=2x^3+2x^2+3x+3+6x-2$$
$$=\boldsymbol{2x^3+2x^2+9x+1}$$

練習30　多項式 A, B を b について降べきの順に整理すると

$$A=-3b^3+2ab^2+a^3,\ B=b+a$$

$$\begin{array}{r|l} & -3b^2+5ab-5a^2 \\ \hline b+a & -3b^3+2ab^2 \qquad + a^3 \\ & -3b^3-3ab^2 \\ \hline & 5ab^2 \\ & 5ab^2+5a^2b \\ \hline & -5a^2b+a^3 \\ & -5a^2b-5a^3 \\ \hline & 6a^3 \end{array}$$

上の計算から，商は　$\boldsymbol{-3b^2+5ab-5a^2}$,

余りは $\boldsymbol{6a^3}$

4　分数式 (本冊 $p.25$～30)

練習31　(1) $\dfrac{-56ab^3c^2}{7a^2bc^2}=-\dfrac{7abc^2\cdot 8b^2}{7abc^2\cdot a}$

$$=\boldsymbol{-\frac{8b^2}{a}}$$

(2) $\dfrac{x+2}{x^2-x-6}=\dfrac{x+2}{(x+2)(x-3)}=\boldsymbol{\dfrac{1}{x-3}}$

(3) $\dfrac{x^2-2x-3}{x^2-4x+3}=\dfrac{(x+1)(x-3)}{(x-1)(x-3)}=\boldsymbol{\dfrac{x+1}{x-1}}$

(4) $\dfrac{a^3-a^2+a}{a^3+1}=\dfrac{a(a^2-a+1)}{(a+1)(a^2-a+1)}=\boldsymbol{\dfrac{a}{a+1}}$

練習32　(1) $\dfrac{x^2+7x+12}{x^2-4}\times\dfrac{x+2}{x^2+3x-4}$

$$=\frac{(x+3)(x+4)}{(x+2)(x-2)}\times\frac{x+2}{(x-1)(x+4)}$$
$$=\boldsymbol{\frac{x+3}{(x-1)(x-2)}}$$

(2) $\dfrac{x^2-5x-6}{x^2+2x+4}\div\dfrac{x^2+3x+2}{x^3-8}$

$$=\frac{x^2-5x-6}{x^2+2x+4}\times\frac{x^3-8}{x^2+3x+2}$$
$$=\frac{(x+1)(x-6)}{x^2+2x+4}\times\frac{(x-2)(x^2+2x+4)}{(x+1)(x+2)}$$
$$=\boldsymbol{\frac{(x-2)(x-6)}{x+2}}$$

(3) $\dfrac{x+y}{2x^2-xy-y^2}\times\dfrac{4x^2-y^2}{x^2-2xy-3y^2}$

$$=\frac{x+y}{(x-y)(2x+y)}\times\frac{(2x+y)(2x-y)}{(x+y)(x-3y)}$$
$$=\boldsymbol{\frac{2x-y}{(x-y)(x-3y)}}$$

練習33　(1) $\dfrac{x^2-2}{x-1}+\dfrac{1}{x-1}=\dfrac{x^2-2+1}{x-1}$

$$=\frac{x^2-1}{x-1}$$
$$=\frac{(x+1)(x-1)}{x-1}$$
$$=\boldsymbol{x+1}$$

(2) $\dfrac{x^2-1}{x-2}+\dfrac{4x-11}{x-2}=\dfrac{x^2-1+4x-11}{x-2}$

$$=\frac{x^2+4x-12}{x-2}$$
$$=\frac{(x-2)(x+6)}{x-2}=\boldsymbol{x+6}$$

(3) $\dfrac{x^3}{x^2-9}-\dfrac{27}{x^2-9}=\dfrac{x^3-27}{x^2-9}$

$$=\frac{(x-3)(x^2+3x+9)}{(x+3)(x-3)}$$
$$=\boldsymbol{\frac{x^2+3x+9}{x+3}}$$

練習34　(1) $\dfrac{1}{x^2-x}+\dfrac{1}{x^2-3x+2}$

$$=\frac{1}{x(x-1)}+\frac{1}{(x-1)(x-2)}$$
$$=\frac{x-2}{x(x-1)(x-2)}+\frac{x}{x(x-1)(x-2)}$$
$$=\frac{2x-2}{x(x-1)(x-2)}$$
$$=\frac{2(x-1)}{x(x-1)(x-2)}=\boldsymbol{\frac{2}{x(x-2)}}$$

(2) $\dfrac{x+4}{x^2-x-2}-\dfrac{x+3}{2x^2-8}$

$$=\frac{x+4}{(x+1)(x-2)}-\frac{x+3}{2(x+2)(x-2)}$$
$$=\frac{(x+4)\cdot 2(x+2)}{2(x+1)(x+2)(x-2)}$$
$$-\frac{(x+3)(x+1)}{2(x+1)(x+2)(x-2)}$$
$$=\frac{(2x^2+12x+16)-(x^2+4x+3)}{2(x+1)(x+2)(x-2)}$$
$$=\boldsymbol{\frac{x^2+8x+13}{2(x+1)(x+2)(x-2)}}$$

(3) $a+3-\dfrac{5a}{a+2}=\dfrac{(a+3)(a+2)}{a+2}-\dfrac{5a}{a+2}$

$=\dfrac{(a+3)(a+2)-5a}{a+2}$

$=\dfrac{(a^2+5a+6)-5a}{a+2}$

$=\boldsymbol{\dfrac{a^2+6}{a+2}}$

練習35 (1) $\dfrac{1}{x-3}-\dfrac{1}{x+3}-\dfrac{6}{x^2+9}$

$=\dfrac{(x+3)-(x-3)}{(x-3)(x+3)}-\dfrac{6}{x^2+9}$

$=\dfrac{6}{x^2-9}-\dfrac{6}{x^2+9}$

$=\dfrac{6(x^2+9)-6(x^2-9)}{(x^2-9)(x^2+9)}$

$=\dfrac{108}{(x^2-9)(x^2+9)}$

$=\boldsymbol{\dfrac{108}{x^4-81}}$

(2) $\dfrac{1}{x-1}-\dfrac{1}{x+1}-\dfrac{2}{x^2+1}-\dfrac{4}{x^4+1}$

$=\dfrac{(x+1)-(x-1)}{(x-1)(x+1)}-\dfrac{2}{x^2+1}-\dfrac{4}{x^4+1}$

$=\dfrac{2}{x^2-1}-\dfrac{2}{x^2+1}-\dfrac{4}{x^4+1}$

$=\dfrac{2(x^2+1)-2(x^2-1)}{(x^2-1)(x^2+1)}-\dfrac{4}{x^4+1}$

$=\dfrac{4}{x^4-1}-\dfrac{4}{x^4+1}$

$=\dfrac{4(x^4+1)-4(x^4-1)}{(x^4-1)(x^4+1)}$

$=\dfrac{8}{(x^4-1)(x^4+1)}$

$=\boldsymbol{\dfrac{8}{x^8-1}}$

練習36 (1) $\dfrac{1-\dfrac{x-y}{x+y}}{1+\dfrac{x-y}{x+y}}=\dfrac{\dfrac{(x+y)-(x-y)}{x+y}}{\dfrac{(x+y)+(x-y)}{x+y}}$

$=\dfrac{2y}{x+y}\div\dfrac{2x}{x+y}$

$=\dfrac{2y}{x+y}\times\dfrac{x+y}{2x}$

$=\boldsymbol{\dfrac{y}{x}}$

(2) $\dfrac{1}{1-\dfrac{1}{1-\dfrac{1}{1+a}}}=\dfrac{1}{1-\dfrac{1}{\dfrac{a}{1+a}}}$

$=\dfrac{1}{1-1\div\dfrac{a}{1+a}}$

$=\dfrac{1}{1-\dfrac{1+a}{a}}=\dfrac{1}{-\dfrac{1}{a}}$

$=1\div\left(-\dfrac{1}{a}\right)$

$=\boldsymbol{-a}$

練習37 (1) $a^2+b^2=(a+b)^2-2ab$

$=\left(\dfrac{5}{2}\right)^2-2\cdot(-6)$

$=\boldsymbol{\dfrac{73}{4}}$

(2) $\dfrac{b}{a}+\dfrac{a}{b}=\dfrac{b^2+a^2}{ab}$

$=\dfrac{\dfrac{73}{4}}{-6}$

$=\boldsymbol{-\dfrac{73}{24}}$

(3) $\dfrac{1}{a^2}+\dfrac{1}{b^2}=\dfrac{b^2+a^2}{a^2b^2}$

$=\dfrac{a^2+b^2}{(ab)^2}$

$=\dfrac{\dfrac{73}{4}}{(-6)^2}$

$=\boldsymbol{\dfrac{73}{144}}$

練習38 $x^2+\dfrac{1}{x^2}=\left(x-\dfrac{1}{x}\right)^2+2x\cdot\dfrac{1}{x}$

$=3^2+2$

$=\mathbf{11}$

$x^3-\dfrac{1}{x^3}=\left(x-\dfrac{1}{x}\right)^3+3x\cdot\dfrac{1}{x}\left(x-\dfrac{1}{x}\right)$

$=3^3+3\cdot3$

$=\mathbf{36}$

別解 $x^3-\dfrac{1}{x^3}=\left(x-\dfrac{1}{x}\right)\left(x^2+x\cdot\dfrac{1}{x}+\dfrac{1}{x^2}\right)$

$=3\cdot(11+1)$

$=\mathbf{36}$

5　実数　(本冊 p. 31〜41)

練習39　(1)　$x=0.\dot{5}$ とおく。

$$\begin{array}{rr} 10x=5.555\cdots\cdots \\ -)\quad x=0.555\cdots\cdots \\ \hline 9x=5 \end{array}$$

上の計算から　$9x=5$

よって　$x=\dfrac{5}{9}$　　答　$\boldsymbol{\dfrac{5}{9}}$

(2)　$x=0.\dot{1}\dot{2}$ とおく。

$$\begin{array}{rr} 100x=12.1212\cdots\cdots \\ -)\quad x=\ 0.1212\cdots\cdots \\ \hline 99x=12 \end{array}$$

上の計算から　$99x=12$

よって　$x=\dfrac{4}{33}$　　答　$\boldsymbol{\dfrac{4}{33}}$

(3)　$x=0.\dot{3}2\dot{1}$ とおく。

$$\begin{array}{rr} 1000x=321.321321\cdots\cdots \\ -)\quad x=\ 0.321321\cdots\cdots \\ \hline 999x=321 \end{array}$$

上の計算から　$999x=321$

よって　$x=\dfrac{107}{333}$　　答　$\boldsymbol{\dfrac{107}{333}}$

(4)　$x=6.\dot{2}\dot{7}$ とおく。

$$\begin{array}{rr} 100x=627.2727\cdots\cdots \\ -)\quad x=\ 6.2727\cdots\cdots \\ \hline 99x=621 \end{array}$$

上の計算から　$99x=621$

よって　$x=\dfrac{69}{11}$　　答　$\boldsymbol{\dfrac{69}{11}}$

練習40　(1)　整数部分は　**4**　　小数部分は　**0.93**

(2)　$\sqrt{4}<\sqrt{5}<\sqrt{9}$ であるから　$2<\sqrt{5}<3$

よって　$1<\sqrt{5}-1<2$

したがって，整数部分は　**1**

小数部分は

$(\sqrt{5}-1)-1=\boldsymbol{\sqrt{5}-2}$

(3)　整数部分は　**3**　　小数部分は　$\boldsymbol{\pi-3}$

練習41　(1)　$|-3+2|=|-1|=\mathbf{1}$

(2)　$\left|\dfrac{1}{2}-\dfrac{1}{3}\right|=\left|\dfrac{1}{6}\right|=\boldsymbol{\dfrac{1}{6}}$

(3)　$|-5|+|2|=5+2=\mathbf{7}$

(4)　$1-\sqrt{2}<0$ であるから

$|1-\sqrt{2}|=-(1-\sqrt{2})=\boldsymbol{\sqrt{2}-1}$

練習42　(1)　$|5-2|=|3|=\mathbf{3}$

(2)　$|-3-1|=|-4|=\mathbf{4}$

(3)　$|-6-(-4)|=|-2|=\mathbf{2}$

練習43　$|x+1|=4$ が成り立つことは，点 P(x) が，点 A(-1) から距離 4 の位置にあることである。

P　-4-　A　-4-　P
-5　　-1　　3

よって，求める実数 x の値は

$\boldsymbol{x=-5,\ 3}$

参考　$|x+1|=4$ のとき

$x+1=4$　または　$x+1=-4$

であるから，

$x=4-1=3$　または　$x=-4-1=-5$

のように解くこともできる。

練習44　(1)　[1]　$x-4\geqq 0$ すなわち $x\geqq 4$ のとき

$|x-4|=x-4$ であるから，方程式は

$3(x-4)=x$

これを解くと　$x=6$

これは，$x\geqq 4$ を満たす。

[2]　$x-4<0$ すなわち $x<4$ のとき

$|x-4|=-(x-4)$ であるから，方程式は

$-3(x-4)=x$

これを解くと　$x=3$

これは，$x<4$ を満たす。

よって，[1]，[2] より，求める解は

$\boldsymbol{x=6,\ 3}$

(2)　[1]　$x+2\geqq 0$ すなわち $x\geqq -2$ のとき

$|x+2|=x+2$ であるから，不等式は

$x+2>3x-4$

これを解くと　$x<3$

これと $x\geqq -2$ の共通範囲は

$-2\leqq x<3$　……①

[2]　$x+2<0$ すなわち $x<-2$ のとき

$|x+2|=-(x+2)$ であるから，不等式は

$-(x+2)>3x-4$

これを解くと　$x<\dfrac{1}{2}$

これと $x<-2$ との共通範囲は

$x<-2$　……②

求める解は，① と ② を合わせた範囲である。

よって，求める解は　$\boldsymbol{x<3}$

練習45　(1)　25 の平方根は　$\boldsymbol{\pm 5}$

(2)　$\sqrt{25}=\sqrt{5^2}=\mathbf{5}$

(3) $\sqrt{\dfrac{9}{16}}=\sqrt{\left(\dfrac{3}{4}\right)^2}=\boldsymbol{\dfrac{3}{4}}$

(4) $-\sqrt{49}=-\sqrt{7^2}=\boldsymbol{-7}$

練習46 (1) $\sqrt{2}\sqrt{6}=\sqrt{2\cdot 6}=\sqrt{2^2\cdot 3}=\boldsymbol{2\sqrt{3}}$

(2) $\sqrt{5}\sqrt{10}=\sqrt{5\cdot 10}=\sqrt{5^2\cdot 2}=\boldsymbol{5\sqrt{2}}$

(3) $\dfrac{\sqrt{56}}{\sqrt{2}}=\sqrt{\dfrac{56}{2}}=\sqrt{28}=\sqrt{2^2\cdot 7}=\boldsymbol{2\sqrt{7}}$

(4) $\dfrac{\sqrt{160}}{\sqrt{5}}=\sqrt{\dfrac{160}{5}}=\sqrt{32}=\sqrt{4^2\cdot 2}=\boldsymbol{4\sqrt{2}}$

練習47 (1) $4\sqrt{2}+3\sqrt{2}-8\sqrt{2}$
$=(4+3-8)\sqrt{2}$
$=\boldsymbol{-\sqrt{2}}$

(2) $\sqrt{48}-\sqrt{75}+7\sqrt{3}=4\sqrt{3}-5\sqrt{3}+7\sqrt{3}$
$=(4-5+7)\sqrt{3}$
$=\boldsymbol{6\sqrt{3}}$

(3) $(\sqrt{3}-2\sqrt{5})(4\sqrt{3}+\sqrt{5})$
$=\sqrt{3}\cdot 4\sqrt{3}+\sqrt{3}\cdot\sqrt{5}$
$-2\sqrt{5}\cdot 4\sqrt{3}-2\sqrt{5}\cdot\sqrt{5}$
$=12+\sqrt{15}-8\sqrt{15}-10$
$=\boldsymbol{2-7\sqrt{15}}$

(4) $(\sqrt{6}-3\sqrt{2})^2$
$=(\sqrt{6})^2-2\cdot\sqrt{6}\cdot 3\sqrt{2}+(3\sqrt{2})^2$
$=6-6\sqrt{2^2\cdot 3}+18$
$=\boldsymbol{24-12\sqrt{3}}$

練習48 (1) $\dfrac{10}{\sqrt{5}}=\dfrac{10\sqrt{5}}{\sqrt{5}\cdot\sqrt{5}}=\dfrac{10\sqrt{5}}{5}=\boldsymbol{2\sqrt{5}}$

(2) $\dfrac{\sqrt{6}}{\sqrt{3}+\sqrt{2}}=\dfrac{\sqrt{6}(\sqrt{3}-\sqrt{2})}{(\sqrt{3}+\sqrt{2})(\sqrt{3}-\sqrt{2})}$
$=\dfrac{3\sqrt{2}-2\sqrt{3}}{(\sqrt{3})^2-(\sqrt{2})^2}$
$=\boldsymbol{3\sqrt{2}-2\sqrt{3}}$

(3) $\dfrac{2\sqrt{5}+\sqrt{3}}{\sqrt{5}-\sqrt{3}}=\dfrac{(2\sqrt{5}+\sqrt{3})(\sqrt{5}+\sqrt{3})}{(\sqrt{5}-\sqrt{3})(\sqrt{5}+\sqrt{3})}$
$=\dfrac{10+2\sqrt{15}+\sqrt{15}+3}{(\sqrt{5})^2-(\sqrt{3})^2}$
$=\boldsymbol{\dfrac{13+3\sqrt{15}}{2}}$

(4) $\dfrac{2\sqrt{3}-\sqrt{2}}{2\sqrt{3}+\sqrt{2}}$
$=\dfrac{(2\sqrt{3}-\sqrt{2})^2}{(2\sqrt{3}+\sqrt{2})(2\sqrt{3}-\sqrt{2})}$
$=\dfrac{12-4\sqrt{6}+2}{(2\sqrt{3})^2-(\sqrt{2})^2}$
$=\dfrac{14-4\sqrt{6}}{10}$
$=\boldsymbol{\dfrac{7-2\sqrt{6}}{5}}$

練習49 (1) $x=\dfrac{1}{\sqrt{7}+\sqrt{5}}$
$=\dfrac{\sqrt{7}-\sqrt{5}}{(\sqrt{7}+\sqrt{5})(\sqrt{7}-\sqrt{5})}$
$=\dfrac{\sqrt{7}-\sqrt{5}}{2}$

$y=\dfrac{1}{\sqrt{7}-\sqrt{5}}$
$=\dfrac{\sqrt{7}+\sqrt{5}}{(\sqrt{7}-\sqrt{5})(\sqrt{7}+\sqrt{5})}$
$=\dfrac{\sqrt{7}+\sqrt{5}}{2}$

よって　$x+y=\dfrac{\sqrt{7}-\sqrt{5}}{2}+\dfrac{\sqrt{7}+\sqrt{5}}{2}$
$=\boldsymbol{\sqrt{7}}$

(2) $xy=\dfrac{1}{\sqrt{7}+\sqrt{5}}\cdot\dfrac{1}{\sqrt{7}-\sqrt{5}}=\boldsymbol{\dfrac{1}{2}}$

(3) $x^2+y^2=(x+y)^2-2xy=(\sqrt{7})^2-2\cdot\dfrac{1}{2}$
$=\boldsymbol{6}$

(4) $x^2y+xy^2=xy(x+y)=\dfrac{1}{2}\cdot\sqrt{7}=\boldsymbol{\dfrac{\sqrt{7}}{2}}$

練習50 (1) $\sqrt{10+2\sqrt{21}}=\sqrt{(7+3)+2\sqrt{7\cdot 3}}$
$=\boldsymbol{\sqrt{7}+\sqrt{3}}$

(2) $\sqrt{8-4\sqrt{3}}=\sqrt{8-2\sqrt{12}}$
$=\sqrt{(6+2)-2\sqrt{6\cdot 2}}$
$=\boldsymbol{\sqrt{6}-\sqrt{2}}$

(3) $\sqrt{11-\sqrt{96}}=\sqrt{11-2\sqrt{24}}$
$=\sqrt{(8+3)-2\sqrt{8\cdot 3}}$
$=\sqrt{8}-\sqrt{3}$
$=\boldsymbol{2\sqrt{2}-\sqrt{3}}$

確認問題 （本冊 $p.42$）

問題 1 $\boldsymbol{A-2B+C}$

$=x^2+6xy-5y^2-2(2x^2+3xy)$
$\quad +3x^2-xy+2y^2$
$=x^2+6xy-5y^2-4x^2-6xy$
$\quad +3x^2-xy+2y^2$
$=\boldsymbol{-xy-3y^2}$

$\boldsymbol{3(A+2B)-2(A-3C)-9B}$

$=3A+6B-2A+6C-9B$
$=A-3B+6C$
$=x^2+6xy-5y^2-3(2x^2+3xy)$
$\quad +6(3x^2-xy+2y^2)$
$=x^2+6xy-5y^2-6x^2-9xy$
$\quad +18x^2-6xy+12y^2$
$=\boldsymbol{13x^2-9xy+7y^2}$

問題 2 (1) $(2x+3y)(5x-4y)$

$=2\cdot5x^2+\{2\cdot(-4y)+3y\cdot5\}x$
$\quad +3y\cdot(-4y)$
$=\boldsymbol{10x^2+7xy-12y^2}$

(2) $(a-4b)(2a^2-ab-3b^2)$

$=a(2a^2-ab-3b^2)-4b(2a^2-ab-3b^2)$
$=2a^3-a^2b-3ab^2-8a^2b+4ab^2+12b^3$
$=\boldsymbol{2a^3-9a^2b+ab^2+12b^3}$

(3) $(2a+1)^3$

$=(2a)^3+3\cdot(2a)^2\cdot1+3\cdot2a\cdot1^2+1^3$
$=\boldsymbol{8a^3+12a^2+6a+1}$

(4) $(2x-5y)^3$

$=(2x)^3-3\cdot(2x)^2\cdot5y+3\cdot2x\cdot(5y)^2-(5y)^3$
$=\boldsymbol{8x^3-60x^2y+150xy^2-125y^3}$

(5) $(a+2b)(a^2-2ab+4b^2)$

$=a^3+(2b)^3$
$=\boldsymbol{a^3+8b^3}$

(6) $(2x-3y)(4x^2+6xy+9y^2)$

$=(2x)^3-(3y)^3$
$=\boldsymbol{8x^3-27y^3}$

問題 3 (1) $2x^2+5x-12=\boldsymbol{(x+4)(2x-3)}$

(2) $6x^2-11xy-10y^2=\boldsymbol{(2x-5y)(3x+2y)}$

(3) $15a^2+17ab-4b^2=\boldsymbol{(3a+4b)(5a-b)}$

(4) $8a^3-125b^3=(2a)^3-(5b)^3$
$\qquad =\boldsymbol{(2a-5b)(4a^2+10ab+25b^2)}$

問題 4 (1)

$$\begin{array}{r} 3x\ +13 \\ x-3\,\overline{)\,3x^2+4x-\ 1} \\ \underline{3x^2-9x} \\ 13x-\ 1 \\ \underline{13x-39} \\ 38 \end{array}$$

上の計算から，商は $\boldsymbol{3x+13}$，余りは **38**

また

$\boldsymbol{3x^2+4x-1=(x-3)(3x+13)+38}$

(2) A を x について降べきの順に整理すると

$A=2x^3+x^2-5x-6$

$$\begin{array}{r} 2x\ -1 \\ x^2+x-4\,\overline{)\,2x^3+\ x^2-5x-\ 6} \\ \underline{2x^3+2x^2-8x} \\ -x^2+3x-\ 6 \\ \underline{-x^2-\ x+\ 4} \\ 4x-10 \end{array}$$

上の計算から，商は $\boldsymbol{2x-1}$，余りは $\boldsymbol{4x-10}$

また $\boldsymbol{2x^3-5x+x^2-6}$
$\qquad \boldsymbol{=(x^2+x-4)(2x-1)+4x-10}$

問題 5 (1) $\dfrac{x^2-4x-5}{x^2+2x-3}\times\dfrac{x+3}{x^2-10x+25}$

$=\dfrac{(x+1)(x-5)}{(x-1)(x+3)}\times\dfrac{x+3}{(x-5)^2}$

$=\boldsymbol{\dfrac{x+1}{(x-1)(x-5)}}$

(2) $\dfrac{x^2-16}{x^2-6x-7}\div\dfrac{x^2-9x+20}{x^2-5x-14}$

$=\dfrac{x^2-16}{x^2-6x-7}\times\dfrac{x^2-5x-14}{x^2-9x+20}$

$=\dfrac{(x+4)(x-4)}{(x+1)(x-7)}\times\dfrac{(x+2)(x-7)}{(x-4)(x-5)}$

$=\boldsymbol{\dfrac{(x+2)(x+4)}{(x+1)(x-5)}}$

(3) $\dfrac{x^3}{x+4}+\dfrac{64}{x+4}$

$=\dfrac{x^3+64}{x+4}$

$=\dfrac{(x+4)(x^2-4x+16)}{x+4}$

$=\boldsymbol{x^2-4x+16}$

(4) $\dfrac{2b}{a^2-4b^2}-\dfrac{b}{a^2-2ab}$

$=\dfrac{2b}{(a+2b)(a-2b)}-\dfrac{b}{a(a-2b)}$

$=\dfrac{2ab}{a(a+2b)(a-2b)}$

$-\dfrac{b(a+2b)}{a(a+2b)(a-2b)}$

$=\dfrac{2ab-(ab+2b^2)}{a(a+2b)(a-2b)}$

$=\dfrac{ab-2b^2}{a(a+2b)(a-2b)}$

$=\dfrac{b(a-2b)}{a(a+2b)(a-2b)}$

$=\boldsymbol{\dfrac{b}{a(a+2b)}}$

問題 6 (1) $\sqrt{28}+\sqrt{7}-5\sqrt{7}$

$=2\sqrt{7}+\sqrt{7}-5\sqrt{7}$

$=\boldsymbol{-2\sqrt{7}}$

(2) $\sqrt{12}-\sqrt{27}-\sqrt{75}$

$=2\sqrt{3}-3\sqrt{3}-5\sqrt{3}$

$=\boldsymbol{-6\sqrt{3}}$

(3) $(2\sqrt{3}+\sqrt{2})(\sqrt{3}-5\sqrt{2})$

$=2\sqrt{3}\cdot\sqrt{3}-2\sqrt{3}\cdot5\sqrt{2}$

$+\sqrt{2}\cdot\sqrt{3}-\sqrt{2}\cdot5\sqrt{2}$

$=6-10\sqrt{6}+\sqrt{6}-10$

$=\boldsymbol{-4-9\sqrt{6}}$

(4) $(\sqrt{5}+3\sqrt{2})(\sqrt{5}-3\sqrt{2})$

$=(\sqrt{5})^2-(3\sqrt{2})^2$

$=5-18$

$=\boldsymbol{-13}$

演習問題A (本冊 $p.43$)

問題 1 (1) $(a-2b)^2(a^2+2ab+4b^2)^2$

$=\{(a-2b)(a^2+2ab+4b^2)\}^2$

$=(a^3-8b^3)^2$

$=\boldsymbol{a^6-16a^3b^3+64b^6}$

(2) $x(x+2)(x-3)(x+5)$

$=\{x(x+2)\}\{(x-3)(x+5)\}$

$=(x^2+2x)(x^2+2x-15)$

$=(x^2+2x)\{(x^2+2x)-15\}$

$=(x^2+2x)^2-15(x^2+2x)$

$=x^4+4x^3+4x^2-15x^2-30x$

$=\boldsymbol{x^4+4x^3-11x^2-30x}$

問題 2 (1) $(x+y+z)(x+y-2z)-(x+y-z)^2$

$=\{(x+y)+z\}\{(x+y)-2z\}$

$-\{(x+y)-z\}^2$

$=(x+y)^2-(x+y)z-2z^2$

$-\{(x+y)^2-2(x+y)z+z^2\}$

$=(x+y)^2-(x+y)z-2z^2$

$-(x+y)^2+2(x+y)z-z^2$

$=(x+y)z-3z^2$

$=\boldsymbol{z(x+y-3z)}$

(2) $2x^2+9xy+4y^2-8x-11y+6$

$=2x^2+(9y-8)x+(4y^2-11y+6)$

$=2x^2+(9y-8)x+(y-2)(4y-3)$

$=\{x+(4y-3)\}\{2x+(y-2)\}$

$=\boldsymbol{(x+4y-3)(2x+y-2)}$

問題 3 (1) $\dfrac{a^2-2a-8}{a^2+5a+4}\div(a^2+5a+6)\times\dfrac{a^3+1}{(a-4)^2}$

$=\dfrac{a^2-2a-8}{a^2+5a+4}\times\dfrac{1}{a^2+5a+6}\times\dfrac{a^3+1}{(a-4)^2}$

$=\dfrac{(a+2)(a-4)}{(a+1)(a+4)}\times\dfrac{1}{(a+2)(a+3)}$

$\times\dfrac{(a+1)(a^2-a+1)}{(a-4)^2}$

$=\boldsymbol{\dfrac{a^2-a+1}{(a+3)(a+4)(a-4)}}$

(2) $\dfrac{3x-2}{x^2-4}-\dfrac{2x-3}{x^2-3x+2}$

$=\dfrac{3x-2}{(x+2)(x-2)}-\dfrac{2x-3}{(x-1)(x-2)}$

$=\dfrac{(3x-2)(x-1)-(2x-3)(x+2)}{(x+2)(x-2)(x-1)}$

$=\dfrac{(3x^2-5x+2)-(2x^2+x-6)}{(x+2)(x-2)(x-1)}$

$=\dfrac{x^2-6x+8}{(x+2)(x-2)(x-1)}$

$=\dfrac{(x-2)(x-4)}{(x+2)(x-2)(x-1)}$

$=\boldsymbol{\dfrac{x-4}{(x+2)(x-1)}}$

(3) $x-3+\dfrac{12}{x+4}=\dfrac{(x-3)(x+4)+12}{x+4}$

$=\dfrac{x^2+x-12+12}{x+4}$

$=\boldsymbol{\dfrac{x^2+x}{x+4}}$

問題 4 $\dfrac{\sqrt{2}}{\sqrt{2}-1}=\dfrac{\sqrt{2}(\sqrt{2}+1)}{(\sqrt{2}-1)(\sqrt{2}+1)}$

$=\dfrac{2+\sqrt{2}}{(\sqrt{2})^2-1}$

$=2+\sqrt{2}$

$1<\sqrt{2}<2$ であるから　$3<2+\sqrt{2}<4$

よって　　$a=3$

また　　$b=(2+\sqrt{2})-a$

$=(2+\sqrt{2})-3$

$=\sqrt{2}-1$

したがって

$a+b+b^2=a+b(1+b)$

$=3+(\sqrt{2}-1)\cdot\sqrt{2}$

$=3+2-\sqrt{2}$

$=\boldsymbol{5-\sqrt{2}}$

別解　もとの数は $a+b$ であるから

$a+b+b^2=(a+b)+b^2$

$=(2+\sqrt{2})+(\sqrt{2}-1)^2$

$=\boldsymbol{5-\sqrt{2}}$

演習問題B（本冊 p. 43）

問題 5　[1]　$x\geqq 0$ のとき

$|x|=x$，$|x+1|=x+1$ であるから，

方程式は　$3x+x+1=5$

よって　　$x=1$

これは，$x\geqq 0$ を満たす。

[2]　$-1\leqq x<0$ のとき

$|x|=-x$，$|x+1|=x+1$ であるから，

方程式は　$-3x+x+1=5$

よって　　$x=-2$

これは，$-1\leqq x<0$ を満たさない。

[3]　$x<-1$ のとき

$|x|=-x$，$|x+1|=-(x+1)$

であるから，方程式は

$-3x-(x+1)=5$

よって　　$x=-\dfrac{3}{2}$

これは，$x<-1$ を満たす。

よって，[1]～[3] より，求める解は　$\boldsymbol{x=1,\ -\dfrac{3}{2}}$

問題 6　$x+y=\dfrac{\sqrt{5}-\sqrt{3}}{\sqrt{5}+\sqrt{3}}+\dfrac{\sqrt{5}+\sqrt{3}}{\sqrt{5}-\sqrt{3}}$

$=\dfrac{(\sqrt{5}-\sqrt{3})^2+(\sqrt{5}+\sqrt{3})^2}{(\sqrt{5}+\sqrt{3})(\sqrt{5}-\sqrt{3})}$

$=\dfrac{16}{(\sqrt{5})^2-(\sqrt{3})^2}$

$=8$

$xy=\dfrac{\sqrt{5}-\sqrt{3}}{\sqrt{5}+\sqrt{3}}\cdot\dfrac{\sqrt{5}+\sqrt{3}}{\sqrt{5}-\sqrt{3}}=1$

(1)　$x^2+y^2=(x+y)^2-2xy$

$=8^2-2\cdot 1$

$=\mathbf{62}$

(2)　$x^3+y^3=(x+y)(x^2-xy+y^2)$

$=8(62-1)$

$=\mathbf{488}$

問題 7 $\sqrt{2+\sqrt{3}}=\sqrt{\dfrac{4+2\sqrt{3}}{2}}$

$$=\frac{\sqrt{(3+1)+2\sqrt{3\cdot 1}}}{\sqrt{2}}$$

$$=\frac{\sqrt{3}+\sqrt{1}}{\sqrt{2}}$$

$$=\frac{\sqrt{2}(\sqrt{3}+\sqrt{1})}{(\sqrt{2})^2}$$

$$=\boldsymbol{\frac{\sqrt{6}+\sqrt{2}}{2}}$$

問題 8 $\sqrt{x^2+4x+4}=\sqrt{(x+2)^2}=|x+2|$

$\sqrt{x^2-4x+4}=\sqrt{(x-2)^2}=|x-2|$

$-2<x<2$ のとき $x+2>0$ であるから

$$|x+2|=x+2$$

$-2<x<2$ のとき $x-2<0$ であるから

$$|x-2|=-(x-2)$$

したがって，$-2<x<2$ のとき

$$\sqrt{x^2+4x+4}-\sqrt{x^2-4x+4}$$

$$=|x+2|-|x-2|$$

$$=(x+2)-\{-(x-2)\}$$

$$=x+2+x-2$$

$$=\boldsymbol{2x}$$

第 2 章　複素数と方程式

1　複素数 (本冊 $p.46\sim51$)

練習 1　(1)　x, y は実数であるから

$$\boldsymbol{x=3,\ y=2}$$

(2)　x, y は実数であるから

$$\boldsymbol{x=0,\ y=-7}$$

(3)　$x-2$, $2y+1$ は実数であるから

$$x-2=-3,\ 2y+1=9$$

これを解くと　$\boldsymbol{x=-1,\ y=4}$

(4)　$x-y$, $3x+y$ は実数であるから

$$x-y=-8,\ 3x+y=0$$

これを解くと　$\boldsymbol{x=-2,\ y=6}$

練習 2　(1)　$(1+4i)+(6-7i)$

$=(1+6)+(4-7)i$

$=\boldsymbol{7-3i}$

(2)　$(1-5i)-(3-2i)$

$=(1-3)+(-5+2)i$

$=\boldsymbol{-2-3i}$

(3)　$(1+3i)(2-5i)$

$=1\cdot2-1\cdot5i+3i\cdot2-3\cdot5i^2$

$=2-5i+6i-15\cdot(-1)$

$=\boldsymbol{17+i}$

(4)　$(2-3i)^2=2^2-2\cdot2\cdot3i+9i^2$

$=4-12i+9\cdot(-1)$

$=\boldsymbol{-5-12i}$

(5)　$i^3=i^2\cdot i=\boldsymbol{-i}$

(6)　$i^4=i^2\cdot i^2=(-1)\cdot(-1)=\boldsymbol{1}$

(7)　$(2i)^5=2^5\cdot i^5=32\cdot i^4\cdot i=\boldsymbol{32i}$

練習 3　(1)　等式の左辺を i について整理すると

$$(3x+y)+(-2x-y)i=6-5i$$

$3x+y$, $-2x-y$ は実数であるから

$$3x+y=6\ \text{かつ}\ -2x-y=-5$$

これを解くと　$\boldsymbol{x=1,\ y=3}$

(2)　等式の左辺を i について整理すると

$$(3x+2y)+(x-6y)i=-2+26i$$

$3x+2y$, $x-6y$ は実数であるから

$$3x+2y=-2\ \text{かつ}\ x-6y=26$$

これを解くと　$\boldsymbol{x=2,\ y=-4}$

練習 4　(1)　$4-5i$ と共役な複素数は $\boldsymbol{4+5i}$

和 $(4-5i)+(4+5i)=2\cdot4=\boldsymbol{8}$

積 $(4-5i)(4+5i)=4^2+(-5)^2=\boldsymbol{41}$

(2)　$-3+i$ と共役な複素数は $\boldsymbol{-3-i}$

和 $(-3+i)+(-3-i)=2\cdot(-3)=\boldsymbol{-6}$

積 $(-3+i)(-3-i)=(-3)^2+1^2=\boldsymbol{10}$

(3)　$-2i$ と共役な複素数は $\boldsymbol{2i}$

和 $(-2i)+2i=\boldsymbol{0}$

積 $(-2i)\cdot2i=(-2)^2=\boldsymbol{4}$

(4)　$\sqrt{6}$ と共役な複素数は $\boldsymbol{\sqrt{6}}$

和 $\sqrt{6}+\sqrt{6}=\boldsymbol{2\sqrt{6}}$

積 $\sqrt{6}\cdot\sqrt{6}=\boldsymbol{6}$

練習 5　(1)　$\overline{\alpha-\beta}=\overline{(a+bi)-(c+di)}$

$=\overline{(a-c)+(b-d)i}$

$=(a-c)-(b-d)i$

$\overline{\alpha}-\overline{\beta}=\overline{a+bi}-\overline{c+di}$

$=(a-bi)-(c-di)$

$=(a-c)-(b-d)i$

よって　$\overline{\alpha-\beta}=\overline{\alpha}-\overline{\beta}$

(2)　$\overline{\alpha\beta}=\overline{(a+bi)(c+di)}$

$=\overline{ac+adi+bci+bdi^2}$

$=\overline{ac+adi+bci-bd}$

$=\overline{(ac-bd)+(ad+bc)i}$

$=(ac-bd)-(ad+bc)i$

$\overline{\alpha}\,\overline{\beta}=(\overline{a+bi})(\overline{c+di})$

$=(a-bi)(c-di)$

$=ac-adi-bci+bdi^2$

$=ac-adi-bci-bd$

$=(ac-bd)-(ad+bc)i$

よって　$\overline{\alpha\beta}=\overline{\alpha}\,\overline{\beta}$

練習 6　(1)　$\dfrac{1-4i}{2+3i}=\dfrac{(1-4i)(2-3i)}{(2+3i)(2-3i)}$

$=\dfrac{2-3i-8i+12i^2}{2^2+3^2}$

$=\dfrac{-10-11i}{13}$

$=\boldsymbol{-\dfrac{10}{13}-\dfrac{11}{13}i}$

(2)　$\dfrac{5}{2-i}=\dfrac{5(2+i)}{(2-i)(2+i)}$

$=\dfrac{5(2+i)}{2^2+1^2}$

$=\dfrac{5(2+i)}{5}$

$=\boldsymbol{2+i}$

(3) $\dfrac{-i}{3+i}=\dfrac{-i(3-i)}{(3+i)(3-i)}$

$=\dfrac{-3i+i^2}{3^2+1^2}$

$=\dfrac{-1-3i}{10}$

$=\boldsymbol{-\dfrac{1}{10}-\dfrac{3}{10}i}$

練習 7 (1) $\sqrt{-6}=\boldsymbol{\sqrt{6}\,i}$

(2) $\sqrt{-81}=\sqrt{81}\,i=\boldsymbol{9i}$

(3) $-\sqrt{-12}=-\sqrt{12}\,i=\boldsymbol{-2\sqrt{3}\,i}$

(4) -8 の平方根は

$\pm\sqrt{-8}=\pm\sqrt{8}\,i=\boldsymbol{\pm2\sqrt{2}\,i}$

練習 8 (1) $\sqrt{-8}\sqrt{-18}=\sqrt{8}\,i\cdot\sqrt{18}\,i$

$=\sqrt{144}\,i^2$

$=\boldsymbol{-12}$

(2) $\dfrac{\sqrt{32}}{\sqrt{-2}}=\dfrac{\sqrt{32}}{\sqrt{2}\,i}$

$=\dfrac{\sqrt{32}\cdot\sqrt{2}\,i}{\sqrt{2}\,i\cdot\sqrt{2}\,i}$

$=\dfrac{8i}{-2}$

$=\boldsymbol{-4i}$

(3) $\dfrac{\sqrt{-63}}{\sqrt{-7}}=\dfrac{\sqrt{63}\,i}{\sqrt{7}\,i}=\sqrt{9}=\boldsymbol{3}$

(4) $(2-\sqrt{-3})^2=(2-\sqrt{3}\,i)^2$

$=2^2-2\cdot2\cdot\sqrt{3}\,i+(\sqrt{3})^2i^2$

$=\boldsymbol{1-4\sqrt{3}\,i}$

2 2次方程式の解と判別式 (本冊 *p.* 52～56)

練習 9 (1) $x^2-3x-2=0$

$x=\dfrac{-(-3)\pm\sqrt{(-3)^2-4\cdot1\cdot(-2)}}{2\cdot1}$

$=\boldsymbol{\dfrac{3\pm\sqrt{17}}{2}}$

(2) $2x^2-x+5=0$

$x=\dfrac{-(-1)\pm\sqrt{(-1)^2-4\cdot2\cdot5}}{2\cdot2}$

$=\dfrac{1\pm\sqrt{-39}}{4}$

$=\boldsymbol{\dfrac{1\pm\sqrt{39}\,i}{4}}$

(3) $-x^2+x-3=0$ の両辺に -1 を掛けると

$x^2-x+3=0$

$x=\dfrac{-(-1)\pm\sqrt{(-1)^2-4\cdot1\cdot3}}{2\cdot1}$

$=\dfrac{1\pm\sqrt{-11}}{2}$

$=\boldsymbol{\dfrac{1\pm\sqrt{11}\,i}{2}}$

(4) $\dfrac{1}{2}x^2+\dfrac{5}{6}x+\dfrac{1}{6}=0$ の両辺に 6 を掛けると

$3x^2+5x+1=0$

$x=\dfrac{-5\pm\sqrt{5^2-4\cdot3\cdot1}}{2\cdot3}$

$=\boldsymbol{\dfrac{-5\pm\sqrt{13}}{6}}$

(5) $10x^2+6x+2=0$ の両辺を 2 で割ると

$5x^2+3x+1=0$

$x=\dfrac{-3\pm\sqrt{3^2-4\cdot5\cdot1}}{2\cdot5}$

$=\dfrac{-3\pm\sqrt{-11}}{10}$

$=\boldsymbol{\dfrac{-3\pm\sqrt{11}\,i}{10}}$

練習10 (1) $x^2+2x+4=0$

$x=\dfrac{-1\pm\sqrt{1^2-1\cdot4}}{1}$

$=-1\pm\sqrt{-3}$

$=\boldsymbol{-1\pm\sqrt{3}\,i}$

(2) $(x-4)(x+2)=-7$ を整理すると

$x^2-2x-1=0$

$x=\dfrac{-(-1)\pm\sqrt{(-1)^2-1\cdot(-1)}}{1}$

$=\boldsymbol{1\pm\sqrt{2}}$

練習11 与えられた 2 次方程式の判別式を D とする。

(1) $D=(-3)^2-4\cdot1\cdot4=-7<0$

よって，方程式は**異なる 2 つの虚数解をもつ。**

(2) $D=5^2-4\cdot1\cdot(-1)=29>0$

よって，方程式は**異なる 2 つの実数解をもつ。**

(3) $\dfrac{D}{4}=(-6)^2-9\cdot4=0$

よって，方程式は**実数の重解をもつ。**

(4) $\dfrac{D}{4}=(-2)^2-5\cdot1=-1<0$

よって，方程式は**異なる 2 つの虚数解をもつ。**

(5) $\frac{D}{4}=4^2-16\cdot1=0$

よって，方程式は**実数の重解をもつ。**

(6) $D=9^2-4\cdot2\cdot1=73>0$

よって，方程式は**異なる 2 つの実数解をもつ。**

練習12 2 次方程式 $2x^2-kx+k=0$ の判別式を D とすると

$$D=(-k)^2-4\cdot2\cdot k=k(k-8)$$

2 次方程式が重解をもつのは $D=0$ のときであるから $k=0,\ 8$

$k=0$ のとき 方程式は $2x^2=0$

よって，**重解は $x=0$**

$k=8$ のとき 方程式は $2x^2-8x+8=0$

すなわち $x^2-4x+4=0$ である。

よって，**重解は $x=2$**

練習13 2 次方程式 $x^2+2kx+k^2-2k+1=0$ の判別式を D とすると

$$\frac{D}{4}=k^2-(k^2-2k+1)=2k-1$$

2 次方程式が虚数解をもつのは $D<0$ のときであるから $2k-1<0$

$$\boldsymbol{k<\frac{1}{2}}$$

練習14 (1) 判別式を D とすると

$$\frac{D}{4}=(-3)^2-(-3k+9)=3k$$

よって，方程式の解は次のようになる。

$D>0$ すなわち

$k>0$ のとき 異なる 2 つの実数解

$D=0$ すなわち

$k=0$ のとき 実数の重解

$D<0$ すなわち

$k<0$ のとき 異なる 2 つの虚数解

(2) 判別式を D とすると

$$\frac{D}{4}=k^2-(k^2-k+2)=k-2$$

よって，方程式の解は次のようになる。

$D>0$ すなわち

$k>2$ のとき 異なる 2 つの実数解

$D=0$ すなわち

$k=2$ のとき 実数の重解

$D<0$ すなわち

$k<2$ のとき 異なる 2 つの虚数解

3 解と係数の関係 (本冊 $p.$ 57～63)

練習15 (1) 和は $-\frac{-6}{1}=\boldsymbol{6}$，積は $\frac{5}{1}=\boldsymbol{5}$

(2) 和は $-\frac{8}{-4}=\boldsymbol{2}$，積は $\frac{-7}{-4}=\boldsymbol{\frac{7}{4}}$

(3) 和は $-\frac{0}{3}=\boldsymbol{0}$，積は $\frac{-5}{3}=\boldsymbol{-\frac{5}{3}}$

(4) 和は $-\frac{2\sqrt{2}}{2}=\boldsymbol{-\sqrt{2}}$，

積は $\frac{-1}{2}=\boldsymbol{-\frac{1}{2}}$

練習16 解と係数の関係により

$$\alpha+\beta=-5,\ \alpha\beta=-2$$

(1) $\alpha^3+\beta^3=(\alpha+\beta)^3-3\alpha\beta(\alpha+\beta)$
$=(-5)^3-3\cdot(-2)\cdot(-5)$
$=\boldsymbol{-155}$

(2) $\frac{\beta}{\alpha}+\frac{\alpha}{\beta}=\frac{\beta^2+\alpha^2}{\alpha\beta}=\frac{(\alpha+\beta)^2-2\alpha\beta}{\alpha\beta}$
$=\frac{(-5)^2-2\cdot(-2)}{-2}$
$=\boldsymbol{-\frac{29}{2}}$

(3) $(\alpha-\beta)^2=(\alpha+\beta)^2-4\alpha\beta$
$=(-5)^2-4\cdot(-2)$
$=\boldsymbol{33}$

練習17 2 つの解は α，2α と表される。

解と係数の関係により

$\alpha+2\alpha=-k$ …… ①， $\alpha\cdot2\alpha=8$ …… ②

② から $\alpha^2=4$ よって $\alpha=\pm2$

$\alpha=2$ のとき

① から $\boldsymbol{k}=-3\alpha=-3\cdot2=\boldsymbol{-6}$

このとき，2 つの解は

$\alpha=\boldsymbol{2}$，$2\alpha=2\cdot2=\boldsymbol{4}$

$\alpha=-2$ のとき

① から $\boldsymbol{k}=-3\alpha=-3\cdot(-2)=\boldsymbol{6}$

このとき，2 つの解は

$\alpha=\boldsymbol{-2}$，$2\alpha=2\cdot(-2)=\boldsymbol{-4}$

練習18 (1) 2 次方程式 $12x^2+x-6=0$ を解くと

$$x=\frac{2}{3},\ -\frac{3}{4}$$

よって $12x^2+x-6=12\left(x-\frac{2}{3}\right)\left(x+\frac{3}{4}\right)$
$=\boldsymbol{(3x-2)(4x+3)}$

(2) 2 次方程式 $x^2+4x+1=0$ を解くと

$x=-2\pm\sqrt{3}$

よって

x^2+4x+1

$=\{x-(-2+\sqrt{3})\}\{x-(-2-\sqrt{3})\}$

$=\boldsymbol{(x+2-\sqrt{3})(x+2+\sqrt{3})}$

(3) 2 次方程式 $4x^2-4x+3=0$ を解くと

$x=\dfrac{1\pm\sqrt{2}\,i}{2}$

よって

$4x^2-4x+3$

$=4\left(x-\dfrac{1+\sqrt{2}\,i}{2}\right)\left(x-\dfrac{1-\sqrt{2}\,i}{2}\right)$

$=\boldsymbol{(2x-1-\sqrt{2}\,i)(2x-1+\sqrt{2}\,i)}$

練習19 (1) x^4-x^2-20

$=(x^2-5)(x^2+4)$

$=(x+\sqrt{5})(x-\sqrt{5})(x^2+4)$

$=(x+\sqrt{5})(x-\sqrt{5})(x+2i)(x-2i)$

よって，

有理数の範囲では　$\boldsymbol{(x^2-5)(x^2+4)}$

実数の範囲では

$\boldsymbol{(x+\sqrt{5})(x-\sqrt{5})(x^2+4)}$

複素数の範囲では

$\boldsymbol{(x+\sqrt{5})(x-\sqrt{5})(x+2i)(x-2i)}$

(2) $x^3+1=(x+1)(x^2-x+1)$

2 次方程式 $x^2-x+1=0$ を解くと　$x=\dfrac{1\pm\sqrt{3}\,i}{2}$

したがって

x^3+1

$=(x+1)\left(x-\dfrac{1}{2}-\dfrac{\sqrt{3}}{2}i\right)\left(x-\dfrac{1}{2}+\dfrac{\sqrt{3}}{2}i\right)$

よって，

有理数の範囲では　$\boldsymbol{(x+1)(x^2-x+1)}$

実数の範囲では　$\boldsymbol{(x+1)(x^2-x+1)}$

複素数の範囲では

$\boldsymbol{(x+1)\left(x-\dfrac{1}{2}-\dfrac{\sqrt{3}}{2}i\right)\left(x-\dfrac{1}{2}+\dfrac{\sqrt{3}}{2}i\right)}$

練習20 $x^4+4=(x^2+2)^2-4x^2$

$=(x^2+2)^2-(2x)^2$

$=(x^2+2x+2)(x^2-2x+2)$

2 次方程式 $x^2+2x+2=0$ を解くと　$x=-1\pm i$

2 次方程式 $x^2-2x+2=0$ を解くと　$x=1\pm i$

よって　x^4+4

$=\boldsymbol{(x+1-i)(x+1+i)(x-1-i)(x-1+i)}$

練習21 (1) 和は $3+(-5)=-2$

積は $3\cdot(-5)=-15$

よって，求める 2 次方程式の 1 つは

$\boldsymbol{x^2+2x-15=0}$

(2) 和は $(-3+\sqrt{5}\,i)+(-3-\sqrt{5}\,i)$

$=-6$

積は $(-3+\sqrt{5}\,i)(-3-\sqrt{5}\,i)$

$=(-3)^2-(\sqrt{5}\,i)^2=14$

よって，求める 2 次方程式の 1 つは

$\boldsymbol{x^2+6x+14=0}$

(3) 和は $\dfrac{1+\sqrt{3}}{2}+\dfrac{1-\sqrt{3}}{2}=\dfrac{2}{2}=1$

積は $\dfrac{1+\sqrt{3}}{2}\cdot\dfrac{1-\sqrt{3}}{2}=\dfrac{1^2-(\sqrt{3})^2}{4}=-\dfrac{1}{2}$

よって，求める 2 次方程式の 1 つは

$x^2-x-\dfrac{1}{2}=0$

すなわち　$\boldsymbol{2x^2-2x-1=0}$

練習22 (1) 求める 2 数を解とする 2 次方程式の 1 つは $x^2-x+1=0$ である。

この 2 次方程式を解くと

$x=\dfrac{-(-1)\pm\sqrt{(-1)^2-4\cdot1\cdot1}}{2\cdot1}=\dfrac{1\pm\sqrt{3}\,i}{2}$

よって　$\boldsymbol{\dfrac{1+\sqrt{3}\,i}{2},\ \dfrac{1-\sqrt{3}\,i}{2}}$

(2) 求める 2 数を解とする 2 次方程式の 1 つは $x^2+2x+5=0$ である。

この 2 次方程式を解くと

$x=\dfrac{-1\pm\sqrt{1^2-1\cdot5}}{1}=-1\pm2i$

よって　$\boldsymbol{-1+2i,\ -1-2i}$

(3) 求める 2 数を解とする 2 次方程式の 1 つは

$x^2-\dfrac{1}{3}x-\dfrac{1}{6}=0$ である。

この 2 次方程式の両辺に 6 を掛けると

$6x^2-2x-1=0$

これを解くと

$x=\dfrac{-(-1)\pm\sqrt{(-1)^2-6\cdot(-1)}}{6}$

$=\dfrac{1\pm\sqrt{7}}{6}$

よって　$\boldsymbol{\dfrac{1+\sqrt{7}}{6},\ \dfrac{1-\sqrt{7}}{6}}$

練習23 解と係数の関係により

$$\alpha+\beta=4,\ \alpha\beta=-7$$

(1) $(\alpha-1)+(\beta-1)=(\alpha+\beta)-2$
$=4-2$
$=2$

$(\alpha-1)(\beta-1)=\alpha\beta-(\alpha+\beta)+1$
$=-7-4+1$
$=-10$

よって，求める 2 次方程式の 1 つは

$$\boldsymbol{x^2-2x-10=0}$$

(2) $\alpha^2+\beta^2=(\alpha+\beta)^2-2\alpha\beta$
$=4^2-2\cdot(-7)$
$=30$

$\alpha^2\beta^2=(\alpha\beta)^2$
$=(-7)^2$
$=49$

よって，求める 2 次方程式の 1 つは

$$\boldsymbol{x^2-30x+49=0}$$

(3) $\dfrac{1}{\alpha}+\dfrac{1}{\beta}=\dfrac{\beta+\alpha}{\alpha\beta}=\dfrac{4}{-7}=-\dfrac{4}{7}$

$\dfrac{1}{\alpha}\cdot\dfrac{1}{\beta}=\dfrac{1}{\alpha\beta}=\dfrac{1}{-7}=-\dfrac{1}{7}$

よって，求める 2 次方程式の 1 つは

$$x^2+\frac{4}{7}x-\frac{1}{7}=0$$

すなわち　$\boldsymbol{7x^2+4x-1=0}$

練習24 $x^2+2px+q=0$ の 2 つの解を α，β とする。

解と係数の関係により

$$\alpha+\beta=-2p,\ \alpha\beta=q\ \cdots\cdots ①$$

$x^2-2qx+5p=0$ の 2 つの解は $\alpha-2$，$\beta-2$ となる。

解と係数の関係により

$$(\alpha-2)+(\beta-2)=2q,\ (\alpha-2)(\beta-2)=5p\ \cdots\cdots ②$$

①，② から

$$-2p-4=2q,\ q-2\cdot(-2p)+4=5p$$

すなわち　$p+q+2=0$，$p-q-4=0$

これを解くと　$\boldsymbol{p=1}$，$\boldsymbol{q=-3}$

練習25 $x^2-4(m+1)x+4m^2+3=0$ の 2 つの解を α，β とし，判別式を D とする。

解と係数の関係により

$$\alpha+\beta=4(m+1),\ \alpha\beta=4m^2+3$$

また　$\dfrac{D}{4}=\{2(m+1)\}^2-(4m^2+3)=8m+1$

$D>0$ より　　$m>-\dfrac{1}{8}$ …… ①

$\alpha+\beta>0$ より　$m>-1$ …… ②

$\alpha\beta>0$ は，すべての実数 m について成り立つ。

①，② の共通範囲を求めて　$\boldsymbol{m>-\dfrac{1}{8}}$

4 因数定理 (本冊 $p.$ 64～67)

練習26 $P(x)=x^3+2x^2-3x-6$ とおく。

(1) $P(1)=1^3+2\cdot1^2-3\cdot1-6=-6$

よって，余りは　$\boldsymbol{-6}$

(2) $P(2)=2^3+2\cdot2^2-3\cdot2-6=4$

よって，余りは　**4**

(3) $P(-2)=(-2)^3+2\cdot(-2)^2-3\cdot(-2)-6=0$

よって，余りは　**0** (割り切れる)

(4) $P(-3)=(-3)^3+2\cdot(-3)^2-3\cdot(-3)-6$
$=-6$

よって，余りは　$\boldsymbol{-6}$

練習27 $P(x)=3x^3-x^2-2$ とおく。

(1) $P\left(\dfrac{1}{3}\right)=3\cdot\left(\dfrac{1}{3}\right)^3-\left(\dfrac{1}{3}\right)^2-2=-2$

よって，余りは　$\boldsymbol{-2}$

(2) $P\left(-\dfrac{1}{2}\right)=3\cdot\left(-\dfrac{1}{2}\right)^3-\left(-\dfrac{1}{2}\right)^2-2=-\dfrac{21}{8}$

よって，余りは　$\boldsymbol{-\dfrac{21}{8}}$

練習28 条件より $P(-3)=8$ であるから

$$2\cdot(-3)^3+a\cdot(-3)^2+3\cdot(-3)-1=8$$

よって　$\boldsymbol{a=8}$

練習29 $P(x)$ を $(x-2)(x+3)$ で割ったときの商を $Q(x)$，余りを $ax+b$ とすると，$P(x)$ は次のように表される。

$$P(x)=(x-2)(x+3)Q(x)+ax+b$$

(a，b は定数)

条件から　$P(2)=1$，$P(-3)=11$

よって　$\begin{cases}2a+b=1\\-3a+b=11\end{cases}$

これを解くと　$a=-2$，$b=5$

したがって，余りは　$\boldsymbol{-2x+5}$

練習30　与えられた多項式を $P(x)$ とおく。

(1)　$P(1)=1^3+2\cdot1^2-1-2=0$

よって，$P(x)$ は $x-1$ を因数にもち，割り算をすると

$x^3+2x^2-x-2=(x-1)(x^2+3x+2)$

したがって

$x^3+2x^2-x-2=\boldsymbol{(x-1)(x+1)(x+2)}$

(2)　$P(2)=2\cdot2^3+3\cdot2^2-11\cdot2-6=0$

よって，$P(x)$ は $x-2$ を因数にもち，割り算をすると

$2x^3+3x^2-11x-6=(x-2)(2x^2+7x+3)$

したがって

$2x^3+3x^2-11x-6=\boldsymbol{(x-2)(x+3)(2x+1)}$

練習31　$P(x)=x^4+x^3-11x^2-9x+18$ とおくと

$P(1)=1^4+1^3-11\cdot1^2-9\cdot1+18=0$

よって，$P(x)$ は $x-1$ を因数にもち，割り算をすると

$P(x)=(x-1)(x^3+2x^2-9x-18)$

$Q(x)=x^3+2x^2-9x-18$ とおくと

$Q(-2)=(-2)^3+2\cdot(-2)^2-9\cdot(-2)-18=0$

よって，$Q(x)$ は $x+2$ を因数にもち，割り算をすると

$Q(x)=(x+2)(x^2-9)$

以上から

$x^4+x^3-11x^2-9x+18$

$=\boldsymbol{(x-1)(x+2)(x+3)(x-3)}$

(発展の練習)

3	1	−6	−5	2
	6	14	16	
3	7	8	11	

よって，**商は $3x^2+7x+8$，余りは 11**

5　高次方程式　(本冊 p. 68〜73)

練習32　(1)　$x^4-2x^2-8=0$

左辺を因数分解して　$(x^2-4)(x^2+2)=0$

よって　$x^2-4=0$ または $x^2+2=0$

したがって　$\boldsymbol{x=\pm2,\ \pm\sqrt{2}\,i}$

(2)　$2x^4+x^2-1=0$

左辺を因数分解して　$(2x^2-1)(x^2+1)=0$

よって　$2x^2-1=0$ または $x^2+1=0$

したがって　$\boldsymbol{x=\pm\dfrac{\sqrt{2}}{2},\ \pm i}$

練習33　与えられた方程式の左辺を $P(x)$ とおく。

(1)　$P(1)=0$ であるから，$P(x)$ は $x-1$ を因数にもつ。

したがって　$P(x)=(x-1)(x^2-2x+3)$

$P(x)=0$ から

$x-1=0$ または $x^2-2x+3=0$

よって　$\boldsymbol{x=1,\ 1\pm\sqrt{2}\,i}$

(2)　$P(2)=0$ であるから，$P(x)$ は $x-2$ を因数にもつ。

したがって　$P(x)=(x-2)(x^2+6x+9)$

$=(x-2)(x+3)^2$

$P(x)=0$ から　$x-2=0$ または $x+3=0$

よって　$\boldsymbol{x=2,\ -3}$

練習34　与えられた方程式の左辺を $P(x)$ とおく。

(1)　$P(1)=0$ であるから，$P(x)$ は $x-1$ を因数にもつ。

よって　$P(x)=(x-1)(x^3-7x-6)$

ここで，$Q(x)=x^3-7x-6$ とおくと

$Q(-1)=0$ であるから，$Q(x)$ は $x+1$ を因数にもつ。

したがって　$Q(x)=(x+1)(x^2-x-6)$

また $x^2-x-6=(x+2)(x-3)$ であるから，

方程式は　$(x-1)(x+1)(x+2)(x-3)=0$

よって　$x-1=0$ または $x+1=0$ または

$x+2=0$ または $x-3=0$

したがって　$\boldsymbol{x=\pm1,\ -2,\ 3}$

(2)　$P(-1)=0$ であるから，$P(x)$ は $x+1$ を因数にもつ。

よって　$P(x)=(x+1)(x^3+2x^2-2x-4)$

ここで，$Q(x)=x^3+2x^2-2x-4$ とおくと

$Q(-2)=0$ であるから，$Q(x)$ は $x+2$ を因数にもつ。

したがって　$Q(x)=(x+2)(x^2-2)$

方程式は　$(x+1)(x+2)(x^2-2)=0$

よって　$x+1=0$ または

$x+2=0$ または $x^2-2=0$

したがって　$\boldsymbol{x=-1,\ -2,\ \pm\sqrt{2}}$

練習35　(1)　8 の 3 乗根は，方程式 $x^3=8$ の解である。

移項すると　$x^3-8=0$

左辺を因数分解して　$(x-2)(x^2+2x+4)=0$

したがって　$\boldsymbol{x=2,\ -1\pm\sqrt{3}\,i}$

(2) -1 の 3 乗根は，方程式 $x^3=-1$ の解である。

移項すると　$x^3+1=0$

左辺を因数分解して　$(x+1)(x^2-x+1)=0$

したがって　$\boldsymbol{x=-1,\ \frac{1\pm\sqrt{3}\,i}{2}}$

練習36 (1) $\omega^3=1$ であるから

$$(\omega-1)(\omega^2+\omega+1)=0$$

ω は虚数であるから　$\omega-1\neq 0$

よって　$\omega^2+\omega+1=0$

したがって

$$\begin{aligned}3+\omega^5+\omega^{10}&=3+\omega^3\cdot\omega^2+(\omega^3)^3\cdot\omega\\&=3+\omega^2+\omega\\&=2+(1+\omega+\omega^2)=\boldsymbol{2}\end{aligned}$$

(2) $\omega^3=1$ であるから

$$(\omega-1)(\omega^2+\omega+1)=0$$

ω は虚数であるから　$\omega-1\neq 0$

よって　$\omega^2+\omega+1=0$

したがって

$$\begin{aligned}&1+\omega+\omega^2+\omega^3+\cdots\cdots+\omega^{12}\\&=(1+\omega+\omega^2)+\omega^3(1+\omega+\omega^2)\\&\quad+\omega^6(1+\omega+\omega^2)+\omega^9(1+\omega+\omega^2)\\&\quad+(\omega^3)^4\\&=0+0+0+0+1^4\\&=\boldsymbol{1}\end{aligned}$$

練習37 2 と 4 が解であるから

$$2^3+a\cdot 2^2-22\cdot 2+b=0,$$
$$4^3+a\cdot 4^2-22\cdot 4+b=0$$

すなわち　$\begin{cases}4a+b=36\\16a+b=24\end{cases}$

これを解くと　$\boldsymbol{a=-1,\ b=40}$

このとき，方程式は

$$x^3-x^2-22x+40=0$$

左辺は $(x-2)(x-4)$ で割り切れるから

$$(x-2)(x-4)(x+5)=0$$

よって，他の解は　$\boldsymbol{x=-5}$

参考　$x^3-x^2-22x+40=0$ の 2 つの解は 2，4 であるから，他の解を α とすると

$$x^3-x^2-22x+40=(x-2)(x-4)(x-\alpha)$$

と表される。両辺の定数項を比較して

$$40=(-2)\cdot(-4)\cdot(-\alpha)$$

これから $\alpha=-5$ がわかる。

練習38 $x=1+2i$ が解であるから

$$(1+2i)^3+a(1+2i)+b=0$$

整理すると

$$(a+b-11)+(2a-2)i=0$$

$a+b-11$，$2a-2$ は実数であるから

$$a+b-11=0,\ 2a-2=0$$

これを解くと　$\boldsymbol{a=1,\ b=10}$

このとき，方程式は　$x^3+x+10=0$

左辺を因数分解すると

$$(x+2)(x^2-2x+5)=0$$

よって　$x+2=0$　または　$x^2-2x+5=0$

$x+2=0$　より　$x=-2$

$x^2-2x+5=0$ より　$x=1\pm 2i$

したがって，他の解は　$\boldsymbol{x=-2,\ 1-2i}$

練習39 3 次方程式 $x^3+ax+b=0$ が $2-\sqrt{3}\,i$ を解にもつから，$2-\sqrt{3}\,i$ と共役な複素数 $2+\sqrt{3}\,i$ もこの方程式の解である。

よって，方程式の左辺は

$$\{x-(2-\sqrt{3}\,i)\}\{x-(2+\sqrt{3}\,i)\}$$

すなわち x^2-4x+7 で割り切れる。

$$\begin{array}{r|l}
 & x\ +4 \\ \hline
x^2-4x+7 & x^3 \qquad\qquad +ax+b \\
 & x^3-4x^2 \qquad +7x \\ \hline
 & \quad 4x^2+(a-7)x+b \\
 & \quad 4x^2 \qquad -16x+28 \\ \hline
 & \qquad (a+9)x+b-28
\end{array}$$

計算すると

商は　$x+4$

余りは　$(a+9)x+b-28$

余りが 0 となるから　$a+9=0$，$b-28=0$

よって　$\boldsymbol{a=-9,\ b=28}$

方程式は

$$(x+4)\{x-(2-\sqrt{3}\,i)\}\{x-(2+\sqrt{3}\,i)\}=0$$

と表される。

したがって，他の解は　$\boldsymbol{x=-4,\ 2+\sqrt{3}\,i}$

練習40 (1) $\alpha+\beta+\gamma=-\frac{2}{1}=\boldsymbol{-2}$

(2) $\alpha\beta+\beta\gamma+\gamma\alpha=\frac{3}{1}=\boldsymbol{3}$

(3) $\alpha\beta\gamma=-\frac{-4}{1}=\boldsymbol{4}$

(4) $\alpha^2+\beta^2+\gamma^2$

$$\begin{aligned}&=(\alpha+\beta+\gamma)^2-2(\alpha\beta+\beta\gamma+\gamma\alpha)\\&=(-2)^2-2\cdot 3\\&=\boldsymbol{-2}\end{aligned}$$

(5) $\dfrac{1}{\alpha}+\dfrac{1}{\beta}+\dfrac{1}{\gamma}=\dfrac{\beta\gamma+\gamma\alpha+\alpha\beta}{\alpha\beta\gamma}=\mathbf{\dfrac{3}{4}}$

(6) $\alpha^3+\beta^3+\gamma^3-3\alpha\beta\gamma$

$=(\alpha+\beta+\gamma)$

$\quad\times(\alpha^2+\beta^2+\gamma^2-\alpha\beta-\beta\gamma-\gamma\alpha)$

$=(-2)\times\{(-2)-3\}=\mathbf{10}$

練習41　$1+i$ が解であるから，$1-i$ も解である。

$1\pm i$ 以外の解を α とおくと，解と係数の関係により

$(1+i)+(1-i)+\alpha=-1$,

$(1+i)(1-i)+(1-i)\alpha+\alpha(1+i)=a$,

$(1+i)(1-i)\alpha=-b$

これを解くと

$\alpha=-3$，$a=-4$，$b=6$

答　$\boldsymbol{a=-4}$，$\boldsymbol{b=6}$，**他の解は** $\mathbf{-3}$，$\boldsymbol{1-i}$

6　いろいろな方程式 (本冊 $p.74\sim77$)

練習42　(1) $\begin{cases}3x-y-z=8 & \cdots\cdots ① \\ x+2y+3z=9 & \cdots\cdots ② \\ 2x+y-2z=21 & \cdots\cdots ③\end{cases}$

①×3+② より

$10x-y=33$ …… ④

①×2−③ より

$4x-3y=-5$ …… ⑤

④，⑤ を連立させて解くと　$x=4$，$y=7$

① から　$z=-3$

以上から　$\boldsymbol{x=4}$，$\boldsymbol{y=7}$，$\boldsymbol{z=-3}$

(2) $\begin{cases}x+y=2 & \cdots\cdots ① \\ y+z=5 & \cdots\cdots ② \\ z+x=9 & \cdots\cdots ③\end{cases}$

①+②+③ より　$2(x+y+z)=16$

両辺を 2 で割ると

$x+y+z=8$ …… ④

①，④ から　$z=6$

②，④ から　$x=3$

③，④ から　$y=-1$

以上から　$\boldsymbol{x=3}$，$\boldsymbol{y=-1}$，$\boldsymbol{z=6}$

練習43　(1) $\begin{cases}y=2x-1 & \cdots\cdots ① \\ xy=1 & \cdots\cdots ②\end{cases}$

① を ② に代入すると

$x(2x-1)=1$

整理すると　$2x^2-x-1=0$

よって　$x=-\dfrac{1}{2}$，1

① から　$x=-\dfrac{1}{2}$ のとき $y=-2$

$x=1$ のとき $y=1$

したがって　$\boldsymbol{(x,\ y)=\left(-\dfrac{1}{2},\ -2\right),\ (1,\ 1)}$

(2) $\begin{cases}x-2y=-3 & \cdots\cdots ① \\ x^2+y^2=5 & \cdots\cdots ②\end{cases}$

① から　$x=2y-3$ …… ③

これを ② に代入すると

$(2y-3)^2+y^2=5$

整理すると　$5y^2-12y+4=0$

よって　$y=\dfrac{2}{5}$，2

③ から　$y=\dfrac{2}{5}$ のとき $x=-\dfrac{11}{5}$

$y=2$ のとき $x=1$

したがって　$\boldsymbol{(x,\ y)=\left(-\dfrac{11}{5},\ \dfrac{2}{5}\right),\ (1,\ 2)}$

練習44　(1) 求める x，y は，2 次方程式

$t^2+5t+6=0$ の解である。

これを解くと　$t=-2$，-3

よって

$\boldsymbol{(x,\ y)=(-2,\ -3),\ (-3,\ -2)}$

(2) 求める x，y は，2 次方程式

$t^2-2t+3=0$ の解である。

これを解くと　$t=1\pm\sqrt{2}\,i$

よって　$\boldsymbol{(x,\ y)=(1+\sqrt{2}\,i,\ 1-\sqrt{2}\,i)}$,

$\boldsymbol{(1-\sqrt{2}\,i,\ 1+\sqrt{2}\,i)}$

練習45　(1) $\begin{cases}x+y=-1 & \cdots\cdots ① \\ x^2+y^2=13 & \cdots\cdots ②\end{cases}$

② から　$(x+y)^2-2xy=13$

これに ① を代入すると

$(-1)^2-2xy=13$

よって　$xy=-6$ …… ③

①，③ から，x，y は，和が -1，積が -6 の 2 数であるから，これらは 2 次方程式

$t^2+t-6=0$ の解である。

この 2 次方程式を解くと　$t=2$，-3

したがって　$\boldsymbol{(x,\ y)=(2,\ -3),\ (-3,\ 2)}$

(2) $\begin{cases} x+y=-2 & \cdots\cdots ① \\ x^2+xy+y^2=5 & \cdots\cdots ② \end{cases}$

② から

$$(x+y)^2-xy=5$$

これに ① を代入すると

$$(-2)^2-xy=5$$

よって　$xy=-1$ …… ③

①, ③ から, x, y は, 和が -2, 積が -1 の 2 数であるから, これらは 2 次方程式 $t^2+2t-1=0$ の解である。

この 2 次方程式を解くと　$t=-1\pm\sqrt{2}$

したがって

$$\boldsymbol{(x,\ y)=(-1+\sqrt{2},\ -1-\sqrt{2}),\ (-1-\sqrt{2},\ -1+\sqrt{2})}$$

練習46 (1) 分母は 0 でないから　$x\neq 4$

$\dfrac{x+3}{x-4}=-1$ の両辺に $x-4$ を掛けると

$$x+3=-(x-4)$$

これを解くと　$x=\dfrac{1}{2}$

これは $x\neq 4$ を満たす。

したがって, 解は　$\boldsymbol{x=\dfrac{1}{2}}$

(2) 分母は 0 でないから

$$x\neq 5,\ -\frac{1}{3} \cdots\cdots ①$$

$\dfrac{1}{x-5}=\dfrac{2}{3x+1}$ の両辺に $(x-5)(3x+1)$ を掛けると

$$3x+1=2(x-5)$$

これを解くと　$x=-11$

これは ① を満たす。

したがって, 解は　$\boldsymbol{x=-11}$

(3) 分母は 0 でないから

$$x\neq -1,\ -2 \cdots\cdots ①$$

$\dfrac{1}{x+1}-\dfrac{1}{x+2}=\dfrac{1}{2}$ の両辺に $2(x+1)(x+2)$ を掛けると

$$2(x+2)-2(x+1)=(x+1)(x+2)$$

$$x^2+3x=0$$

これを解くと　$x=0,\ -3$

これらは ① を満たす。

したがって, 解は　$\boldsymbol{x=0,\ -3}$

(4) 分母は 0 でないから

$$x\neq 1,\ -1 \cdots\cdots ①$$

$$\frac{1}{x-1}+\frac{x^2-3x}{x^2-1}=-2$$

$$\frac{1}{x-1}+\frac{x^2-3x}{(x+1)(x-1)}=-2$$

両辺に $(x+1)(x-1)$ を掛けると

$$(x+1)+(x^2-3x)=-2(x+1)(x-1)$$

$$3x^2-2x-1=0$$

これを解くと　$x=-\dfrac{1}{3},\ 1$

このうち, ① を満たすものは $x=-\dfrac{1}{3}$ である。

したがって, 解は　$\boldsymbol{x=-\dfrac{1}{3}}$

確認問題 (本冊 $p.78$)

問題 1 (1) $\sqrt{2}\sqrt{-3}=\sqrt{2}\sqrt{3}\,i=\sqrt{6}\,i$

$\sqrt{2\cdot(-3)}=\sqrt{-6}=\sqrt{6}\,i$

一致する。

(2) $\sqrt{-2}\sqrt{-3}=\sqrt{2}\,i\sqrt{3}\,i$

$=\sqrt{6}\,i^2=-\sqrt{6}$

$\sqrt{(-2)\cdot(-3)}=\sqrt{6}$

一致しない。

(3) $\dfrac{\sqrt{-3}}{\sqrt{2}}=\dfrac{\sqrt{3}\,i}{\sqrt{2}}=\sqrt{\dfrac{3}{2}}\,i$

$\sqrt{\dfrac{-3}{2}}=\sqrt{-\dfrac{3}{2}}=\sqrt{\dfrac{3}{2}}\,i$

一致する。

(4) $\dfrac{\sqrt{3}}{\sqrt{-2}}=\dfrac{\sqrt{3}}{\sqrt{2}\,i}=\dfrac{\sqrt{3}\,i}{\sqrt{2}\,i^2}=-\sqrt{\dfrac{3}{2}}\,i$

$\sqrt{\dfrac{3}{-2}}=\sqrt{-\dfrac{3}{2}}=\sqrt{\dfrac{3}{2}}\,i$

一致しない。

問題 2 (1) $\boldsymbol{x}=-(-\sqrt{2})\pm\sqrt{(-\sqrt{2})^2-1\cdot 3}$

$\boldsymbol{=\sqrt{2}\pm i}$

(2) $\boldsymbol{x}=\dfrac{-(-3)\pm\sqrt{(-3)^2-4\cdot 3\cdot 1}}{2\cdot 3}$

$\boldsymbol{=\dfrac{3\pm\sqrt{3}\,i}{6}}$

問題 3　$x^2-3px-1=0$ の 2 つの解を α, β とすると，解と係数の関係により

$$\alpha+\beta=3p,\ \alpha\beta=-1 \ \cdots\cdots \text{①}$$

$x^2-p^2x+q=0$ の解は $\alpha+2$, $\beta+2$ となる。

解と係数の関係により

$(\alpha+2)+(\beta+2)=p^2$, $(\alpha+2)(\beta+2)=q$ …… ②

①, ② から　$3p+4=p^2$, $-1+6p+4=q$

これを解くと

$$\boldsymbol{(p,\ q)=(-1,\ -3),\ (4,\ 27)}$$

問題 4　$P(x)$ を $(x+2)(x-3)$ で割った商を $Q(x)$, 余りを $ax+b$ とすると，$P(x)$ は次のように表される。

$$P(x)=(x+2)(x-3)Q(x)+ax+b$$

（a, b は定数）

条件から　$P(3)=-11$, $P(-2)=4$

よって　$\begin{cases} 3a+b=-11 \\ -2a+b=4 \end{cases}$

これを解くと　$a=-3$, $b=-2$

したがって，余りは　$\boldsymbol{-3x-2}$

問題 5　与えられた方程式の左辺を $P(x)$ とおく。

(1)　$P(2)=0$ であるから，$P(x)$ は $x-2$ を因数にもつ。

したがって　$P(x)=(x-2)(x^2-9)$

$P(x)=0$ から　$\boldsymbol{x=2,\ \pm3}$

(2)　$P(1)=0$ であるから，$P(x)$ は $x-1$ を因数にもつ。

したがって　$P(x)=(x-1)(2x^2+x+2)$

$P(x)=0$ から　$\boldsymbol{x=1,\ \dfrac{-1\pm\sqrt{15}\,i}{4}}$

(3)　$P(-1)=0$ であるから，$P(x)$ は $x+1$ を因数にもつ。

よって　$P(x)=(x+1)(x^3-2x^2+3x-6)$

ここで，$Q(x)=x^3-2x^2+3x-6$ とおくと $Q(2)=0$ であるから，$Q(x)$ は $x-2$ を因数にもつ。

したがって　$Q(x)=(x-2)(x^2+3)$

方程式は　$(x+1)(x-2)(x^2+3)=0$

よって　$\boldsymbol{x=-1,\ 2,\ \pm\sqrt{3}\,i}$

問題 6　1 の 3 乗根は，方程式 $x^3=1$ の解である。

移項すると　$x^3-1=0$

左辺を因数分解して　$(x-1)(x^2+x+1)=0$

よって　$x-1=0$　または　$x^2+x+1=0$

したがって，1 の 3 乗根は　$1,\ \dfrac{-1\pm\sqrt{3}\,i}{2}$

$\omega=\dfrac{-1+\sqrt{3}\,i}{2}$ とすると

$$\omega^2=\left(\frac{-1+\sqrt{3}\,i}{2}\right)^2=\frac{-2-2\sqrt{3}\,i}{4}=\frac{-1-\sqrt{3}\,i}{2}$$

また，$\omega=\dfrac{-1-\sqrt{3}\,i}{2}$ とすると

$$\omega^2=\left(\frac{-1-\sqrt{3}\,i}{2}\right)^2=\frac{-2+2\sqrt{3}\,i}{4}=\frac{-1+\sqrt{3}\,i}{2}$$

いずれにしても，虚数であるものの 1 つを ω とすると，もう一方は ω^2 となる。

よって，1 の 3 乗根は 1, ω, ω^2 である。

参考　虚数解の 1 つを ω とすると

$$\omega^3=1,\ \omega^2+\omega+1=0$$

よって　$\omega+\omega^2=-1$, $\omega\cdot\omega^2=1$

ω, ω^2 は，和が -1, 積が 1 となるような 2 数である。

したがって，ω, ω^2 は $x^2+x+1=0$ の解である。

問題 7　3 次方程式の解と係数の関係により

$$\alpha+\beta+\gamma=-\frac{-4}{1}=4,$$

$$\alpha\beta+\beta\gamma+\gamma\alpha=\frac{2}{1}=2,$$

$$\alpha\beta\gamma=-\frac{4}{1}=-4$$

$\alpha^3+\beta^3+\gamma^3-3\alpha\beta\gamma$

$=(\alpha+\beta+\gamma)(\alpha^2+\beta^2+\gamma^2-\alpha\beta-\beta\gamma-\gamma\alpha)$

であるから

$\alpha^3+\beta^3+\gamma^3$

$=(\alpha+\beta+\gamma)$

$\quad\times\{(\alpha+\beta+\gamma)^2-3(\alpha\beta+\beta\gamma+\gamma\alpha)\}+3\alpha\beta\gamma$

$=4\times(4^2-3\cdot2)+3\cdot(-4)=\boldsymbol{28}$

演習問題A（本冊 p. 79）

問題1 (1) $\alpha^3=\left(\dfrac{1+\sqrt{3}\,i}{2}\right)^3$

$=\dfrac{1+3\sqrt{3}\,i+9i^2+3\sqrt{3}\,i^3}{8}$

$=\dfrac{1+3\sqrt{3}\,i-9-3\sqrt{3}\,i}{8}$

$=\mathbf{-1}$

(2) $\alpha^{12}=(\alpha^3)^4=(-1)^4=\mathbf{1}$

(3) $\alpha^{16}=\alpha^{15}\cdot\alpha=(\alpha^3)^5\cdot\alpha$

$=(-1)^5\cdot\alpha=-\alpha=\mathbf{-\dfrac{1+\sqrt{3}\,i}{2}}$

問題2 2次方程式 $x^2+ax+k=0$ の判別式を D とすると，この方程式が重解をもつから

$D=a^2-4k=0$ …… ①

また，2次方程式 $x^2+kx+a^2=0$ の解の1つが -6 であるから

$(-6)^2+k\cdot(-6)+a^2=0$

すなわち　$a^2-6k=-36$ …… ②

①，② を連立させて解くと　$\boldsymbol{k=18}$，$a^2=72$

問題3 $x^2-px+2=0$ の2つの解が α，β であるから，解と係数の関係により

$\alpha+\beta=p$ …… ①，　$\alpha\beta=2$ …… ②

$x^2-5x+q=0$ の2つの解が $\alpha+\beta$，$\alpha\beta$ であるから，解と係数の関係により

$(\alpha+\beta)+\alpha\beta=5$，$(\alpha+\beta)\alpha\beta=q$

これらに ①，② を代入すると

$p+2=5$ …… ③，　$p\cdot2=q$ …… ④

③，④ を連立させて解くと　$\boldsymbol{p=3}$，$\boldsymbol{q=6}$

問題4 解と係数の関係により

$\alpha+\beta=4$，$\alpha\beta=7$

(1) $\alpha^2+\beta^2=(\alpha+\beta)^2-2\alpha\beta$

$=4^2-2\cdot7$

$=\mathbf{2}$

(2) $(\alpha-\beta)^2=(\alpha+\beta)^2-4\alpha\beta$

$=4^2-4\cdot7$

$=\mathbf{-12}$

別解　$(\alpha-\beta)^2=\alpha^2-2\alpha\beta+\beta^2$

$=2-2\cdot7$

$=-12$

(3) $\dfrac{\alpha}{\beta-2}+\dfrac{\beta}{\alpha-2}$

$=\dfrac{\alpha(\alpha-2)+\beta(\beta-2)}{(\beta-2)(\alpha-2)}$

$=\dfrac{(\alpha^2+\beta^2)-2(\alpha+\beta)}{\alpha\beta-2(\alpha+\beta)+4}$

$=\dfrac{2-2\cdot4}{7-2\cdot4+4}$

$=\mathbf{-2}$

問題5 $(x-1)(x^2-4)$ は3次式であるから，$P(x)$ を $(x-1)(x^2-4)$ で割ったときの余りは，2次以下の多項式になる。

よって，求める余りを ax^2+bx+c として

$P(x)=(x-1)(x^2-4)Q(x)+ax^2+bx+c$

とおける。

条件から　$P(1)=8$

また，$P(x)$ を x^2-4 で割った商を $A(x)$ とすると，余りが $-2x+1$ であるから

$P(x)=(x^2-4)A(x)-2x+1$

よって　$P(2)=-2\cdot2+1=-3$，

$P(-2)=-2\cdot(-2)+1=5$

したがって　$P(1)=a+b+c=8$

$P(2)=4a+2b+c=-3$

$P(-2)=4a-2b+c=5$

これを解くと

$a=-3$，$b=-2$，$c=13$

よって，求める余りは

$\mathbf{-3x^2-2x+13}$

問題6 $x^2-2x=t$ とおくと，与えられた方程式は，次のように表される。

$t^2+5t-24=0$

左辺を因数分解すると

$(t-3)(t+8)=0$

よって　$t=3$ または $t=-8$

$t=3$ のとき　$x^2-2x=3$

この方程式を変形すると

$x^2-2x-3=0$

$(x+1)(x-3)=0$

よって　$x=-1,\ 3$

$t=-8$ のとき　$x^2-2x=-8$

この方程式を変形すると

$x^2-2x+8=0$

これを解くと　$x=1\pm\sqrt{7}\,i$

したがって　$\boldsymbol{x=-1,\ 3,\ 1\pm\sqrt{7}\,i}$

問題 7 $\begin{cases} x+y+z=12 & \cdots\cdots ① \\ x^2+y^2=z^2 & \cdots\cdots ② \\ xy=12 & \cdots\cdots ③ \end{cases}$

① より　$x+y=12-z$　$\cdots\cdots$ ④

② より　$(x+y)^2-2xy=z^2$ $\cdots\cdots$ ⑤

⑤ に ③, ④ を代入すると

$$(12-z)^2-2\cdot12=z^2$$

整理すると　$24z=120$

よって　　$z=5$

④ より　$x+y=7$

③ より　$xy=12$

ゆえに, x, y を解とする 2 次方程式の 1 つは

$$t^2-7t+12=0$$

左辺を因数分解して　$(t-3)(t-4)=0$

これを解くと　$t=3$, 4

よって $\begin{cases} x=3 \\ y=4 \end{cases}$ または $\begin{cases} x=4 \\ y=3 \end{cases}$

したがって　$\boldsymbol{(x,\ y,\ z)=(3,\ 4,\ 5),\ (4,\ 3,\ 5)}$

問題 8　与えられた方程式の左辺は, 次のように変形できる。

$$\frac{1}{x}+\frac{1}{x-3}+\frac{1}{x-1}+\frac{1}{x-2}$$
$$=\frac{(x-3)+x}{x(x-3)}+\frac{(x-2)+(x-1)}{(x-1)(x-2)}$$
$$=\frac{2x-3}{x(x-3)}+\frac{2x-3}{(x-1)(x-2)}$$
$$=\frac{(2x-3)\cdot(x-1)(x-2)}{x(x-3)(x-1)(x-2)}$$
$$+\frac{(2x-3)\cdot x(x-3)}{x(x-3)(x-1)(x-2)}$$
$$=\frac{(2x-3)\{(x-1)(x-2)+x(x-3)\}}{x(x-3)(x-1)(x-2)}$$
$$=\frac{(2x-3)(2x^2-6x+2)}{x(x-3)(x-1)(x-2)}$$
$$=\frac{2(2x-3)(x^2-3x+1)}{x(x-3)(x-1)(x-2)}$$

$\dfrac{1}{x}+\dfrac{1}{x-3}+\dfrac{1}{x-1}+\dfrac{1}{x-2}=0$ であるから

$$(2x-3)(x^2-3x+1)=0$$

したがって　$x=\dfrac{3}{2}$, $\dfrac{3\pm\sqrt{5}}{2}$

これらの値は, いずれももとの方程式の分母を 0 としないから, 解として適する。

答　$\boldsymbol{x=\dfrac{3}{2},\ \dfrac{3\pm\sqrt{5}}{2}}$

演習問題B （本冊 *p*. 80）

問題 9　2 つの 2 次方程式が共通な解 $x=\alpha$ をもつとすると, 次の式が成り立つ。

$\alpha^2+k\alpha-1=0$ $\cdots\cdots$ ①

$\alpha^2+\alpha-k=0$ $\cdots\cdots$ ②

①−② より　$(k-1)\alpha+(k-1)=0$

$(k-1)(\alpha+1)=0$

よって　$k=1$ または $\alpha=-1$

$k=1$ のとき

方程式は 2 つとも　$x^2+x-1=0$

これを解くと　$x=\dfrac{-1\pm\sqrt{5}}{2}$

$\alpha=-1$ のとき

① から　$k=0$

このとき, 方程式は

$x^2-1=0$, $x^2+x=0$

となり, $x=-1$ が共通な解となる。

答　$\boldsymbol{k=1}$, **共通な解は** $\boldsymbol{x=\dfrac{-1\pm\sqrt{5}}{2}}$

$\boldsymbol{k=0}$, **共通な解は** $\boldsymbol{x=-1}$

問題10　(1)　① の左辺 $2x^3-(a+2)x^2+a$ に $x=1$ を代入すると

$2\cdot1^3-(a+2)\cdot1^2+a=2-a-2+a$

$=0$

よって, 方程式 ① は 1 を解にもつ。

(2)　(1) より, $2x^3-(a+2)x^2+a$ は, $x-1$ を因数にもつことがわかる。

$2x^3-(a+2)x^2+a$ を $x-1$ で割ると

$2x^3-(a+2)x^2+a$

$=(x-1)(2x^2-ax-a)$

方程式 ① が 1 を 2 重解としてもつのは, 方程式 $2x^2-ax-a=0$ が, 1 と 1 以外の数を解としてもつ場合である。

方程式 $2x^2-ax-a=0$ が, 1 を解としてもつから

$2\cdot1^2-a\cdot1-a=0$

すなわち　$2-2a=0$

これを解くと　$a=1$

このとき, 方程式は $2x^2-x-1=0$ となり, 解は　$x=1$, $-\dfrac{1}{2}$

よって, 与えられた条件を満たす。

答　$\boldsymbol{a=1}$

(3) $2x^3-(a+2)x^2+a$
$\quad =(x-1)(2x^2-ax-a)$

であるから，方程式 ① が 1 以外の数を 2 重解としてもつのは，方程式 $2x^2-ax-a=0$ が，1 以外の数を 2 重解としてもつ場合である。

方程式 $2x^2-ax-a=0$ の判別式を D とすると

$$D=(-a)^2-4\cdot2\cdot(-a)$$
$$=a^2+8a=a(a+8)$$

$D=0$ より　$a=0,\ -8$

$a=0$ のとき，方程式は　$2x^2=0$

この方程式は 0 を 2 重解にもつから，条件を満たす。

$a=-8$ のとき，方程式は

$$2x^2+8x+8=0$$
$$x^2+4x+4=0$$

すなわち　$(x+2)^2=0$

この方程式は -2 を 2 重解にもつから，条件を満たす。　　　　　答　$\boldsymbol{a=0,\ -8}$

問題11　$x=1-\sqrt{3}\,i$ であるから　$x-1=-\sqrt{3}\,i$

$$(x-1)^2=-3$$
$$x^2-2x+4=0 \ \cdots\cdots \ ①$$

$P(x)=2x^3-6x^2+4x+1$ を x^2-2x+4 で割ることにより

$P(x)=(x^2-2x+4)(2x-2)-8x+9$

と表される。

① より

$P(1-\sqrt{3}\,i)=0-8(1-\sqrt{3}\,i)+9$
$\qquad =\boldsymbol{1+8\sqrt{3}\,i}$

問題12　もとの立方体の 1 辺の長さを x cm とする。

高さを 1 cm 縮めるから　　$x>1$

条件より　　$(x+1)(x+2)(x-1)=\dfrac{3}{2}x^3$

すなわち　　$x^3-4x^2+2x+4=0$

$P(x)=x^3-4x^2+2x+4$ とおくと

$$P(2)=2^3-4\cdot2^2+2\cdot2+4=0$$

よって，$P(x)$ は $x-2$ を因数にもち，$x-2$ で割ると

$$P(x)=(x-2)(x^2-2x-2)$$

$P(x)=0$ から　　$x=2,\ 1\pm\sqrt{3}$

$x>1$ を満たすのは　　$x=2,\ 1+\sqrt{3}$

したがって，もとの立方体の 1 辺の長さは

2 cm または $(1+\sqrt{3})$ cm

問題13　(1)　$x=0$ は方程式 ① の解ではないから　$x^2\neq0$

方程式 ① の両辺を x^2 で割ると

$$x^2-6x+10-\frac{6}{x}+\frac{1}{x^2}=0$$

ここで，$x^2+\dfrac{1}{x^2}=\left(x+\dfrac{1}{x}\right)^2-2$ であるから

$$\left(x+\frac{1}{x}\right)^2-2-6\left(x+\frac{1}{x}\right)+10=0$$

$x+\dfrac{1}{x}=t$ とおくと

$$t^2-2-6t+10=0$$

よって　$\boldsymbol{t^2-6t+8=0}$

(2)　$t^2-6t+8=0$ を解くと　$t=2,\ 4$

$x+\dfrac{1}{x}=2$ から　$x^2-2x+1=0$

　よって　$x=1$

$x+\dfrac{1}{x}=4$ から　$x^2-4x+1=0$

　よって　$x=2\pm\sqrt{3}$

したがって，解は　$\boldsymbol{x=1,\ 2\pm\sqrt{3}}$

問題14　(1)　$\begin{cases} x^2+y^2=5 & \cdots\cdots \ ① \\ x+y=k & \cdots\cdots \ ② \end{cases}$

② から　$y=-x+k$

これを ① に代入すると

$$x^2+(-x+k)^2=5$$
$$2x^2-2kx+k^2-5=0$$

この 2 次方程式の判別式を D とすると，条件から

$$\frac{D}{4}=(-k)^2-2(k^2-5)$$
$$=-k^2+10=0$$

よって　$\boldsymbol{k=\pm\sqrt{10}}$

(2)　$\begin{cases} x+2y=2 & \cdots\cdots \ ① \\ x^2+xy+y^2=k & \cdots\cdots \ ② \end{cases}$

① から　$x=-2y+2$

これを ② に代入すると

$$(-2y+2)^2+(-2y+2)y+y^2=k$$
$$3y^2-6y+4-k=0$$

この 2 次方程式の判別式を D とすると，条件から

$$\frac{D}{4}=(-3)^2-3(4-k)$$
$$=3k-3=0$$

よって　$\boldsymbol{k=1}$

第 3 章　2 次関数とグラフ

1　2 次関数のグラフ　(本冊 $p.$ 82〜90)

練習 1　(1)　$f(3)=-3^2+2\cdot3+4$

$=\mathbf{1}$

(2)　$f(0)=-0^2+2\cdot0+4$

$=\mathbf{4}$

(3)　$f(-2)=-(-2)^2+2\cdot(-2)+4$

$=\mathbf{-4}$

(4)　$f(a+1)=-(a+1)^2+2(a+1)+4$

$=\boldsymbol{-a^2+5}$

練習 2　(1)　**第 1 象限**　(2)　**第 3 象限**

(3)　**第 2 象限**　(4)　**第 4 象限**

練習 3

(1)　グラフは図。
軸は y 軸,
頂点は点 (0, 2)

(2)　グラフは図。
軸は y 軸,
頂点は点 (0, −3)

(3)　グラフは図。
軸は y 軸,
頂点は点 (0, 1)

(1)

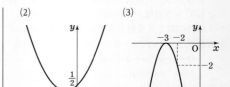

(2)

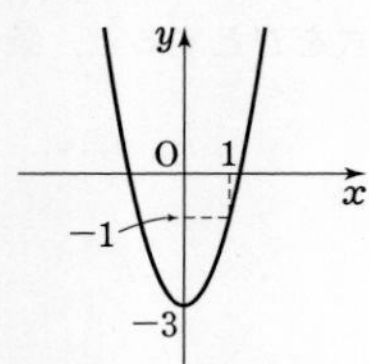

(3)

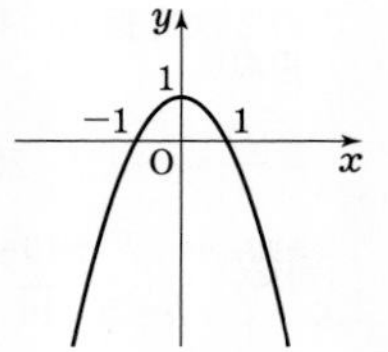

練習 4

(1)　グラフは図。
軸は直線 $x=2$,
頂点は点 (2, 0)

(2)　グラフは図。
軸は直線 $x=-1$,
頂点は点 (−1, 0)

(3)　グラフは図。
軸は直線 $x=-3$,
頂点は点 (−3, 0)

(1)

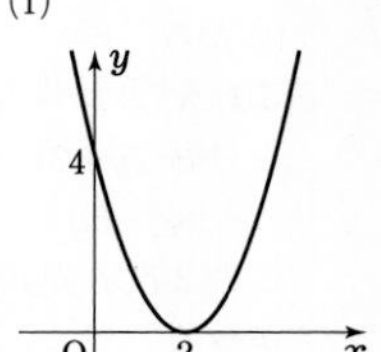

(2)

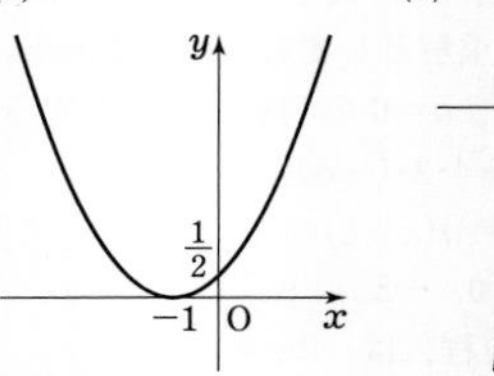

(3)

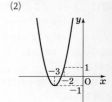

練習 5　(1)　グラフは図。

軸は直線 $x=1$, 頂点は点 (1, 2)

(2)　グラフは図。

軸は直線 $x=-3$, 頂点は点 (−3, −1)

(3)　グラフは図。

軸は直線 $x=2$, 頂点は点 (2, −3)

(4)　グラフは図。

軸は直線 $x=-1$, 頂点は点 (−1, 4)

(1)

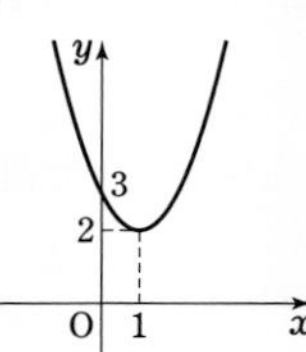

(2)

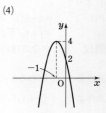

(3)

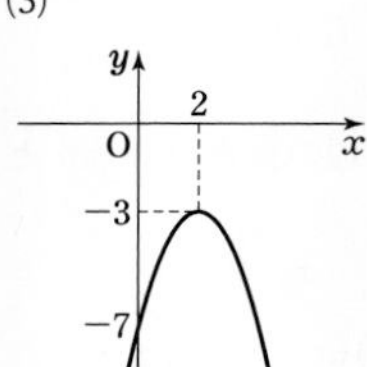

(4)

練習 6　(1)　x^2-4x

$=(x^2-4x+2^2)-2^2$

$=\boldsymbol{(x-2)^2-4}$

(2)　x^2+6x+4

$=(x^2+6x+3^2)-3^2+4$

$=\boldsymbol{(x+3)^2-5}$

(3)　x^2-3x+2

$=\left\{x^2-3x+\left(\frac{3}{2}\right)^2\right\}-\left(\frac{3}{2}\right)^2+2$

$=\boldsymbol{\left(x-\frac{3}{2}\right)^2-\frac{1}{4}}$

練習 7　(1)　$2x^2+8x-3$

$=2(x^2+4x)-3$

$=2\{(x^2+4x+2^2)-2^2\}-3$

$=2(x+2)^2-2\cdot 2^2-3$

$\boldsymbol{=2(x+2)^2-11}$

(2)　$-x^2+x-2$

$=-(x^2-x)-2$

$=-\left[\left\{x^2-x+\left(\frac{1}{2}\right)^2\right\}-\left(\frac{1}{2}\right)^2\right]-2$

$=-\left(x-\frac{1}{2}\right)^2+\left(\frac{1}{2}\right)^2-2$

$\boldsymbol{=-\left(x-\frac{1}{2}\right)^2-\frac{7}{4}}$

(3)　$-3x^2-9x+1$

$=-3(x^2+3x)+1$

$=-3\left[\left\{x^2+3x+\left(\frac{3}{2}\right)^2\right\}-\left(\frac{3}{2}\right)^2\right]+1$

$=-3\left(x+\frac{3}{2}\right)^2+3\cdot\left(\frac{3}{2}\right)^2+1$

$\boldsymbol{=-3\left(x+\frac{3}{2}\right)^2+\frac{31}{4}}$

練習 8

(1)　x^2-4x+8 を平方完成すると

x^2-4x+8

$=(x^2-4x+2^2)-2^2+8$

$=(x-2)^2+4$

よって $y=(x-2)^2+4$

この関数のグラフは，右の図のような放物線である。

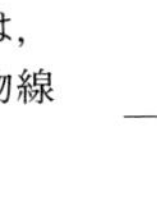

軸は直線 $x=2$，

頂点は点 $(2,\ 4)$

(2)　$2x^2+12x+10$ を平方完成すると

$2x^2+12x+10$

$=2(x^2+6x)+10$

$=2\{(x^2+6x+3^2)-3^2\}+10$

$=2(x+3)^2-8$

よって

$y=2(x+3)^2-8$

この関数のグラフは，右の図のような放物線である。

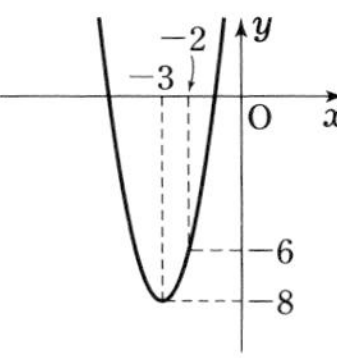

軸は直線 $x=-3$，

頂点は点 $(-3,\ -8)$

(3)　$-2x^2+4x-1$ を平方完成すると

$-2x^2+4x-1$

$=-2(x^2-2x)-1$

$=-2\{(x^2-2x+1^2)-1^2\}-1$

$=-2(x-1)^2+1$

よって

$y=-2(x-1)^2+1$

この関数のグラフは，右の図のような放物線である。

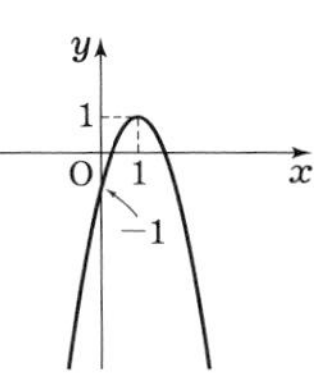

軸は直線 $x=1$，

頂点は点 $(1,\ 1)$

(4)　$-x^2-3x+1$ を平方完成すると

$-x^2-3x+1$

$=-(x^2+3x)+1$

$=-\left[\left\{x^2+3x+\left(\frac{3}{2}\right)^2\right\}-\left(\frac{3}{2}\right)^2\right]+1$

$=-\left(x+\frac{3}{2}\right)^2+\frac{13}{4}$

よって

$y=-\left(x+\frac{3}{2}\right)^2+\frac{13}{4}$

この関数のグラフは，右の図のような放物線である。

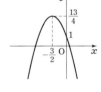

軸は直線 $x=-\frac{3}{2}$，

頂点は点 $\left(-\frac{3}{2},\ \frac{13}{4}\right)$

2　関数のグラフの移動　（本冊 $p.$ 91～95）

練習 9　x 座標は $1+3=4$，y 座標は $-5-2=-7$

よって，移動した点の座標は

$(4,\ -7)$

練習10　(1)　点Aを x 軸方向に p，y 軸方向に q だけ移動したとき点 $(5,\ -3)$ に重なるとすると

$-1+p=5$，$-6+q=-3$

よって　$p=6$，$q=3$

したがって，**x 軸方向に 6，y 軸方向に 3 だけ移動すればよい。**

(2) 点Bをx軸方向にp，y軸方向にqだけ移動したとき点$(5,\ -3)$に重なるとすると

$$0+p=5,\ 3+q=-3$$

よって　$p=5,\ q=-6$

したがって，**x軸方向に5，y軸方向に-6だけ移動すればよい。**

練習11　$y=-2x^2-4x+2$ を変形すると

$$y=-2(x+1)^2+4$$

よって，頂点は点$(-1,\ 4)$

$y=-2x^2+8x-5$ を変形すると

$$y=-2(x-2)^2+3$$

よって，頂点は点$(2,\ 3)$

頂点は，点$(-1,\ 4)$から点$(2,\ 3)$に移動するから，**x軸方向に3，y軸方向に-1だけ平行移動すればよい。**

練習12　(1) 移動した直線の方程式は

$$y-(-1)=2(x-7)-4$$

すなわち　$\boldsymbol{y=2x-19}$

(2) 移動した放物線の方程式は

$$y-(-4)=2\{x-(-3)\}^2+\{x-(-3)\}-1$$

すなわち　$\boldsymbol{y=2x^2+13x+16}$

練習13　(1) 求める点の座標は　$\boldsymbol{(-2,\ -3)}$

(2) 求める点の座標は　$\boldsymbol{(2,\ 3)}$

(3) 求める点の座標は　$\boldsymbol{(2,\ -3)}$

練習14　(1) 求める直線の方程式は

$$y=-(-x+1)$$

すなわち　$\boldsymbol{y=x-1}$

(2) 求める放物線の方程式は

$$y=-2(-x)^2+(-x)-3$$

すなわち　$\boldsymbol{y=-2x^2-x-3}$

(3) 求める放物線の方程式は

$$-y=(-x)^2-2(-x)$$

すなわち　$\boldsymbol{y=-x^2-2x}$

3　2次関数の最大値，最小値　（本冊 $p.96\sim104$）

練習15　(1) $y=x^2+6x+8$ を変形すると

$$y=(x+3)^2-1$$

よって，この関数は **$x=-3$ で最小値 -1 をとり，最大値はない。**

(2) $y=-2x^2+8x-3$ を変形すると

$$y=-2(x-2)^2+5$$

よって，この関数は **$x=2$ で最大値5をとり，最小値はない。**

練習16

(1) 関数は $y=2(x+1)^2-2\ (-2\leqq x\leqq 1)$ と表され，グラフは右の図の実線部分である。

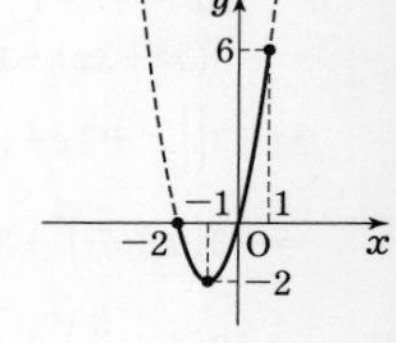

よって，関数は

$x=1$ で

最大値6，

$x=-1$ で

最小値 -2

をとる。

(2) 関数は $y=-(x-1)^2+6\ (-1\leqq x\leqq 0)$ と表され，グラフは右の図の実線部分である。

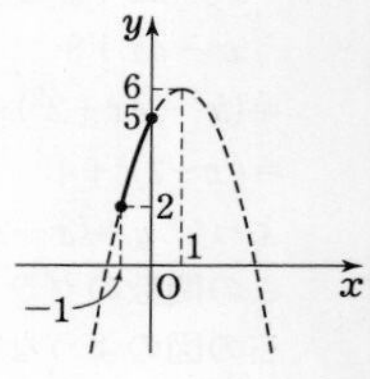

よって，関数は

$x=0$ で

最大値5，

$x=-1$ で

最小値2

をとる。

(3) 関数は $y=\frac{1}{2}(x-2)^2+1\ (1\leqq x\leqq 3)$ と表され，グラフは右の図の実線部分である。

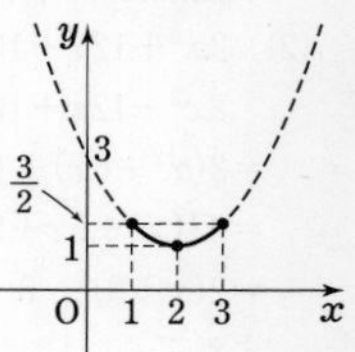

よって，関数は

$x=1,\ 3$ で

最大値 $\frac{3}{2}$，

$x=2$ で

最小値1

をとる。

(4) 関数は $y=-2\left(x+\frac{5}{2}\right)^2+\frac{27}{2}$ $(-5<x<-1)$

と表され，グラフは右の図の実線部分である。

よって，関数は

$\boldsymbol{x=-\frac{5}{2}}$ **で**

最大値 $\boldsymbol{\frac{27}{2}}$

をとり，**最小値はない。**

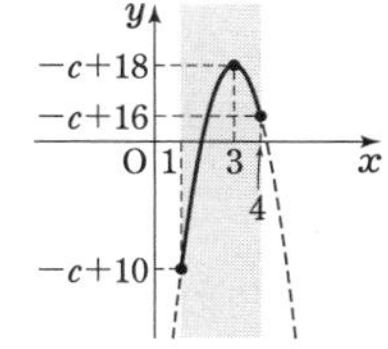

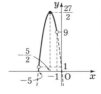

練習17 関数は $y=-2(x-3)^2-c+18$ $(1\leqq x\leqq 4)$

と表され，グラフは図の実線部分である。

よって，関数は

$x=3$ で最大値 $-c+18$

$x=1$ で最小値 $-c+10$

をとる。

条件から

$-c+10=-5$

よって　$c=15$

最大値は　$-c+18=-15+18=3$

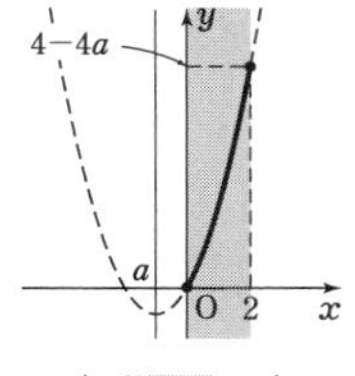

答　$\boldsymbol{c=15}$**，**$\boldsymbol{x=3}$ **で最大値 3**

練習18

(1) $a<1$ のとき

関数は $\boldsymbol{x=2}$ **で最大値**

$\boldsymbol{4-4a}$ をとる。

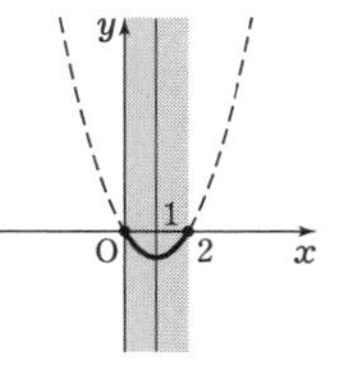

(2) $a=1$ のとき

関数は $\boldsymbol{x=0,\ 2}$ **で最大値 0** をとる。

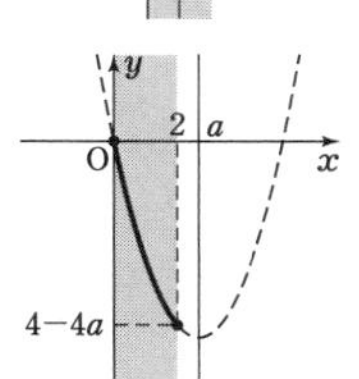

(3) $1<a$ のとき

関数は $\boldsymbol{x=0}$ **で最大値**

0 をとる。

練習19

(1) $0<a<6$ のとき

関数は $\boldsymbol{x=0}$ **で最大値**

5 をとる。

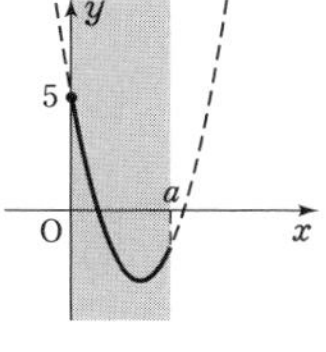

(2) $a=6$ のとき

関数は $\boldsymbol{x=0,\ 6}$ **で最大値 5** をとる。

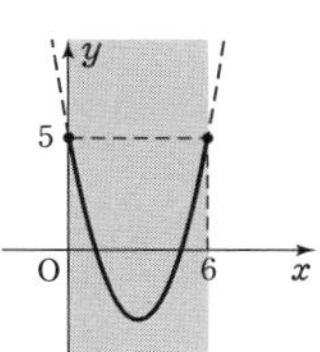

(3) $6<a$ のとき

関数は $\boldsymbol{x=a}$ **で最大値**

$\boldsymbol{a^2-6a+5}$ をとる。

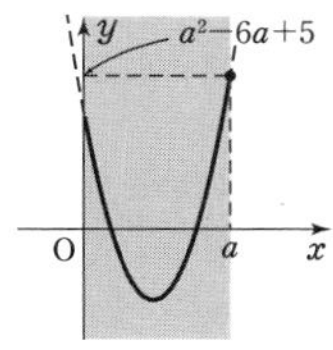

練習20 関数は $y=(x-1)^2-2$ $(-1\leqq x\leqq a)$ と表され，グラフの軸は直線 $x=1$，頂点は点 $(1,\ -2)$ である。

[1] $\boldsymbol{-1<a<1}$ **のとき**

関数は $\boldsymbol{x=a}$ **で**

最小値 $\boldsymbol{a^2-2a-1}$

をとる。

[2] $\boldsymbol{1\leqq a}$ **のとき**

関数は $\boldsymbol{x=1}$ **で**

最小値 $\boldsymbol{-2}$ をとる。

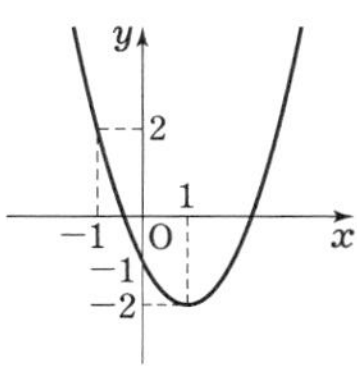

練習21 関数は $y=(x-1)^2-2$ $(a\leqq x\leqq a+3)$ と表され，グラフの軸は直線 $x=1$，頂点は点 $(1,\ -2)$ である。

[1] $a+3<1$ すなわち $\boldsymbol{a<-2}$ **のとき**

関数は $\boldsymbol{x=a+3}$ **で最小値**

$(a+3)^2-2(a+3)-1=\boldsymbol{a^2+4a+2}$

をとる。

[2] $a<1\leqq a+3$ すなわち

$\boldsymbol{-2\leqq a<1}$ **のとき**

関数は $\boldsymbol{x=1}$ **で最小値** $\boldsymbol{-2}$ をとる。

[3] $\boldsymbol{1\leqq a}$ **のとき**

関数は $\boldsymbol{x=a}$ **で最小値** $\boldsymbol{a^2-2a-1}$ をとる。

練習22　壁に垂直な2辺の長さを x m とすると，壁と平行な辺の長さは $(100-2x)$ m である。

このとき，$x>0$，$100-2x>0$ であるから

$$0<x<50$$

面積を y m^2 とすると

$$\begin{aligned} y&=x(100-2x)\\ &=-2x^2+100x\\ &=-2(x-25)^2+1250 \end{aligned}$$

$0<x<50$ の範囲で，y は $x=25$ で最大値 1250 をとる。

このとき，$100-2x=50$ であるから，

壁に垂直な2辺の長さを 25 m，

壁と平行な辺の長さを 50 m

にすればよい。

練習23　1日あたりの売上金額を y 円とする。

条件から，定価を $10x$ 円値上げすると，販売量が $20x$ 個減少する。

よって　$y=(150+10x)(500-20x)$ …… ①

ここで，$x\geqq 0$，$500-20x\geqq 0$ であるから

$$0\leqq x\leqq 25$$

① を変形すると

$$\begin{aligned} y&=(150+10x)(500-20x)\\ &=200(15+x)(25-x)\\ &=200(-x^2+10x+375)\\ &=-200(x-5)^2+80000 \end{aligned}$$

$0\leqq x\leqq 25$ の範囲で，y は $x=5$ で最大値 80000 をとる。

したがって，求める定価は

$$150+10\times 5=\mathbf{200}\ (\text{円})$$

練習24　点 $(10,\ 0)$ を点Cとする。

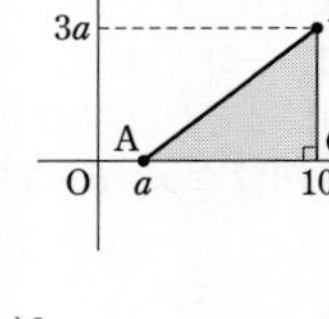

$AC=10-a$，

$BC=3a$

であるから，直角三角形 ABC において，三平方の定理により

$$\begin{aligned} AB^2&=(10-a)^2+(3a)^2\\ &=10a^2-20a+100\\ &=10(a-1)^2+90 \end{aligned}$$

よって，AB^2 は $a=1$ で最小値 90 をとる。

$AB\geqq 0$ であるから，AB^2 が最小となるとき，AB も最小になる。

したがって，AB は $\boldsymbol{a=1}$ **で最小値** $\sqrt{90}=\boldsymbol{3\sqrt{10}}$ をとる。

4　2次関数の決定　(本冊 $p.$ 105～107)

練習25　(1)　求める2次関数は

$$y=a(x-3)^2-4$$

とおける。この関数のグラフが点 $(1,\ -12)$ を通るから

$$-12=a(1-3)^2-4$$

これを解くと　$a=-2$

よって　$\boldsymbol{y=-2(x-3)^2-4}$

$(y=-2x^2+12x-22)$

(2)　求める2次関数は

$$y=a(x+2)^2+b$$

とおける。この関数のグラフが2点 $(1,\ 8)$，$(3,\ 24)$ を通るから

$$\begin{cases} 8=a(1+2)^2+b\\ 24=a(3+2)^2+b \end{cases}$$

これを解くと　$a=1$，$b=-1$

よって　$\boldsymbol{y=(x+2)^2-1}$

$(y=x^2+4x+3)$

(3)　求める2次関数は

$$y=a(x-3)^2+b$$

とおける。この関数のグラフが2点 $(1,\ 9)$，$(2,\ 3)$ を通るから

$$\begin{cases} 9=a(1-3)^2+b\\ 3=a(2-3)^2+b \end{cases}$$

これを解くと　$a=2$，$b=1$

よって　$\boldsymbol{y=2(x-3)^2+1}$

$(y=2x^2-12x+19)$

練習26　求める2次関数を $y=ax^2+bx+c$ とおく。この関数のグラフが与えられた3点を通るから

$$\begin{cases} a+b+c=2\\ 9a+3b+c=16\\ 4a-2b+c=11 \end{cases}$$

これを解くと　$a=2$，$b=-1$，$c=1$

よって　$\boldsymbol{y=2x^2-x+1}$

練習27　求める2次関数は $y=a(x+2)(x-3)$ とおくことができる。

この関数のグラフが点 $(1,\ 6)$ を通るから

$$6=a\cdot 3\cdot(-2)$$

よって　$a=-1$

したがって　$\boldsymbol{y=-(x+2)(x-3)}$

$(y=-x^2+x+6)$

練習28 頂点が直線 $y=-x$ 上にあるから，頂点の x 座標を t とすると，頂点の座標は $(t,\ -t)$ と表される。

x^2 の係数が -1 であるから，求める2次関数は $y=-(x-t)^2-t$ とおける。この関数のグラフが点 $(-1,\ 1)$ を通るから　$1=-(-1-t)^2-t$

$t^2+3t+2=0$

これを解くと　$t=-1,\ -2$

$t=-1$ のとき　$\boldsymbol{y=-(x+1)^2+1}$

$(y=-x^2-2x)$

$t=-2$ のとき　$\boldsymbol{y=-(x+2)^2+2}$

$(y=-x^2-4x-2)$

練習29 2次関数のグラフが点 $(2,\ 4)$ を通るから

$4=2^2-4a\cdot2+b$

したがって　$b=8a$ …… ①

また，$y=x^2-4ax+b$ を変形すると

$y=(x-2a)^2-4a^2+b$

であるから，この関数のグラフの頂点は

点 $(2a,\ -4a^2+b)$

この点が直線 $y=-x-14$ 上にあるから

$-4a^2+b=-2a-14$

これに ① を代入して

$-4a^2+8a=-2a-14$

$2a^2-5a-7=0$

これを解くと　$a=\dfrac{7}{2},\ -1$

$\boldsymbol{a=\dfrac{7}{2}}$ のとき，① から　$\boldsymbol{b=28}$

$\boldsymbol{a=-1}$ のとき，① から　$\boldsymbol{b=-8}$

5　2次関数のグラフと方程式

(本冊 $p.$ 108～113)

練習30 (1) 2次関数 $y=x^2-4x+1$ のグラフと x 軸の共有点の x 座標は，2次方程式 $x^2-4x+1=0$ の実数解である。

これを解くと　$x=2\pm\sqrt{3}$

よって，共有点の座標は

$\boldsymbol{(2-\sqrt{3},\ 0),\ (2+\sqrt{3},\ 0)}$

(2) 2次関数 $y=2x^2+x-1$ のグラフと x 軸の共有点の x 座標は，2次方程式 $2x^2+x-1=0$ の実数解である。

これを解くと　$x=-1,\ \dfrac{1}{2}$

よって，共有点の座標は

$\boldsymbol{(-1,\ 0),\ \left(\dfrac{1}{2},\ 0\right)}$

(3) 2次関数 $y=-4x^2-12x-9$ のグラフと x 軸の共有点の x 座標は，2次方程式 $-4x^2-12x-9=0$ の実数解である。

これを解くと　$x=-\dfrac{3}{2}$

よって，共有点の座標は　$\boldsymbol{\left(-\dfrac{3}{2},\ 0\right)}$

練習31 (1) 2次方程式 $2x^2-3x+5=0$ の判別式を D とすると

$D=(-3)^2-4\cdot2\cdot5=-31<0$

よって，共有点の個数は **0個**

(2) 2次方程式 $-x^2+6x-9=0$ の判別式を D とすると

$\dfrac{D}{4}=3^2-(-1)(-9)=0$

よって，共有点の個数は **1個**

(3) 2次方程式 $-3x^2-x+1=0$ の判別式を D とすると

$D=(-1)^2-4\cdot(-3)\cdot1=13>0$

よって，共有点の個数は **2個**

練習32 2次方程式 $-2x^2+4kx-2k^2+k-1=0$ の判別式を D とすると

$\dfrac{D}{4}=(2k)^2-(-2)(-2k^2+k-1)$

$=2(k-1)$

(1) 条件から　$D\geqq0$　　よって　$\boldsymbol{k\geqq1}$

(2) 条件から　$D=0$　　よって　$\boldsymbol{k=1}$

(3) 条件から　$D<0$　　よって　$\boldsymbol{k<1}$

練習33 2次方程式 $-x^2+x+k=0$ の判別式を D とすると

$D=1^2-4\cdot(-1)\cdot k=1+4k$

$D>0$ となるのは　$k>-\dfrac{1}{4}$ のとき

$D=0$ となるのは　$k=-\dfrac{1}{4}$ のとき

$D<0$ となるのは　$k<-\dfrac{1}{4}$ のとき

よって，共有点の個数は

$$k>-\frac{1}{4}\ \text{のとき}\ 2\ \text{個}$$

$$k=-\frac{1}{4}\ \text{のとき}\ 1\ \text{個}$$

$$k<-\frac{1}{4}\ \text{のとき}\ 0\ \text{個}$$

練習34 (1) 連立方程式 $\begin{cases} y=x^2+6x+5 \\ y=x+1 \end{cases}$ を解くと

$x=-4,\ y=-3$

または　$x=-1,\ y=0$

よって，共有点の座標は

$(-4,\ -3),\ (-1,\ 0)$

(2) 連立方程式 $\begin{cases} y=-x^2-7x \\ y=-3x+4 \end{cases}$ を解くと

$x=-2,\ y=10$

よって，共有点の座標は　**$(-2,\ 10)$**

練習35 (1) 2つの方程式から y を消去すると

$x^2+2x-4=x-5$

$x^2+x+1=0$

この2次方程式の判別式を D とすると

$D=1^2-4\cdot1\cdot1=-3<0$

よって，共有点の個数は **0 個**

(2) 2つの方程式から y を消去すると

$x^2-4x-4=x-5$

$x^2-5x+1=0$

この2次方程式の判別式を D とすると

$D=(-5)^2-4\cdot1\cdot1=21>0$

よって，共有点の個数は **2 個**

(3) 2つの方程式から y を消去すると

$-x^2+7x-14=x-5$

$-x^2+6x-9=0$　…… ①

この2次方程式の判別式を D とすると

$\frac{D}{4}=3^2-(-1)(-9)=0$

よって，共有点の個数は **1 個**

このとき，2次関数のグラフと直線は接する。

① から　$x^2-6x+9=0$

$(x-3)^2=0$

よって　$x=3$

これを $y=x-5$ に代入すると

$y=3-5=-2$

したがって，接点の座標は　**$(3,\ -2)$**

練習36 連立方程式 $\begin{cases} y=2x^2-x+1 \\ y=x^2+x+4 \end{cases}$ を解く。

y を消去して　$2x^2-x+1=x^2+x+4$

$x^2-2x-3=0$

これを解くと　$x=-1,\ 3$

$x=-1$ のとき　$y=4$

$x=3$　のとき　$y=16$

よって，共有点の座標は

$(-1,\ 4),\ (3,\ 16)$

6　2次不等式 （本冊 p. 114～120）

練習37

(1) 1次関数

$y=x+2$

のグラフは右の図のようになり，

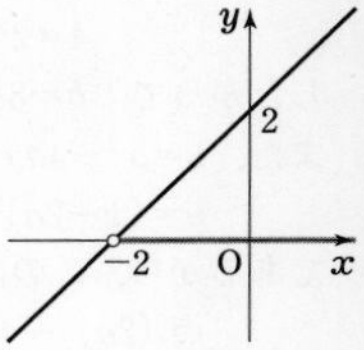

$y=0$ となる x の値は -2 である。

$y>0$ となる x の値の範囲は $x>-2$ であるから，1次不等式 $x+2>0$ の解は

$x>-2$

(2) 1次関数

$y=-2x+4$

のグラフは右の図のようになり，

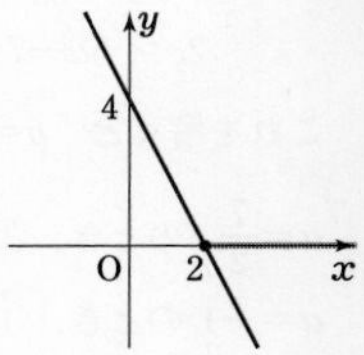

$y=0$ となる x の値は 2 である。

$y\leqq0$ となる x の値の範囲は $x\geqq2$ であるから，1次不等式 $-2x+4\leqq0$ の解は

$x\geqq2$

練習38 2次関数 $y=x^2-x-6$ について，$y=0$ となる x の値を求める。

2次方程式 $x^2-x-6=0$ を解くと　$x=-2,\ 3$

よって，2次関数

$y=x^2-x-6$

のグラフは右の図のようになる。

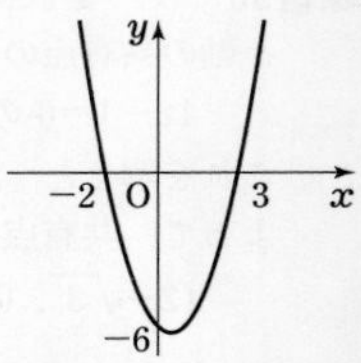

(1) 2次不等式 $x^2-x-6>0$ の解は，2次関数 $y=x^2-x-6$ のグラフが x 軸より上側にある x の値の範囲であるから

$x<-2,\ 3<x$

(2)　2 次不等式 $x^2-x-6 \leqq 0$ の解は，2 次関数 $y=x^2-x-6$ のグラフが x 軸上，または，x 軸より下側にある x の値の範囲であるから

$$\boldsymbol{-2 \leqq x \leqq 3}$$

練習39

(1)　2 次方程式

$(x+4)(x-1)=0$

を解くと

$x=-4,\ 1$

よって，2 次不等式

$(x+4)(x-1)<0$

の解は

$\boldsymbol{-4<x<1}$

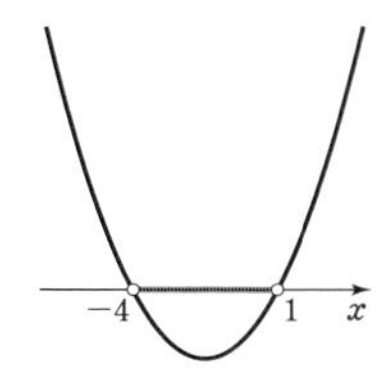

(2)　2 次方程式

$x(x+2)=0$

を解くと

$x=0,\ -2$

よって，2 次不等式

$x(x+2) \geqq 0$

の解は

$\boldsymbol{x \leqq -2,\ 0 \leqq x}$

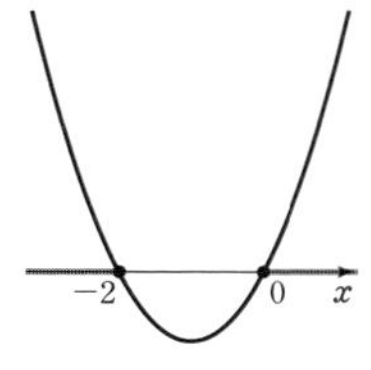

(3)　2 次方程式

$x^2-4x-5=0$

を解くと

$x=-1,\ 5$

よって，2 次不等式

$x^2-4x-5>0$

の解は

$\boldsymbol{x<-1,\ 5<x}$

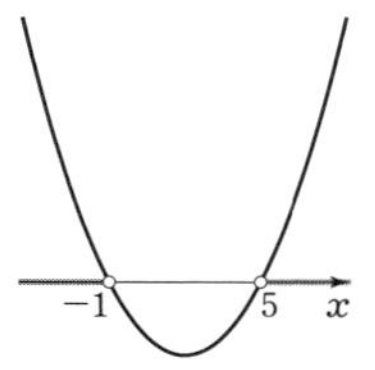

(4)　2 次方程式

$x^2+x=0$

を解くと

$x=-1,\ 0$

よって，2 次不等式

$x^2+x \geqq 0$

の解は

$\boldsymbol{x \leqq -1,\ 0 \leqq x}$

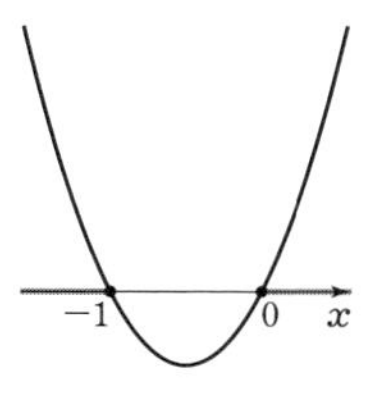

(5)　2 次方程式

$x^2+6x+8=0$

を解くと

$x=-4,\ -2$

よって，2 次不等式

$x^2+6x+8<0$

の解は

$\boldsymbol{-4<x<-2}$

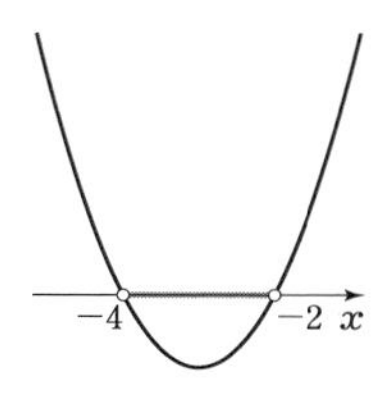

(6)　2 次方程式

$x^2-4x+3=0$

を解くと

$x=1,\ 3$

よって，2 次不等式

$x^2-4x+3 \leqq 0$

の解は

$\boldsymbol{1 \leqq x \leqq 3}$

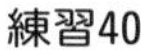

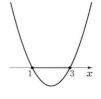

練習40

(1)　2 次方程式

$2x^2-7x+5=0$

を解くと

$x=1,\ \frac{5}{2}$

よって，2 次不等式

$2x^2-7x+5<0$

の解は

$$\boldsymbol{1<x<\frac{5}{2}}$$

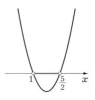

(2)　2 次方程式

$2x^2-3x=0$

を解くと

$x=0,\ \frac{3}{2}$

よって，2 次不等式

$2x^2-3x \geqq 0$

の解は

$$\boldsymbol{x \leqq 0,\ \frac{3}{2} \leqq x}$$

(3)　2 次方程式

$x^2-2x-2=0$

を解くと

$x=1 \pm \sqrt{3}$

よって，2 次不等式

$x^2-2x-2>0$

の解は

$$\boldsymbol{x<1-\sqrt{3},\ 1+\sqrt{3}<x}$$

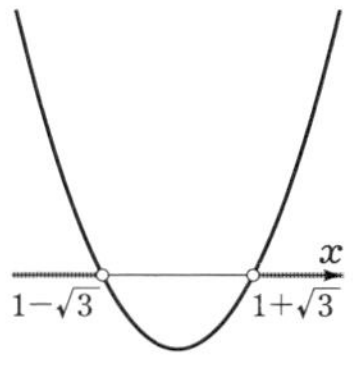

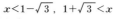

(4)　2 次方程式

$x^2-4x+2=0$

を解くと

$x=2 \pm \sqrt{2}$

よって，2 次不等式

$x^2-4x+2 \leqq 0$

の解は

$$\boldsymbol{2-\sqrt{2} \leqq x \leqq 2+\sqrt{2}}$$

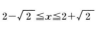

練習41

(1)　2 次不等式 $-x^2+3x-2>0$ の両辺に -1 を掛けると　$x^2-3x+2<0$

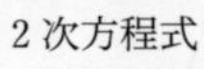

2 次方程式
$x^2-3x+2=0$
を解くと
$x=1,\ 2$
2 次不等式
$x^2-3x+2<0$
の解は　$1<x<2$
よって，与えられた 2 次不等式の解は

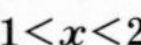

$$\boldsymbol{1<x<2}$$

(2)　2 次不等式 $-2x^2+6x-1\leqq 0$ の両辺に -1 を掛けると
$2x^2-6x+1\geqq 0$
2 次方程式
$2x^2-6x+1=0$
を解くと
$$x=\frac{3\pm\sqrt{7}}{2}$$
2 次不等式
$2x^2-6x+1\geqq 0$

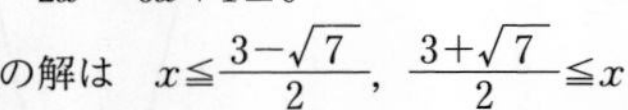

の解は　$x\leqq\dfrac{3-\sqrt{7}}{2},\ \dfrac{3+\sqrt{7}}{2}\leqq x$
よって，与えられた 2 次不等式の解は
$$\boldsymbol{x\leqq\frac{3-\sqrt{7}}{2},\ \frac{3+\sqrt{7}}{2}\leqq x}$$

練習42

(1)　x^2-4x+4
$=(x-2)^2$
であるから，
2 次関数
$y=x^2-4x+4$
のグラフは，
点 $(2,\ 0)$ で x 軸に接する。
よって，2 次不等式 $x^2-4x+4>0$ の解は
2 以外のすべての実数

(2)　x^2+6x+9
$=(x+3)^2$
であるから，
2 次関数
$y=x^2+6x+9$
のグラフは，
点 $(-3,\ 0)$ で x 軸に接する。
よって，2 次不等式 $x^2+6x+9<0$ の解は
なし

(3)　$4x^2-4x+1$
$=(2x-1)^2$
であるから，
2 次関数
$y=4x^2-4x+1$
のグラフは，
点 $\left(\dfrac{1}{2},\ 0\right)$ で x 軸
に接する。
よって，2 次不等式 $4x^2-4x+1\leqq 0$ の解は
$$\boldsymbol{x=\frac{1}{2}}$$

(4)　2 次不等式 $-x^2-2x-1\leqq 0$ の両辺に -1 を掛けると　$x^2+2x+1\geqq 0$
x^2+2x+1
$=(x+1)^2$
であるから，
2 次関数
$y=x^2+2x+1$
のグラフは，
点 $(-1,\ 0)$ で x 軸に接する。
よって，2 次不等式 $x^2+2x+1\geqq 0$ の解は，すべての実数である。
したがって，与えられた 2 次不等式の解は
すべての実数

練習43

(1)　x^2-4x+5
$=(x-2)^2+1$
であるから，
2 次関数
$y=x^2-4x+5$
のグラフは，x の値によらず，常に $y>0$ となる。
よって，2 次不等式 $x^2-4x+5>0$ の解は
すべての実数

(2)　$x^2+6x+11$
$=(x+3)^2+2$
であるから，
2 次関数
$y=x^2+6x+11$
のグラフは，x の値によらず，常に $y>0$ となる。
よって，2 次不等式 $x^2+6x+11<0$ の解は
なし

(3)　2 次不等式 $-2x^2+4x-5 \leqq 0$ の両辺に -1 を掛けると

$2x^2-4x+5 \geqq 0$

$2x^2-4x+5$

$=2(x-1)^2+3$

であるから，

2 次関数

$y=2x^2-4x+5$

のグラフは，x の値によらず，常に $y>0$ となる。

よって，2 次不等式 $2x^2-4x+5 \geqq 0$ の解は，すべての実数である。

したがって，与えられた 2 次不等式の解は

すべての実数

7　2 次不等式の応用 (本冊 p. 121～125)

練習44　2 次方程式 $x^2+4x+k(5-k)=0$ の判別式をDとすると

$$\frac{D}{4}=2^2-k(5-k)=(k-1)(k-4)$$

(1)　条件より $D>0$ であるから

$(k-1)(k-4)>0$

よって　$\boldsymbol{k<1,\ 4<k}$

(2)　条件より $D \geqq 0$ であるから

$(k-1)(k-4) \geqq 0$

よって　$\boldsymbol{k \leqq 1,\ 4 \leqq k}$

(3)　条件より $D<0$ であるから

$(k-1)(k-4)<0$

よって　$\boldsymbol{1<k<4}$

練習45　2 次方程式 $-x^2+mx+m=0$ の判別式をDとすると

$$D=m^2-4\cdot(-1)\cdot m=m^2+4m$$

与えられた 2 次関数のグラフは上に凸の放物線であるから，y の値が常に負であるための条件は，$D<0$ である。

よって　　　$m^2+4m<0$

これを解くと　$\boldsymbol{-4<m<0}$

練習46　(1)　$\begin{cases} x^2-x-2<0 & \cdots\cdots ① \\ 2x^2-7x+3 \geqq 0 & \cdots\cdots ② \end{cases}$

① を解くと　$-1<x<2$　…… ③

② を解くと　$x \leqq \frac{1}{2},\ 3 \leqq x$ …… ④

③，④ の共通範囲を求めて

$$\boldsymbol{-1<x \leqq \frac{1}{2}}$$

(2)　$\begin{cases} x^2+4x-5>0 & \cdots\cdots ① \\ x^2-2x-2 \geqq 0 & \cdots\cdots ② \end{cases}$

① を解くと　$x<-5,\ 1<x$ …… ③

② について，方程式 $x^2-2x-2=0$ の解は

$x=1 \pm \sqrt{3}$

よって，② の解は

$x \leqq 1-\sqrt{3},\ 1+\sqrt{3} \leqq x$ …… ④

③，④ の共通範囲を求めて

$$\boldsymbol{x<-5,\ 1+\sqrt{3} \leqq x}$$

練習47　$-x^2 \leqq x^2-x<12-2x$ は，次のような連立不等式で表すことができる。

$$\begin{cases} -x^2 \leqq x^2-x & \cdots\cdots ① \\ x^2-x<12-2x & \cdots\cdots ② \end{cases}$$

① を解くと　$x \leqq 0,\ \frac{1}{2} \leqq x$ …… ③

② を解くと　$-4<x<3$　…… ④

③，④ の共通範囲を求めて

$$\boldsymbol{-4<x \leqq 0,\ \frac{1}{2} \leqq x<3}$$

練習48　直角を挟む 2 辺の一方の長さを x cm とすると，もう一方の長さは $(12-x)$ cm で表される。

$x>0$，$12-x>0$ をともに満たす x の値の範囲は

$0<x<12$ …… ①

直角三角形の面積が 16 cm^2 以上であるから

$$\frac{1}{2}x(12-x) \geqq 16$$

これを解くと　$4 \leqq x \leqq 8$　…… ②

①，② の共通範囲を求めて

$4 \leqq x \leqq 8$

したがって，求める長さの範囲は

4 cm 以上 8 cm 以下

である。

練習49　花壇の幅を x m とする。

ただし，$x>0$ である。

花壇の面積は　$\{\pi(4+x)^2-\pi\cdot 4^2\}$ m^2

よって，条件から

$9\pi \leqq \pi(4+x)^2-16\pi \leqq 33\pi$

$9 \leqq x^2+8x \leqq 33$

この不等式は，次のような連立不等式で表すことができる。

$$\begin{cases} x^2+8x-9 \geqq 0 & \cdots\cdots ① \\ x^2+8x-33 \leqq 0 & \cdots\cdots ② \end{cases}$$

① を解くと　$x \leqq -9,\ 1 \leqq x$ …… ③
② を解くと　$-11 \leqq x \leqq 3$　…… ④
③，④ の共通範囲を求めて
$-11 \leqq x \leqq -9,\ 1 \leqq x \leqq 3$
ここで，$x>0$ であるから　$1 \leqq x \leqq 3$
よって，花壇の幅は
1 m 以上 3 m 以下
にすればよい。

練習50　$f(x)=x^2-4x+1$ とおくと
$f(3)=-2<0,\ f(4)=1>0$
であるから，$y=f(x)$ のグラフは，3 と 4 の間で x 軸と交わる。
よって，2 次方程式 $f(x)=0$ は，3 と 4 の間に実数解をもつ。

練習51　$f(x)=x^2-ax+2a-3$ とおく。
2 次関数 $y=f(x)$ のグラフは下に凸の放物線であり，与えられた条件を満たすためには
$f(0)>0,\ f(1)<0,\ f(2)>0$
すなわち
$2a-3>0,\ a-2<0,\ 1>0$
これを解くと　$\boldsymbol{\frac{3}{2}<a<2}$

練習52　$f(x)=x^2-4ax+5a-1$ とおく。
2 次方程式 $f(x)=0$ の判別式を D とすると
$\frac{D}{4}=(-2a)^2-(5a-1)$
$=(4a-1)(a-1)$

(1)　[1]　2 次関数 $y=f(x)$ のグラフが x 軸と共有点をもつから　$D \geqq 0$
すなわち　$(4a-1)(a-1) \geqq 0$
これを解くと　$a \leqq \frac{1}{4},\ 1 \leqq a$ …… ①
[2]　2 次関数 $y=f(x)$ のグラフと y 軸の交点の y 座標について
$f(0)=5a-1>0$
すなわち　$a>\frac{1}{5}$　…… ②
[3]　2 次関数 $y=f(x)$ のグラフの軸 $x=2a$ について
$2a>0$
すなわち　$a>0$　…… ③
①～③ の共通範囲を求めて
$\boldsymbol{\frac{1}{5}<a \leqq \frac{1}{4},\ 1 \leqq a}$

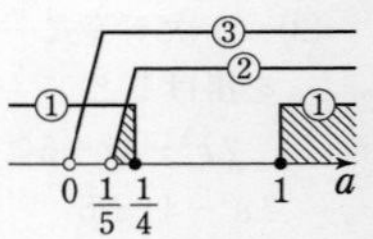

参考　次のように考えて解くこともできる。
$f(x)=0$ の解を $\alpha,\ \beta$ とする。
[1]　2 次関数 $y=f(x)$ のグラフが x 軸と共有点をもつから　$D \geqq 0$
[2]　$\alpha\beta>0$ であるから
$5a-1>0$
[3]　$\alpha+\beta>0$ であるから
$4a>0$

(2)　[1]　2 次関数 $y=f(x)$ のグラフが x 軸と異なる 2 点で交わるから　$D>0$
すなわち　$(4a-1)(a-1)>0$
これを解くと　$a<\frac{1}{4},\ 1<a$ …… ①
[2]　$x=1$ のとき，$f(x)>0$ であるから
$f(1)=1^2-4a\cdot1+5a-1>0$
すなわち　$a>0$　…… ②
[3]　2 次関数 $y=f(x)$ のグラフの軸 $x=2a$ について
$2a>1$
よって　$a>\frac{1}{2}$　…… ③
①～③ の共通範囲を求めて　$\boldsymbol{a>1}$

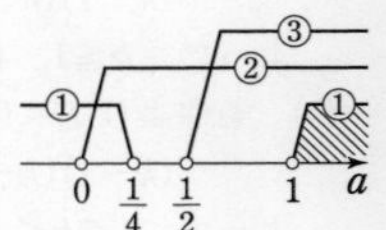

発展　絶対値と方程式，不等式

(本冊 $p.$ 126～129)

練習53　(1)　$x^2-2x-3=(x+1)(x-3)$ である。
[1]　$x^2-2x-3 \geqq 0$
すなわち $x \leqq -1,\ 3 \leqq x$ のとき
$|x^2-2x-3|=x^2-2x-3$ であるから，
方程式は　$x^2-2x-3=-3x+3$
これを解くと　$x=2,\ -3$
$x \leqq -1,\ 3 \leqq x$ であるから
$x=-3$ …… ①

[2]　$x^2-2x-3<0$

すなわち $-1<x<3$ のとき

$|x^2-2x-3|=-(x^2-2x-3)$ であるから，

方程式は

$$-(x^2-2x-3)=-3x+3$$

これを解くと　$x=0,\ 5$

$-1<x<3$ であるから　$x=0$ ……②

①，② より，求める解は　$\boldsymbol{x=-3,\ 0}$

別解　方程式 $|x^2-2x-3|=-3x+3$ は

$$x^2-2x-3=\pm(-3x+3)$$

かつ $-3x+3\geqq 0$

とも表される。

[1]　$x^2-2x-3=-3x+3$ から

$$x=2,\ -3$$

$-3x+3\geqq 0$ すなわち $x\leqq 1$

であるから　$x=-3$ ……①

[2]　$x^2-2x-3=-(-3x+3)$ から

$$x=0,\ 5$$

$-3x+3\geqq 0$ すなわち $x\leqq 1$

であるから　$x=0$ ……②

①，② より，求める解は　$x=-3,\ 0$

(2)　[1]　$x-1\geqq 0$ すなわち $x\geqq 1$ のとき

$$-2|x-1|=-2(x-1)$$

であるから，方程式は

$$x^2-2x-2=-2(x-1)$$

これを解くと　$x=-2,\ 2$

$x\geqq 1$ であるから　$x=2$ ……①

[2]　$x-1<0$ すなわち $x<1$ のとき

$$-2|x-1|=2(x-1)$$

であるから，方程式は

$$x^2-2x-2=2(x-1)$$

これを解くと　$x=0,\ 4$

$x<1$ であるから　$x=0$ ……②

①，② より，求める解は　$\boldsymbol{x=2,\ 0}$

練習54　$x^2-16=(x+4)(x-4)$ である。

[1]　$x^2-16\geqq 0$ すなわち $x\leqq -4,\ 4\leqq x$ のとき

$|x^2-16|=x^2-16$ であるから，不等式は

$$x^2-16<6x$$

すなわち　$x^2-6x-16<0$

$(x+2)(x-8)<0$

よって　$-2<x<8$

$x\leqq -4,\ 4\leqq x$ であるから

$4\leqq x<8$ ……①

[2]　$x^2-16<0$ すなわち $-4<x<4$ のとき

$|x^2-16|=-(x^2-16)$ であるから，不等式は

$$-(x^2-16)<6x$$

すなわち　$x^2+6x-16>0$

$(x-2)(x+8)>0$

よって　$x<-8,\ 2<x$

$-4<x<4$ であるから

$2<x<4$ ……②

①，② より，求める解は　$\boldsymbol{2<x<8}$

練習55　不等式 $|x^2-2x-3|>-3x+3$ ……①

の解は，2つの関数

$y=|x^2-2x-3|$ ……②

$y=-3x+3$ ……③

のグラフについて，②が③より上側にある x の値の範囲である。

2つの関数②，③のグラフは，右の図のようになる。

関数 $y=|x^2-2x-3|$ について

$x^2-2x-3\geqq 0$

すなわち $x\leqq -1,\ 3\leqq x$ のとき

$$y=x^2-2x-3$$

$x^2-2x-3<0$ すなわち $-1<x<3$ のとき

$$y=-(x^2-2x-3)$$

である。

関数②，③のグラフの交点の座標を求める。

$x\leqq -1,\ 3\leqq x$ のとき，連立方程式

$$\begin{cases} y=x^2-2x-3 \\ y=-3x+3 \end{cases}$$

を解くと　$x=-3,\ y=12$

$-1<x<3$ のとき，連立方程式

$$\begin{cases} y=-(x^2-2x-3) \\ y=-3x+3 \end{cases}$$

を解くと　$x=0,\ y=3$

よって，不等式①の解は　$\boldsymbol{x<-3,\ 0<x}$

確認問題 (本冊 $p.130$)

問題 1　$y=2x^2-12x+17$ を変形すると

$$y=2(x-3)^2-1$$

よって，頂点の座標は $(3,\ -1)$ である。

頂点が一致するから，$y=ax^2+6x+b$ は

$y=a(x-3)^2-1$ すなわち

$y=ax^2-6ax+9a-1$ と表される。

この式と $y=ax^2+6x+b$ の係数を比較して

$$6=-6a,\ b=9a-1$$

よって　$\boldsymbol{a=-1,\ b=-10}$

問題 2

(1)　$a=2,\ b=1$ のとき，関数は

$$f(x)=2x^2-4x+1\ (0\leqq x\leqq 3)$$

すなわち $f(x)=2(x-1)^2-1$

$$(0\leqq x\leqq 3)$$

と表される。

よって，関数は

$x=3$ で最大値

$f(3)=7$

$x=1$ で最小値 -1

をとる。

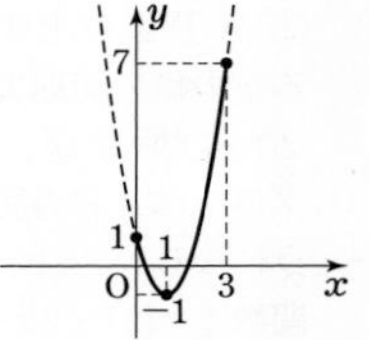

(2)　$f(x)=ax^2-2ax+b$ を変形すると

$$f(x)=a(x-1)^2-a+b$$

$a<0$ のとき，$f(x)\ (0\leqq x\leqq 3)$ は

$x=1$ で最大値 $-a+b$,

$x=3$ で最小値

$f(3)=3a+b$

をとる。

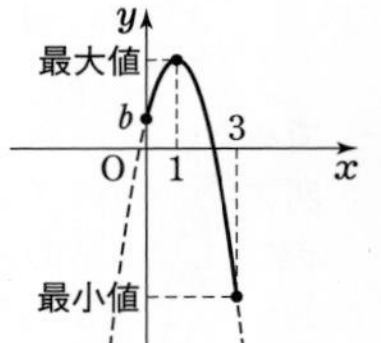

条件から

$-a+b=3$,

$3a+b=-5$

よって　$\boldsymbol{a=-2,\ b=1}$

これは $a<0$ を満たすから適する。

問題 3　(1)　頂点の x 座標が 1 であるから，求める 2 次関数は $y=a(x-1)^2+b$ とおける。

この関数のグラフが 2 点 $(-1,\ -5)$，$(2,\ 1)$ を通るから

$$\begin{cases}-5=a(-1-1)^2+b\\ 1=a(2-1)^2+b\end{cases}$$

これを解くと　$a=-2,\ b=3$

よって　$\boldsymbol{y=-2(x-1)^2+3}$

$$(y=-2x^2+4x+1)$$

(2)　求める 2 次関数を $y=ax^2+bx+c$ とおく。

このグラフが与えられた 3 点を通るから

$$\begin{cases}a-b+c=0\\ a+b+c=-16\\ 25a+5b+c=0\end{cases}$$

これを解くと　$a=2,\ b=-8,\ c=-10$

よって　$\boldsymbol{y=2x^2-8x-10}$

別解　求める 2 次関数は，そのグラフが 2 点 $(-1,\ 0)$，$(5,\ 0)$ を通るから，

$$y=a(x+1)(x-5)$$

とおける。

さらに，点 $(1,\ -16)$ を通るから

$$-16=a(1+1)(1-5)$$

よって　$a=2$

したがって　$y=2(x+1)(x-5)$

すなわち　$y=2x^2-8x-10$

問題 4　(1)　連立方程式 $\begin{cases}y=x^2-2\\ y=2x+13\end{cases}$ を解くと

$$x=-3,\ y=7$$

または　$x=5,\ y=23$

よって，共有点の座標は

$$\boldsymbol{(-3,\ 7),\ (5,\ 23)}$$

(2)　$y=-x^2$ と $y=-2x+k$ から y を消去すると

$$-x^2=-2x+k$$

整理すると　$x^2-2x+k=0$

この 2 次方程式の判別式を D とすると

$$\frac{D}{4}=(-1)^2-1\cdot k=1-k$$

$D>0$ となるのは　$k<1$ のとき

$D=0$ となるのは　$k=1$ のとき

$D<0$ となるのは　$k>1$ のとき

よって，共有点の個数は

$k<1$ のとき 2 個

$k=1$ のとき 1 個

$k>1$ のとき 0 個

問題 5　(1) $\begin{cases} 6x^2+7x \leqq 5 & \cdots\cdots ① \\ 2x^2>5x+12 & \cdots\cdots ② \end{cases}$

① を解くと

$$-\frac{5}{3} \leqq x \leqq \frac{1}{2} \quad \cdots\cdots ③$$

② を解くと

$$x<-\frac{3}{2},\ 4<x \quad \cdots\cdots ④$$

③, ④ の共通範囲を求めて

$$\boldsymbol{-\frac{5}{3} \leqq x < -\frac{3}{2}}$$

(2) $x+2<x^2$ を解くと

$$x<-1,\ 2<x \quad \cdots\cdots ①$$

$x^2<2x+4$ を解くと

$$1-\sqrt{5}<x<1+\sqrt{5} \quad \cdots\cdots ②$$

①, ② の共通範囲を求めて

$$\boldsymbol{1-\sqrt{5}<x<-1,\ 2<x<1+\sqrt{5}}$$

問題 6　2 次方程式 $x^2+kx+k+3=0$ の判別式を D_1 とすると

$$D_1=k^2-4\cdot1\cdot(k+3)=(k+2)(k-6)$$

方程式が実数解をもつから　$D_1 \geqq 0$

すなわち　$(k+2)(k-6) \geqq 0$

これを解くと　$k \leqq -2,\ 6 \leqq k$ ……①

2 次方程式 $x^2+kx+4=0$ の判別式を D_2 とすると

$$D_2=k^2-4\cdot1\cdot4=(k+4)(k-4)$$

方程式が実数解をもつから　$D_2 \geqq 0$

すなわち　$(k+4)(k-4) \geqq 0$

これを解くと　$k \leqq -4,\ 4 \leqq k$ ……②

①, ② の共通範囲を求めて

$$\boldsymbol{k \leqq -4,\ 6 \leqq k}$$

問題 7　$f(x)=x^2+2(a+3)x-a+3$ とおく。

[1]　2 次関数 $y=f(x)$ のグラフが x 軸と異なる 2 点で交わるから　$D>0$

よって　$\dfrac{D}{4}=(a+3)^2-(-a+3)>0$

これを解くと

$$a<-6,\ -1<a \quad \cdots\cdots ①$$

[2]　2 次関数 $y=f(x)$ のグラフと y 軸の交点の y 座標について

$$f(0)=-a+3>0$$

すなわち　$a<3$ ……②

[3]　2 次関数 $y=f(x)$ のグラフの軸 $x=-(a+3)$ について

$$-(a+3)<0$$

これを解くと

$$a>-3 \quad \cdots\cdots ③$$

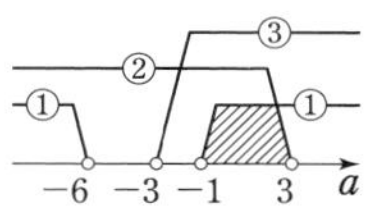

①～③ の共通範囲を求めて　$\boldsymbol{-1<a<3}$

演習問題A　(本冊 $p.131$)

問題 1　(1)　もとの点の座標を $(s,\ t)$ とする。

この点を x 軸方向に -5，y 軸方向に 2 だけ移動すると，点 $(1,\ -1)$ に重なるから

$$s-5=1,\ t+2=-1$$

したがって　$s=6,\ t=-3$

よって，もとの点の座標は　$\boldsymbol{(6,\ -3)}$

(2)　2 次関数 $y=ax^2+bx+c$ のグラフの頂点の座標を $(p,\ q)$ とする。

(1) と同様に考えて

$$p-5=-2,\ q+2=8$$

したがって　$p=3,\ q=6$

よって，もとの関数のグラフの頂点は点 $(3,\ 6)$ であり，次のようにおける。

$$y=a(x-3)^2+6$$

また，移動後の放物線が点 $(1,\ -1)$ を通るから，(1) より，もとの関数のグラフは点 $(6,\ -3)$ を通る。

したがって　$-3=a(6-3)^2+6$

$$a=-1$$

よって　$y=-(x-3)^2+6$

すなわち　$y=-x^2+6x-3$

したがって　$\boldsymbol{a=-1,\ b=6,\ c=-3}$

問題 2　点Aの x 座標を p とすると，点Bの x 座標は $6-p$ となる。

ただし，$0<p<3$ である。

また，点Dは 2 次関数 $y=6x-x^2$ のグラフ上の点であるから，その y 座標は

$$6p-p^2$$

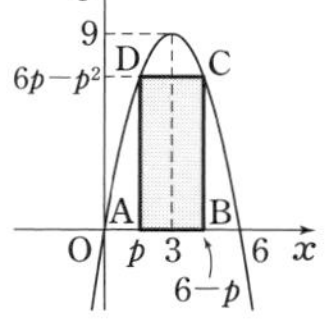

よって

$$AB=(6-p)-p$$
$$=6-2p,$$
$$AD=6p-p^2$$

したがって，長方形 ABCD の周の長さを l とすると

$$l=2\mathrm{AB}+2\mathrm{AD}$$
$$=2(6-2p)+2(6p-p^2)$$
$$=-2(p-2)^2+20 \quad (0<p<3)$$

よって，l は $p=2$ で最大となる。

このとき

$$\mathrm{AB}=6-2\cdot2=2, \qquad \mathrm{AD}=6\cdot2-2^2=8$$

したがって，長い方の辺の長さは　**8**

問題 3　$2x+y=5$ から　$y=5-2x$ …… ①

よって　$x^2+y^2=x^2+(5-2x)^2$

$$=5(x-2)^2+5$$

したがって，x^2+y^2 は $x=2$ で最小値 5 をとる。

このとき，① から　$y=1$

よって，$\boldsymbol{x=2}$**，**$\boldsymbol{y=1}$ **で最小値 5**

をとる。

問題 4　$f(x)=x^2+(1-a)x+a-1$ とおく。

$y=f(x)$ のグラフは下に凸の放物線である。

よって，すべての実数 x に対して $f(x)>0$ となるためには，$f(x)=0$ の判別式 D について

$$D<0$$

したがって　$D=(1-a)^2-4(a-1)$

$$=(a-1)(a-5)<0$$

これを解いて　$\boldsymbol{1<a<5}$

問題 5　$y=x^2-4x-a^2+4a$ から

$$y=(x-2)^2-a^2+4a-4 \quad \cdots\cdots ①$$

求める条件は $-1 \leqq x \leqq 3$ において (最大値)<0 となることである。

① は $-1 \leqq x \leqq 3$ において，

$$x=-1 \text{ で最大値 } -a^2+4a+5$$

をとる。

よって　$-a^2+4a+5<0$

したがって　$\boldsymbol{a<-1,\ 5<a}$

問題 6　$f(x)=x^2+2x+a$ とおく。

$$f(x)=(x+1)^2+a-1$$

2 次関数 $y=f(x)$ のグラフは右の図のようになり，軸は直線 $x=-1$ である。

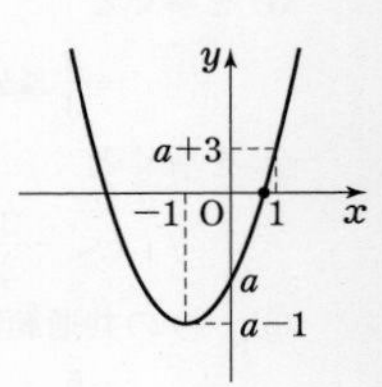

よって，グラフが x 軸と $0<x<1$ の範囲で交わるための条件は

$$f(0)<0, \ f(1)>0$$

したがって　$f(0)=a<0$，$f(1)=a+3>0$

よって　$\boldsymbol{-3<a<0}$

演習問題B　(本冊 p. 132)

問題 7　$y=x^2+2ax+2a+6$ を変形すると

$$y=(x+a)^2-a^2+2a+6$$

(1)　この 2 次関数は

$\boldsymbol{x=-a}$ **で最小値** $\boldsymbol{p=-a^2+2a+6}$

をとる。

(2)　$p=-a^2+2a+6=-(a-1)^2+7$

よって，p は

$\boldsymbol{a=1}$ **で最大値 7**

をとる。

問題 8　(1)　$t=x^2-2x$ を変形すると

$$t=(x-1)^2-1$$

したがって　$\boldsymbol{t \geqq -1}$

(2)　$(x^2-2x)^2+6(x^2-2x)-1$

$=t^2+6t-1$

$=(t+3)^2-10$

よって

$y=(t+3)^2-10$

$t \geqq -1$ であるから，

$t=-1$ **で最小値 -6**

をとる。

また，$x^2-2x=-1$ から　$\boldsymbol{x=1}$

問題 9　$0 \leqq 2x \leqq 3$,
$0 \leqq x \leqq 4$,
$0 \leqq 3x \leqq 4$

から　$0 \leqq x \leqq \dfrac{4}{3}$　…… ①

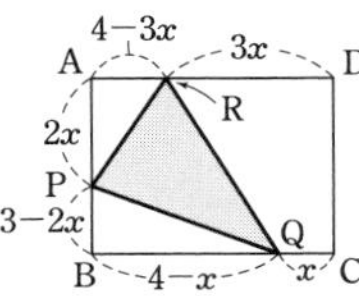

△PQR の面積を S とすると

$S=$(台形 ABQR の面積)$-\triangle\mathrm{APR}-\triangle\mathrm{PBQ}$

$=\dfrac{1}{2}\{(4-3x)+(4-x)\}\cdot 3-\dfrac{1}{2}\cdot 2x(4-3x)$

$\quad -\dfrac{1}{2}(3-2x)(4-x)$

$=2x^2-\dfrac{9}{2}x+6=2\left(x-\dfrac{9}{8}\right)^2+\dfrac{111}{32}$

① の範囲において，S は $\boldsymbol{x=\dfrac{9}{8}}$ **で最小値** $\boldsymbol{\dfrac{111}{32}}$ をとる。

問題10　直線 $y=mx+n$ が 2 次関数 $y=x^2$ のグラフに接するから，2 次方程式 $x^2=mx+n$ すなわち $x^2-mx-n=0$ の判別式を D_1 とすると

$D_1=(-m)^2-4(-n)=0$

よって　$m^2+4n=0$　…… ①

また，直線 $y=mx+n$ が 2 次関数 $y=x^2-4x+8$ のグラフに接するから，2 次方程式 $x^2-4x+8=mx+n$ すなわち $x^2-(m+4)x+8-n=0$ の判別式を D_2 とすると

$D_2=\{-(m+4)\}^2-4(8-n)=0$

よって　$m^2+8m-16+4n=0$　…… ②

① から　$4n=-m^2$　…… ③

これを ② に代入して

$m^2+8m-16-m^2=0$

よって　$\boldsymbol{m=2}$

③ から　$\boldsymbol{n=-1}$

問題11　2 つのグラフが点 $(p,\ 0)$ $(p>0)$ で交わるとすると

$\begin{cases} p^2-2p-a=0 & \cdots\cdots ① \\ p^2-5p+2a=0 & \cdots\cdots ② \end{cases}$

が成り立つ。

①−② より　$3p-3a=0$

よって　$a=p$　…… ③

これを ① に代入すると　$p^2-2p-p=0$

したがって　$p=0,\ 3$

このうち，$p>0$ を満たすのは　$p=3$

よって，③ から　$\boldsymbol{a=3}$

問題12　$\begin{cases} (x-2k)(x+1) \leqq 0 & \cdots\cdots ① \\ (x+3k)(x-2) \geqq 0 & \cdots\cdots ② \end{cases}$

$k>0$ であるから

① を解くと

$-1 \leqq x \leqq 2k$　…… ③

② を解くと

$x \leqq -3k$，$2 \leqq x$　…… ④

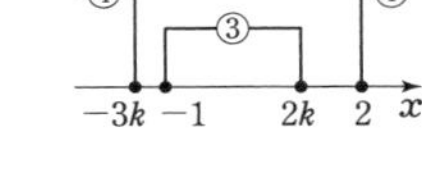

解をもたない条件は

$-3k<-1$ かつ $2k<2$

これを解くと　$\boldsymbol{\dfrac{1}{3}<k<1}$

第4章　図形と式

1　直線上の点　(本冊 p. 134, 135)

練習1　(1) $\dfrac{3\times(-6)+2\times4}{2+3}=\dfrac{-10}{5}=\mathbf{-2}$

(2) $\dfrac{-6+4}{2}=\dfrac{-2}{2}=\mathbf{-1}$

(3) $\dfrac{-3\times(-6)+2\times4}{2-3}=\dfrac{26}{-1}=\mathbf{-26}$

2　座標平面上の点　(本冊 p. 136～140)

練習2　(1) $\sqrt{(5-1)^2+(-1-6)^2}=\sqrt{16+49}$
$=\boldsymbol{\sqrt{65}}$

(2) $\sqrt{(-5-0)^2+(-2-3)^2}=\sqrt{25+25}=\mathbf{5\sqrt{2}}$

(3) $\sqrt{\{1-(-2)\}^2+\{-4-(-8)\}^2}=\sqrt{9+16}=\mathbf{5}$

(4) $\sqrt{2^2+(-6)^2}=\sqrt{4+36}=\mathbf{2\sqrt{10}}$

練習3　(1) $AB=\sqrt{(5-3)^2+(-1-3)^2}=2\sqrt{5}$
$BC=\sqrt{(1-5)^2+(-3+1)^2}=2\sqrt{5}$
$CA=\sqrt{(3-1)^2+(3+3)^2}=2\sqrt{10}$

(2) $AB=BC$, $AB^2+BC^2=CA^2$
が成り立つから，$\triangle ABC$ は，**CA を斜辺とする直角二等辺三角形**である。

練習4　長方形の対角線の交点を原点Oに，各辺を座標軸に平行にとって，各頂点を次のようにおく。

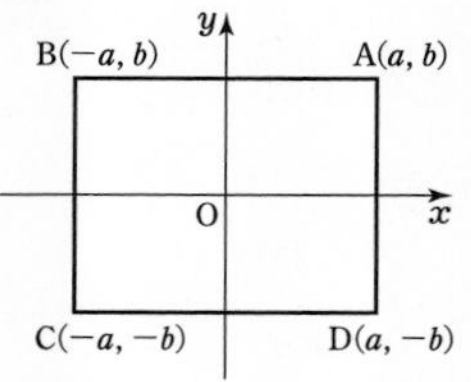

$A(a,\ b)$,　$B(-a,\ b)$,
$C(-a,\ -b)$, $D(a,\ -b)$

$P(x,\ y)$ とおくと

PA^2+PC^2
$=(x-a)^2+(y-b)^2+(x+a)^2+(y+b)^2$

PB^2+PD^2
$=(x+a)^2+(y-b)^2+(x-a)^2+(y+b)^2$

よって　$PA^2+PC^2=PB^2+PD^2$

練習5　(1) $\left(\dfrac{3\times2+1\times6}{1+3},\ \dfrac{3\times0+1\times4}{1+3}\right)$

より　**(3, 1)**

(2) $\left(\dfrac{2+6}{2},\ \dfrac{0+4}{2}\right)$

より　**(4, 2)**

(3) $\left(\dfrac{-3\times2+1\times6}{1-3},\ \dfrac{-3\times0+1\times4}{1-3}\right)$

より　**(0, −2)**

(4) $\left(\dfrac{-1\times2+3\times6}{3-1},\ \dfrac{-1\times0+3\times4}{3-1}\right)$

より　**(8, 6)**

練習6　頂点Dの座標を $(x,\ y)$ とする。

(1) 平行四辺形が ABCD のとき
Pは対角線 AC の中点であるから，その座標は，$\left(\dfrac{-2+4}{2},\ \dfrac{3+1}{2}\right)$ より　$(1,\ 2)$

これが対角線 BD の中点と一致するから

$$\frac{2+x}{2}=1,\ \frac{-1+y}{2}=2$$

したがって　$x=0$, $y=5$

よって，Dの座標は　**(0, 5)**

(2) 平行四辺形が ADBC のとき
Pは対角線 AB の中点であるから，その座標は，$\left(\dfrac{-2+2}{2},\ \dfrac{3+(-1)}{2}\right)$ より　$(0,\ 1)$

これが対角線 CD の中点と一致するから

$$\frac{4+x}{2}=0,\ \frac{1+y}{2}=1$$

したがって　$x=-4$, $y=1$

よって，Dの座標は　**(−4, 1)**

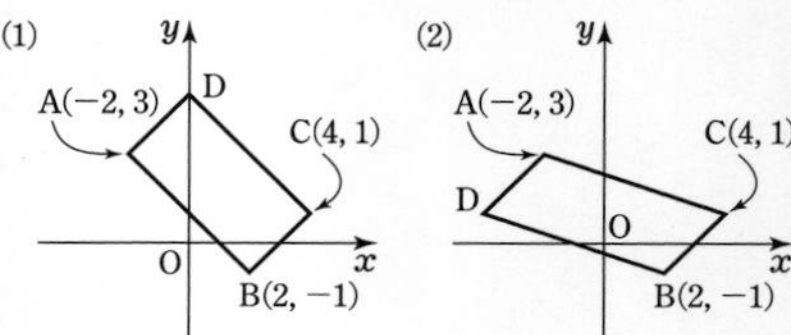

練習7　点Bの座標を $(x,\ y)$ とすると

$$\frac{9+x}{2}=6,\ \frac{1+y}{2}=-2$$

よって　$x=3$, $y=-5$
したがって，求める座標は　**(3, −5)**

練習 8　3 つの頂点を $A(x_1, y_1)$, $B(x_2, y_2)$, $C(x_3, y_3)$ とする。

このとき，x 座標について

$$\frac{x_1+x_2}{2}=-1,\ \frac{x_2+x_3}{2}=1,\ \frac{x_3+x_1}{2}=2$$

よって

$$x_1+x_2=-2,\ x_2+x_3=2,\ x_3+x_1=4 \cdots ①$$

辺々を加えると　$2(x_1+x_2+x_3)=4$

ゆえに　$x_1+x_2+x_3=2$

これと ① から　$x_3=4,\ x_1=0,\ x_2=-2$

また，y 座標について

$$\frac{y_1+y_2}{2}=1,\ \frac{y_2+y_3}{2}=2,\ \frac{y_3+y_1}{2}=0$$

よって

$$y_1+y_2=2,\ y_2+y_3=4,\ y_3+y_1=0 \cdots\cdots ②$$

辺々を加えると　$2(y_1+y_2+y_3)=6$

ゆえに　$y_1+y_2+y_3=3$

これと ② から　$y_3=1,\ y_1=-1,\ y_2=3$

したがって，A，B，C の座標はそれぞれ

$$\mathbf{(0,\ -1),\ (-2,\ 3),\ (4,\ 1)}$$

練習 9　$\left(\dfrac{6+2+4}{3},\ \dfrac{(-1)+(-3)+1}{3}\right)$ より

$$\mathbf{(4,\ -1)}$$

練習10　△ABC の重心の座標は

$$\left(\frac{(-5)+0+a}{3},\ \frac{(-1)+7+b}{3}\right)$$

すなわち　$\left(\dfrac{a-5}{3},\ \dfrac{b+6}{3}\right)$

これが，$(-3,\ 4)$ となるから

$$\frac{a-5}{3}=-3,\ \frac{b+6}{3}=4$$

よって　$\boldsymbol{a=-4,\ b=6}$

3　直線の方程式 （本冊 p. 141～150）

練習11　(1)　$y-3=4(x-2)$

すなわち　$\boldsymbol{y=4x-5}$

(2)　$y-5=-2\{x-(-4)\}$

すなわち　$\boldsymbol{y=-2x-3}$

(3)　x 軸に垂直であるから

$$\boldsymbol{x=3}$$

(4)　x 軸に平行であるから，傾きが 0 である。

よって

$y-6=0(x+1)$　すなわち　$\boldsymbol{y=6}$

練習12　(1)　$y-1=\dfrac{11-1}{-2-3}(x-3)$

すなわち　$\boldsymbol{y=-2x+7}$

(2)　$y-2=\dfrac{2-2}{-5-1}(x-1)$

すなわち　$\boldsymbol{y=2}$

(3)　x 座標が同じ -4 であるから，求める直線の方程式は　$\boldsymbol{x=-4}$

練習13　$\dfrac{x}{3}+\dfrac{y}{-4}=1$　すなわち　$\boldsymbol{\dfrac{x}{3}-\dfrac{y}{4}=1}$

練習14　平行な直線は，傾きが 3 であるから，その方程式は　$y-(-4)=3\{x-(-2)\}$

すなわち　$\boldsymbol{y=3x+2}$

垂直な直線は，その傾きを m とおくと

$m\times3=-1$　　よって　$m=-\dfrac{1}{3}$

したがって，方程式は

$$y-(-4)=-\frac{1}{3}\{x-(-2)\}$$

すなわち　$\boldsymbol{y=-\dfrac{1}{3}x-\dfrac{14}{3}}$

練習15　平行な直線の方程式は

$$4(x-2)-5\{y-(-3)\}=0$$

すなわち　$\boldsymbol{4x-5y-23=0}$

垂直な直線の方程式は

$$-5(x-2)-4\{y-(-3)\}=0$$

すなわち　$\boldsymbol{5x+4y+2=0}$

練習16　点Bの座標を $(p,\ q)$ とおく。

[1]　直線 AB は直線 ℓ に垂直であるから，傾きについて　$3\times\dfrac{q-(-2)}{p-1}=-1$

すなわち　$p+3q+5=0 \cdots\cdots ①$

[2]　線分 AB の中点 $\left(\dfrac{p+1}{2},\ \dfrac{q-2}{2}\right)$ が直線 $y=3x$ 上にあるから

$$\frac{q-2}{2}=3\times\frac{p+1}{2}$$

すなわち　$3p-q+5=0 \cdots\cdots ②$

①，② を連立させて解くと　$p=-2,\ q=-1$

よって，点Bの座標は　$\mathbf{(-2,\ -1)}$

練習17　(1)　$3x+6y-1=0$ から　$y=-\dfrac{1}{2}x+\dfrac{1}{6}$

よって，2 直線は**一致する。**

(2)　**2 直線は 1 点で交わる。**

(3)　$2x-2y+3=0$ から　$y=x+\dfrac{3}{2}$

よって，2 直線は**平行で一致しない。**

練習18 $x-3y-2=0$ から $y=\frac{1}{3}x-\frac{2}{3}$ …… ①

$ax+2y+c=0$ から $y=-\frac{a}{2}x-\frac{c}{2}$ …… ②

[1] **ただ 1 組の解をもつための条件は,** 2 直線 ①, ② が平行でないことであるから

$-\frac{a}{2}\neq\frac{1}{3}$ すなわち $\boldsymbol{a\neq-\frac{2}{3}}$

[2] **解をもたないための条件は,** 2 直線 ①, ② が平行で一致しないことであるから

$-\frac{a}{2}=\frac{1}{3}$, $-\frac{c}{2}\neq-\frac{2}{3}$

すなわち $\boldsymbol{a=-\frac{2}{3}}$, $\boldsymbol{c\neq\frac{4}{3}}$

[3] **無数の解をもつための条件は,** 2 直線 ①, ② が一致することであるから

$-\frac{a}{2}=\frac{1}{3}$, $-\frac{c}{2}=-\frac{2}{3}$

すなわち $\boldsymbol{a=-\frac{2}{3}}$, $\boldsymbol{c=\frac{4}{3}}$

練習19 k を定数として

$k(2x-y-4)+(x+5y-7)=0$ …… ③

とすると, ③ は 2 直線 ①, ② の交点を通る図形を表す。

③ が点 $(-3,\ 5)$ を通るとすると

$k(-6-5-4)+(-3+25-7)=0$

これを解くと $k=1$

したがって, 求める直線の方程式は

$(2x-y-4)+(x+5y-7)=0$

すなわち $\boldsymbol{3x+4y-11=0}$

練習20 (1) $\frac{|3\cdot1+4\cdot2+9|}{\sqrt{3^2+4^2}}=\frac{20}{5}=\boldsymbol{4}$

(2) $\frac{|12\cdot1-5\cdot2+11|}{\sqrt{12^2+(-5)^2}}=\frac{13}{13}=\boldsymbol{1}$

(3) $y=3x$ を変形すると $3x-y=0$

よって $\frac{|3\cdot1-2|}{\sqrt{3^2+(-1)^2}}=\frac{1}{\sqrt{10}}=\boldsymbol{\frac{\sqrt{10}}{10}}$

(4) $x=4$ を変形すると $x-4=0$

よって $\frac{|1-4|}{\sqrt{1^2}}=\boldsymbol{3}$

別解 $x=4$ は, x 軸に垂直な直線であるから, 点 $(1,\ 2)$ との距離は $4-1=\boldsymbol{3}$

練習21 直線 AB の方程式は

$y=2x-4$ すなわち $2x-y-4=0$

P は放物線 $y=x^2+1$ 上にあるから, その座標は $(t,\ t^2+1)$ とおける。

P と直線 AB の距離を d とすると

$$d=\frac{|2t-(t^2+1)-4|}{\sqrt{2^2+(-1)^2}}=\frac{|t^2-2t+5|}{\sqrt{5}}$$

ここで, $t^2-2t+5=(t-1)^2+4>0$ であるから

$$d=\frac{1}{\sqrt{5}}\{(t-1)^2+4\}$$

よって, $t=1$ のとき, d は最小になり, 求める P の座標は **(1, 2)**

また, そのときの距離は $\frac{4}{\sqrt{5}}=\boldsymbol{\frac{4\sqrt{5}}{5}}$

練習22 △ABC において

[1] 直角三角形ならば, 3 つの垂直二等分線は斜辺の中点で交わる。

[2] 直角三角形でないとき, 直線 BC を x 軸に, 線分 BC の垂直二等分線を y 軸にとり, 図のように A, B, C の座標を定めると $bc\neq0$, $a\neq c$, $a\neq-c$

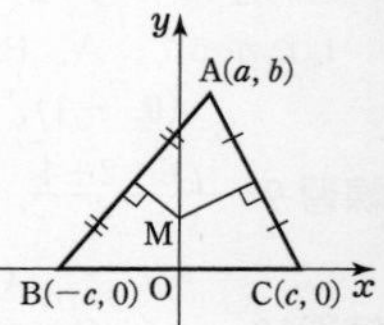

辺 AB の垂直二等分線の方程式は

$$y-\frac{b}{2}=-\frac{a+c}{b}\left(x-\frac{a-c}{2}\right) \text{ …… ①}$$

① と y 軸との交点 M の座標は

$$\left(0,\ \frac{a^2+b^2-c^2}{2b}\right)$$

辺 AC の垂直二等分線の方程式は, ① で c の代わりに $-c$ とおいて

$$y-\frac{b}{2}=-\frac{a-c}{b}\left(x-\frac{a+c}{2}\right) \text{ …… ②}$$

② と y 軸との交点は上の M と一致する。

M は辺 BC の垂直二等分線 (y 軸) 上にあるから, 3 つの垂直二等分線は点 M で交わる。

4 円の方程式 (本冊 $p.$ 151～153)

練習23 (1) $x^2+y^2=2^2$ すなわち $\boldsymbol{x^2+y^2=4}$

(2) $\{x-(-4)\}^2+(y-1)^2=7^2$

すなわち $\boldsymbol{(x+4)^2+(y-1)^2=49}$

(3) 円の半径は AB であり

$$AB=\sqrt{(0-4)^2+\{1-(-2)\}^2}$$
$$=\sqrt{25}=5$$

よって，求める円の方程式は

$$(x-4)^2+\{y-(-2)\}^2=5^2$$

すなわち　$\boldsymbol{(x-4)^2+(y+2)^2=25}$

(4) 円の中心は線分 AB の中点であり，その座標は

$$\left(\frac{1+7}{2},\ \frac{2+4}{2}\right) \text{ から } \quad (4,\ 3)$$

半径は，直径 AB の半分であるから

$$\frac{1}{2}AB=\frac{1}{2}\sqrt{(7-1)^2+(4-2)^2}$$
$$=\frac{1}{2}\sqrt{40}=\sqrt{10}$$

よって，求める円の方程式は

$$(x-4)^2+(y-3)^2=(\sqrt{10})^2$$

すなわち　$\boldsymbol{(x-4)^2+(y-3)^2=10}$

問題24 (1) $(x^2-2x+1)+(y^2+8y+16)$
$=-1+1+16$

すなわち　$(x-1)^2+(y+4)^2=4^2$

よって，方程式は，**点 $(1,\ -4)$ を中心とし，半径が 4 の円**を表す。

(2) $(x^2-4x+4)+(y^2-10y+25)$
$=20+4+25$

すなわち　$(x-2)^2+(y-5)^2=7^2$

よって，方程式は，**点 $(2,\ 5)$ を中心とし，半径が 7 の円**を表す。

練習25 $l=-3$，$m=5$，$n=k$ とすると，条件を満たすためには

$$l^2+m^2-4n>0$$

であればよい。

よって　$(-3)^2+5^2-4k>0$

$34-4k>0$

したがって　$\boldsymbol{k<\frac{17}{2}}$

練習26 求める円の方程式を，次のようにおく。

$$x^2+y^2+lx+my+n=0$$

この円が与えられた 3 点を通ることから

$1^2+0^2+l\cdot1+m\cdot0+n=0$

$2^2+(-1)^2+l\cdot2+m\cdot(-1)+n=0$

$3^2+(-3)^2+l\cdot3+m\cdot(-3)+n=0$

整理すると　$\begin{cases} l+n=-1 \\ 2l-m+n=-5 \\ 3l-3m+n=-18 \end{cases}$

この連立方程式を解くと

$l=5$，$m=9$，$n=-6$

よって，求める円の方程式は

$$\boldsymbol{x^2+y^2+5x+9y-6=0}$$

練習27 (1) 求める円の方程式を，次のようにおく。

$$x^2+y^2+lx+my+n=0$$

この円が与えられた 3 点を通ることから

$0^2+6^2+l\cdot0+m\cdot6+n=0$

$7^2+(-1)^2+l\cdot7+m\cdot(-1)+n=0$

$(-2)^2+2^2+l\cdot(-2)+m\cdot2+n=0$

整理すると　$\begin{cases} 6m+n=-36 \\ 7l-m+n=-50 \\ 2l-2m-n=8 \end{cases}$

この連立方程式を解くと

$l=-6$，$m=-4$，$n=-12$

よって，求める円の方程式は

$$\boldsymbol{x^2+y^2-6x-4y-12=0}$$

(2) (1) で求めた方程式は，次のように変形できる。

$$(x^2-6x+9)+(y^2-4y+4)=12+9+4$$
$$(x-3)^2+(y-2)^2=5^2$$

これは，点 $(3,\ 2)$ を中心とし，半径が 5 の円を表す。

したがって，△ABC の**外心の座標は $(3,\ 2)$，外接円の半径は 5** である。

5 円と直線 (本冊 $p.$ 154～160)

練習28 (1) 連立方程式 $\begin{cases} x^2+y^2=13 & \cdots\cdots ① \\ y=x+1 & \cdots\cdots ② \end{cases}$

を解く。

② を ① に代入すると

$$x^2+(x+1)^2=13$$

整理すると　$x^2+x-6=0$

これを解くと　$x=2,\ -3$

② から　$x=2$　のとき　$y=3$

$x=-3$ のとき　$y=-2$

よって，共有点の座標は

$$\boldsymbol{(2,\ 3),\ (-3,\ -2)}$$

(2) 連立方程式 $\begin{cases} x^2+y^2=8 & \cdots\cdots ① \\ x-y=4 & \cdots\cdots ② \end{cases}$

を解く。

② を変形すると　$y=x-4$ …… ③

③ を ① に代入すると

$$x^2+(x-4)^2=8$$

整理すると　$x^2-4x+4=0$

これを解くと　$x=2$

③ から　$x=2$ のとき　$y=-2$

よって，共有点の座標は　**(2, −2)**

(3)　連立方程式

$$\begin{cases}(x-3)^2+(y-2)^2=1 & \cdots\cdots ① \\ x-y-2=0 & \cdots\cdots ②\end{cases}$$

を解く。

② を変形すると　$y=x-2$ …… ③

③ を ① に代入すると

$$(x-3)^2+\{(x-2)-2\}^2=1$$

整理すると　$x^2-7x+12=0$

これを解くと　$x=3,\ 4$

③ から　$x=3$ のとき　$y=1$

$x=4$ のとき　$y=2$

よって，共有点の座標は

(3, 1)，(4, 2)

練習29　(1)　円と直線の方程式から y を消去して

$$x^2+(2x+1)^2=2$$

整理すると　$5x^2+4x-1=0$ …… ①

方程式 ① の判別式を D とすると

$$\frac{D}{4}=2^2-5(-1)=9>0$$

よって，共有点は **2 個**。

(2)　円と直線の方程式から y を消去して

$$x^2+(x-2)^2=2$$

整理すると　$x^2-2x+1=0$ …… ①

方程式 ① の判別式を D とすると

$$\frac{D}{4}=(-1)^2-1\cdot1=0$$

よって，共有点は **1 個** (接する)。

(3)　円と直線の方程式から y を消去して

$$x^2+(x-3)^2=2$$

整理すると　$2x^2-6x+7=0$ …… ①

方程式 ① の判別式を D とすると

$$\frac{D}{4}=(-3)^2-2\cdot7=-5<0$$

よって，円と直線は共有点をもたない。

すなわち，共有点は **0 個**。

練習30　円と直線の方程式から y を消去して整理すると　$5x^2+4kx+k^2-20=0$ …… ①

方程式 ① の判別式を D とすると

$$\frac{D}{4}=(2k)^2-5(k^2-20)=-k^2+100$$

(1)　円と直線が共有点をもつための条件は，$D\geqq0$ であるから

$$-k^2+100\geqq0$$

これを解くと　$\boldsymbol{-10\leqq k\leqq10}$

(2)　円と直線が接するための条件は，$D=0$ であるから

$$-k^2+100=0$$

これを解くと　$k=\pm10$

$k=10$ のとき，これを ① に代入して整理すると　$x^2+8x+16=0$

よって　$x=-4$

このとき　$y=2(-4)+10=2$

したがって，接点の座標は　**(−4, 2)**

$k=-10$ のとき，これを ① に代入して整理すると　$x^2-8x+16=0$

よって　$x=4$

このとき　$y=2\cdot4-10=-2$

したがって，接点の座標は　**(4, −2)**

練習31　円 $x^2+y^2=20$ の中心は O(0, 0) で，半径 r は $2\sqrt{5}$ である。

よって，この円の中心と直線 $2x-y+k=0$ の距離 d は　$d=\dfrac{|k|}{\sqrt{2^2+(-1)^2}}=\dfrac{|k|}{\sqrt{5}}$

円と直線が共有点をもつための条件は $d\leqq r$ であるから　$\dfrac{|k|}{\sqrt{5}}\leqq2\sqrt{5}$

$$|k|\leqq10$$

したがって　$\boldsymbol{-10\leqq k\leqq10}$

練習32　円の半径を r とすると，r は点 (4, 3) と直線 $y=2x$ の距離に等しいから

$$r=\frac{|2\cdot4-3|}{\sqrt{2^2+(-1)^2}}=\sqrt{5}$$

よって，求める円の方程式は

$$\boldsymbol{(x-4)^2+(y-3)^2=5}$$

練習33　(1)　$4x+(-2)y=20$

すなわち　$\boldsymbol{2x-y=10}$

(2)　$(-1)x+(-\sqrt{3})y=4$

すなわち　$\boldsymbol{x+\sqrt{3}\,y=-4}$

練習34　(1)　接点を $\mathrm{P}(x_1,\ y_1)$ とすると

$$x_1{}^2+y_1{}^2=4 \ \cdots\cdots ①$$

点Pにおける接線の方程式は

$$x_1x+y_1y=4$$

接線が点 (3, 2) を通ることから

$$3x_1+2y_1=4 \ \cdots\cdots ②$$

①，② から y_1 を消去すると

$$13x_1{}^2-24x_1=0$$

これを解くと　$x_1=0,\ \dfrac{24}{13}$

② から，$x_1=0$　のとき　$y_1=2$

$x_1=\dfrac{24}{13}$ のとき　$y_1=-\dfrac{10}{13}$

よって，接線の方程式は

$$\boldsymbol{y=2,\ 12x-5y=26}$$

接点の座標はそれぞれ

$$\boldsymbol{(0,\ 2),\ \left(\frac{24}{13},\ -\frac{10}{13}\right)}$$

(2)　接点を $\mathrm{P}(x_1,\ y_1)$ とすると

$x_1{}^2+y_1{}^2=25$　　…… ①

点Pにおける接線の方程式は

$$x_1x+y_1y=25$$

接線が点 $(-5,\ 10)$ を通ることから

$-5x_1+10y_1=25$ …… ②

①，② から x_1 を消去すると

$$y_1{}^2-4y_1=0$$

これを解くと　$y_1=0,\ 4$

② から，$y_1=0$ のとき　$x_1=-5$

$y_1=4$ のとき　$x_1=3$

よって，接線の方程式は

$$\boldsymbol{x=-5,\ 3x+4y=25}$$

接点の座標はそれぞれ

$$\boldsymbol{(-5,\ 0),\ (3,\ 4)}$$

練習35　$y=mx+3$ を $x^2+y^2=3$ に代入すると

$$x^2+(mx+3)^2=3$$

整理すると　$(1+m^2)x^2+6mx+6=0$

この方程式の判別式を D とすると

$$\frac{D}{4}=(3m)^2-(1+m^2)\cdot 6$$
$$=3(m^2-2)$$

円と直線は接するから　$D=0$

すなわち　$3(m^2-2)=0$

よって　　　　$m=\pm\sqrt{2}$

したがって，求める接線の方程式は

$$\boldsymbol{y=\sqrt{2}\,x+3,\ y=-\sqrt{2}\,x+3}$$

練習36　k を定数として

$k(x^2+y^2-4)+(x^2+y^2-4x+2y-6)=0$

…… ①

とすると，① は 2 つの円の 2 つの交点を通る図形を表す。

① が点 $(1,\ 2)$ を通るとすると

$$k(1+4-4)+(1+4-4+4-6)=0$$

これを解くと　　$k=1$

このとき ① は

$$(x^2+y^2-4)+(x^2+y^2-4x+2y-6)=0$$

すなわち　$x^2+y^2-2x+y-5=0$

これを変形すると　$(x-1)^2+\left(y+\dfrac{1}{2}\right)^2=\left(\dfrac{5}{2}\right)^2$

したがって，求める円の**中心は点 $\boldsymbol{\left(1,\ -\dfrac{1}{2}\right)}$，半径は $\boldsymbol{\dfrac{5}{2}}$** である。

練習37　$x^2+y^2=10$ …… ①,

$x^2+y^2-2x-y-5=0$ …… ②

(1)　直線 AB の方程式は，①，② から x^2，y^2 を消去したものである。

よって，求める方程式は ①−② より

$$\boldsymbol{2x+y-5=0}$$

(2)　(1) より　$y=-2x+5$　…… ③

③ を ① に代入して

$$x^2+(-2x+5)^2=10$$

整理すると　$x^2-4x+3=0$

これを解くと　$x=1,\ 3$

③ より　$x=1$ のとき　$y=3$,

$x=3$ のとき　$y=-1$

したがって，求める座標は

$$\boldsymbol{(1,\ 3),\ (3,\ -1)}$$

6　軌跡と方程式　(本冊 $p.$ 161～167)

練習38　点Pの座標を $(x,\ y)$ とする。

$\mathrm{AP}^2-\mathrm{BP}^2=3$ であるから

$$(x+1)^2+y^2-\{(x-1)^2+(y-3)^2\}=3$$

整理すると　$2x+3y-6=0$

よって，点Pは，直線 $2x+3y-6=0$ 上にある。

逆に，この直線上の任意の点 $\mathrm{P}(x,\ y)$ について，$\mathrm{AP}^2-\mathrm{BP}^2=3$ が成り立つ。

したがって，求める軌跡は，

直線 $\boldsymbol{2x+3y-6=0}$

である。

練習39　直線 AB を x 軸，線分 AB の垂直二等分線を y 軸とする。
このとき，2 点 A，B の座標は，$(-4,\ 0)$，$(4,\ 0)$ となる。
点Pの座標を $(x,\ y)$ とする。
条件 $\mathrm{AP}^2-\mathrm{BP}^2=48$ から
$$(x+4)^2+y^2-\{(x-4)^2+y^2\}=48$$
整理すると　$x=3$ …… ①
よって，点Pは，直線 ① 上にある。
逆に，直線 ① 上の任意の点 $\mathrm{P}(x,\ y)$ は，条件を満たす。
したがって，求める軌跡は，
線分 AB を 7：1 に内分する点を通り，直線 AB に垂直な直線
である。

練習40　点Pの座標を $(x,\ y)$ とする。
AP：BP＝2：3 であるから
$$3\mathrm{AP}=2\mathrm{BP}$$
よって　$3\sqrt{(x+5)^2+y^2}=2\sqrt{(x-5)^2+y^2}$
両辺を 2 乗して整理すると
$$x^2+26x+y^2+25=0$$
すなわち　$(x+13)^2+y^2=12^2$ …… ①
よって，点Pは，円 ① 上にある。
逆に，円 ① 上の任意の点 $\mathrm{P}(x,\ y)$ は，条件を満たす。
したがって，求める軌跡は，
中心が点 $(-13,\ 0)$，半径が 12 の円
である。

練習41　点Pの座標を $(x,\ y)$ とする。
放物線の式は
$$y=-(x-2a)^2+4a^2-3$$
と変形されるから，頂点Pの座標について
$$x=2a,\ y=4a^2-3$$
これらから a を消去すると　$y=4\left(\dfrac{x}{2}\right)^2-3$
すなわち　$y=x^2-3$ …… ①
よって，頂点Pは，放物線 ① 上にある。
逆に，放物線 ① 上の任意の点 $\mathrm{P}(x,\ y)$ は，条件を満たす。
したがって，求める軌跡は，**放物線 $y=x^2-3$** である。

練習42　点Pの座標を $(x,\ y)$ とする。
円の方程式を変形すると
$$(x^2-2ax+a^2)+(y^2+4ay+4a^2)=4$$
$$(x-a)^2+(y+2a)^2=2^2$$
したがって　$x=a,\ y=-2a$
これらから a を消去すると　$y=-2x$ …… ①
よって，中心Pは，直線 ① 上にある。
逆に，直線 ① 上の任意の点 $\mathrm{P}(x,\ y)$ は，条件を満たす。
したがって，求める軌跡は，**直線 $y=-2x$** である。

練習43　点A，Bの座標をそれぞれ $(s,\ 0)$，$(0,\ t)$ とおく。
常に AB＝2 であるから　$\mathrm{AB}^2=4$
よって　$s^2+t^2=4$ …… ①
点Pの座標を $(x,\ y)$ とおく。
Pは線分 AB の中点であるから
$$x=\frac{s}{2},\ y=\frac{t}{2}$$
したがって　$s=2x,\ t=2y$ …… ②
② を ① に代入して
$$(2x)^2+(2y)^2=4$$
整理すると　$x^2+y^2=1$ …… ③
よって，中点Pは，円 ③ 上にある。
逆に，円 ③ 上の任意の点 $\mathrm{P}(x,\ y)$ は，条件を満たす。
したがって，求める軌跡は，**中心が原点，半径が 1 の円**である。

練習44　点Q，Pの座標をそれぞれ $(s,\ t)$，$(x,\ y)$ とおく。
Qは直線 $y=2x+1$ 上にあるから
$$t=2s+1 \quad \cdots\cdots ①$$
Pは線分 AQ を 1：2 に内分する点であるから
$$x=\frac{2\cdot3+1\cdot s}{1+2}=\frac{s+6}{3},$$
$$y=\frac{2\cdot1+1\cdot t}{1+2}=\frac{t+2}{3}$$
よって　$s=3x-6,\ t=3y-2$ …… ②
② を ① に代入して　$3y-2=2(3x-6)+1$
整理すると　$y=2x-3$ …… ③
よって，点Pは，直線 ③ 上にある。
逆に，直線 ③ 上の任意の点 $\mathrm{P}(x,\ y)$ は，条件を満たす。
したがって，求める軌跡は，**直線 $y=2x-3$** である。

練習45　放物線と直線の方程式から，y を消去して整理すると　$x^2-x+1-k=0$ …… ①

① の判別式 D は

$$D=(-1)^2-4(1-k)=4k-3$$

放物線と直線が異なる 2 点で交わるための条件は　$D>0$

よって，$4k-3>0$ から　$k>\frac{3}{4}$

① の 2 つの実数解を α，β とおく。

解と係数の関係により

$$\alpha+\beta=1 \quad \cdots\cdots ②$$

線分 AB の中点 M の座標を $(x,\ y)$ とすると

$$x=\frac{\alpha+\beta}{2} \quad \cdots\cdots ③,$$

$$y=x+k \quad \cdots\cdots ④$$

②，③ から　$x=\frac{1}{2}$ …… ⑤

また，④ と $k>\frac{3}{4}$ から

$$y=x+k>\frac{1}{2}+\frac{3}{4}=\frac{5}{4}$$

よって，中点 M は，直線 ⑤ の $y>\frac{5}{4}$ の部分にある。

逆に，この図形上の任意の点 $M(x,\ y)$ は，条件を満たす。

したがって，求める軌跡は，**直線 $x=\frac{1}{2}$ の $y>\frac{5}{4}$ の部分**である。

7　不等式と領域 (本冊 $p.168$～175)

練習46　(1)　$y\geqq -x+1$ の表す領域は，直線 $y=-x+1$ および直線 $y=-x+1$ より上側の部分である。

よって，図の斜線部分である。

ただし，境界線を含む。

(2)　$y<2x-1$ の表す領域は，直線 $y=2x-1$ より下側の部分である。

よって，図の斜線部分である。

ただし，境界線を含まない。

(3)　$y>-x^2+2$ の表す領域は，放物線 $y=-x^2+2$ より上側の部分である。

よって，図の斜線部分である。

ただし，境界線を含まない。

(4)　$y-4\leqq 0$ は，$y\leqq 4$ と変形できるから，不等式の表す領域は，直線 $y=4$ および直線 $y=4$ より下側の部分である。

よって，図の斜線部分である。

ただし，境界線を含む。

(5)　$2x-y+1>0$ は，$y<2x+1$ と変形できるから，不等式の表す領域は，直線 $y=2x+1$ より下側の部分である。

よって，図の斜線部分である。

ただし，境界線を含まない。

(6)　$x-3y+6\leqq 0$ は，$y\geqq\frac{1}{3}x+2$ と変形できるから，不等式の表す領域は，直線 $y=\frac{1}{3}x+2$ および直線 $y=\frac{1}{3}x+2$ より上側の部分である。

よって，図の斜線部分である。

ただし，境界線を含む。

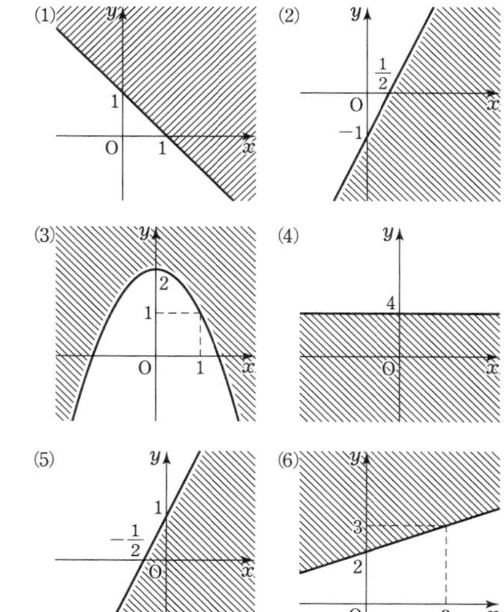

練習47　(1)　不等式 $x\leqq 2$ の表す領域は，直線 $x=2$，および直線 $x=2$ より左側の部分である。

よって，図の斜線部分である。

ただし，境界線を含む。

(2) $3x-4>0$ は，$x>\frac{4}{3}$ と変形できるから，不等式の表す領域は，直線 $x=\frac{4}{3}$ より右側の部分である。
よって，図の斜線部分である。
ただし，境界線を含まない。

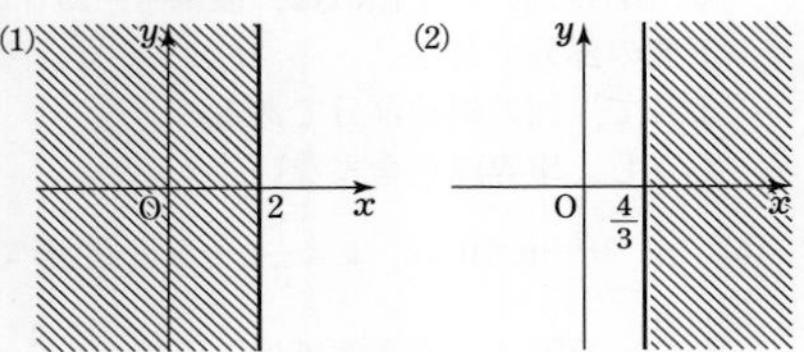

練習48 (1) 不等式 $x^2+y^2 \geqq 16$ の表す領域は，円 $x^2+y^2=4^2$ およびその外部である。
よって，図の斜線部分である。
ただし，境界線を含む。

(2) 不等式 $x^2+(y-2)^2<9$ の表す領域は，円 $x^2+(y-2)^2=3^2$ の内部である。
よって，図の斜線部分である。
ただし，境界線を含まない。

(3) 不等式 $x^2+y^2+6x-2y+6 \leqq 0$ は，$(x+3)^2+(y-1)^2 \leqq 4$ と変形できるから，不等式の表す領域は，円 $(x+3)^2+(y-1)^2=2^2$ およびその内部である。
よって，図の斜線部分である。
ただし，境界線を含む。

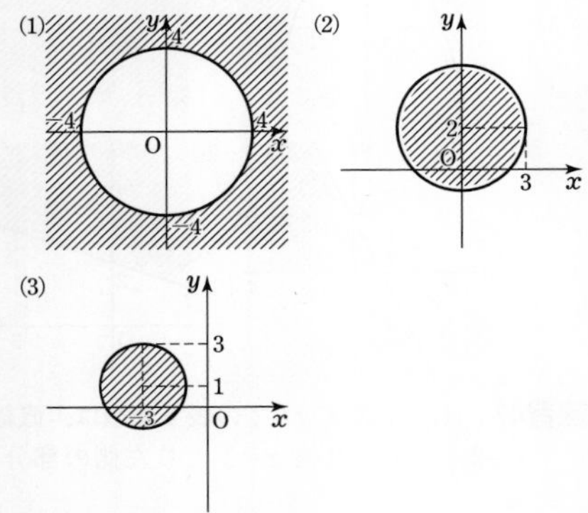

練習49 $(x-3)^2+(y+5)^2<4^2$ より

$$(x-3)^2+(y+5)^2<16$$

練習50 (1) $\begin{cases} x+y+1<0 & \cdots\cdots ① \\ 3x-y+2<0 & \cdots\cdots ② \end{cases}$

① は，$y<-x-1$ と変形できるから，不等式の表す領域は，直線 $y=-x-1$ より下側の部分である。
② は，$y>3x+2$ と変形できるから，不等式の表す領域は，直線 $y=3x+2$ より上側の部分である。
よって，連立不等式の表す領域は，図の斜線部分である。
ただし，境界線を含まない。

(2) $\begin{cases} 2x+y+2>0 & \cdots\cdots ① \\ x^2+y^2 \geqq 9 & \cdots\cdots ② \end{cases}$

① は，$y>-2x-2$ と変形できるから，不等式の表す領域は，直線 $y=-2x-2$ より上側の部分である。
② の表す領域は，円 $x^2+y^2=3^2$ およびその外部である。
よって，連立不等式の表す領域は，図の斜線部分である。
ただし，境界線は円を含み，直線および円と直線の交点を含まない。

(3) $\begin{cases} x^2+y^2-4x+3>0 & \cdots\cdots ① \\ x^2+y^2 \leqq 4 & \cdots\cdots ② \end{cases}$

① は，$(x-2)^2+y^2>1$ と変形できるから，不等式の表す領域は，円 $(x-2)^2+y^2=1^2$ の外部である。
② の表す領域は，円 $x^2+y^2=2^2$ およびその内部である。
よって，連立不等式の表す領域は，図の斜線部分である。
ただし，境界線は円 $x^2+y^2=2^2$ を含み，円 $(x-2)^2+y^2=1^2$ および 2 つの円の交点を含まない。

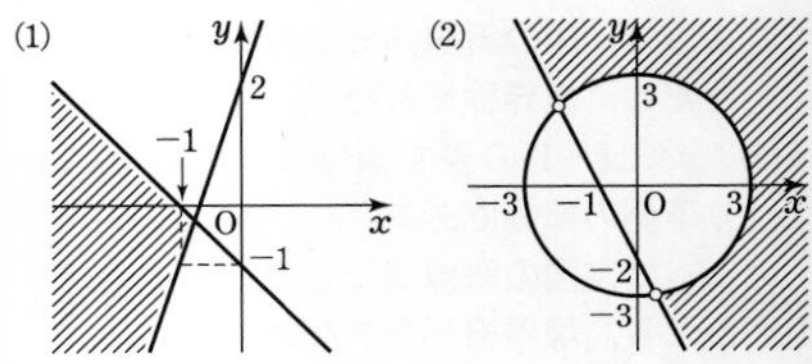

(3)

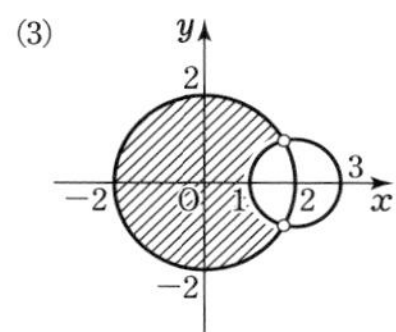

練習51 $\begin{cases} y \geqq x^2 & \cdots\cdots ① \\ y \leqq -x^2+2x+4 & \cdots\cdots ② \end{cases}$

① の表す領域は，放物線 $y=x^2$ および放物線 $y=x^2$ より上側の部分である。

② の表す領域は，放物線 $y=-x^2+2x+4$ および放物線 $y=-x^2+2x+4$ より下側の部分である。

よって，連立不等式の表す領域は，図の斜線部分である。

ただし，境界線を含む。

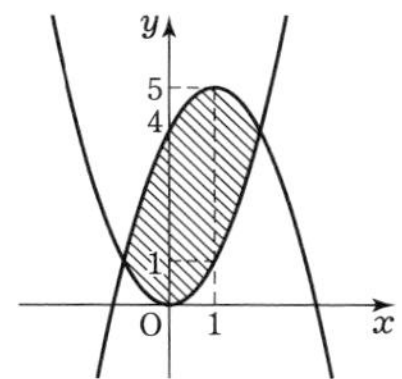

練習52 2 つの円の方程式は，

$x^2+y^2=16 \quad \cdots\cdots ①$

$x^2+(y-3)^2=4 \quad \cdots\cdots ②$

であり，斜線部分は，① の内部かつ ② の内部である。

よって，求める連立不等式は

$$\begin{cases} \boldsymbol{x^2+y^2<16} \\ \boldsymbol{x^2+(y-3)^2<4} \end{cases}$$

練習53 2 点 A，B を通る直線の方程式は

$$y=\frac{-4}{-2}\{x-(-2)\}$$

すなわち　$y=2x+4 \quad \cdots\cdots ①$

2 点 B，C を通る直線の方程式は

$$y=\frac{1-0}{3-(-2)}\{x-(-2)\}$$

すなわち　$y=\frac{1}{5}x+\frac{2}{5} \quad \cdots\cdots ②$

2 点 C，A を通る直線の方程式は

$$y=\frac{4-1}{0-3}x+4$$

すなわち　$y=-x+4 \quad \cdots\cdots ③$

△ABC は図のようになるから，△ABC の周およびその内部を表すのは，

① および ① の下側，

② および ② の上側，

③ および ③ の下側

である。

よって，求める連立不等式は

$$\begin{cases} \boldsymbol{y \leqq 2x+4} \\ \boldsymbol{y \geqq \frac{1}{5}x+\frac{2}{5}} \\ \boldsymbol{y \leqq -x+4} \end{cases}$$

練習54 (1) 与えられた不等式から

$$\begin{cases} x-y-2 \geqq 0 \\ 3x+y+6 \geqq 0 \end{cases}$$

または $\begin{cases} x-y-2 \leqq 0 \\ 3x+y+6 \leqq 0 \end{cases}$

すなわち

$$\begin{cases} y \leqq x-2 \\ y \geqq -3x-6 \end{cases} \cdots\cdots ①$$

または $\begin{cases} y \geqq x-2 \\ y \leqq -3x-6 \end{cases} \cdots\cdots ②$

であり，求める領域は，① の表す領域と ② の表す領域を合わせた部分である。すなわち，図の斜線部分である。ただし，境界線を含む。

(2) 与えられた不等式から

$$\begin{cases} x^2+y^2-1>0 \\ y-x+1<0 \end{cases}$$

または $\begin{cases} x^2+y^2-1<0 \\ y-x+1>0 \end{cases}$

すなわち

$$\begin{cases} x^2+y^2>1^2 \\ y<x-1 \end{cases} \cdots\cdots ①$$

または $\begin{cases} x^2+y^2<1^2 \\ y>x-1 \end{cases} \cdots\cdots ②$

であり，求める領域は，① の表す領域と ② の表す領域を合わせた部分である。すなわち，図の斜線部分である。

ただし，境界線を含まない。

(3) 与えられた不等式から

$$\begin{cases} y-x-2\geqq 0 \\ y-x^2\leqq 0 \end{cases}$$

または $\begin{cases} y-x-2\leqq 0 \\ y-x^2\geqq 0 \end{cases}$

すなわち

$$\begin{cases} y\geqq x+2 \\ y\leqq x^2 \end{cases} \quad \cdots\cdots ①$$

または $\begin{cases} y\leqq x+2 \\ y\geqq x^2 \end{cases} \quad \cdots\cdots ②$

であり，求める領域は，① の表す領域と ② の表す領域を合わせた部分である。すなわち，図の斜線部分である。ただし，境界線を含む。

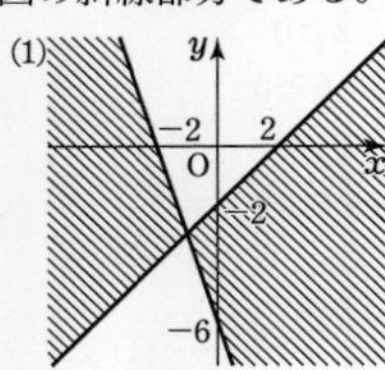

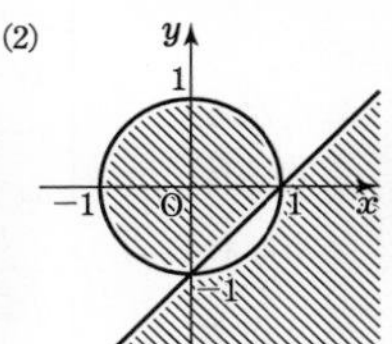

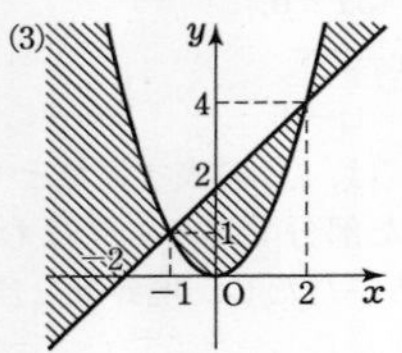

練習55 (1) 不等式は

$x>0$ のとき　$y\leqq -\dfrac{4}{x}$

$x<0$ のとき　$y\geqq -\dfrac{4}{x}$

を表すから，求める領域は，図の斜線部分である。

ただし，境界線を含む。

(2) 不等式は　$-2<x+y<2$

すなわち　$\begin{cases} x+y>-2 \\ x+y<2 \end{cases}$

を表すから，求める領域は，図の斜線部分である。

ただし，境界線を含まない。

(3) 不等式は

$x\geqq 0$，$y\geqq 0$ のとき　$2x+y\leqq 6$

　　すなわち　$y\leqq -2x+6$

$x\geqq 0$，$y<0$ のとき　$2x-y\leqq 6$

　　すなわち　$y\geqq 2x-6$

$x<0$，$y\geqq 0$ のとき　$-2x+y\leqq 6$

　　すなわち　$y\leqq 2x+6$

$x<0$，$y<0$ のとき　$-2x-y\leqq 6$

　　すなわち　$y\geqq -2x-6$

を表すから，求める領域は，図の斜線部分である。

ただし，境界線を含む。

(4) 不等式は

$x\geqq 0$，$y\geqq 0$ のとき　$1<x+y<3$

$x\geqq 0$，$y<0$ のとき　$1<x-y<3$

$x<0$，$y\geqq 0$ のとき　$1<-x+y<3$

$x<0$，$y<0$ のとき　$1<-x-y<3$

を表すから，求める領域は，図の斜線部分である。

ただし，境界線を含まない。

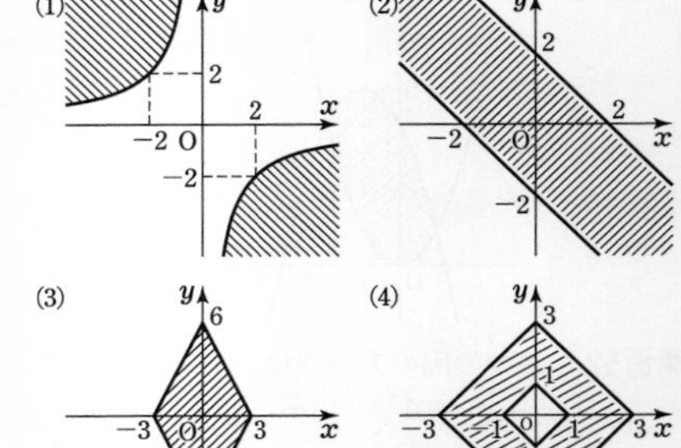

練習56　P は，円 $x^2+y^2=1$ の内部である。

$x^2+4x+y^2>-3$ は

　$(x+2)^2+y^2>1$

と変形できるから，

Q は，

円 $(x+2)^2+y^2=1$

の外部である。

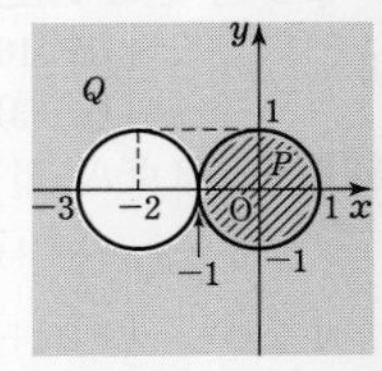

したがって，図のように，P は Q に含まれる。

練習57　与えられた 4 つの不等式を連立させた連立不等式の表す領域は，4 点

$$(0,\ 0),\ \left(\frac{13}{3},\ 0\right),\ (2,\ 7),\ \left(0,\ \frac{25}{3}\right)$$

を頂点とする四角形の周およびその内部である。

ここで，$3x+2y=k$ とおくと

$$y=-\frac{3}{2}x+\frac{k}{2} \quad \cdots\cdots ①$$

図からわかるように，$\frac{k}{2}$ の値は，直線 ① が点 (2, 7) を通るとき最大となり，このとき k の値も最大となる。また，$\frac{k}{2}$ の値は，

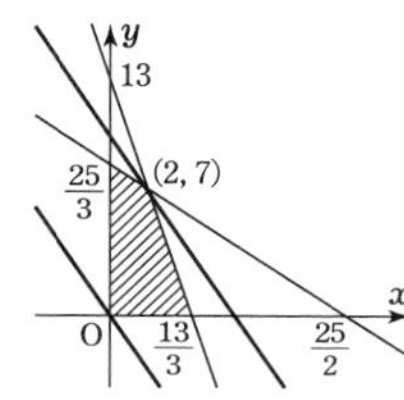

直線 ① が原点 (0, 0) を通るとき最小となり，このとき k の値も最小となる。

したがって，$3x+2y$ は $\boldsymbol{x=2}$，$\boldsymbol{y=7}$ **で最大値 20** をとり，$\boldsymbol{x=0}$，$\boldsymbol{y=0}$ **で最小値 0** をとる。

練習58 食品Aを $100x$ g，食品Bを $100y$ g 食べるとすると，条件から $x \geqq 0$，$y \geqq 0$，

$10x+10y \leqq 30$，$150x+300y \leqq 600$

すなわち $x \geqq 0$，$y \geqq 0$，

$$y \leqq -x+3,\ y \leqq -\frac{1}{2}x+2$$

この 4 つの不等式を連立させた連立不等式の表す領域は，4 点 (0, 0)，(3, 0)，(2, 1)，(0, 2) を頂点とする四角形の周およびその内部である。

また，タンパク質は $(4x+5y)$ g 含まれている。

ここで，$4x+5y=k$ とおくと

$$y=-\frac{4}{5}x+\frac{k}{5} \quad \cdots\cdots ①$$

図からわかるように，k の値は，直線 ① が点 (2, 1) を通るとき最大となる。

よって，$x=2$，$y=1$ のときタンパク質をとる量は最大になる。

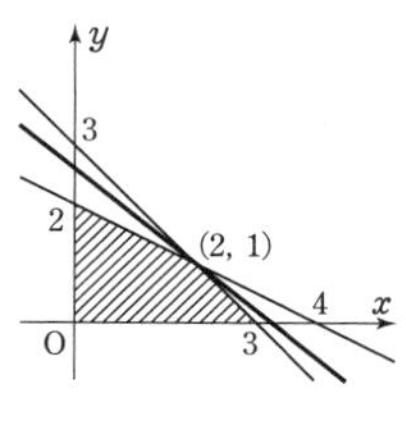

したがって，**食品Aを 200 g，食品Bを 100 g** 食べればよい。

確認問題 (本冊 $p.\,176$)

問題 1 $\mathrm{AB}=\sqrt{(2+1)^2+(1-4)^2}=\boldsymbol{3\sqrt{2}}$

内分点の座標は

$$\left(\frac{1\times(-1)+2\times2}{3},\ \frac{1\times4+2\times1}{3}\right)$$

すなわち **(1, 2)**

外分点の座標は

$$((-1)\times(-1)+2\times2,\ (-1)\times4+2\times1)$$

すなわち **(5, −2)**

問題 2 直線 AB の傾きは $\frac{7-3}{6+2}=\frac{1}{2}$

よって，ℓ の傾きを m とすると

$$m\cdot\frac{1}{2}=-1$$

したがって $m=-2$

線分 AB の中点を $\mathrm{M}(x,\ y)$ とすると

$$x=\frac{-2+6}{2}=2,\ y=\frac{3+7}{2}=5$$

ℓ は点 M(2, 5) を通り，傾きが -2 の直線であるから，その方程式は

$$y-5=-2(x-2)$$

すなわち $\boldsymbol{y=-2x+9}$

問題 3 $x^2+y^2-2kx-4ky+2k^2=0$ を変形すると $(x-k)^2+(y-2k)^2=3k^2$

よって，円の中心の座標は

$(k,\ 2k)$ …… ①

点 $(k,\ 2k)$ が直線 $y=-3x+35$ 上にあるから

$$2k=-3k+35$$

これを解くと $\boldsymbol{k=7}$

このとき，円の中心の座標は ① より

(7, 14)

半径は $\sqrt{3\cdot7^2}=\boldsymbol{7\sqrt{3}}$

問題 4 (1) 求める円の半径 r は，点 $(1,\ -3)$ と直線

$3x-4y-5=0$ …… ①

の距離に等しいから

$$r=\frac{|3\cdot1-4(-3)-5|}{\sqrt{3^2+(-4)^2}}=\frac{10}{5}=2$$

よって，円の方程式は

$$\boldsymbol{(x-1)^2+(y+3)^2=4}$$

また，点 (1, −3) を通り，直線 ① に垂直な直線の方程式は，① の傾きが $\frac{3}{4}$ であるから

$$y+3=-\frac{4}{3}(x-1)$$

よって　$4x+3y+5=0$ …… ②

連立方程式 ①，② を解くと，接点の座標は

$$\left(-\frac{1}{5},\ -\frac{7}{5}\right)$$

(2)　$y=m(x-2)$

を

$x^2+y^2+6x=0$

に代入すると

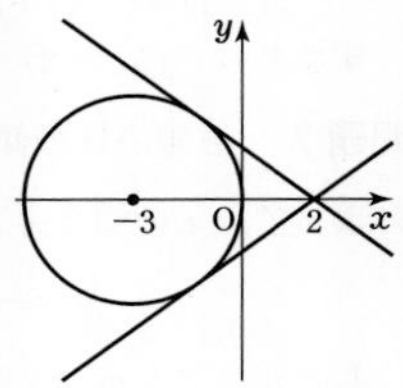

$$x^2+\{m(x-2)\}^2+6x=0$$

整理すると

$$(m^2+1)x^2-2(2m^2-3)x+4m^2=0$$

この方程式の判別式を D とすると

$$\frac{D}{4}=\{-(2m^2-3)\}^2-(m^2+1)\cdot 4m^2$$
$$=-16m^2+9$$

直線と円が接するとき　$D=0$

すなわち　$-16m^2+9=0$

これを解くと　$\boldsymbol{m=\pm\frac{3}{4}}$

別解　$x^2+y^2+6x=0$ から

$$(x+3)^2+y^2=9$$

よって，中心 $(-3,\ 0)$，半径 3 の円である。

中心 $(-3,\ 0)$ から直線 $y=m(x-2)$ すなわち $mx-y-2m=0$ までの距離が 3 であるとき，直線と円が接するから

$$\frac{|-3m-0-2m|}{\sqrt{m^2+(-1)^2}}=3 \text{ …… ①}$$

① の両辺を 2 乗して整理すると

$$16m^2=9$$

よって　$\boldsymbol{m=\pm\frac{3}{4}}$

問題 5　円の方程式を変形すると

$(x-3)^2+(y+4)^2=5^2$

よって，円の中心の座標は $(3,\ -4)$，半径は 5 である。

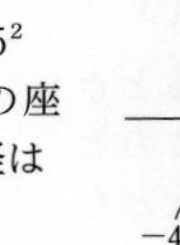

円の中心と直線 $4x+3y=30$ との距離は

$$\frac{|4\cdot 3+3(-4)-30|}{\sqrt{4^2+3^2}}=6$$

したがって，求める最小値は　$6-5=\mathbf{1}$

問題 6　(1)　点 P の座標を $(x,\ y)$ とする。

条件から

$$\frac{|x+y-1|}{\sqrt{2}}=2\cdot\frac{|x-y-2|}{\sqrt{2}}$$
$$|x+y-1|=2|x-y-2|$$
$$x+y-1=\pm 2(x-y-2)$$

よって　$x-3y-3=0$ …… ①，

$3x-y-5=0$ …… ②

したがって，点 P は，直線 ①，② 上にある。

逆に，直線 ①，② 上の任意の点 $\mathrm{P}(x,\ y)$ は，条件を満たす。

よって，求める軌跡は，

2 直線 $\boldsymbol{x-3y-3=0}$，$\boldsymbol{3x-y-5=0}$

である。

(2)　放物線 $y=x^2$ 上を動く点 Q の座標を $(a,\ a^2)$ とし，点 $\mathrm{A}(3,\ 5)$ とする。

線分 QA の中点 P の座標を $(x,\ y)$ とすると

$$x=\frac{a+3}{2},\quad y=\frac{a^2+5}{2}$$

$a=2x-3$ を $y=\frac{a^2+5}{2}$ に代入して整理すると

$$y=2x^2-6x+7 \text{ …… ①}$$

よって，中点 P は，放物線 ① 上にある。

逆に，放物線 ① 上の任意の点 $\mathrm{P}(x,\ y)$ は，条件を満たす。

したがって，求める軌跡は，

放物線 $\boldsymbol{y=2x^2-6x+7}$

である。

問題 7　不等式 $1<x^2+y^2<9$ は，次のように表される。

$$\begin{cases} x^2+y^2>1 \text{ …… ①} \\ x^2+y^2<9 \text{ …… ②} \end{cases}$$

① の表す領域は，円 $x^2+y^2=1^2$ の外部である。

② の表す領域は，円 $x^2+y^2=3^2$ の内部である。

よって，不等式の表す領域は，右の図の斜線部分である。

ただし，境界線を含まない。

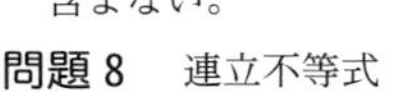

問題 8　連立不等式

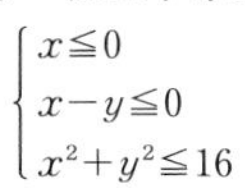

$$\begin{cases} x \leqq 0 \\ x-y \leqq 0 \\ x^2+y^2 \leqq 16 \end{cases}$$

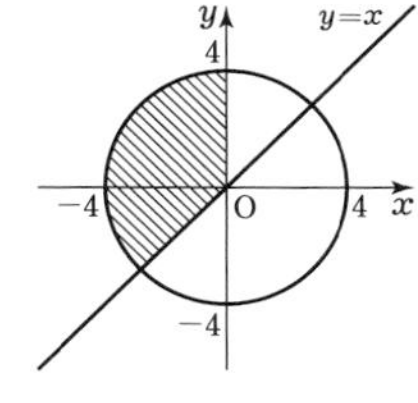

の表す領域は，右の図の斜線部分である。

ただし，境界線を含む。

これは，半径が 4，中心角が 135° のおうぎ形を表す。

よって　$\pi \times 4^2 \times \dfrac{135}{360} = \pi \times 16 \times \dfrac{3}{8} = \mathbf{6\pi}$

演習問題A　(本冊 $p.$ 177)

問題 1　点Pの座標を $(x,\ y)$ とすると，

Mの座標は

$$\left(\frac{x}{2},\ \frac{y+1}{2}\right)$$

Nの座標は

$$\left(\frac{x}{4},\ \frac{y+1}{4}\right)$$

Lの座標は

$$\left(\frac{x+4}{8},\ \frac{y+1}{8}\right)$$

となる。LとPが一致するから

$$\frac{x+4}{8}=x,\ \frac{y+1}{8}=y$$

よって　$x=\dfrac{4}{7},\ y=\dfrac{1}{7}$

このとき，Pは △ABC 内にある。

したがって，点Pの座標は　$\left(\mathbf{\dfrac{4}{7},\ \dfrac{1}{7}}\right)$

問題 2　直線 $3x+y-17=0$ の傾きは　-3

$a=0$ のとき，2 直線は平行でも垂直でもないから　$a \neq 0$

よって，直線 $x+ay-9=0$ の傾きは　$-\dfrac{1}{a}$

2 直線が平行であるとき

$-\dfrac{1}{a}=-3$ から　$\boldsymbol{a=\dfrac{1}{3}}$

また，垂直であるとき

$-\dfrac{1}{a}(-3)=-1$ から　$\boldsymbol{a=-3}$

問題 3　(1)　直線 OP の方程式は　$bx-ay=0$

点 $\mathrm{Q}(c,\ d)$ から直線 OP に引いた垂線を QH とすると

$$\mathrm{QH}=\frac{|bc-ad|}{\sqrt{b^2+(-a)^2}}=\boldsymbol{\frac{|ad-bc|}{\sqrt{a^2+b^2}}}$$

(2)　△OPQ の面積は

$$\frac{1}{2}\mathrm{OP}\cdot\mathrm{QH}$$
$$=\frac{1}{2}\cdot\sqrt{a^2+b^2}\cdot\frac{|ad-bc|}{\sqrt{a^2+b^2}}$$
$$=\frac{1}{2}|ad-bc|$$

問題 4　$\begin{cases} x+3y-7=0 & \cdots\cdots ① \\ x-3y-1=0 & \cdots\cdots ② \\ x-y+1=0 & \cdots\cdots ③ \end{cases}$

とおく。

2 直線 ①，② の交点の座標は　(4, 1)

2 直線 ②，③ の交点の座標は　(−2, −1)

2 直線 ③，① の交点の座標は　(1, 2)

ここで，外接円の方程式を

$$x^2+y^2+lx+my+n=0$$

とすると

$$\begin{cases} 4l+m+n+17=0 \\ 2l+m-n-5=0 \\ l+2m+n+5=0 \end{cases}$$

これを解くと　$l=-3,\ m=3,\ n=-8$

したがって，外接円の方程式は

$$\boldsymbol{x^2+y^2-3x+3y-8=0}$$

変形すると　$\left(x-\dfrac{3}{2}\right)^2+\left(y+\dfrac{3}{2}\right)^2=\dfrac{25}{2}$

よって，外接円の面積は　$\pi\cdot\dfrac{25}{2}=\boldsymbol{\dfrac{25}{2}\pi}$

問題 5　$x^2+y^2-4x-2y+3=0$ を変形すると

$$(x-2)^2+(y-1)^2=2$$

よって，Cの中心は点 $(2,\ 1)$，半径は $\sqrt{2}$ である。

また，$y=-x+k$ を変形すると　$x+y-k=0$

Cとℓが異なる 2 点で交わるとき，Cの中心 $(2,\ 1)$ とℓの距離が，Cの半径 $\sqrt{2}$ より小さいから　$\dfrac{|2+1-k|}{\sqrt{1^2+1^2}}<\sqrt{2}$

したがって　$|k-3|<2$

すなわち　$-2<k-3<2$

よって　$\boldsymbol{1<k<5}$

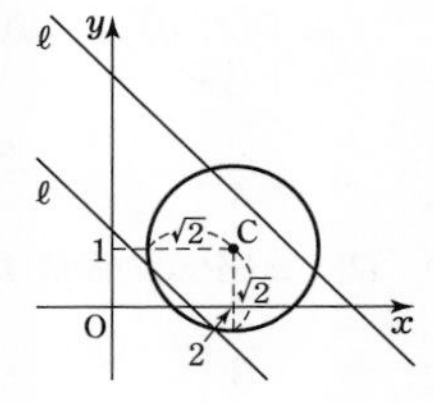

また，Cの中心を C，Cとℓの 2 つの交点を A，B，線分 AB の中点を M とする。三平方の定理により

$$\mathrm{CM}=\sqrt{\mathrm{AC}^2-\mathrm{AM}^2}=\sqrt{2-1}=1$$

よって　$\dfrac{|k-3|}{\sqrt{2}}=1$

$$|k-3|=\sqrt{2}$$

すなわち　$k-3=\pm\sqrt{2}$

したがって　$\boldsymbol{k=3\pm\sqrt{2}}$

問題 6　$x^2+y^2-4kx+(6k-2)y+14k^2-8k+1=0$ …… ①

方程式を変形すると

$$(x-2k)^2+\{y+(3k-1)\}^2=-k^2+2k$$

これが円を表すための条件は

$$-k^2+2k>0$$

これを解くと　$\boldsymbol{0<k<2}$

また，円 ① の中心の座標は

$$(2k,\ -3k+1)$$

$x=2k$，$y=-3k+1$ から，k を消去すると

$$y=-\frac{3}{2}x+1 \ \cdots\cdots \ ②$$

$0<k<2$ であるから　$0<x<4$

よって，円 ① の中心は，直線 ② の $0<x<4$ の部分にある。

逆に，この図形上の任意の点 $(x,\ y)$ は，条件を満たす。

したがって，求める軌跡は，

直線 $\boldsymbol{y=-\dfrac{3}{2}x+1}$ の $\boldsymbol{0<x<4}$ の部分

である。

問題 7　$x-3y+2=0$ …… ①

$x+y-2=0$ …… ②

$x-y+2=0$ …… ③　とする。

①，②，③ が表す直線について，

①，② の交点の座標は　$(1,\ 1)$

②，③ の交点の座標は　$(0,\ 2)$

③，① の交点の座標は　$(-2,\ 0)$

となる。

与えられた連立不等式から

$$[1]\ \begin{cases} x-3y+2>0 \\ x+y-2>0 \\ x-y+2<0 \end{cases}$$

または　$$[2]\ \begin{cases} x-3y+2>0 \\ x+y-2<0 \\ x-y+2>0 \end{cases}$$

[1] について，3 つの不等式を同時に満たす $(x,\ y)$ は存在しないから，[1] を表す領域は存在しない。

[2] について，3 つの不等式を同時に満たす $(x,\ y)$ が存在し，その領域を図示すると下の図のようになる。

よって，求める領域は，右の図の斜線部分である。

ただし，境界線を含まない。

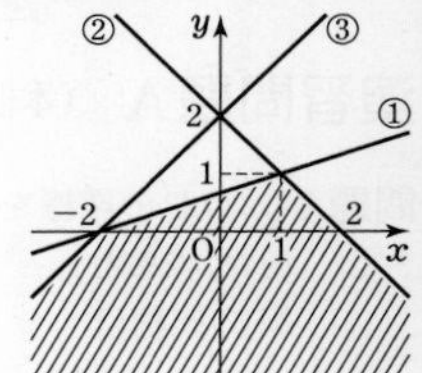

演習問題 B　(本冊 *p.* 178)

問題 8　3 直線を順に ①，②，③ とする。

求める条件は，3 直線が 1 点で交わるときと，2 直線が平行である (一致する場合も含む) ときである。

[1]　3 直線が 1 点で交わるとき

2 直線 ①，② の交点の座標は　$(-2,\ -1)$

直線 ③ がこの点を通るから

$$-2+k(-1)=k+2$$

よって　$k=-2$

[2]　直線 ① と ③ が平行であるとき

直線 ① の傾きは $\dfrac{3}{2}$ であるから，直線 ③ の傾きも　$\dfrac{3}{2}$

よって　$k=-\dfrac{2}{3}$

[3]　直線 ② と ③ が平行であるとき
直線 ② の傾きは -2 であるから，直線 ③ の傾きも　-2

よって　$k=\frac{1}{2}$

[4]　直線 ① と ② は平行でない。

以上から　$\boldsymbol{k=-2,\ -\frac{2}{3},\ \frac{1}{2}}$

問題 9　(1)　② を変形すると　$x=2y-5$
これを ① に代入すると
$(2y-5)^2+y^2-2(2y-5)-6y+5=0$
整理すると　$y^2-6y+8=0$ …… ③
③ の判別式を D とすると
$\frac{D}{4}=(-3)^2-1\cdot 8=1>0$
よって，③ は異なる 2 つの実数解をもつ。
② から，x も異なる 2 つの実数解をもつ。
したがって，円 ① と直線 ② は異なる 2 点で交わる。

(2)　k を定数として
$k(x^2+y^2-2x-6y+5)$
$+(x-2y+5)=0$ …… ④
とすると，④ は円 ① と直線 ② の交点を通る図形を表す。
④ が点 $(1,\ 4)$ を通るとすると
$k(1+16-2-24+5)+(1-8+5)=0$
これを解くと　$k=-\frac{1}{2}$
よって，④ は
$-\frac{1}{2}(x^2+y^2-2x-6y+5)+(x-2y+5)=0$
$x^2+y^2-4x-2y-5=0$
$(x-2)^2+(y-1)^2=10$
したがって，求める円の中心の座標は $\boldsymbol{(2,\ 1)}$，半径は $\boldsymbol{\sqrt{10}}$ である。

問題10　任意の定数 k に対して，方程式
$(x^2+y^2-4)+k(6x+2y+5)=0$ …… ①
は，円 $x^2+y^2=4$ と直線 $6x+2y+5=0$ の共有点を通る図形を表す。
① を変形すると
$(x+3k)^2+(y+k)^2=10k^2-5k+4$
よって，$10k^2-5k+4=3^2$ のとき ① は円 O を表し，その中心の座標は $(-3k,\ -k)$ である。
$10k^2-5k+4=3^2$ を解くと　$k=1,\ -\frac{1}{2}$
したがって，円 O の中心の座標は
$\boldsymbol{(-3,\ -1),\ \left(\frac{3}{2},\ \frac{1}{2}\right)}$

問題11　(1)　点 P，Q の x 座標をそれぞれ α，β とすると，α，β は，2 次方程式
$x^2=mx+1$ すなわち $x^2-mx-1=0$
の実数解である。
解と係数の関係から
$\alpha+\beta=m,\ \alpha\beta=-1$
このとき
$l^2=(\beta-\alpha)^2+\{(m\beta+1)-(m\alpha+1)\}^2$
$=\{(\alpha+\beta)^2-4\alpha\beta\}(m^2+1)$
$=(m^2+4)(m^2+1)$
したがって　$\boldsymbol{l=\sqrt{m^4+5m^2+4}}$

(2)　線分 PQ の中点の
x 座標は　$\frac{\alpha+\beta}{2}=\frac{m}{2}$，
y 座標は　$m\cdot\frac{m}{2}+1=\frac{m^2+2}{2}$
よって，求める円の方程式は
$\left(x-\frac{m}{2}\right)^2+\left(y-\frac{m^2+2}{2}\right)^2=\frac{1}{4}(m^4+5m^2+4)$
すなわち
$\boldsymbol{x^2+y^2-mx-(m^2+2)y=0}$

(3)　$x=y=0$ は，(2) で求めた方程式
$x^2+y^2-mx-(m^2+2)y=0$
を満たすから，この円は原点 O を通る。

問題12　円の中心を $\mathrm{C}(x,\ y)$ とする。
点 C と直線 $3x-4y+10=0$ の距離は，点 C の y 座標の絶対値に等しいから
$$\frac{|3x-4y+10|}{\sqrt{3^2+(-4)^2}}=|y|$$
$$3x-4y+10=\pm 5y$$
よって　$3x-9y+10=0$ …… ①，
$3x+y+10=0$ …… ②
直線 $3x-4y+10=0$ が x 軸と重なるとき，条件を満たす円が存在しないから
$$3x-4\cdot 0+10\neq 0$$
$$x\neq -\frac{10}{3}$$
したがって，円の中心 C は，直線 ①，② の点 $\left(-\frac{10}{3},\ 0\right)$ を除く部分にある。
逆に，この図形上の任意の点 $\mathrm{C}(x,\ y)$ は，条件を満たす。

よって，求める軌跡は

2 直線 $3x-9y+10=0$，$3x+y+10=0$

ただし，点 $\left(-\frac{10}{3},\ 0\right)$ を除く。

問題13　製品Aを x kg，製品Bを y kg 生産するのに必要な原料の量は

P：$5x+y$，Q：$x+2y$，R：$x+5y$

よって，条件から

$5x+y\geqq 10$，$x+2y\geqq 10$，$x+5y\geqq 15$，
$x\geqq 0$，$y\geqq 0$

すなわち

$y\geqq -5x+10$，$y\geqq -\frac{1}{2}x+5$，

$y\geqq -\frac{1}{5}x+3$，$x\geqq 0$，$y\geqq 0$

この連立不等式の表す領域Dは，図の影をつけた部分である。ただし，境界線を含む。

また，このときの費用は $(2x+3y)$ 百万円である。

$2x+3y=k$ とおくと　$y=-\frac{2}{3}x+\frac{k}{3}$

よって，領域Dを通る直線 $y=-\frac{2}{3}x+\frac{k}{3}$ の y 切片 $\frac{k}{3}$ が最小になるときの点 $(x,\ y)$ を求めればよい。

図から，直線

$y=-\frac{2}{3}x+\frac{k}{3}$

が，2 直線

$y=-5x+10$，

$y=-\frac{1}{2}x+5$

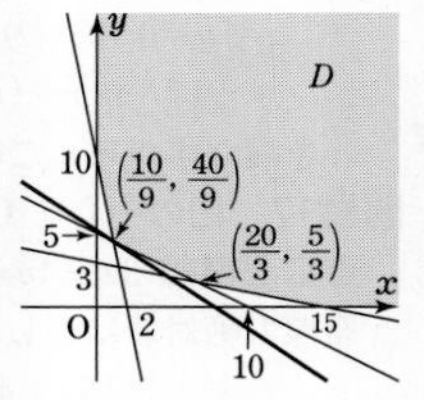

の交点 $\left(\frac{10}{9},\ \frac{40}{9}\right)$ を通るとき，$\frac{k}{3}$ の値は最小となる。

したがって，**A を $\frac{10}{9}$ kg，B を $\frac{40}{9}$ kg** 作ればよい。

第5章　三角比

1　三角比 （本冊 p. 180～183）

練習 1　(1)　$\sin\theta=\frac{5}{13}$, $\cos\theta=\frac{12}{13}$, $\tan\theta=\frac{5}{12}$

(2)　$\sin\theta=\frac{2}{\sqrt{13}}$, $\cos\theta=\frac{3}{\sqrt{13}}$, $\tan\theta=\frac{2}{3}$

(3)　残りの辺の長さを x とする。

三平方の定理により

$$x^2=(\sqrt{7})^2+3^2=16$$

$x>0$ であるから　　$x=4$

よって

$$\sin\theta=\frac{\sqrt{7}}{4},\ \cos\theta=\frac{3}{4},\ \tan\theta=\frac{\sqrt{7}}{3}$$

練習 2　本冊巻末の表から

(1)　$\sin 18°=\mathbf{0.3090}$

(2)　$\cos 41°=\mathbf{0.7547}$

(3)　$\tan 15°=\mathbf{0.2679}$

(4)　$\tan 83°=\mathbf{8.1443}$

(5)　$\sin\theta=0.9063$ であるような θ の値は **65°**

(6)　$\cos\theta=0.82$ について，$\cos 35°=0.8192$ であるから，θ の値は約 **35°**

(7)　$\tan\theta=0.6$ について，$\tan 31°=0.6009$ であるから，θ の値は約 **31°**

練習 3

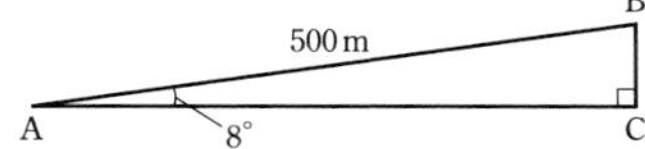

上の図において

$AC=500\cos 8°=500\times0.9903=495.15$

$BC=500\sin 8°=500\times0.1392=69.6$

よって，**水平方向に 495 m** 進み，

鉛直方向に 70 m 上ったことになる。

練習 4　右の図で

$$\begin{aligned}BC&=BE-CE\\&=BE-AD\\&=100-1.6\\&=98.4\end{aligned}$$

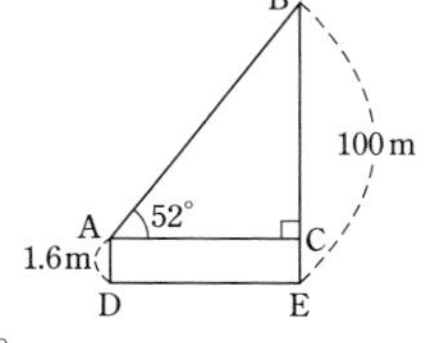

また

$\angle ABC=90°-52°=38°$

よって　$AC=BC\tan 38°=98.4\times0.7813$

$=76.87992$

したがって，求める距離は **76.9 m**

練習 5　(1)　直角三角形 OAH において

$AH=r\sin\theta$

Hは弦 AB の中点であるから

$AB=2AH=\boldsymbol{2r\sin\theta}$

また　$OH=\boldsymbol{r\cos\theta}$

(2)　(1)において，$r=10$，$\theta=36°$ の場合であるから

1辺の長さは

$2\times10\sin 36°=2\times10\times0.5878$

$=11.756$

垂線の長さは

$10\cos 36°=10\times0.8090$

$=8.09$

よって，**1辺の長さは 11.8,**

垂線の長さは 8.1

2　三角比の相互関係 （本冊 p. 184～186）

練習 6　$\sin^2\theta+\cos^2\theta=1$ から

$$\cos^2\theta=1-\sin^2\theta=1-\left(\frac{2}{5}\right)^2=\frac{21}{25}$$

θ が鋭角のとき，$\cos\theta>0$ であるから

$$\cos\theta=\sqrt{\frac{21}{25}}=\frac{\sqrt{21}}{5}$$

また　$\tan\theta=\frac{\sin\theta}{\cos\theta}=\frac{2}{5}\div\frac{\sqrt{21}}{5}=\boldsymbol{\frac{2}{\sqrt{21}}}$

練習 7　$1+\tan^2\theta=\frac{1}{\cos^2\theta}$ から

$$\cos^2\theta=\frac{1}{1+\tan^2\theta}=\frac{1}{1+3^2}=\frac{1}{10}$$

θ が鋭角のとき，$\cos\theta>0$ であるから

$$\cos\theta=\sqrt{\frac{1}{10}}=\frac{1}{\sqrt{10}}$$

また　$\sin\theta=\tan\theta\cos\theta$

$$=3\cdot\frac{1}{\sqrt{10}}=\frac{3}{\sqrt{10}}$$

練習 8　(1)　$\sin 49°=\sin(90°-41°)=\mathbf{\cos 41°}$

(2)　$\cos 65°=\cos(90°-25°)=\mathbf{\sin 25°}$

(3)　$\tan 77°=\tan(90°-13°)=\boldsymbol{\frac{1}{\tan 13°}}$

3　三角比の拡張 （本冊 $p.\,187$～194）

練習 9　(1)　点Pの座標は $(-1,\ 1)$ であるから

$$\sin 135^\circ = \frac{1}{\sqrt{2}},\quad \cos 135^\circ = -\frac{1}{\sqrt{2}},$$

$$\tan 135^\circ = -1$$

(2)　点Pの座標は $(-\sqrt{3},\ 1)$ であるから

$$\sin 150^\circ = \frac{1}{2},\quad \cos 150^\circ = -\frac{\sqrt{3}}{2},$$

$$\tan 150^\circ = -\frac{1}{\sqrt{3}}$$

練習10　(1)　$\sin 132^\circ = \sin(180^\circ - 48^\circ)$
$= \sin 48^\circ$
$= \mathbf{0.7431}$

(2)　$\cos 147^\circ = \cos(180^\circ - 33^\circ)$
$= -\cos 33^\circ$
$= \mathbf{-0.8387}$

(3)　$\tan 115^\circ = \tan(180^\circ - 65^\circ)$
$= -\tan 65^\circ$
$= \mathbf{-2.1445}$

練習11

(1)　半径1の半円と直線 $y = \dfrac{\sqrt{3}}{2}$ との交点をP，Qとすると，求める θ は，右の図の

$\angle$AOP と $\angle$AOQ

である。

よって　　$\boldsymbol{\theta = 60^\circ,\ 120^\circ}$

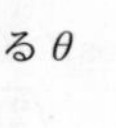

(2)　半径1の半円と直線 $x = -\dfrac{1}{2}$ との交点をPとすると，求める θ は，右の図の

$\angle$AOP

である。

よって　　$\boldsymbol{\theta = 120^\circ}$

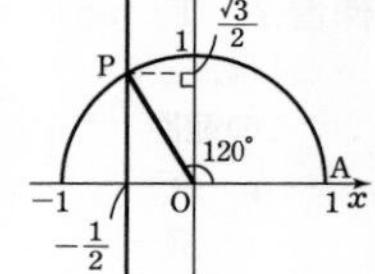

(3)　半径1の半円と直線 $y=0$ との交点は，右の図の点AとBである。

よって　　$\boldsymbol{\theta = 0^\circ,\ 180^\circ}$

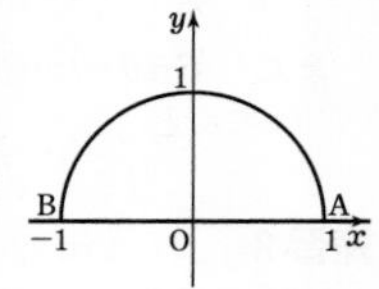

(4)　$2\cos\theta + \sqrt{3} = 0$ から　$\cos\theta = -\dfrac{\sqrt{3}}{2}$

半径1の半円と直線 $x = -\dfrac{\sqrt{3}}{2}$ との交点をPとすると，求める θ は，右の図の

$\angle$AOP

である。

よって　　$\boldsymbol{\theta = 150^\circ}$

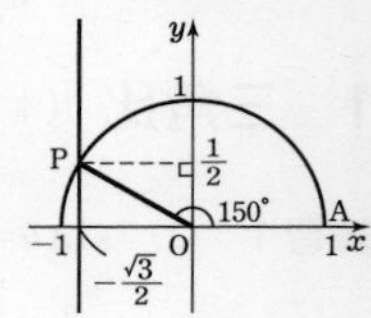

練習12

(1)　右の図のように，

点 T(1, 1)

をとり，半径1の半円と直線OTとの交点をPとすると，求める θ は

$\angle$AOP

である。

よって　　$\boldsymbol{\theta = 45^\circ}$

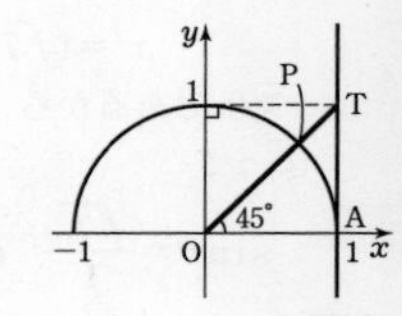

(2)　$\sqrt{3}\tan\theta + 1 = 0$ から　$\tan\theta = -\dfrac{1}{\sqrt{3}}$

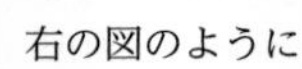

右の図のように

点 $\mathrm{T}\left(1,\ -\dfrac{1}{\sqrt{3}}\right)$

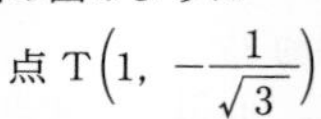

をとり，半径1の半円と直線OTとの交点をPとすると，求める θ は

$\angle$AOP

である。

よって　　$\boldsymbol{\theta = 150^\circ}$

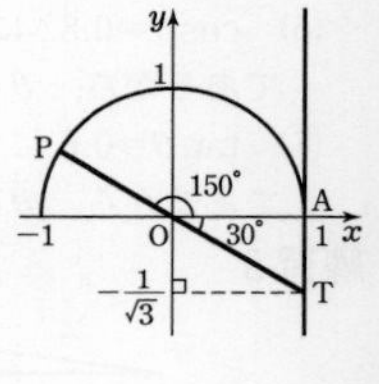

練習13　(1)　$\sin^2\theta + \cos^2\theta = 1$ から

$$\sin^2\theta = 1 - \cos^2\theta = 1 - \left(-\frac{1}{4}\right)^2 = \frac{15}{16}$$

$0^\circ \leqq \theta \leqq 180^\circ$ のとき，$\sin\theta \geqq 0$ であるから

$$\boldsymbol{\sin\theta = \sqrt{\frac{15}{16}} = \frac{\sqrt{15}}{4}}$$

$$\tan\theta = \frac{\sin\theta}{\cos\theta} = \frac{\sqrt{15}}{4} \div \left(-\frac{1}{4}\right) = \boldsymbol{-\sqrt{15}}$$

(2) $\sin^2\theta+\cos^2\theta=1$ から

$$\cos^2\theta=1-\sin^2\theta=1-\left(\frac{2}{3}\right)^2=\frac{5}{9}$$

$0^\circ\leqq\theta\leqq90^\circ$ のとき，$\cos\theta\geqq0$ であるから

$$\boldsymbol{\cos\theta}=\sqrt{\frac{5}{9}}=\boldsymbol{\frac{\sqrt{5}}{3}}$$

$$\boldsymbol{\tan\theta}=\frac{\sin\theta}{\cos\theta}=\frac{2}{3}\div\frac{\sqrt{5}}{3}$$

$$=\boldsymbol{\frac{2}{\sqrt{5}}}$$

$90^\circ<\theta\leqq180^\circ$ のとき，$\cos\theta<0$ であるから

$$\boldsymbol{\cos\theta}=-\sqrt{\frac{5}{9}}=\boldsymbol{-\frac{\sqrt{5}}{3}}$$

$$\boldsymbol{\tan\theta}=\frac{\sin\theta}{\cos\theta}=\frac{2}{3}\div\left(-\frac{\sqrt{5}}{3}\right)$$

$$=\boldsymbol{-\frac{2}{\sqrt{5}}}$$

(3) $1+\tan^2\theta=\frac{1}{\cos^2\theta}$ から

$$\cos^2\theta=\frac{1}{1+\tan^2\theta}=\frac{1}{1+(-2)^2}=\frac{1}{5}$$

$\tan\theta=-2<0$ であるから　$90^\circ<\theta\leqq180^\circ$

このとき　$\cos\theta<0$

よって　$\boldsymbol{\cos\theta}=-\sqrt{\frac{1}{5}}=\boldsymbol{-\frac{1}{\sqrt{5}}}$

また　$\boldsymbol{\sin\theta}=\tan\theta\cos\theta$

$$=(-2)\cdot\left(-\frac{1}{\sqrt{5}}\right)$$

$$=\boldsymbol{\frac{2}{\sqrt{5}}}$$

(4) $1+\tan^2\theta=\frac{1}{\cos^2\theta}$ から

$$\cos^2\theta=\frac{1}{1+\tan^2\theta}=\frac{1}{1+(-\sqrt{2})^2}=\frac{1}{3}$$

$\tan\theta=-\sqrt{2}<0$ であるから　$90^\circ<\theta\leqq180^\circ$

このとき　$\cos\theta<0$

よって　$\boldsymbol{\cos\theta}=-\sqrt{\frac{1}{3}}=\boldsymbol{-\frac{1}{\sqrt{3}}}$

また　$\boldsymbol{\sin\theta}=\tan\theta\cos\theta$

$$=(-\sqrt{2})\cdot\left(-\frac{1}{\sqrt{3}}\right)$$

$$=\boldsymbol{\frac{\sqrt{6}}{3}}$$

練習14 (1) $\tan\theta=-1$ から　$\boldsymbol{\theta=135^\circ}$

(2) $\tan\theta=\frac{1}{\sqrt{3}}$ から　$\boldsymbol{\theta=30^\circ}$

4　三角形と正弦定理，余弦定理 （本冊 p. 195～206）

練習15 (1) △ABC において

$$C=180^\circ-(45^\circ+15^\circ)=120^\circ$$

であるから，正弦定理により

$$\frac{2\sqrt{3}}{\sin45^\circ}=\frac{c}{\sin120^\circ}$$

よって

$$\boldsymbol{c}=\frac{2\sqrt{3}}{\sin45^\circ}\cdot\sin120^\circ$$

$$=2\sqrt{3}\div\frac{1}{\sqrt{2}}\cdot\frac{\sqrt{3}}{2}=\boldsymbol{3\sqrt{2}}$$

また，$\frac{2\sqrt{3}}{\sin45^\circ}=2R$ であるから

$$\boldsymbol{R}=\frac{1}{2}\cdot\frac{2\sqrt{3}}{\sin45^\circ}=\boldsymbol{\sqrt{6}}$$

(2) 正弦定理により，$\frac{1}{\sin30^\circ}=2R$

であるから　$\boldsymbol{R}=\frac{1}{2}\cdot\frac{1}{\sin30^\circ}=\boldsymbol{1}$

また，$\frac{\sqrt{2}}{\sin A}=2R$ であるから

$$\sin A=\frac{\sqrt{2}}{2R}=\frac{\sqrt{2}}{2}\ \cdots\cdots\ ①$$

A は，三角形の角であり，$B=30^\circ$ であるから

$$0^\circ<A<150^\circ$$

この範囲で ① を解くと　$\boldsymbol{A=45^\circ,\ 135^\circ}$

(3) $a=R$ のとき，正弦定理により

$$\frac{a}{\sin A}=2a$$

よって　$\sin A=\frac{a}{2a}=\frac{1}{2}\ \cdots\cdots\ ①$

A は，三角形の角であるから　$0^\circ<A<180^\circ$

この範囲で ① を解くと　$\boldsymbol{A=30^\circ,\ 150^\circ}$

練習16 余弦定理により

$$b^2=3^2+5^2-2\cdot3\cdot5\cos120^\circ$$

$$=9+25+15=49$$

$b>0$ であるから　$\boldsymbol{b=7}$

練習17 余弦定理により

$$7^2=8^2+c^2-2\cdot8\cdot c\cos60^\circ$$

整理すると　$c^2-8c+15=0$

$$(c-3)(c-5)=0$$

よって　$\boldsymbol{c=3,\ 5}$

練習18 余弦定理により

$$\cos A=\frac{5^2+8^2-7^2}{2\cdot5\cdot8}=\frac{1}{2}$$

$0^\circ<A<180^\circ$ であるから　$\boldsymbol{A=60^\circ}$

練習19 (1) $6^2>4^2+3^2$ から　$A>90°$

よって　**鈍角三角形**

(2) $8^2<6^2+7^2$ から　$C<90°$

Cが最大の角であるから　**鋭角三角形**

練習20 (1) 余弦定理により

$$\cos A=\frac{(\sqrt{2})^2+(1+\sqrt{3})^2-2^2}{2\cdot\sqrt{2}(1+\sqrt{3})}=\frac{1}{\sqrt{2}}$$

よって　$\boldsymbol{A=45°}$

正弦定理により　$\dfrac{2}{\sin 45°}=\dfrac{\sqrt{2}}{\sin B}$

したがって　$\sin B=\dfrac{1}{2}$

$A=45°$ より $0°<B<135°$ であるから

$\boldsymbol{B=30°}$

よって　$C=180°-(45°+30°)=\boldsymbol{105°}$

(2) 余弦定理により

$$a^2=4^2+\{2(1+\sqrt{3})\}^2$$
$$-2\cdot4\cdot2(1+\sqrt{3})\cos 60°$$
$$=24$$

$a>0$ であるから　$\boldsymbol{a=2\sqrt{6}}$

正弦定理により　$\dfrac{2\sqrt{6}}{\sin 60°}=\dfrac{4}{\sin B}$

したがって　$\sin B=\dfrac{1}{\sqrt{2}}$

$A=60°$ より $0°<B<120°$ であるから

$\boldsymbol{B=45°}$

よって　$C=180°-(60°+45°)=\boldsymbol{75°}$

練習21 (1) 正弦定理により　$\dfrac{1}{\sin B}=\dfrac{\sqrt{3}}{\sin 60°}$

したがって　$\sin B=\dfrac{1}{2}$

$C=60°$ より $0°<B<120°$ であるから

$\boldsymbol{B=30°}$

したがって

$A=180°-(30°+60°)=\boldsymbol{90°}$

よって　$a=\dfrac{\sqrt{3}}{\sin 60°}=\boldsymbol{2}$

(2) 正弦定理により　$\dfrac{\sqrt{6}}{\sin A}=\dfrac{2}{\sin 45°}$

したがって　$\sin A=\dfrac{\sqrt{3}}{2}$

よって　$A=60°$　または　$A=120°$

[1] $\boldsymbol{A=60°}$ のとき

$C=180°-(60°+45°)=\boldsymbol{75°}$

正弦定理により

$$c=\frac{2}{\sin 45°}\times\sin 75°$$
$$=2\sqrt{2}\times\frac{\sqrt{6}+\sqrt{2}}{4}$$
$$=\boldsymbol{\sqrt{3}+1}$$

[2] $\boldsymbol{A=120°}$ のとき

$C=180°-(120°+45°)=\boldsymbol{15°}$

正弦定理により

$$c=\frac{2}{\sin 45°}\times\sin 15°$$
$$=2\sqrt{2}\times\frac{\sqrt{6}-\sqrt{2}}{4}$$
$$=\boldsymbol{\sqrt{3}-1}$$

練習22 最も小さい辺は a であるから，最も小さい角はAである。

よって　$\cos A=\dfrac{(5k)^2+(7k)^2-(3k)^2}{2\cdot5k\cdot7k}=\boldsymbol{\dfrac{13}{14}}$

練習23 (1) 余弦定理により

$$\cos B=\frac{c^2+a^2-b^2}{2ca},\ \cos A=\frac{b^2+c^2-a^2}{2bc}$$

これらを与えられた関係式に代入すると

$$a\cdot\frac{c^2+a^2-b^2}{2ca}-b\cdot\frac{b^2+c^2-a^2}{2bc}=c$$

両辺に $2c$ を掛けて

$$c^2+a^2-b^2-(b^2+c^2-a^2)=2c^2$$

よって　$a^2=b^2+c^2$

したがって，△ABC は，**$\boldsymbol{A=90°}$ の直角三角形である。**

(2) △ABC の外接円の半径をRとすると，正弦定理により

$$\sin A=\frac{a}{2R},\ \sin C=\frac{c}{2R}$$

また，余弦定理により　$\cos B=\dfrac{c^2+a^2-b^2}{2ca}$

これらを与えられた関係式に代入すると

$$\frac{a}{2R}=2\cdot\frac{c^2+a^2-b^2}{2ca}\cdot\frac{c}{2R}$$

両辺に $2aR$ を掛けて

$$a^2=c^2+a^2-b^2$$

したがって　$b^2-c^2=0$

$$(b+c)(b-c)=0$$

b，c は正の数であるから　$b=c$

よって，△ABC は，**$\boldsymbol{b=c}$ である二等辺三角形である。**

練習24 (1) △ABC の外接円の半径を R とすると，正弦定理により

$$\sin A=\frac{a}{2R},\ \sin B=\frac{b}{2R},\ \sin C=\frac{c}{2R}$$

よって　$(\text{左辺})=c(\sin^2 A+\sin^2 B)$

$$=c\left\{\left(\frac{a}{2R}\right)^2+\left(\frac{b}{2R}\right)^2\right\}$$

$$=\frac{c(a^2+b^2)}{4R^2}$$

$(\text{右辺})=\sin C(a\sin A+b\sin B)$

$$=\frac{c}{2R}\left(a\cdot\frac{a}{2R}+b\cdot\frac{b}{2R}\right)$$

$$=\frac{c(a^2+b^2)}{4R^2}$$

したがって　(左辺)=(右辺)

(2) 余弦定理により

$$\cos C=\frac{a^2+b^2-c^2}{2ab},\ \cos B=\frac{c^2+a^2-b^2}{2ca}$$

よって

$(\text{左辺})=a(b\cos C-c\cos B)$

$$=a\left(b\cdot\frac{a^2+b^2-c^2}{2ab}-c\cdot\frac{c^2+a^2-b^2}{2ca}\right)$$

$$=\frac{a^2+b^2-c^2}{2}-\frac{c^2+a^2-b^2}{2}$$

$=b^2-c^2=(\text{右辺})$

問題25 (1) AE=1

$$\text{GA}=\sqrt{1^2+1^2+1^2}=\sqrt{3}$$

△GAE において，∠AEG=90° であるから

$$\cos\angle\text{GAE}=\frac{\text{AE}}{\text{GA}}=\boldsymbol{\frac{1}{\sqrt{3}}}$$

(2) △AEP において，余弦定理により

$$\text{EP}^2=\text{AP}^2+\text{AE}^2-2\text{AP}\cdot\text{AE}\cos\angle\text{PAE}$$

$$=x^2+1^2-2\cdot x\cdot 1\cdot\frac{1}{\sqrt{3}}$$

$$=\boldsymbol{x^2-\frac{2}{\sqrt{3}}x+1}$$

(3) EP>0 であるから，EP^2 が最小となるとき，EP も最小となる。

$0\leqq x\leqq\sqrt{3}$ で　$\text{EP}^2=\left(x-\frac{1}{\sqrt{3}}\right)^2+\frac{2}{3}$

であるから，$x=\frac{1}{\sqrt{3}}$ のとき，EP^2 は最小値 $\frac{2}{3}$ をとる。

したがって，線分 EP の長さを最小にする x の値は　$x=\boldsymbol{\frac{1}{\sqrt{3}}}$

練習26 △ABH において

$$\angle\text{AHB}=180°-(15°+135°)=30°$$

であるから，正弦定理により

$$\frac{\text{AH}}{\sin 135°}=\frac{40}{\sin 30°}$$

よって　$\text{AH}=\frac{40}{\sin 30°}\cdot\sin 135°=40\sqrt{2}$

△PAH は ∠PHA=90° の直角三角形であるから

$$\text{PH}=\text{AH}\tan 60°=40\sqrt{2}\cdot\sqrt{3}$$

$$=\boldsymbol{40\sqrt{6}}\ \textbf{(m)}$$

5 三角形の面積 (本冊 *p.* 207～213)

練習27 △ABC の面積を S とする。

(1) $S=\frac{1}{2}\cdot 7\cdot 8\sin 30°=\boldsymbol{14}$

(2) $S=\frac{1}{2}\cdot 4\cdot 6\sin 135°=\boldsymbol{6\sqrt{2}}$

(3) 正三角形の内角はすべて 60° であるから

$S=\frac{1}{2}\cdot 4\cdot 4\sin 60°=\boldsymbol{4\sqrt{3}}$

練習28 余弦定理により　$\cos A=\frac{3^2+4^2-2^2}{2\cdot 3\cdot 4}=\frac{7}{8}$

$0°<A<180°$ であるから　$\sin A>0$

よって　$\sin A=\sqrt{1-\cos^2 A}=\sqrt{1-\left(\frac{7}{8}\right)^2}=\frac{\sqrt{15}}{8}$

したがって，△ABC の面積は

$$\frac{1}{2}\cdot 3\cdot 4\cdot\frac{\sqrt{15}}{8}=\boldsymbol{\frac{3\sqrt{15}}{4}}$$

練習29 求める図形の面積を S とする。

(1) $s=\frac{5+9+10}{2}=12$ であるから

$S=\sqrt{12(12-5)(12-9)(12-10)}=\boldsymbol{6\sqrt{14}}$

(2) $S=\triangle\text{ABD}+\triangle\text{BCD}$，$\triangle\text{ABD}=\triangle\text{BCD}$ であるから　$S=2\triangle\text{ABD}$

$s=\frac{7+10+13}{2}=15$ であるから，△ABD の面積は　$\sqrt{15(15-7)(15-10)(15-13)}=20\sqrt{3}$

よって　$S=2\times 20\sqrt{3}=\boldsymbol{40\sqrt{3}}$

練習30 (1) $\triangle$ABD において，余弦定理により

$BD^2=5^2+8^2-2\cdot5\cdot8\cos A$

$=89-80\cos A$

$\triangle$BCD において，余弦定理により

$BD^2=5^2+3^2-2\cdot5\cdot3\cos(180^\circ-A)$

$=34+30\cos A$ …… ①

よって　$89-80\cos A=34+30\cos A$

したがって　$\cos A=\boldsymbol{\frac{1}{2}}$

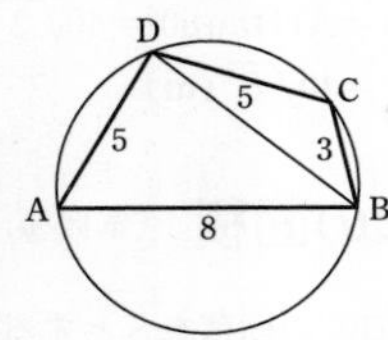

(2) ① より　　$BD^2=34+30\cdot\frac{1}{2}=49$

よって　BD$=\mathbf{7}$

(3) $\cos A=\frac{1}{2}$ から　$A=60^\circ$

四角形 ABCD は円に内接しているから

$C=180^\circ-60^\circ=120^\circ$

よって，四角形 ABCD の面積は

$\triangle ABD+\triangle BCD$

$=\frac{1}{2}\cdot5\cdot8\cdot\sin60^\circ+\frac{1}{2}\cdot5\cdot3\cdot\sin120^\circ$

$=\boldsymbol{\frac{55\sqrt{3}}{4}}$

練習31 (1) $\triangle$ABC において，余弦定理により

$AC^2=6^2+3^2-2\cdot6\cdot3\cos120^\circ=63$

よって　AC$=\mathbf{3\sqrt{7}}$

(2) 四角形 ABCD は円に内接しているから

$\angle ADC=180^\circ-120^\circ=60^\circ$

AD$=x$ とおく。

$\triangle$ACD において，余弦定理により

$(3\sqrt{7})^2=3^2+x^2-2\cdot3\cdot x\cos60^\circ$

$x^2-3x-54=0$

$(x-9)(x+6)=0$

$x>0$ であるから

$x=9$

すなわち

AD$=\mathbf{9}$

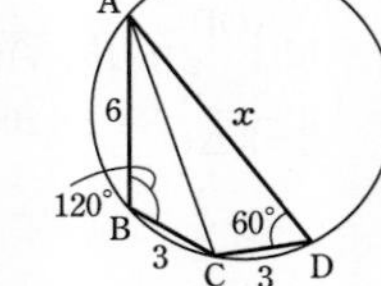

(3) 四角形 ABCD の面積は

$\triangle ABC+\triangle ACD$

$=\frac{1}{2}\cdot6\cdot3\sin120^\circ+\frac{1}{2}\cdot3\cdot9\sin60^\circ=\boldsymbol{\frac{45\sqrt{3}}{4}}$

練習32 (1) 平行四辺形 AECD において

AE$=6$，EC$=6$

このとき

BE$=$BC$-$EC$=3$

$\triangle$ABE において

$\cos B=\frac{7^2+3^2-6^2}{2\cdot7\cdot3}=\frac{11}{21}$

$0^\circ<B<180^\circ$ であるから　$\sin B>0$

したがって

$\sin B=\sqrt{1-\left(\frac{11}{21}\right)^2}=\boldsymbol{\frac{8\sqrt{5}}{21}}$

(2) 　　$\boldsymbol{h}=7\sin B=\boldsymbol{\frac{8\sqrt{5}}{3}}$

よって　$\boldsymbol{S}=\frac{1}{2}(6+9)\cdot\frac{8\sqrt{5}}{3}=\mathbf{20\sqrt{5}}$

練習33 $\triangle ABC=\triangle ABD+\triangle ACD$ であるから

$\frac{1}{2}\cdot4\cdot7\sin120^\circ=\frac{1}{2}\cdot4\cdot AD\sin60^\circ+\frac{1}{2}\cdot7\cdot AD\sin60^\circ$

$7\sqrt{3}=\sqrt{3}\,AD+\frac{7\sqrt{3}}{4}AD$

よって　　AD$=\boldsymbol{\frac{28}{11}}$

練習34 余弦定理により

$\cos A=\frac{5^2+6^2-4^2}{2\cdot5\cdot6}=\frac{3}{4}$

$\sin A>0$ であるから

$\sin A=\sqrt{1-\left(\frac{3}{4}\right)^2}=\frac{\sqrt{7}}{4}$

$\triangle$ABC の面積を S とすると

$S=\frac{1}{2}\cdot5\cdot6\cdot\frac{\sqrt{7}}{4}=\frac{15\sqrt{7}}{4}$

また　$S=\frac{1}{2}(4+5+6)r=\frac{15}{2}r$

よって，$\frac{15}{2}r=\frac{15\sqrt{7}}{4}$ から　$\boldsymbol{r=\frac{\sqrt{7}}{2}}$

練習35 三平方の定理により

$DE^2=AE^2+AD^2=3^2+4^2=25$

$EG^2=EF^2+FG^2=6^2+4^2=52$

$GD^2=CG^2+CD^2=3^2+6^2=45$

よって，$\triangle$DEG において，余弦定理により

$\cos\angle DEG=\frac{25+52-45}{2\cdot\sqrt{25}\cdot\sqrt{52}}$

$=\frac{32}{2\cdot5\cdot2\sqrt{13}}=\frac{8}{5\sqrt{13}}$

$0^\circ<\angle DEG<180^\circ$ であるから　$\sin\angle DEG>0$

$$\tan\left(\frac{\pi}{2}-\theta\right)=\frac{\sin\left(\frac{\pi}{2}-\theta\right)}{\cos\left(\frac{\pi}{2}-\theta\right)}$$

$$=\frac{\cos\theta}{\sin\theta}=\frac{1}{\tan\theta}$$

別解 $\tan\left(\frac{\pi}{2}-\theta\right)=\tan\left\{(-\theta)+\frac{\pi}{2}\right\}$

$$=-\frac{1}{\tan(-\theta)}=-\frac{1}{-\tan\theta}$$

$$=\frac{1}{\tan\theta}$$

練習15 (1) $\sin\frac{15}{4}\pi=\sin\left(\frac{7}{4}\pi+2\pi\right)$

$$=\sin\frac{7}{4}\pi=\sin\left(\frac{3}{4}\pi+\pi\right)$$

$$=-\sin\frac{3}{4}\pi=-\sin\left(\pi-\frac{\pi}{4}\right)$$

$$=\boldsymbol{-\sin\frac{\pi}{4}=-\frac{1}{\sqrt{2}}}$$

別解 $\sin\frac{15}{4}\pi=\sin\left(-\frac{\pi}{4}+4\pi\right)$

$$=\sin\left(-\frac{\pi}{4}\right)=\boldsymbol{-\sin\frac{\pi}{4}}$$

$$=\boldsymbol{-\frac{1}{\sqrt{2}}}$$

(2) $\cos\frac{19}{6}\pi=\cos\left(\frac{7}{6}\pi+2\pi\right)$

$$=\cos\frac{7}{6}\pi=\cos\left(\frac{\pi}{6}+\pi\right)$$

$$=\boldsymbol{-\cos\frac{\pi}{6}=-\frac{\sqrt{3}}{2}}$$

(3) $\tan\left(-\frac{20}{3}\pi\right)=-\tan\frac{20}{3}\pi$

$$=-\tan\left(\frac{2}{3}\pi+6\pi\right)$$

$$=-\tan\frac{2}{3}\pi=-\tan\left(\pi-\frac{\pi}{3}\right)$$

$$=-\left(-\tan\frac{\pi}{3}\right)=\boldsymbol{\tan\frac{\pi}{3}=\sqrt{3}}$$

練習16 $\tan(\pi+\theta)\sin\left(\frac{\pi}{2}+\theta\right)$

$$+\cos(\pi+\theta)\tan(\pi-\theta)$$

$$=\tan\theta\cos\theta-\cos\theta\cdot(-\tan\theta)$$

$$=\tan\theta\cos\theta+\tan\theta\cos\theta$$

$$=2\tan\theta\cos\theta$$

$$=2\cdot\frac{\sin\theta}{\cos\theta}\cdot\cos\theta$$

$$=\boldsymbol{2\sin\theta}$$

4　三角関数のグラフ　（本冊 $p.$ 230～236）

練習17 (ア) $f(x)=-x^2$ とおくと

$f(-x)=-(-x)^2=-x^2=f(x)$

(イ) $f(x)=x^2+3$ とおくと

$f(-x)=(-x)^2+3=x^2+3=f(x)$

(ウ) $f(x)=x^2+2x+3$ とおくと

$f(-x)=(-x)^2+2\cdot(-x)+3$

$=x^2-2x+3$

(エ) $f(x)=x^3$ とおくと

$f(-x)=(-x)^3=-x^3=-f(x)$

(オ) $f(x)=-x^3+2x$ とおくと

$f(-x)=-(-x)^3+2\cdot(-x)=x^3-2x$

$=-(-x^3+2x)$

$=-f(x)$

(カ) $f(\theta)=-\cos\theta$ とおくと

$f(-\theta)=-\cos(-\theta)=-\cos\theta=f(\theta)$

よって，**奇関数は (エ)，(オ)**

偶関数は (ア)，(イ)，(カ)

練習18 (1) $y=\frac{1}{2}\sin\theta$ のグラフは，$y=\sin\theta$ のグラフを，θ 軸をもとにして y 軸方向に $\frac{1}{2}$ 倍に縮小したもので，次の図のようになる。周期は $\boldsymbol{2\pi}$ である。

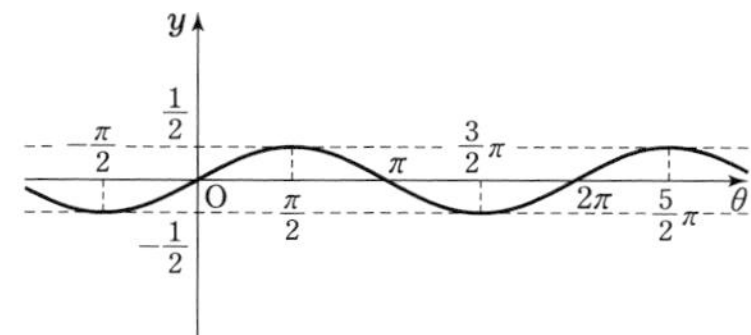

(2) $y=3\cos\theta$ のグラフは，$y=\cos\theta$ のグラフを，θ 軸をもとにして y 軸方向に 3 倍に拡大したもので，次の図のようになる。周期は $\boldsymbol{2\pi}$ である。

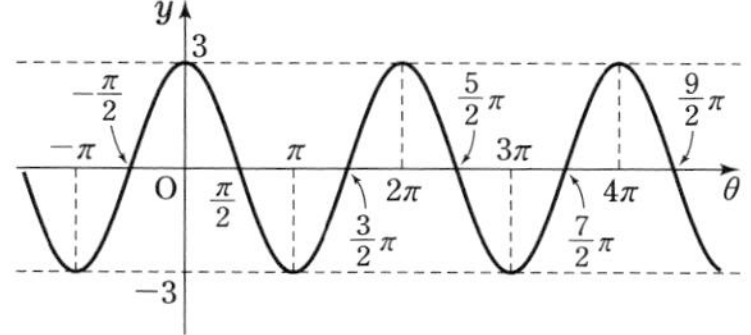

練習19 (1) $y=\sin\left(\theta+\dfrac{\pi}{6}\right)$ のグラフは，

$y=\sin\theta$ のグラフを θ 軸方向に $-\dfrac{\pi}{6}$ だけ平行移動したもので，次の図のようになる。周期は $\boldsymbol{2\pi}$ である。

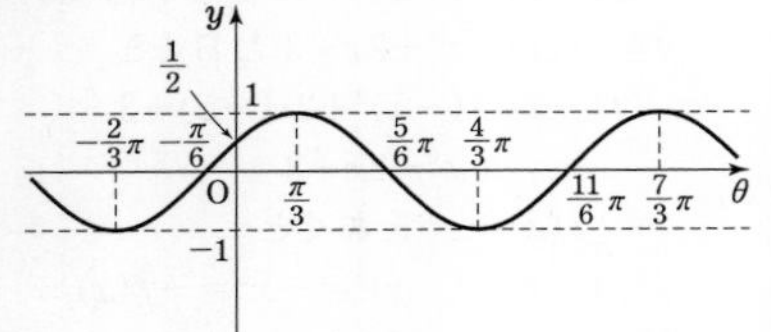

(2) $y=\cos\left(\theta-\dfrac{\pi}{4}\right)$ のグラフは，$y=\cos\theta$ のグラフを θ 軸方向に $\dfrac{\pi}{4}$ だけ平行移動したもので，次の図のようになる。周期は $\boldsymbol{2\pi}$ である。

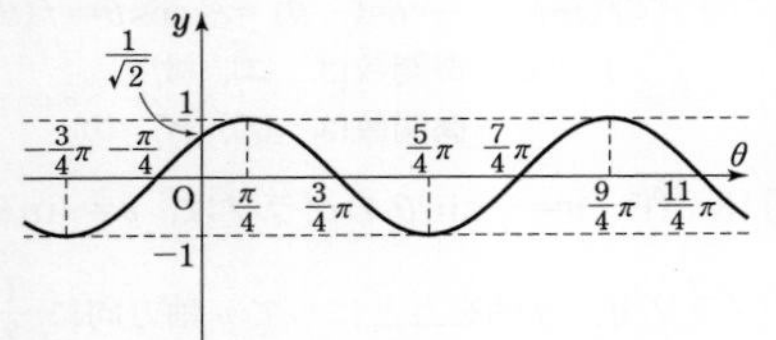

練習20 (1) $y=\sin3\theta$ のグラフは，$y=\sin\theta$ のグラフを，y 軸をもとにして θ 軸方向に $\dfrac{1}{3}$ 倍に縮小したもので，次の図のようになる。周期は，$y=\sin\theta$ の周期の $\dfrac{1}{3}$ 倍，すなわち

$\boldsymbol{\dfrac{2}{3}\pi}$ である。

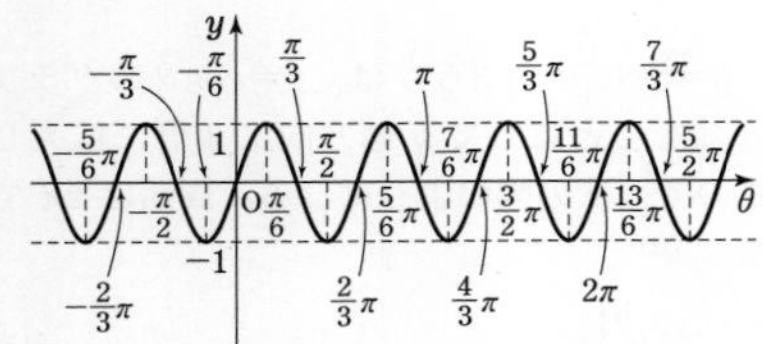

(2) $y=\cos\dfrac{\theta}{2}$ のグラフは，$y=\cos\theta$ のグラフを，y 軸をもとにして θ 軸方向に 2 倍に拡大したもので，次の図のようになる。周期は，

$y=\cos\theta$ の周期の 2 倍，すなわち $\boldsymbol{4\pi}$ である。

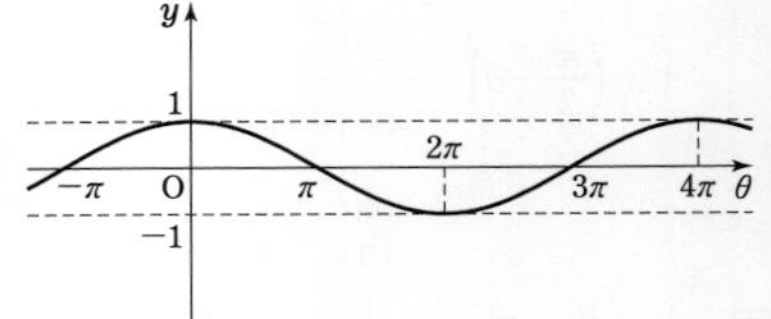

(3) $y=\tan2\theta$ のグラフは，$y=\tan\theta$ のグラフを，y 軸をもとにして θ 軸方向に $\dfrac{1}{2}$ 倍に縮小したもので，次の図のようになる。周期は，

$y=\tan\theta$ の周期の $\dfrac{1}{2}$ 倍，すなわち $\boldsymbol{\dfrac{\pi}{2}}$ である。

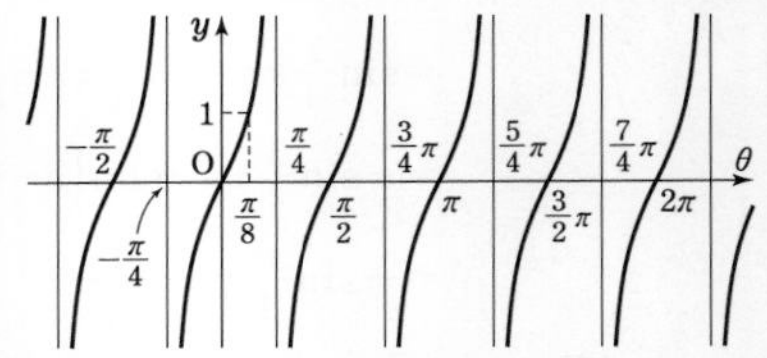

練習21 関数 $y=\cos\left(\dfrac{\theta}{2}-\dfrac{\pi}{6}\right)$ のグラフは，

$y=\cos\dfrac{\theta}{2}$ のグラフを θ 軸方向に $\dfrac{\pi}{3}$ だけ平行移動したもので，次の図のようになる。周期は，

$y=\cos\theta$ の周期の 2 倍，すなわち $\boldsymbol{4\pi}$ である。

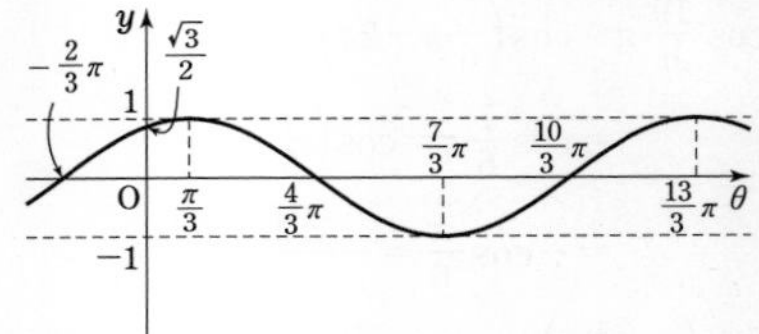

5　三角関数の応用 (本冊 $p.$ 237～239)

練習22 方程式を変形すると　$\cos\theta=-\dfrac{1}{\sqrt{2}}$

単位円と直線 $x=-\dfrac{1}{\sqrt{2}}$ との交点を P，Q とすると，求める θ の値は，動径 OP，OQ の表す角である。

$-\pi\leqq\theta<\pi$ であるから　$\boldsymbol{\theta=-\dfrac{3}{4}\pi,\ \dfrac{3}{4}\pi}$

練習23　単位円を利用する。
また，n は整数とする。

(1)　方程式を変形すると　$\sin\theta=\dfrac{1}{\sqrt{2}}$

右の図から

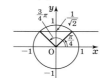

$\theta=\boldsymbol{\dfrac{\pi}{4},\ \dfrac{3}{4}\pi}$

一般角のときは

$\theta=\boldsymbol{\dfrac{\pi}{4}+2n\pi,}$

$\quad\boldsymbol{\dfrac{3}{4}\pi+2n\pi}$

(2)　方程式を変形すると　$\cos\theta=\dfrac{1}{2}$

右の図から

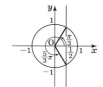

$\theta=\boldsymbol{\dfrac{\pi}{3},\ \dfrac{5}{3}\pi}$

一般角のときは

$\theta=\boldsymbol{\dfrac{\pi}{3}+2n\pi,}$

$\quad\boldsymbol{\dfrac{5}{3}\pi+2n\pi}$

参考　一般角は，

$\theta=\pm\dfrac{\pi}{3}+2n\pi$

と表すこともできる。

(3)　方程式を変形すると　$\sin\theta=-\dfrac{\sqrt{3}}{2}$

右の図から

$\theta=\boldsymbol{\dfrac{4}{3}\pi,\ \dfrac{5}{3}\pi}$

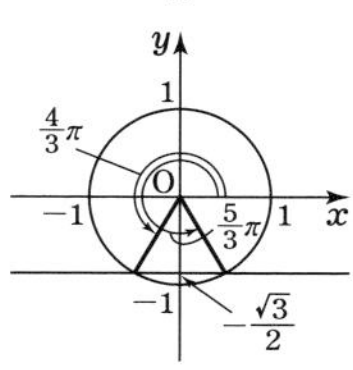

一般角のときは

$\theta=\boldsymbol{\dfrac{4}{3}\pi+2n\pi,}$

$\quad\boldsymbol{\dfrac{5}{3}\pi+2n\pi}$

練習24　単位円と直線 $x=1$ 上の点を利用する。
また，n は整数とする。

(1)　方程式を変形すると　$\tan\theta=\sqrt{3}$

T$(1,\ \sqrt{3})$ をとり，
直線 OT を引くと，
右の図から

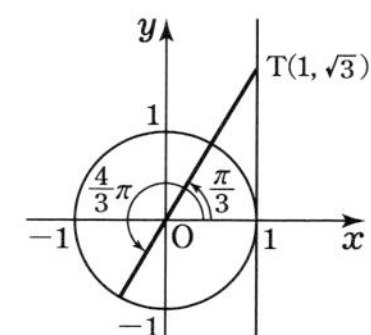

$\theta=\boldsymbol{\dfrac{\pi}{3},\ \dfrac{4}{3}\pi}$

一般角のときは

$\theta=\boldsymbol{\dfrac{\pi}{3}+n\pi}$

(2)　方程式を変形すると　$\tan\theta=-1$

T$(1,\ -1)$ をとり，
直線 OT を引くと，
右の図から

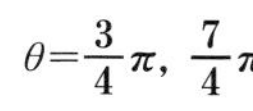

$\theta=\boldsymbol{\dfrac{3}{4}\pi,\ \dfrac{7}{4}\pi}$

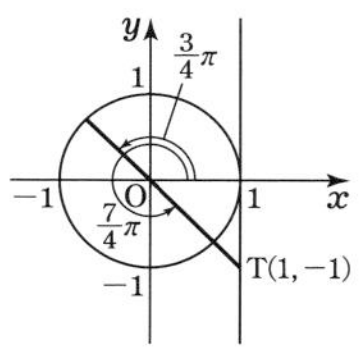

一般角のときは

$\theta=\boldsymbol{\dfrac{3}{4}\pi+n\pi}$

練習25　単位円を利用する。

(1)　$0\leqq\theta<2\pi$ において，

$\sin\theta=\dfrac{\sqrt{3}}{2}$

となる θ の値は

$\theta=\dfrac{\pi}{3},\ \dfrac{2}{3}\pi$

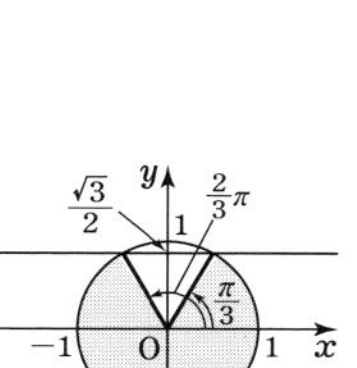

よって，右の図から，
不等式の解は

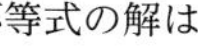

$\boldsymbol{0\leqq\theta<\dfrac{\pi}{3},\ \dfrac{2}{3}\pi<\theta<2\pi}$

(2)　不等式を変形すると　$\cos\theta\geqq-\dfrac{1}{\sqrt{2}}$

$0\leqq\theta<2\pi$ において，

$\cos\theta=-\dfrac{1}{\sqrt{2}}$

となる θ の値は

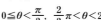

$\theta=\dfrac{3}{4}\pi,\ \dfrac{5}{4}\pi$

よって，右の図から，
不等式の解は

$\boldsymbol{0\leqq\theta\leqq\dfrac{3}{4}\pi,\ \dfrac{5}{4}\pi\leqq\theta<2\pi}$

(3)　不等式を変形すると　$\tan\theta>\dfrac{1}{\sqrt{3}}$

$0\leqq\theta<2\pi$ において，

$\tan\theta=\dfrac{1}{\sqrt{3}}$

となる θ の値は

$\theta=\dfrac{\pi}{6},\ \dfrac{7}{6}\pi$

よって，右の図から，
不等式の解は

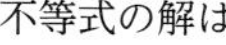

$\boldsymbol{\dfrac{\pi}{6}<\theta<\dfrac{\pi}{2},\ \dfrac{7}{6}\pi<\theta<\dfrac{3}{2}\pi}$

練習26 (1) $0 \leqq \theta < 2\pi$ のとき

$$\frac{\pi}{3} \leqq \theta + \frac{\pi}{3} < \frac{7}{3}\pi$$

$\sin\left(\theta + \frac{\pi}{3}\right) = \frac{1}{\sqrt{2}}$ であるから

$$\theta + \frac{\pi}{3} = \frac{3}{4}\pi,\ \frac{9}{4}\pi$$

よって $\boldsymbol{\theta = \frac{5}{12}\pi,\ \frac{23}{12}\pi}$

(2) $0 \leqq \theta < 2\pi$ のとき

$$-\frac{\pi}{6} \leqq \theta - \frac{\pi}{6} < \frac{11}{6}\pi$$

$\cos\left(\theta - \frac{\pi}{6}\right) \geqq \frac{1}{2}$ であるから

$$-\frac{\pi}{6} \leqq \theta - \frac{\pi}{6} \leqq \frac{\pi}{3},\ \frac{5}{3}\pi \leqq \theta - \frac{\pi}{6} < \frac{11}{6}\pi$$

よって $\boldsymbol{0 \leqq \theta \leqq \frac{\pi}{2},\ \frac{11}{6}\pi \leqq \theta < 2\pi}$

6 三角関数の加法定理 (本冊 p. 240～244)

練習27 (1) $\cos 75^\circ = \cos(45^\circ + 30^\circ)$

$$= \cos 45^\circ \cos 30^\circ - \sin 45^\circ \sin 30^\circ$$

$$= \frac{1}{\sqrt{2}} \cdot \frac{\sqrt{3}}{2} - \frac{1}{\sqrt{2}} \cdot \frac{1}{2} = \boldsymbol{\frac{\sqrt{6} - \sqrt{2}}{4}}$$

(2) $\sin 15^\circ = \sin(45^\circ - 30^\circ)$

$$= \sin 45^\circ \cos 30^\circ - \cos 45^\circ \sin 30^\circ$$

$$= \frac{1}{\sqrt{2}} \cdot \frac{\sqrt{3}}{2} - \frac{1}{\sqrt{2}} \cdot \frac{1}{2} = \boldsymbol{\frac{\sqrt{6} - \sqrt{2}}{4}}$$

(3) $\cos 15^\circ = \cos(45^\circ - 30^\circ)$

$$= \cos 45^\circ \cos 30^\circ + \sin 45^\circ \sin 30^\circ$$

$$= \frac{1}{\sqrt{2}} \cdot \frac{\sqrt{3}}{2} + \frac{1}{\sqrt{2}} \cdot \frac{1}{2} = \boldsymbol{\frac{\sqrt{6} + \sqrt{2}}{4}}$$

練習28 (1) $\sin\frac{7}{12}\pi = \sin\left(\frac{\pi}{3} + \frac{\pi}{4}\right)$

$$= \sin\frac{\pi}{3}\cos\frac{\pi}{4} + \cos\frac{\pi}{3}\sin\frac{\pi}{4}$$

$$= \frac{\sqrt{3}}{2} \cdot \frac{1}{\sqrt{2}} + \frac{1}{2} \cdot \frac{1}{\sqrt{2}}$$

$$= \boldsymbol{\frac{\sqrt{6} + \sqrt{2}}{4}}$$

(2) $\cos\frac{7}{12}\pi = \cos\left(\frac{\pi}{3} + \frac{\pi}{4}\right)$

$$= \cos\frac{\pi}{3}\cos\frac{\pi}{4} - \sin\frac{\pi}{3}\sin\frac{\pi}{4}$$

$$= \frac{1}{2} \cdot \frac{1}{\sqrt{2}} - \frac{\sqrt{3}}{2} \cdot \frac{1}{\sqrt{2}}$$

$$= \boldsymbol{\frac{\sqrt{2} - \sqrt{6}}{4}}$$

練習29 α は第 2 象限の角，β は第 1 象限の角であるから $\cos\alpha < 0,\ \cos\beta > 0$

よって $\cos\alpha = -\sqrt{1 - \left(\frac{2}{3}\right)^2} = -\frac{\sqrt{5}}{3}$

$$\cos\beta = \sqrt{1 - \left(\frac{3}{5}\right)^2} = \frac{4}{5}$$

(1) $\sin(\alpha + \beta) = \sin\alpha\cos\beta + \cos\alpha\sin\beta$

$$= \frac{2}{3} \cdot \frac{4}{5} + \left(-\frac{\sqrt{5}}{3}\right) \cdot \frac{3}{5}$$

$$= \boldsymbol{\frac{8 - 3\sqrt{5}}{15}}$$

(2) $\sin(\alpha - \beta) = \sin\alpha\cos\beta - \cos\alpha\sin\beta$

$$= \frac{2}{3} \cdot \frac{4}{5} - \left(-\frac{\sqrt{5}}{3}\right) \cdot \frac{3}{5}$$

$$= \boldsymbol{\frac{8 + 3\sqrt{5}}{15}}$$

(3) $\cos(\alpha + \beta) = \cos\alpha\cos\beta - \sin\alpha\sin\beta$

$$= \left(-\frac{\sqrt{5}}{3}\right) \cdot \frac{4}{5} - \frac{2}{3} \cdot \frac{3}{5}$$

$$= \boldsymbol{-\frac{6 + 4\sqrt{5}}{15}}$$

(4) $\cos(\alpha - \beta) = \cos\alpha\cos\beta + \sin\alpha\sin\beta$

$$= \left(-\frac{\sqrt{5}}{3}\right) \cdot \frac{4}{5} + \frac{2}{3} \cdot \frac{3}{5}$$

$$= \boldsymbol{\frac{6 - 4\sqrt{5}}{15}}$$

練習30 (1) $\tan 15^\circ = \tan(45^\circ - 30^\circ)$

$$= \frac{\tan 45^\circ - \tan 30^\circ}{1 + \tan 45^\circ \tan 30^\circ}$$

$$= \frac{1 - \frac{1}{\sqrt{3}}}{1 + 1 \cdot \frac{1}{\sqrt{3}}} = \frac{\sqrt{3} - 1}{\sqrt{3} + 1}$$

$$= \frac{(\sqrt{3} - 1)^2}{(\sqrt{3})^2 - 1^2} = \frac{4 - 2\sqrt{3}}{2}$$

$$= \boldsymbol{2 - \sqrt{3}}$$

(2) $\tan\frac{7}{12}\pi = \tan\left(\frac{\pi}{3} + \frac{\pi}{4}\right)$

$$= \frac{\tan\frac{\pi}{3} + \tan\frac{\pi}{4}}{1 - \tan\frac{\pi}{3}\tan\frac{\pi}{4}}$$

$$=\frac{\sqrt{3}+1}{1-\sqrt{3}\cdot 1}=-\frac{\sqrt{3}+1}{\sqrt{3}-1}$$
$$=-\frac{(\sqrt{3}+1)^2}{(\sqrt{3})^2-1^2}$$
$$=-\frac{4+2\sqrt{3}}{2}=\boldsymbol{-2-\sqrt{3}}$$

練習31 $\tan(\alpha+\beta)=\dfrac{\tan\alpha+\tan\beta}{1-\tan\alpha\tan\beta}$

$$=\frac{3+2}{1-3\cdot 2}=\boldsymbol{-1}$$

$0<\alpha<\dfrac{\pi}{2}$, $0<\beta<\dfrac{\pi}{2}$ であるから

$0<\alpha+\beta<\pi$ …… ①

$\tan(\alpha+\beta)=-1$ より，① の範囲において

$$\boldsymbol{\alpha+\beta=\frac{3}{4}\pi}$$

練習32 求める角を θ とする。

(1) 直線 $y=x$ の傾きは 1

よって $\tan\theta=1$

$0\leqq\theta<\pi$ であるから $\theta=\boldsymbol{\dfrac{\pi}{4}}$

(2) $y=-\sqrt{3}x$ より，この直線の傾きは $-\sqrt{3}$

よって $\tan\theta=-\sqrt{3}$

$0\leqq\theta<\pi$ であるから $\theta=\boldsymbol{\dfrac{2}{3}\pi}$

練習33 (1) $\tan\theta=\left|\dfrac{3-\dfrac{1}{2}}{1+3\cdot\dfrac{1}{2}}\right|=1$

$0\leqq\theta\leqq\dfrac{\pi}{2}$ であるから $\theta=\boldsymbol{\dfrac{\pi}{4}}$

(2) $\sqrt{3}x-2y=6$ は $y=\dfrac{\sqrt{3}}{2}x-3$,

$3\sqrt{3}x+y=-1$ は $y=-3\sqrt{3}x-1$

と変形できるから

$$\tan\theta=\left|\frac{\dfrac{\sqrt{3}}{2}-(-3\sqrt{3})}{1+\dfrac{\sqrt{3}}{2}\cdot(-3\sqrt{3})}\right|$$
$$=\left|\frac{\dfrac{7\sqrt{3}}{2}}{-\dfrac{7}{2}}\right|=\sqrt{3}$$

$0\leqq\theta\leqq\dfrac{\pi}{2}$ であるから $\theta=\boldsymbol{\dfrac{\pi}{3}}$

7 いろいろな公式 (本冊 *p.* 245～251)

練習34 $\cos 2\alpha=1-2\sin^2\alpha$

$$=1-2\cdot\left(\frac{1}{3}\right)^2=\boldsymbol{\frac{7}{9}}$$

$\dfrac{\pi}{2}<\alpha<\pi$ であるから $\cos\alpha<0$

よって $\cos\alpha=-\sqrt{1-\sin^2\alpha}$

$$=-\sqrt{1-\left(\frac{1}{3}\right)^2}=-\frac{2\sqrt{2}}{3}$$

$\boldsymbol{\sin 2\alpha}=2\sin\alpha\cos\alpha$

$$=2\cdot\frac{1}{3}\cdot\left(-\frac{2\sqrt{2}}{3}\right)=\boldsymbol{-\frac{4\sqrt{2}}{9}}$$

$\boldsymbol{\tan 2\alpha}=\dfrac{\sin 2\alpha}{\cos 2\alpha}$

$$=\left(-\frac{4\sqrt{2}}{9}\right)\div\frac{7}{9}=\boldsymbol{-\frac{4\sqrt{2}}{7}}$$

練習35 $\sin^2\dfrac{\alpha}{2}=\dfrac{1-\cos\alpha}{2}=\dfrac{1-\left(-\dfrac{2}{3}\right)}{2}=\dfrac{5}{6}$

$\pi<\alpha<\dfrac{3}{2}\pi$ であるから

$$\frac{\pi}{2}<\frac{\alpha}{2}<\frac{3}{4}\pi$$

よって $\sin\dfrac{\alpha}{2}>0$

したがって $\boldsymbol{\sin\dfrac{\alpha}{2}}=\sqrt{\dfrac{5}{6}}=\boldsymbol{\dfrac{\sqrt{30}}{6}}$

$\cos^2\dfrac{\alpha}{2}=\dfrac{1+\cos\alpha}{2}$

$$=\frac{1+\left(-\dfrac{2}{3}\right)}{2}=\frac{1}{6}$$

$\dfrac{\pi}{2}<\dfrac{\alpha}{2}<\dfrac{3}{4}\pi$ であるから

$$\cos\frac{\alpha}{2}<0$$

よって $\boldsymbol{\cos\dfrac{\alpha}{2}}=-\sqrt{\dfrac{1}{6}}=\boldsymbol{-\dfrac{\sqrt{6}}{6}}$

$\tan^2\dfrac{\alpha}{2}=\dfrac{1-\cos\alpha}{1+\cos\alpha}=\dfrac{1-\left(-\dfrac{2}{3}\right)}{1+\left(-\dfrac{2}{3}\right)}=5$

$\dfrac{\pi}{2}<\dfrac{\alpha}{2}<\dfrac{3}{4}\pi$ であるから

$$\tan\frac{\alpha}{2}<0$$

よって $\boldsymbol{\tan\dfrac{\alpha}{2}=-\sqrt{5}}$

練習36 $\cos 3\alpha=\cos(\alpha+2\alpha)$

$=\cos\alpha\cos 2\alpha-\sin\alpha\sin 2\alpha$

$=\cos\alpha(2\cos^2\alpha-1)-2\sin^2\alpha\cos\alpha$

$=2\cos^3\alpha-\cos\alpha-2(1-\cos^2\alpha)\cos\alpha$

$=4\cos^3\alpha-3\cos\alpha$

練習37 (1) $2\cos 4\theta\sin\theta$

$=2\cdot\dfrac{1}{2}\{\sin(4\theta+\theta)-\sin(4\theta-\theta)\}$

$=\boldsymbol{\sin 5\theta-\sin 3\theta}$

(2) $\cos 5\theta+\cos\theta$

$=2\cos\dfrac{5\theta+\theta}{2}\cos\dfrac{5\theta-\theta}{2}$

$=\boldsymbol{2\cos 3\theta\cos 2\theta}$

(3) $\sin 7\theta-\sin 3\theta$

$=2\cos\dfrac{7\theta+3\theta}{2}\sin\dfrac{7\theta-3\theta}{2}$

$=\boldsymbol{2\cos 5\theta\sin 2\theta}$

練習38 (1) $\cos 75^\circ\cos 15^\circ$

$=\dfrac{1}{2}\{\cos(75^\circ+15^\circ)+\cos(75^\circ-15^\circ)\}$

$=\dfrac{1}{2}(\cos 90^\circ+\cos 60^\circ)$

$=\dfrac{1}{2}\left(0+\dfrac{1}{2}\right)=\boldsymbol{\dfrac{1}{4}}$

(2) $\sin 75^\circ\sin 45^\circ$

$=-\dfrac{1}{2}\{\cos(75^\circ+45^\circ)-\cos(75^\circ-45^\circ)\}$

$=-\dfrac{1}{2}(\cos 120^\circ-\cos 30^\circ)$

$=-\dfrac{1}{2}\left(-\dfrac{1}{2}-\dfrac{\sqrt{3}}{2}\right)=\boldsymbol{\dfrac{1+\sqrt{3}}{4}}$

(3) $\cos 75^\circ-\cos 15^\circ$

$=-2\sin\dfrac{75^\circ+15^\circ}{2}\sin\dfrac{75^\circ-15^\circ}{2}$

$=-2\sin 45^\circ\sin 30^\circ$

$=-2\cdot\dfrac{1}{\sqrt{2}}\cdot\dfrac{1}{2}=\boldsymbol{-\dfrac{1}{\sqrt{2}}}$

練習39 (1) 2倍角の公式から

$\cos 2x=1-2\sin^2 x$

これを方程式に代入して整理すると

$2\sin^2 x-5\sin x-3=0$

$(\sin x-3)(2\sin x+1)=0$

$-1\leqq\sin x\leqq 1$ であるから

$\sin x-3\neq 0$

よって　$\sin x=-\dfrac{1}{2}$

$0\leqq x<2\pi$ であるから

$\boldsymbol{x=\dfrac{7}{6}\pi,\ \dfrac{11}{6}\pi}$

(2) 2倍角の公式から

$\sin 2x=2\sin x\cos x$

これを方程式に代入すると

$2\sin x\cos x+\sqrt{3}\sin x=0$

$\sin x(2\cos x+\sqrt{3})=0$

よって　$\sin x=0,\ \cos x=-\dfrac{\sqrt{3}}{2}$

$0\leqq x<2\pi$ であるから

$\boldsymbol{x=0,\ \dfrac{5}{6}\pi,\ \pi,\ \dfrac{7}{6}\pi}$

(3) 2倍角の公式から，不等式は

$1-2\sin^2 x\geqq 3\sin x-1$

$2\sin^2 x+3\sin x-2\leqq 0$

$(\sin x+2)(2\sin x-1)\leqq 0$

$-1\leqq\sin x\leqq 1$ であるから

$\sin x+2>0$

よって，不等式は　$2\sin x-1\leqq 0$

すなわち　$\sin x\leqq\dfrac{1}{2}$

$0\leqq x<2\pi$ であるから

$\boldsymbol{0\leqq x\leqq\dfrac{\pi}{6},\ \dfrac{5}{6}\pi\leqq x<2\pi}$

(4) 2倍角の公式から，不等式は

$2\sin x\cos x<\sqrt{2}\sin x$

$\sin x(2\cos x-\sqrt{2})<0$

よって，不等式は

$\sin x>0,\ 2\cos x-\sqrt{2}<0$

または　$\sin x<0,\ 2\cos x-\sqrt{2}>0$

$0\leqq x<2\pi$ であるから

$\boldsymbol{\dfrac{\pi}{4}<x<\pi,\ \dfrac{7}{4}\pi<x<2\pi}$

練習40 $\sin 3x+\sin x=0$

公式を利用して変形すると

$2\sin 2x\cos x=0$ …… ①

2倍角の公式 $\sin 2x=2\sin x\cos x$ を代入して

$4\sin x\cos^2 x=0$

よって　$\sin x=0,\ \cos x=0$

$0\leqq x<2\pi$ であるから　$\boldsymbol{x=0,\ \dfrac{\pi}{2},\ \pi,\ \dfrac{3}{2}\pi}$

別解1　① から　$\sin 2x=0,\ \cos x=0$

$0\leqq x<2\pi$ であるから　$0\leqq 2x<4\pi$

したがって

$\sin 2x=0$ から　$2x=0,\ \pi,\ 2\pi,\ 3\pi$

$\cos x=0$ から　$x=\dfrac{\pi}{2},\ \dfrac{3}{2}\pi$

よって　$\boldsymbol{x=0,\ \dfrac{\pi}{2},\ \pi,\ \dfrac{3}{2}\pi}$

$g(x)=x^2-4\cos Ax+4-t^2$ とおく。2次関数 $y=g(x)$ のグラフは下に凸の放物線である。

また，グラフと y 軸の交点の y 座標は

$$g(0)=4-t^2$$

$t>2$ であるから　$g(0)<0$

よって，2次関数 $y=g(x)$ のグラフは x 軸の正の部分と1点で交わる。

したがって，△ABC は1通りに定まる。

(i), (ii) より，A が鋭角でないとき，AC の値は　**1個**

問題 6　英人さんの解答は，$\cos\theta=0$ の場合や $\cos\theta<0$ の場合を考えずに，不等式 $\sin\theta<\cos\theta$ の両辺を $\cos\theta$ で割るところが誤っている。

$\cos\theta=0$ の場合，両辺を $\cos\theta$ で割ることはできない。また，$\cos\theta<0$ の場合，不等号の向きを変えなければならない。

[解答]

$\sin\theta<\cos\theta$　…… ① とする。

(i)　$\cos\theta=0$ のとき　$\theta=\dfrac{\pi}{2},\ \dfrac{3}{2}\pi$

$\theta=\dfrac{\pi}{2}$ のとき ① は　$\sin\dfrac{\pi}{2}<\cos\dfrac{\pi}{2}$

すなわち $1<0$ となり，適さない。

$\theta=\dfrac{3}{2}\pi$ のとき ① は　$\sin\dfrac{3}{2}\pi<\cos\dfrac{3}{2}\pi$

すなわち $-1<0$ となり，適する。

(ii)　$\cos\theta>0$ のとき

$$0\leqq\theta<\frac{\pi}{2},\ \frac{3}{2}\pi<\theta<2\pi$$

このとき ① は　$\dfrac{\sin\theta}{\cos\theta}<1$

すなわち　$\tan\theta<1$

よって，これを満たす θ の範囲は

$$0\leqq\theta<\frac{\pi}{4},\ \frac{3}{2}\pi<\theta<2\pi$$

(iii)　$\cos\theta<0$ のとき

$$\frac{\pi}{2}<\theta<\frac{3}{2}\pi$$

このとき ① は　$\dfrac{\sin\theta}{\cos\theta}>1$

すなわち　$\tan\theta>1$

よって，これを満たす θ の範囲は

$$\frac{5}{4}\pi<\theta<\frac{3}{2}\pi$$

以上から，求める範囲は

$$\boldsymbol{0\leqq\theta<\frac{\pi}{4},\ \frac{5}{4}\pi<\theta<2\pi}$$

別解　$\sin\theta<\cos\theta$ から

$\sin\theta-\cos\theta<0$

ここで　$\sin\theta-\cos\theta$

$$=\sqrt{2}\left(\frac{1}{\sqrt{2}}\sin\theta-\frac{1}{\sqrt{2}}\cos\theta\right)$$

$$=\sqrt{2}\sin\left(\theta-\frac{\pi}{4}\right)$$

であるから，不等式は

$$\sqrt{2}\sin\left(\theta-\frac{\pi}{4}\right)<0$$

すなわち　$\sin\left(\theta-\dfrac{\pi}{4}\right)<0$　…… ②

$0\leqq\theta<2\pi$ であるから

$$-\frac{\pi}{4}\leqq\theta-\frac{\pi}{4}<\frac{7}{4}\pi$$

この範囲において，不等式 ② を解くと

$$-\frac{\pi}{4}\leqq\theta-\frac{\pi}{4}<0,\ \pi<\theta-\frac{\pi}{4}<\frac{7}{4}\pi$$

すなわち　$\boldsymbol{0\leqq\theta<\dfrac{\pi}{4},\ \dfrac{5}{4}\pi<\theta<2\pi}$

問題 7　(1)　(ア)　$\boldsymbol{\sin\theta}$　　(イ)　$\boldsymbol{\cos\theta}$

(ウ)　円周角の定理により

$$\angle\mathrm{ABH}=\frac{1}{2}\angle\mathrm{AOH}=\boldsymbol{\frac{\theta}{2}}$$

(エ)　$\tan\dfrac{\theta}{2}=\dfrac{\mathrm{AH}}{\mathrm{BH}}=\boldsymbol{\dfrac{\sin\theta}{1+\cos\theta}}$

(オ)　$\tan 15^\circ=\dfrac{\sin 30^\circ}{1+\cos 30^\circ}=\dfrac{\dfrac{1}{2}}{1+\dfrac{\sqrt{3}}{2}}$

$$=\boldsymbol{2-\sqrt{3}}$$

(カ)　$\tan^2 15^\circ=\dfrac{1-\cos 30^\circ}{1+\cos 30^\circ}=\dfrac{1-\dfrac{\sqrt{3}}{2}}{1+\dfrac{\sqrt{3}}{2}}$

$$=\boldsymbol{7-4\sqrt{3}}$$

(2) $\tan\dfrac{\theta}{2}=\dfrac{\sin\theta}{1+\cos\theta}$ の両辺を 2 乗すると

$$\begin{aligned}\tan^2\frac{\theta}{2}&=\left(\frac{\sin\theta}{1+\cos\theta}\right)^2\\&=\frac{\sin^2\theta}{(1+\cos\theta)^2}\\&=\frac{1-\cos^2\theta}{(1+\cos\theta)^2}\\&=\frac{(1+\cos\theta)(1-\cos\theta)}{(1+\cos\theta)^2}\\&=\frac{1-\cos\theta}{1+\cos\theta}\end{aligned}$$

21797A 210301

ISBN978-4-410-21797-5

新課程
体系数学 3　数式・関数(上)　解答編

21797A

数研出版
https://www.chart.co.jp